CARBON NEUTRAL
POLICIES AND
ACTIONS IN CHINA

金佩华　杨建初　贾行甦 ◎ 编著

U0200461

碳达峰与碳中和

中国财经出版传媒集团
中国财政经济出版社

图书在版编目（CIP）数据

碳达峰与碳中和：中国行动／金佩华，杨建初，贾
行甦编著. ——北京：中国财政经济出版社，2023.7
ISBN 978 - 7 - 5223 - 2297 - 1

Ⅰ.①碳…　Ⅱ.①金…　②杨…　③贾…　Ⅲ.①二氧化
碳 - 节能减排 - 研究 - 中国　Ⅳ.①X511

中国国家版本馆 CIP 数据核字（2023）第 106951 号

责任编辑：贾延平　　　　　　　责任校对：胡永立
封面设计：陈宇琰　　　　　　　责任印制：刘春年

碳达峰与碳中和：中国行动
TANDAFENG YU TANZHONGHE：ZHONGGUO XINGDONG

中国财政经济出版社 出版

URL：http：//www.cfeph.cn
E - mail：cfeph@ cfeph.cn

社址：北京市海淀区阜成路甲 28 号　邮政编码：100142
营销中心电话：010 - 88191522　编辑部电话：010 - 88190957
天猫网店：中国财政经济出版社旗舰店
网址：https：//zgczjjcbs.tmall.com
北京时捷印刷有限公司印刷　各地新华书店经销
成品尺寸：170mm×240mm　16 开　25.5 印张　436 000 字
2023 年 7 月第 1 版　2023 年 7 月北京第 1 次印刷
定价：78.00 元
ISBN 978 - 7 - 5223 - 2297 - 1
（图书出现印装问题，本社负责调换，电话：010 - 88190548）
本社质量投诉电话：010 - 88190744
打击盗版举报热线：010 - 88191661　QQ：2242791300

序

世界正在步入一个绿色低碳时代。

气候变化是当前全球面临的重大挑战，并已成为人类面临的现实而紧迫的气候危机，需要世界各国共同携手应对、加强合作、各尽所能。中国已经向世界作出了"二氧化碳排放力争于 2030 年前达到峰值，努力争取 2060 年前实现碳中和"的庄严承诺。

在 2020 年 9 月中国提出碳达峰与碳中和目标之前，中国就高度重视气候变化问题。1994 年 3 月发布了《中国 21 世纪议程——中国 21 世纪人口、环境与发展白皮书》，2007 年 6 月制订了《中国应对气候变化国家方案》，2008 年 10 月发布了《中国应对气候变化的政策与行动》白皮书，2013 年 11 月发布第一部专门针对适应气候变化的战略规划《国家适应气候变化战略》，2015 年 6 月向《联合国气候变化框架公约》秘书处提交了《强化应对气候变化行动——中国国家自主贡献》文件，2016 年 4 月签署了《巴黎协定》，2016 年 9 月发布了《中国落实 2030 年可持续发展议程国别方案》。中国通过把低排放发展战略中的有关要求融入国民经济和社会发展规划，建立健全绿色低碳循环发展经济体系，有力地促进了经济社会发展的全面绿色转型。

2021 年 9 月 22 日，中共中央、国务院印发了《关于完整准确全面贯彻新发展理念做好碳达峰碳中和工作的意见》；2021 年 10 月 24 日，国务院印发了《2030 年前碳达峰行动方案》。这是中国实现碳达峰、碳中和目标的顶层设计，指明了中国实现"3060"前"双碳"目标的方向和路径。2021 年 10 月发表了《中国应对气候变化的政策与行动》白皮书，同月，中国政府向《联合国气候变化框架公约》秘书处正式提交《中国落实国家自主贡献成效和新目标新举措》和《中国本世纪中叶长期温室气体低排放发展战略》；2022 年 5 月发布了《国家适应气候变化战略 2035》，11 月，中国政府向《联合国气候变化框架公约》秘书处正式提交《中国落实国家自主贡献目标进展报告（2022）》，主动承担相应责任。同时，积极参与国际对话，努力推动全球气候谈判。

中国一直以持续的务实行动应对气候变化。2020 年中国碳排放强度比 2005 年下降 48.4%，超额完成了向国际社会承诺的到 2020 年将碳排放强度下降 40%~45% 的目标。国际能源署（IEA）发布的报告指出，2021 年全球与能源相关的二氧化碳排放量达到 363 亿吨，同比增长 6%，创下了历史新高。2021 年中国二氧化碳排放量为 119 亿吨，占全球总量的 33%，但人均累计碳排放远不及世界平均水平，万元 GDP 排放约 1 吨二氧化碳，仅为 20 世纪 90 年代的 1/12，我国在减少碳排放上取得了长足的进步。

近十年，中国完成了全面脱贫目标，以年均 3% 的能源消费增速，支撑了平均 6.5% 的经济增长。中国新能源装机占全球的 1/3 以上，用于可再生能源的累计投资居全球第一位，是世界风电、光伏和电池设备主要供应国，新能源汽车保有量占全球一半以上。2022 年非化石能源消费占比比 2021 年提高了 0.8 个百分点，比十年前提高了 7.7 个百分点。城市环境质量明显改善，老百姓幸福指数越来越高。实践证明，中国走出了一条符合国情的绿色低碳可持续发展之路，用实际行动和卓越成效为全球气候治理作出了贡献。

中国始终坚持积极应对气候变化的战略定力，把推进绿色低碳发展作为生态文明建设和促进高质量可持续发展的重要战略举措。中国成立碳达峰碳中和工作领导小组，形成了较为系统完整的碳达峰碳中和"1 + N"政策体系，通过正确处理好发展与减排、整体与局部、长远目标与短期目标、政府与市场的关系，积极推进低碳发展和绿色转型。

《"十四五"规划和2035年远景目标纲要》提出"落实2030年应对气候变化国家自主贡献目标""锚定努力争取2060年前实现碳中和"后，陆续出台的"十四五"专项规划、实施方案和各项规定都就实现碳达峰碳中和进行了部署，各地区和行业也出台了碳达峰实施方案，积极稳妥地推进碳达峰碳中和进程。尽管当前国际环境风云变幻，中国坚定落实碳达峰碳中和的目标和愿景，强化统筹协调、推动能源清洁低碳高效利用、推进节能降碳增效、推进产业优化升级、推动交通运输和城乡建设绿色低碳发展、大力发展循环经济、巩固提升生态系统碳汇能力、完善绿色低碳政策体系、积极参与应对气候变化全球治理的决心和立场也不会后退，更不会改变。

本书作者曾出版了《碳达峰、碳中和知识解读》一书，在理论层面诠释了碳达峰与碳中和的基本知识。为了使广大读者了解掌握中国的碳达峰与碳中和的政策和实际行动，作者以《2030年前碳达峰行动方案》为依据编写了本书，通过系统梳理相关的"十四五"规划和实施方案，比较全面地展现了中国的碳达峰与碳中和政策和做法，这对于宣传中国"双碳"的政策是非常有益的。

人类是一个完整的命运共同体，面临气候变化挑战，发达国家应率先切实加大减排力度，大幅提前实现碳中和，并在发展中国家最为关心的适应和资金问题上取得实质性成果。全球各国家和地区应该携手推动《巴黎协定》行稳致远，共同呵护人类唯一的地球家园。

中 国 气 候 变 化 事 务 特 使
全国政协人口资源环境委员会原副主任
国 家 发 展 和 改 革 委 员 会 原 副 主 任
原 国 家 环 境 保 护 总 局 局 长

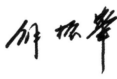

2023 年 5 月

目　录

第一章　气候变化与气候行动

全球气候变化是当今国际社会的热点话题，是人类社会面临的共同挑战。全球气候变化已超出了气候问题的范围，成为事关人类生存的全球性政治命题。要实现《巴黎协定》的目标，世界各国应该协调步伐，在《联合国气候变化框架公约》下统一气候行动。

第一节　温室气体和气候变化

一、什么是温室气体

大气中的气体分为温室气体和非温室气体，在主要的大气成分中，能产生物理和化学反应的如氮、氧和氩等气体不是温室气体。

温室气体（Greenhouse Gas，GHG）也叫温室效应气体，是指大气中促成温室效应的气体成分。温室气体能吸收地面反射的长波辐射并重新发射辐射，分为自然温室气体和人造温室气体。

温室气体成分包括水蒸气（H_2O）、二氧化碳（CO_2）、甲烷（CH_4）、氧化亚氮（N_2O）、臭氧（O_3）、氟利昂或氯氟烃类化合物（CFCs）、氢代氯氟烃类化合物（HCFCs）、氢氟碳化物（HFCs）、全氟碳化物（PFCs）、六氟化硫（SF_6）。其中，水汽、二氧化碳、甲烷、氧化亚氮和臭氧是自然界中原来就有的，而氟利昂、氢代氯氟烃类化合物、氢氟碳化物、全氟碳化物和六氟化硫则是人类生产活动的产物。水蒸气、二氧化碳、氧化亚氮、氟利昂、甲烷等是地球大气中主要的温室气体。

温室气体作用的结果"温室效应"的产生，使地球变暖。由于大气中的水蒸气含量基本稳定，不会产生累积，水蒸气在分析温室气体带来的影响时被排除在外。当前，人为排放的温室气体是导致全球气候变化的主要原因。

全球变暖潜能值（GWP）是比较一种温室气体排放对于等量二氧化碳排

放所产生的气候影响的指标，在固定时间范围内 1 千克物质与 1 千克二氧化碳的脉冲排放引起的时间累积的辐射强迫的比率。二氧化碳对全球变暖的影响最大，因此被作为参照气体。《京都议定书》把二氧化碳的全球变暖潜力值设定为 1，甲烷为 21，氧化亚氮为 310，氢氟碳化物为 150～11700，全氟碳化物为 6500～9200，六氟化硫为 23900。GWP 越大，表示该温室气体在单位质量单位时间内产生的温室效应越大。

世界资源研究所对全球 186 个国家和地区的数据进行了分析，计算出全球温室气体排放总量中，二氧化碳、甲烷、氧化亚氮和其他温室气体排放量占比分别为 77%、15%、6% 和 2%。

《2022 年全球碳预算》报告显示，根据现有的数据估算，2022 年全球排放量预计为 406 亿吨二氧化碳，化石燃料排放量达到 366 亿吨二氧化碳，占全球总排放量的 89%。另外，11% 来自土地利用改变产生的排放。报告显示，当前全球人类活动产生的二氧化碳排放量仍处于历史最高水平，化石燃料排放量已超过疫前水平，剩余的碳预算约为 3800 亿吨。

二、气候变暖的提出

全球气候变化主要是温室气体增加导致的全球变暖，是美国气象学家詹姆士·韩森于 1988 年 6 月在美国参众两院听证会上首先提出的。

全球变暖，是指由于人类的活动，温室气体大量排放，全球大气中的二氧化碳、甲烷等温室气体浓度显著增加，使全球气温升高。

科学家在 2009 年发布的一份关于人类安全利用"地球极限"报告的扩充报告指出，作为地球的九大极限之一的气候变化已非常严重，二氧化碳浓度达到 397ppm，已经超过了 350ppm 的安全界限。[①]

提出全球变暖的科学家指出，20 世纪后半叶北半球平均气温是过去 1300 年中最为暖和的 50 年；过去 100 年间，世界平均气温上升了 0.74℃；全球范围内冰川大幅度消融；世界各地的暴雨、洪水、干旱、台风、酷热等气象异常事件频发；20 世纪中期，全球海平面平均上升了 17 厘米。《第三次气候变化国家评估报告》指出，1909—2011 年，中国陆地区域平均增温 0.9～1.5℃，略高于同期全球增温平均值，近 60 年来，变暖尤其明显，地表的平

---

① 这个报告评估了 9 个地球极限，认为人类已经越过气候变化、物种减少、土地利用变化、化肥污染 4 个极限，淡水利用、海洋酸化、臭氧消耗 3 个极限在安全线内，包括空气污染在内的其他极限需要进一步评估。参见：报告称地球 9 个极限人类已越过 4 个：破坏巨大 [EB/OL]. (2015－01－26) [2021－05－03]. http://tech.huanqiu.com/discovery/2015－01/5504581.html.

均气温升高 1.38℃，平均每 10 年升高 0.23℃，几乎为全球的两倍。近 50 年，中国西北冰川面积减少了 21%，西藏冻土层最大减薄了 4~5 米。据预测，未来 50~80 年中国平均气温可能上升 2~3℃。

智研咨询发布的《2021—2027 年中国二氧化碳行业运行动态及投资前景评估报告》数据显示，2020 年，亚太地区的二氧化碳排放量为 16752.9 百万吨，占全球的 52.38%，北美为 5307.1 百万吨，占全球的 16.59%，欧洲为 3592.9 百万吨，占全球的 11.23%，中东地区为 2025.3 百万吨，占全球的 6.33%，独联体为 1981.0 百万吨，占全球的 6.19%，非洲为 1195.0 百万吨，占全球的 3.74%，中南美洲为 1129.5 百万吨，占全球的 3.53%；中国为 9893.5 百万吨，美国为 4432.2 百万吨，印度为 2298.2 百万吨，分别位列全球前三。中国、美国、印度、俄罗斯、日本、伊朗、德国、韩国、沙特阿拉伯和印度尼西亚这 10 个国家的二氧化碳排放总量和占全球二氧化碳总排放量的 68.85%。其中，中国占全球的 30.93%，美国占全球的 13.86%，印度占全球的 7.19%，俄罗斯占全球的 4.48%，日本占全球的 3.21%，伊朗占全球的 2.03%，德国占全球的 1.89%，韩国占全球的 1.81%，沙特阿拉伯占全球的 1.77%，印度尼西亚占全球的 1.69%。[①]

世界气象组织发布的《2020 年全球气候状况》显示，2020 年是有记录以来最热的 3 个年份之一，全球平均温度比工业化前的水平约高 1.2℃，自 2015 年以来的 6 年是有记录以来最暖的 6 年，2011—2020 年是有记录以来最暖的 10 年。联合国环境规划署的数据显示，2019 年和 2020 年全球主要温室气体浓度持续上升，2020 年全球平均海平面仍在继续上升。联合国教科文组织指出，吸收大约 1/3 碳排放的海洋已经被污染，海洋正在失去成为"气候变化缓冲区"的能力。

世界气象组织发布的《2021 年全球气候状况》显示，2021 年温室气体浓度、海平面上升、海洋热量和海洋酸化 4 项关键气候变化指标创下新纪录。

中国气象报社的报道称，截至 2022 年 3 月 18 日，南极多个气象站升温近 40℃，位于南极冰盖最高点的南极昆仑站 4 天内升温幅度为 38.1℃，气温达 −26.3℃，比常年平均温度高 30.9℃；位于第三高海拔冰川的南极泰宏站 4 天内升温 37℃，气温达 −11.8℃，比常年平均温度高约 31.2℃；南极泰山站升温幅度达 18.6℃，最高气温为 −18.6℃。有媒体报道，北极部分地区 3 月

① 2020 年全球二氧化碳排放情况分析［EB/OL］.（2021 − 08 − 03）［2022 − 03 − 31］. https://www.chyxx.com/industry/202108/966523.html.

中旬气温较往年同期平均水平也高出约 30℃，有些地区的气温甚至逼近或达到冰点。

《2022 中国生态环境状况公报》显示，2022 年，全国平均气温 10.51℃，较常年（1991—2020 年）平均值偏高 0.62℃，为 1951 年以来历史次高。

联合国发布的《2022 年可持续发展目标报告》指出，世界正处于气候灾难的边缘，数十亿人已经感受到了后果。2021 年与能源相关的二氧化碳排放量增加了 6%，达到了历来的最高水平，并完全抵消了与新冠大流行相关的排放量的下降。《巴黎协定》要求，为避免受到气候变化的最坏影响，全球温室气体排放量需要在 2025 年之前达到峰值，然后到 2030 年下降 43%，到 2050 年降至净零，但根据目前的国家自主贡献承诺，未来 10 年温室气体排放量将增加近 14%。

世界气象组织发布的《2022 年全球气候状况》报告指出，2022 年的全球平均气温比 1850—1900 年的平均气温高 1.15 ℃，2015—2022 年是 1850 年有记录以来最暖的 8 年；二氧化碳、甲烷和一氧化二氮的浓度在 2021 年达到观测的最高纪录，2020—2021 年，甲烷浓度的年增长率是有记录以来的最高水平。2022 年 2 月 25 日，南极洲的海冰降至 192 万平方千米，是有记录以来的最低水平，比 1991—2020 年的平均值低近 100 万平方千米；2022 年，海洋热含量达到了新的观测记录，温室气体滞留在气候系统中的累积热量约有 90% 储存在海洋中，2006—2022 年，海洋变暖的速度特别快。2022 年，全球平均海平面继续上升，达到了有卫星记录以来（1993—2022 年）的新高；2005—2019 年，冰川、格陵兰岛和南极洲的陆地总冰量损失、海洋变暖对全球平均海平面的上升贡献了 36%、55%，陆地储水量的变化贡献了不到 10%。

全球性的气候变暖不仅会造成自然环境和生物区系的变化，对生态系统、经济和社会发展以及人类健康也将产生重大的有害影响。但也有科学家对全球变暖提出疑问，一些科学家认为，全球气候变化并非人类活动所致，主要是自然原因引起的，全球未来的气温将随太阳辐射强度的回落而下降，全球温室效应和人类工业活动没有必然联系。地球气候的变化，从一个较长时期看，主要是受地球所处的大生态期决定的，人类活动对气候的影响构不成主要因素；从短期看，太阳活动是气候变化的主要因素，太阳辐射与积融雪速率的关系影响着气候的变化，而人类在冰盖消融和冰雪融化问题上是能有所作为的。

三、气候变化引发巨大灾难

全球气候变化的现实已经显现，给自然生态系统带来的灾难包括冰川消融、永久冻土层融化、海平面上升、咸潮入侵、生态系统突变、旱涝灾害增加、极端天气频繁等。

1980—2012 年，中国沿海海平面上升速率为 2.9 毫米/年，高于全球平均速率。20 世纪 70 年代至 21 世纪初，中国的冰川面积退缩约 10.1%，冻土面积减少约 18.6%。

如果全球气候持续变暖，较高的温度将使冰川雪线上升、极地冰川融化、海平面升高，使一些海岸地区被海水淹没，部分地区将不再适合人类居住。全球变暖也可能影响降雨和大气环流的变化，使气候反常，易造成旱涝灾害，导致生态系统发生变化或被破坏。联合国有关报告指出，如果气温持续上升，那么，到 2085 年，海平面将上升 15～95 厘米，届时 30% 的沿海建筑将被海水淹没，同时，非洲大陆 1/3 的生物种类将灭绝，5000 多种植物中的约 80% 会因为气候变暖而退化。覆盖着格陵兰岛的 170 万平方千米的冰原一旦全部融化，全球海平面将上涨 7 米。据科学家估计，被誉为"地球之肺"的贝伦—亚马孙河三角洲，在几十年内，亚马孙森林将变成萨瓦纳稀树草原……

气候变暖加剧，将造成中国境内极端天气与气候事件发生频率的可能性增大；青藏高原和天山冰川将加速退缩，一些小型冰川会消失；干旱区范围可能扩大，荒漠化可能性加重，沿海海平面继续上升。自然资源部海洋预警监测司的《2018 年中国海平面公报》显示，1980—2018 年，中国沿海海平面上升速率为 3.3 毫米/年，高于同时段全球平均水平。有分析表明，沿海海平面变化总体呈波动上升趋势。如果海平面上升 30～50 厘米，全球超过 10 万千米的海岸线就会受其影响，珠江三角洲和孟加拉国的三角洲处境尤为堪忧；如果海平面上升超过 50 厘米，超过 50 万平方千米的土地将受到影响，斐济和马尔代夫等国的领土将所剩无几，孟加拉国、印度和越南的部分领土也将被淹没；当海平面上升 1 米以上，威尼斯、纽约、伦敦、上海等城市将被淹没，一些人口集中的河口三角洲地区（包括长江三角洲、珠江三角洲和黄河海河三角洲）受害尤为严重，中国沿海将有 12 万平方千米的土地被海水吞噬。中国《第三次气候变化国家评估报告》预测，到 21 世纪末，中国海区海平面将比 20 世纪高出 0.4～0.6 米。世界气象组织的数据显示，由于全球海洋变暖的速度超过了过去 1.1 万年间的任何时间，孟加拉国、中国、印度和荷兰等国都处于风险之中，各大洲包括纽约、伦敦、上海、曼谷、孟买、布宜诺斯艾利斯等特大城市将受严重影响，给生活在低海拔沿海地区的近 9 亿人造成的危险更为严重。

2021 年 9 月发表在《运行海洋学杂志》上的年度《哥白尼海洋环境监测

中心第 5 期海洋状况报告》显示，世界各地的表层和亚表层海水温度都在上升，海洋变暖和陆冰融化导致海平面继续以惊人的速度上升：地中海每年上升 2.5 毫米，全球每年上升 3.1 毫米。报告还显示，1993—2019 年，全球平均海温以每年 0.015℃的速度上升。

《自然》杂志的一项调查显示，联合国政府间气候变化专门委员会（IPCC）在 2021 年 8 月发表了气候科学报告，参与撰写的许多科学家认为，全球变暖构成了一场"危机"，预计自己在有生之年会看到气候变化的灾难性影响。科学家的研究显示，地球将在未来 20 年内达到最适温度的临界点，将使人类面临比新冠病毒更加严峻的危机。《自然·气候变化》发表的研究报告称，到 2100 年，气候变化将导致泥炭地释放 37 亿~395 亿吨的碳。

2022 年 9 月，世界气象组织协调发布的一份新的多机构报告《团结在科学之中》指出，温室气体浓度继续上升至创纪录的高位。化石燃料的排放率在因疫情封锁而暂时下降后，现已超过疫情前的水平。联合国环境规划署指出，新的 2030 年国家减排承诺显示，在减少温室气体排放方面已取得了一些进展，但还远远不够。这些新承诺的力度需要至少提高 4 倍，才有可能将升温限制在 2℃，而要达到升温限制在 1.5℃的目标，则需要将现有力度提高 7 倍。如果政策依旧，估计 21 世纪内全球将增温 2.8℃（2.3~3.3℃），如果充分落实新的或更新的承诺，则为 2.5℃（2.1~3.0℃）。

联合国环境规划署发布的《2022 年排放差距报告：正在关闭的窗口期——气候危机急需社会快速转型》指出，自 2021 年在英国格拉斯哥举行 COP26 会议以来，各国的最新承诺对预测的 2030 年排放量的影响微乎其微，我们离《巴黎协定》将全球变暖限制在"远低于 2℃，最好是 1.5℃"的目标还很远。目前的政策表明，到 21 世纪末，气温将上升 2.8℃。就有条件和无条件的承诺而言，实施目前的承诺只能将 21 世纪末的气温上升降低到 2.4~2.6℃。全世界必须实现 45%的减排才能避免全球性巨灾的发生。社会转型的解决方案是存在的，多边共同行动刻不容缓。

第二节　气候变化给人类带来的影响

一、全球气候变化导致经济损失巨大

联合国环境署发布的报告显示，到 2050 年，发展中国家适应气候变化的成本可能会升至每年 2800 亿 ~5000 亿美元。联合国开发计划署的资料显示，到 2030 年全球变暖将影响巨大，影响国内生产总值（GDP），43 个国家会受到直接影响，亚非国家所受经济损失尤其明显。

第 26 届联合国气候变化大会期间，英国一个研究机构发布的报告指出，如果全球气温上升 2.9℃，到 2050 年，65 个最脆弱国家的 GDP 将平均下降 20%，到 2100 年将下降 64%。即使全球气温升幅能控制在 1.5℃，到 2050 年，这些国家的 GDP 仍会下降 13%，到 21 世纪末下降 33%。

瑞士百达资产管理公司和牛津大学史密斯企业与环境学院发布的《新冠肺炎之后的气候变化和新兴市场》报告指出，按最坏的情况估算，如果 2100 年全球气温平均上升 4.3℃，全球损失将高达 500 万亿美元，人均 GDP 会下降 44.9%；如果能够将气温上升控制在 1.6℃，全球 GDP 下降也会达到 27.2%。

世界气象组织发布的《2022 年全球气候状况》临时报告指出，2022 年的极端热浪、干旱和破坏性洪水已经影响了数百万人，并造成数十亿美元的损失。

联合国环境规划署发布的《2022 年适应差距报告：行动太少，进展太慢——如果气候适应失败，世界将会面临风险》显示，至少 84% 的《联合国气候变化框架公约》缔约方都制订了适应计划、战略、法律和政策，比 2021 年增加了 5%。然而，将这些计划和战略转化为行动的融资尚未跟进。流向发展中国家的国际适应资金是预估需求量低很多，而且差距还在扩大。到 2030 年，估计每年的适应行动需要 1600 亿 ~3400 亿美元，到 2050 年则为 3150 亿 ~5650 亿美元。

二、全球气候变化影响农业生产

联合国粮农组织发布报告称，过去 30 年全球农业和粮食生产产生的温室气体排放量增加了 17%，2019 年农粮系统的排放量达 170 亿吨二氧化碳当量，占全球温室气体排放量的 31%。

全球气候变化会使全球气温和降雨形态迅速发生变化，造成森林植被被大范围破坏，使许多地区的自然生态系统和农业无法适应或不能很快适应气候的变化，进而影响粮食作物的产量和作物的分布类型，使农业生产受到破坏性影响，气候变化使小麦和玉米平均每 10 年分别减产约 1.9% 和 1.2%。1961 年以来的气候变化，使全球农业生产率下降了 21%。

三、全球气候变化威胁人类健康

全球变暖会使世界部分地区夏天出现超高温，成为影响人类健康的一个主要因素，表现为发病率和死亡率增加。全球变暖导致臭氧浓度增加，破坏肺部组织，引发哮喘或其他肺病，造成某些传染性疾病的传播，尤其是疟疾、淋巴腺丝虫病、血吸虫病、钩虫病、霍乱、脑膜炎、黑热病、登革热等传染病将危及热带国家和地区。一些发生在热带地区的疾病正在向中纬度地区传播。全球变暖导致的粮食减产，也使当地居民遭受饥饿和营养不良的威胁。每个国家对气候变化造成的经济和社会损失的承受能力是不一样的，发达国家由于有较成熟的医疗卫生和环保、保险体系，受气候变化的影响相对较小，而广大发展中国家将承受气候变化的巨大压力。

世界卫生组织的研究表明，2030—2050 年，全球气候变化带来的疟疾、痢疾、热应激和营养不良将导致全球每年有 25 万人死亡。英国流行病学家、前伦敦卫生与热带医学院的主任安德鲁·海恩斯在《新英格兰医学杂志》发表的报告指出，到 2030 年，气候变化可能使 1 亿人陷入极端贫困，到 2050 年，单是受与气候变化相关的粮食短缺因素的影响，全球成年人死亡人数每年可能净增加到 52.9 万人。①

全球气候变暖会导致冰川融化，永久冻土层解冻，这样，很多被冰封的远古细菌和病毒可能会被释放。俄亥俄州立大学科学家在青藏高原冰核样本中发现古老病毒存在的证据，其中，28 种是新病毒。对于这些细菌和病毒，人类现有的抗生素、抗细菌药无力应对，人体的免疫系统也不能做出正常反应。气候变暖产生的鸟类迁徙会导致禽类互换流感类型，孕育出新的潜在风险和新的菌株。气候的变化会导致微生物、病毒和昆虫在新的地区以及不同以往的时间内出现或者繁殖。同时，气温升高会使人类的免疫力下降，病毒却随之变强，这会造成严重的公共卫生事件，威胁人类的健康。②

四、全球气候变化产生生态难民

气候变暖使高山冰川融化，产生生态难民，冻土融化日益威胁当地居民的生计和道路工程设施，气温上升导致喜马拉雅等高山的冰川消融，对淡水资源形成长期隐患，绿洲经济衰退，生态难民增加。

---

① 张飞扬. 全球变暖会导致每年 25 万人死亡？美研究报告：少了 [EB/OL]. （2019 – 01 – 17）[2019 – 01 – 17] . http：//world. huanqiu. com/exclusive/2019 – 01/14088143. html.

② 于天昊，张春燕. 气候变化释放远古病毒，导致传染病暴发？这篇文章说清楚了！[EB/OL]. （2020 – 02 – 15）[2020 – 02 – 22] . https：//xw. qq. com/cmsid/20200215A0L3WY00；刘景丰. 被严重低估的威胁：全球变暖 [EB/OL]. （2020 – 02 – 21）[2020 – 02 – 22] . http：//www. cngold. com. cn/dealer/20200221f12103n1844400901. html.

青藏高原的冰川一旦消失，将影响周边国家和地区近 20 亿人的生存。当海平面上升 1 米时，我国居住在沿海地区的 7000 万人需要内迁。Groundswell 报告预测，到 2050 年，全球中因气候变化而需迁移人口可能高达 2.16 亿。

五、气候变化成为国际政治的焦点

近年来，气候问题从一个自然的问题演变成全球性的政治问题和经济问题，世界各国为此不停争吵。发达国家掌握了经济上的主导权和国际话语权，利用气候问题树立新的经济霸权的意图是显而易见的。

法国前总统希拉克最早提出的征收碳关税，目的是希望欧盟国家针对未遵守《京都议定书》的国家征收特别进口碳关税，避免在欧盟碳排放交易机制运行后，欧盟国家所生产的商品遭受不公平竞争，特别是欧盟境内的钢铁业及高耗能产业。

2009 年 6 月，美国众议院通过了《美国清洁能源安全法案》，成为第一个在国际贸易上对碳关税进行立法的国家。2009 年底，法国也通过了在国内征收碳税的议案。2022 年 3 月 15 日，欧盟达成了碳边境调节机制（CBAM）相关规则的协议，将对碳排放限制相对宽松的国家或地区生产的包括铝、钢铁、水泥、肥料、电等商品在进入欧盟时征税。2023 年 4 月 25 日，欧洲理事会投票通过了碳边境调节机制（CBAM），欧盟"碳关税"完成全部立法程序。从 2023 年 10 月 1 日起，出口企业就开始向欧盟报告排放量。一方面，以美国为主导的发达国家开始寻求以征收碳关税的形式来改变目前全球变暖及解决减排问题；另一方面，发达国家将用碳关税这个新武器竖起新型的绿色贸易壁垒。

推行碳关税对发展中国家的经济影响很大。与以服务业为主的发达国家不同，发展中国家的农业和制造业比重很大，生产中的二氧化碳排放量较大，征收碳关税将严重影响发展中国家的经济增长，因此遭到很多国家的反对。

南北极冰盖如果消融，海冰解冻后，全球将会出现新陆地和新运输航线，地缘政治将出现新格局，北极地区的军事战略意义更加凸显。北极地区的资源开发和经济发展对各国特别是俄罗斯、美国等都具有极大的吸引力。许多其他国家也会以不同理由提出领土领海要求，参与新大陆的瓜分。这自然会加剧世界紧张局势。环北极国家为使本国获得巨大的经济和军事利益，可能会提出对北极地区的主权主张，宣称自己对北极地区的部分区域拥有主权或经济专属权。他们还可能直接对其他国家的科学考察、经济开发等活动进行干预。对中国来说，我们对南北极出现的新变化，不能仅仅停留在科学考察的水平，重走郑和下西洋的老路子，而应将科学考察的水平提高到控制全球战略制高点的位置，争而不霸，获得应有的利益。

《国际生态与安全》杂志 2007 年第 1 期报道，由五角大楼富有影响力的防御顾问安德鲁·马歇尔为主执笔人的气候变化报告称，气候变暖将导致地球陷入无政府状态。气候变化将成为人类的大敌。在某种程度上，气候变化对人类的威胁将胜过恐怖主义的威胁。

第三节　应对全球气候变化

一、《联合国气候变化框架公约》的诞生和发展

为了控制大气中二氧化碳浓度增加而导致的地球升温，气候变化作为一个受国际社会关注的问题被提上议事日程。1979 年，在瑞士日内瓦召开了第一次世界气候大会，为国际社会应对气候变化指明了方向。会后，1988 年成立了联合国政府间气候变化专门委员会（IPCC），专门负责评估气候变化状况及其影响等。1991 年，联合国就制定《气候变化框架公约》开始了多边国际谈判。

1992 年 6 月 3 日—14 日在巴西里约热内卢召开了联合国环境与发展大会，在大会上，154 个国家签署了《联合国气候变化框架公约》。《联合国气候变化框架公约》是第一个应对全球气候变暖的具有法律效力的国际公约，也是应对全球气候变化问题国际合作的一个基本框架。

从 1995 年 3 月底至 4 月初在德国柏林举行的《联合国气候变化框架公约》缔约方第一次会议，到 2022 年 11 月 6 日—20 日在埃及沙姆沙伊赫举行的《联合国气候变化框架公约》缔约方第二十七次会议，一共举行了 27 次缔约方大会。

早在 1972 年 6 月 5 日—16 日，联合国在斯德哥尔摩就召开了联合国人类环境会议，之后又陆续召开了联合国环境与发展大会、联合国可持续发展世界首脑会议、全球可持续发展峰会、联合国可持续峰会、联合国气候行动峰会，以及第一届到第五届联合国环境大会。

历届《联合国气候变化框架公约》缔约方大会和联合国环境会议，标志着国际社会积极推进应对全球气候变化和全球环境治理。

二、《联合国气候变化框架公约》的主要内容

1. 《联合国气候变化框架公约》

《联合国气候变化框架公约》是 1992 年里约热内卢联合国环境与发展大会上，154 个国家共同签署的公约。公约由序言及 26 条正文组成，具有法律约束力，1994 年 3 月 21 日生效。

《联合国气候变化框架公约》的核心内容包括：①确立了应对气候变化的最终目标，将大气温室气体的浓度稳定在防止气候系统受到危险的人为干扰的水平上，这一水平应当在足以使生态系统能够可持续进行的时间范围内实现；②确立了国际合作应对气候变化的基本原则，主要包括"共同但有区别的责任"原则、公平原则、各自能力原则和可持续发展原则等；③明确发达国家应承担率先减排和向发展中国家提供资金技术支持的义务；④承认发展中国家有消除贫困、发展经济的优先需要，在全球温室气体排放中所占的份额将增加，经济和社会发展以及消除贫困是发展中国家首要和压倒一切的优先任务。

《联合国气候变化框架公约》确定了应对气候变化的基本原则：①"共同但有区别的责任"的原则，要求发达国家应率先采取措施，应对气候变化；②要考虑发展中国家的具体需要和国情；③各缔约方应当采取必要措施，预测、防止和减少引起气候变化的因素；④尊重各缔约方的可持续发展权；⑤加强国际合作，应对气候变化的措施不能成为国际贸易的壁垒。

《联合国气候变化框架公约》是世界上第一个为全面控制二氧化碳等温室气体排放、应对全球气候变暖给人类经济和社会带来不利影响的国际公约，也是国际社会在应对全球气候变化问题上进行国际合作的一个基本框架，奠定了应对气候变化国际合作的法律基础。

2. 《京都议定书》

《联合国气候变化框架公约》缔约方第三次会议于 1997 年 12 月在日本京都召开，149 个国家和地区的代表参加了会议。会议通过了旨在限制发达国家温室气体排放量以抑制全球变暖的《京都议定书》。2005 年 2 月 16 日，《京都议定书》正式生效，开人类历史上在全球范围内以法规的形式限制温室气体排放的先河。

《京都议定书》有 28 个条款和两个附件，目标是"将大气中的温室气体含量稳定在一个适当的水平，进而防止剧烈的气候改变对人类造成伤害"，限制发达国家温室气体排放量以抑制全球变暖。

《京都议定书》规定，到 2010 年，所有发达国家二氧化碳等 6 种温室气体的排放量，要比 1990 年减少 5.2%。2008—2012 年，与 1990 年相比，欧盟削减 8%、美国削减 7%、日本削减 6%、加拿大削减 6%、东欧各国削减 5%~8%，新西兰、俄罗斯和乌克兰的排放量可以与 1990 年排放量基本相当，爱尔兰、澳大利亚和挪威的排放量可比 1990 年分别增加 10%、8% 和 1%。

《京都议定书》规定了减排多种温室气体，包括二氧化碳、甲烷、氧化亚氮、氢氟碳化物、全氟化碳和六氟化硫，《多哈修正案》将三氟化氮纳入管控范围。

为了使各国完成温室气体减排的目标，《京都议定书》允许采取以下 4 种减排方式：①两个发达国家之间可以进行排放额度买卖的"排放权交易"，难以完成削减任务的国家，可以花钱从超额完成任务的国家买进超出的额度；②以"净排放量"计算温室气体排放量，从本国实际排放量中扣除森林所吸收的二氧化碳的数量；③可以采用绿色开发机制，促使发达国家和发展中国家共同减少温室气体的排放；④可以采用"集团方式"，欧盟内部的国家可作为一个整体，采取有的削减、有的增加的方法，在总体上完成减少温室气体的排放任务。

国际排放贸易机制、联合履行机制和清洁发展机制（CDM）成为《京都议定书》建立的旨在减排温室气体的 3 个灵活合作机制。清洁发展机制规定了允许工业化国家的投资者在发展中国家实施的并有利于发展中国家可持续发展的减排项目中获取"经证明的减少排放量"。

清洁发展机制造林再造林碳汇项目，是发达国家和发展中国家之间在林业领域内的唯一合作机制。由于森林与气候的变化关系密切，森林生长可吸收并固定二氧化碳，是二氧化碳的吸收汇、贮存库和缓冲器，同时，森林被破坏又成为二氧化碳的排放源。因此，造林、生态系统恢复、建立农林复合系统、加强森林可持续管理等措施，可增强陆地碳吸收量。减少毁林、改进采伐作业措施、提高木材利用效率以及更有效地控制森林灾害，可减少陆地碳排放量。以耐用木质林产品替代能源密集型材料、生物能源，加强采伐剩余物的回收利用，可减少能源和工业部门的温室气体的排放量。

时任联合国秘书长安南在《京都议定书》正式生效后指出："这是全世界迎战一个真正的全球性挑战的、具有历史意义的一步"，"所有国家从现在开始，都要尽最大的努力去迎接气候变化的挑战，不要让气候拖住我们的后腿，使我们无法实现千年发展目标"。

3. 巴厘岛路线图

2007 年 12 月 3 日—15 日，《联合国气候变化框架公约》缔约方第十三次会议暨《京都议定书》缔约方第三次会议在印度尼西亚巴厘岛举行，192 个《联合国气候变化框架公约》的缔约方、176 个《京都议定书》缔约方超过 1.1 万名代表参加了会议。会议着重讨论了 2012 年后人类应对气候变化的措施安排等问题，特别是发达国家应进一步承担的温室气体减排指标，会议通过了里程碑式的巴厘岛路线图，有 13 项内容和 1 个附录。

巴厘岛路线图主要内容包括：①气候变暖是不争的事实，拖延减少温室气体排放的行动只会增加气候变化影响加剧的危险；②强调国际合作，依照《联合国气候变化框架公约》原则，将考虑社会、经济条件及其他相关因素，缔约方的共同行动包括一个关于减排温室气体的全球长期目标，以实现《联合国气候变化框架公约》的最终目标；③确定通过谈判达成减缓全球变暖的新协议框架，美国这个仍在《京都议定书》之外的唯一工业大国将被纳入新协议的框架之内；④规定所有发达国家缔约方都要履行可测量、可报告、可核实的温室气体减排责任，尽管没有具体确定减排目标和具体国家应当减排及减排的数量，但规定了到 2020 年将工业化国家的温室气体排放量在 1990 年的水平上降低 25% ~40% 的目标，以及到 2050 年实现全球排放量减少 50% 的目标；⑤规定发展中国家也要采取可测量、可报告和可核实的行动，来减少温室气体的排放，但不设定具体目标，发达国家有义务向发展中国家提供在适应气候变化、技术开发和转让、资金支持问题等方面的帮助；⑥为减少发展中国家的毁林和森林退化提供可能的财政支持，毁林与森林退化问题将最终被纳入法律的框架之中；⑦规定谈判将于 2009 年年底在哥本哈根结束，协议在 2012 年年底生效，接替《京都议定书》。

巴厘岛路线图是人类应对气候变化历史中的一座新的里程碑，它确定了加强落实《联合国气候变化框架公约》的领域，为进一步落实《联合国气候变化框架公约》指明了方向。

4. 《巴黎协定》

2015 年 11 月 30 日至 12 月 12 日，《联合国气候变化框架公约》缔约方第二十一次会议暨《京都议定书》缔约方第十一次会议在法国巴黎召开，超过 150 个国家元首和政府首脑、195 个国家以及欧盟的代表近 1 万人参加了大会，与会者还包括近 2000 个非政府组织的 1.4 万名代表和 3000 余名各国记者。会上 184 个国家提交了应对气候变化的国家自主贡献文件，大会通过了《巴黎协定》。

2016 年 4 月 22 日，《巴黎协定》在纽约联合国总部签署，2016 年 11 月 4 日正式生效，共 29 项条款，包括目标、减缓、适应、损失损害、资金、技术、能力建设、透明度、全球盘点等内容。《巴黎协定》坚持公平原则、共同但有区别的责任原则、各自能力原则。

《巴黎协定》的目标是将全球平均气温升幅较工业化前水平控制在显著低于 2℃ 的水平，并向升温较工业化前水平控制在 1.5℃ 努力；在不威胁粮食生产的情况下，增强适应气候变化负面影响的能力，促进气候恢复力和温室气体低排放的发展；使资金流动与温室气体低排放和气候恢复力的发展相适应。①

到 2030 年，全球碳排放量控制 400 亿吨，2080 年实现净零排放，21 世纪下半叶实现温室气体净零排放；各方将以"自主贡献"的方式参与全球应对气候变化行动；发达国家继续提出全经济范围绝对量减排目标，鼓励发展中国家根据自身国情逐步向全经济范围绝对量减排或限排目标迈进；发达国家加强对发展中国家的资金、技术和能力建设的支持，帮助发展中国家减缓和适应气候变化；建立"强化"的透明度框架，重申遵循非侵入性、非惩罚性的原则，并为发展中国家提供灵活性；从 2023 年开始，每 5 年将对全球行动总体进展进行一次盘点，以帮助各国提高减排力度，加强国际合作，实现全球应对气候变化的长期目标。

2017 年 11 月，197 个《联合国气候变化框架公约》缔约方签署了《巴黎协定》，至此，缔约方的温室气排放占全球温室气体排放的近 100%。

《巴黎协定》将全球气候治理的理念进一步确定为低碳绿色发展，把国际气候谈判的模式从自上而下的谈判转变为自下而上，奠定了世界各国广泛参与减排的基本格局，成为《联合国气候变化框架公约》下继《京都议定书》后第二个具有法律约束力的协定，在国际社会应对气候变化进程中向前迈出了关键一步。《巴黎协定》的达成为解决气候危机打下了基础，是全球气候治理进程的里程碑，标志着解决全人类面临的气候问题开始进入全球合作的新时代。

---

① 夏堃堡. 国际环境外交 [M]. 北京：中国环境出版社，2016：43.

第二章 碳达峰与碳中和

碳达峰与碳中和的内涵和外延不同,《京都议定书》明确了《联合国气候变化框架公约》管控的温室气体。当前,全球已经有 50 多个经济体实现了碳排放的达峰,两个国家已经实现了碳中和,120 多个经济体以立法或不同形式做出承诺,在 21 世纪中叶前后实现碳中和。近年来,国际社会的气候行动力度不断加大。已实现碳达峰的经济体应该切实履行碳中和的承诺,广大发展中经济体应该实行绿色转型,加快碳达峰步伐,实现碳中和目标。

第一节 碳达峰与碳中和的内涵和外延

一、碳达峰与碳中和的概念

碳达峰,是指二氧化碳排放总量在一个时间点达到峰值,由升转降的历史拐点。碳中和,是指人类经济社会活动产生的碳排放,通过植树造林、循环利用以及用技术手段对碳进行捕集与封存等(不包括陆地生态系统和海洋的自然系统碳吸收),使排放到大气中的碳净增量为零,从而实现人为碳排放量与人为碳移除量之间的平衡。

严格地说,碳达峰的"碳"和碳中和的"碳"不完全是一个概念。碳达峰的"碳"指的是《联合国气候变化框架公约》管控的 7 种温室气体中的二氧化碳;碳中和的"碳"包括《联合国气候变化框架公约》管控的二氧化碳、甲烷、氧化亚氮、氢氟碳化物、全氟碳化物、六氟化硫、三氟化氮 7 种温室气体。也可以说,碳达峰是指二氧化碳排放达峰,碳中和是全经济领域温室气体实现"净零排放"。

但是,在当前碳中和组织中,"碳中和可以涵盖业务运营的特定部分,通常是二氧化碳排放量",不包括其他温室气体。联合国气候变化政府间专门委员会（IPCC）将"碳中和"定义为"由人类活动造成的二氧化碳排放，通过二氧化碳去除技术的应用，对二氧化碳吸收量达到平衡"。从这个角度看，"碳中和"是"净零二氧化碳排放"，"净零排放"是所有温室气体（以二氧化碳当量衡量）排放量与温室气体清除量达到平衡。而"气候中性"是指当一个组织的活动在考虑区域或局部的地球物理效应后对气候系统没有产生净影响。

《京都议定书》明确了《联合国气候变化框架公约》管控的 6 种温室气体，即二氧化碳、甲烷、氧化亚氮、氢氟碳化物、全氟碳化物、六氟化硫，《京都议定书》的多哈修正案又将三氟化氮纳入管控范围。联合国政府间气候变化专门委员会（IPCC）第五次报告指出，工业革命以来约有 35% 的温室气体辐射强迫源自非二氧化碳温室气体排放。美国国家海洋和大气管理局（NOAA）指出，2021 年由大气长寿命温室气体引起的辐射强迫比 1990 年上升了约 49%，其中二氧化碳的贡献超过 80%，甲烷是大气中第二重要的长寿命温室气体，单位温室效应高于二氧化碳，对全球温室气体辐射强迫总增长的贡献约为 17%。

二、《联合国气候变化框架公约》管控的温室气体

1. 二氧化碳

二氧化碳（CO_2）是常见的温室气体，一方面是植物光合作用合成碳水化合物的原料，另一方面，由于人类大量使用化石燃料造成大气中二氧化碳含量急剧增加，使二氧化碳在自然界的碳循环中不能被吸取，这是造成全球变暖的重要原因。

工业革命以前，大气中的二氧化碳浓度约为 280ppmv（平均值），变化幅度在 10ppmv 内。工业革命后，大规模的森林砍伐使碳循环的平衡被打破，化石燃料——煤炭、石油和天然气等消费不断增加，海洋和陆地生物圈不能完全吸收多排放的二氧化碳。

21 世纪初的头 10 年，全球二氧化碳排放量年均增幅为 2.7%。排在前六位的是中国（29%）、美国（16%）、欧盟（11%）、印度（6%）、俄罗斯（5%）、日本（4%），森林火灾等生物质燃烧排放的二氧化碳还未包括在内。

21 世纪以来，全球碳排放量增长迅速，2000—2019 年，全球二氧化碳排放量增加了 40%。联合国粮农组织发布报告称，2019 年全球人为排放量为 540 亿吨二氧化碳当量。世界气象组织发布的《2021 年全球气候状况》显示，2020 年全球温室气体浓度再创新高，二氧化碳的水平为百万分之 413.2

（ppm），比工业化前（1750 年）高出 149%。《2021 年全球温室气体公报》显示，全球大气主要温室气体浓度继续突破有仪器观测以来的历史记录，二氧化碳浓度达到 415.7 ± 0.2 ppm。

《2021 年中国温室气体公报》显示，2021 年，青海瓦里关国家大气本底站观测到的二氧化碳浓度为 417.0 ± 0.2 ppm。

2. 甲烷

甲烷（CH_4）是大气中含量丰富的有机气体，主要来自地表，可分为人为源和自然源。人为源包括天然气泄漏、石油煤矿开采及其他生产活动、热带生物质燃烧、反刍动物、城市垃圾处理场、稻田等。自然源包括天然沼泽、多年冻土溶解、湿地、河流湖泊、海洋、热带森林、苔原、白蚁等。人为甲烷排放量占全球甲烷排放量的 50% 以上，中国已成为人为甲烷排放量最高的国家。

甲烷的产生和消除的领域主要包括废物处理、农业、燃料逸出性排放以及与能源相关或无关的工业、土地变化和林业等。政府间气候变化专门委员会通过 20 年的观测后认为，大气中 1 吨甲烷对全球变暖的潜在影响与大约 85 吨甲烷的影响相当，从 100 年的影响看，1 吨甲烷的作用相当于 28 吨二氧化碳。现在大气中甲烷的浓度超过工业化前水平的 2.5 倍，甲烷 2017 年全球排放量达 5.96 亿吨。农业和天然气工业的发展是甲烷排放增加的主要因素，2017 年农业来源的甲烷排放 2.27 亿吨，化石燃料的甲烷排放共 1.08 亿吨。《2021 年全球气候状况》显示，2020 年全球温室气体浓度再创新高，甲烷水平为十亿分之 1889（ppb），比工业化前（1750 年）高出 262%，2021 年仍在继续增长。《全球甲烷评估》报告统计，畜牧业和水稻种植的甲烷排放量分别占全球人为甲烷排放的 32% 和 8%。《2021 年全球温室气体公报》显示，甲烷浓度达到 1908 ± 2 ppb。

《2021 年中国温室气体公报》显示，2021 年，青海瓦里关国家大气本底站观测到的甲烷浓度为 1965 ± 0.6 ppb。

3. 氧化亚氮

氧化亚氮（N_2O）来源于地面排放，全球每年氧化亚氮源总量约为 1470 万吨。其中，自然源为 900 万吨（主要包括海洋以及温带、热带的草原和森林生态系统），人为源大约为 570 万吨（主要包括农田生态系统、生物质燃烧和化石燃烧、己二酸以及硝酸的生产过程）。

大气中氧化亚氮每年的增加量约为 390 万吨，其产生和排放的领域主要包括工业、农业、交通、能源生产和转换、土地变化和林业等，其中，农业过量施氮是一个重要因素。人类主要通过施用氮肥增加农作物产量，而以氮肥为代表的活性氮一方面污染了环境，另一方面还是增温效应最强的温室气体。单个氧化亚氮分子的增温效应大约是二氧化碳的 300 倍。目前氧化亚氮的温室效应贡献约为二氧化碳的 1/10。《2021 年全球气候状况》显示，2020年全球温室气体浓度再创新高，氧化亚氮为 333.2ppb，比工业化前（1750年）高出 123%，2021 年仍在继续增高。《2021 年全球温室气体公报》显示，氧化亚氮浓度达到 334.5 ± 0.1 ppb。

《2021 年中国温室气体公报》显示，2021 年，青海瓦里关国家大气本底站观测到的氧化亚氮浓度为 335.1 ± 0.1 ppb。

4. 氢氟碳化物（HFCs）

氢氟碳化物（HFCs）是分子中仅含氢、氟、碳原子的一系列气体的总称。氢氟碳化物是作为氢氯氟碳化物（HCFCs）、氟氯碳化物（CFCs）等破坏臭氧层物质的替代品而广泛应用在空调、工业制冷和泡沫等行业。氢氟碳化物不会破坏臭氧层，但由于它的全球变暖潜能值是二氧化碳的上千倍，极具温室效应，会对全球气候变化产生巨大的影响。

美国国家海洋和大气管理局的研究数据显示，从 2013 年到 2050 年使用氢氟碳化物将会产生 3.5 亿~8.8 亿吨的二氧化碳排放，相当于运输业每年 6亿~7 亿吨温室气体的排放总量。到 2050 年，氢氟碳化物对全球变暖的贡献比例将达到二氧化碳的 7%~12%。《蒙特利尔议定书》约定，发达国家在2019 年之前逐步减少氢氟碳化物的生产和消费，发展中国家分别在 2024 年前和 2028 年前冻结氢氟碳化物的使用。到 2040 年，所有国家预计消费不超过各自基准的 15%~20%。

2014—2018 年，中国累计减少了约 4.7 亿吨二氧化碳当量的氢氟碳化物排放。中国排放量最大的氢氟碳化物是作为制冷剂和发泡剂生产过程中的副产物三氟甲烷（HFC-23）。到 2020 年年底，中国已经通过财政资金累计减排三氟甲烷共计 6.53 万吨，相当于减排了二氧化碳 7.64 亿吨。

5. 全氟碳化物

全氟碳化物（PFCs）是一种由碳和氟组成的有机氟化合物，主要包括全氟羧酸类（PFCAs）、全氟磺酸类（PFSAs）、全氟黄酰胺类（PFASs）和全氟调聚醇类（FTOHs）等，在纺织、食品包装、不粘锅涂层、电子产品、制冷剂、溶剂、防火服、灭火泡沫等领域被广泛应用。

全氟碳化物的全球变暖潜能值是二氧化碳的上千倍，温室效应极大，影响全球气候变化。

6. 六氟化硫（SF$_6$）

六氟化硫（SF$_6$），是一种不可燃的无色、无臭、无毒的稳定气体，其密度约为空气密度的 5 倍，是常用的制冷剂及输配电设备的绝缘与防电弧气体。

在当今人类关注的温室气体中，六氟化硫的 GWP 值最大，六氟化硫具有高度的化学稳定性，在大气中存留的时间可长达 3000 多年。目前，全球每年六氟化硫的生产量约为 8500 吨，六氟化硫的排放量不多，每年排放到大气中的六氟化硫气体相当于 1.25 亿吨二氧化碳气体，相比于二氧化碳，六氟化硫对温室效应的贡献几乎可以被忽略，但作为非常持久的温室气体，对全球气候变化也有很大影响。

7. 三氟化氮

三氟化氮（NF$_3$）是一种强氧化剂，常温下是一种无色、无臭、性质稳定的气体，广泛用于微电子工业，是氟化氢激光器的氧化剂，半导体、液晶和薄膜太阳能电池生产过程中的蚀刻剂。随着数字经济的快速发展、电子工业的增长，三氟化氮的需求量不断增加。

三氟化氮是一种有全球变暖的强大潜力的温室气体，其存储热量的能力是二氧化碳的 12 万多倍，在大气中的寿命长达 700 多年。当前，全球三氟化氮产能约为 4 万吨，我国的产能约占全球的 1/3。作为能加剧温室效应的气体，三氟化氮也影响全球气候变化。

第二节　碳达峰与碳中和的现状

一、全球已实现碳达峰的经济体

20 世纪 90 年代以前，阿塞拜疆、白俄罗斯、保加利亚、克罗地亚、捷克、爱沙尼亚、格鲁吉亚、德国、匈牙利、哈萨克斯坦、拉脱维亚、摩尔多瓦、挪威、罗马尼亚、俄罗斯、塞尔维亚、斯洛伐克、塔吉克斯坦、乌克兰实现了碳排放达峰。

截至 2020 年，实现碳达峰的国家有法国、立陶宛、卢森堡、黑山共和国、英国、波兰、瑞典、芬兰、比利时、丹麦、荷兰、哥斯达黎加、摩纳哥、瑞士、爱尔兰、密克罗尼西亚、奥地利、巴西、葡萄牙、澳大利亚、加拿大、希腊、意大利、西班牙、美国、圣马力诺、塞浦路斯、冰岛、列支敦士登、斯洛文尼亚、日本、马耳他、新西兰、韩国。

当前，中国的碳排放正处于"平台期"，新兴工业化国家排放还在增加，广大发展中国家的排放还未开始。

二、各经济体的碳中和承诺

截至目前，苏里南、不丹两个国家已经实现碳中和。

立法规定，2045 年前实现碳中和的国家有德国、瑞典、葡萄牙；立法还规定 2050 年前实现碳中和的国家有日本、法国、英国、韩国、加拿大、西班牙、爱尔兰、丹麦、匈牙利、新西兰，以及作为一个整体的欧盟。

列入政策文件中的马尔代夫、巴巴多斯拟于 2030 年前实现碳中和，芬兰通过气候变化法案承诺，到 2035 前实现碳中和，到 2040 年前实现负排放，奥地利、冰岛、安提瓜和巴布达拟于 2040 年前实现碳中和，美国、意大利、智利、希腊、厄瓜多尔、巴拿马、克罗地亚、立陶宛、哥斯达黎加、斯洛文尼亚、乌拉圭、卢森堡、拉脱维亚、马耳他、斐济、伯利兹、马绍尔群岛、摩纳哥拟于 2050 年前实现碳中和，土耳其拟于 2053 年前实现碳中和，中国、巴西、乌克兰、斯里兰卡拟于 2060 年前实现碳中和，新加坡也将碳中和列入政策文件。

发表声明/承诺的澳大利亚、泰国、马来西亚、越南、南非、阿拉伯联合酋长国、哈萨克斯坦、以色列、爱沙尼亚、安道尔，拟于 2050 年前实现碳中和，俄罗斯、沙特阿拉伯、尼日利亚、巴林，拟于 2060 年前实现碳中和，印度拟于 2070 年前实现碳中和。

提议/讨论中的孟加拉国、南苏丹拟于 2030 年前实现碳中和，尼泊尔拟于 2045 年前实现碳中和，巴基斯坦、阿根廷、哥伦比亚、瑞士、比利时、秘鲁、埃塞俄比亚、缅甸、安哥拉、多米尼加共和国、苏丹、斯洛伐克、保加利亚、坦桑尼亚、乌干达、黎巴嫩、阿富汗、赞比亚、老挝、塞内加尔、布基纳法索、马里、莫桑比克、亚美尼亚、巴布亚新几内亚、几内亚、尼加拉瓜、塞浦路斯、特立尼达和多巴哥、海地、尼日尔、马拉维、卢旺达、牙买加、乍得、毛里求斯、毛里塔尼亚、纳米比亚、多哥、索马里、塞拉利昂、巴哈马、布隆迪、冈比亚、莱索托、中非共和国、东帝汶、佛得角、科摩罗、塞舌尔、所罗门群岛、格拉纳达、圣文森特和格林纳丁斯、萨摩亚、圣多美和普林西比、瓦努阿图、汤加、密克罗尼西亚、帕劳、基里巴斯、瑙鲁、图瓦卢、厄立特里亚、也门、纽埃，拟于 2050 年前实现碳中和，印度尼西亚拟于 2060 年前实现碳中和。

三、国际社会加快气候行动步伐

当前，气候变化超出气候问题的范围而成为全球性的政治问题，已经成为国际社会的共识，更成为大国博弈的焦点。气候变化的问题从环境领域一直延伸到经济、政治、文化、科技和社会领域，维系着人类的兴衰和各国的发展前景。

当前，世界前两大经济体在众多议题上分歧严重，各个领域竞争激烈，但在应对气候危机以及相关问题上态度一致。2021 年 4 月发表的《中美应对气候危机联合声明》，强调了双方在气候变化领域的领导力与合作的重要性，要与其他各方一道加强《巴黎协定》的实施。中美两国均制定了碳中和/温室气体净零排放的长期战略，支持发展中国家向绿色、低碳和可再生能源转型，执行逐步削减氢氟碳化物生产和消费的措施。同时，关注工业和电力领域脱碳的政策、措施与技术，增加部署可再生能源、绿色和气候韧性农业、节能建筑、绿色低碳交通、甲烷等非二氧化碳温室气体排放、国际航空和航海活动排放的合作，以及强化其他近期排放政策和措施。

2021 年 4 月，第三十次"基础四国"气候变化部长级会议以视频方式召开。会议的联合声明肯定了"基础四国"根据本国国情均实施了有力度的气候行动，并取得的显著成效。"基础四国"已经提出了反映最高雄心的气候政策和贡献，并致力于采取有力度的行动实施其国家自主贡献（NDCs）。巴西于 2020 年 12 月 8 日向《联合国气候变化框架公约》提交了新的、更新了的国家自主贡献文件，重申了 2025 年温室气体净排放总量减少 37% 的国家承诺，并正式承诺 2030 年实现排放量较 2005 年减少 43%，还提出了 2060 年实现气候中和（净零排放）的指示性目标；中国力争在 2030 年前将二氧化碳排放达到峰值，努力争取在 2060 年前实现碳中和；印度正快步实现经济增长与温室气体排放脱钩，2016 年印度单位 GDP 排放强度较 2005 年减少 24%，已经实现其 2020 年的前自愿目标，印度正在实施到 2022 年和 2030 年分别实现 175 吉瓦和 450 吉瓦的可再生能源装机容量，2021 年宣布了国家氢能使命；2020 年南非向《联合国气候变化框架公约》通报了南非低排放发展战略，其国家自主贡献文件正在更新，2030 年国家自主贡献的减缓目标将比当前国家自主贡献进一步减排 28%，南非国家电力公司承诺到 2050 年实现净零排放，南非已于 2019 年开始征收碳税。

2021 年 4 月举行了中法德领导人视频峰会，三国领导人一致认为，要坚持多边主义，全面落实《巴黎协定》，共同构建公平合理、合作共赢的全球气候治理体系，要加强气候政策对话和绿色发展领域合作，将应对气候变化打造成中欧合作的重要支柱。

2021年4月举行的"领导人气候峰会"强调，世界主要经济体迫切需要在《联合国气候变化框架公约》第二十六次缔约方会议之前加强应对气候变化的决心，确保气候变暖限制在1.5℃的目标能够实现。联合国秘书长古特雷斯再次强调各国须立即提高国家自主贡献目标、到21世纪中叶实现"净零排放"，呼吁各国开征碳税，停止化石燃料补贴，增加可再生能源和绿色基础设施领域的投资，停止新建煤炭发电厂，确保富裕国家在2030年前、所有国家在2040年前逐步淘汰煤炭，并实现公平的绿色转型。美国承诺，到2030年，使全国的温室气体排放水平比2005年减少50%～52%；中国再次重申了"力争2030年前实现碳达峰、2060年前实现碳中和"的承诺，并强调将"严控煤电项目"，同时支持部分地方和行业企业"率先达峰"；加拿大致力于到2030年使碳排放水平比2005年减少40%～45%；日本承诺，到2030年使碳排放量比2013年减少46%；英国宣布计划，到2035年使碳排放水平比1990年减少78%；韩国宣布将停止所有针对煤炭的外部融资，并提交新的国家自主贡献目标……

世界银行集团新的《气候变化行动计划》也把应对气候变化作为决定性的选择之一，未来5年世行集团平均35%的资金将产生气候协同效益，世界银行50%的气候融资将支持气候适应性和韧性，世界银行集团承诺将资金流向与《巴黎协定》的目标对接。

2021年5月举行的第十二届彼得斯堡气候对话视频会议召开，德国在开幕式上表示，德国实现碳中和的时间，将从2050年提前到2045年。

2021年6月，欧洲理事会通过的《欧洲气候法案》正式将实现2050年碳中和的政治承诺转变为具有约束力的法律。该法案规定，到2030年，要将温室气体排放量在1990年的水平上减少至少55%，到2050年在全欧盟范围内实现碳中和，2050年实现负排放。7月，欧盟委员会通过了"Fit for 55"应对气候变化一揽子政策框架，其中的"碳排放边境调节机制"将于2023年开始实施，这意味着以气候变化为主题的国家贸易新体系将会建立。

2021年11月13日在英国格拉斯哥闭幕的第26届联合国气候变化大会，经过两周的谈判，197个《联合国气候变化框架公约》缔约方最终通过了一份成果文件《格拉斯哥气候公约》，推动各国巩固在2030年的减排目标，逐步减少燃煤发电，取消补贴低效的化石燃料，发达国家对发展中国家的支持每年总的数额超过1000亿美元，力争把全球气温上升限制在1.5℃的目标，各缔约方政府要为更新减排计划确定更为紧迫的时间表，达成了各国再次检讨减排措施的共识。会议期间还达成了很多成果：拥有世界森林覆盖面积93％的130个国家签署了《关于森林和土地利用的格拉斯哥领导人宣言》，承诺到2030年停止砍伐森林，扭转土地退化状况；超过35个国家的领导人支持并签署了新的《格拉斯哥突破议程》，促使各国和企业大幅加快清洁技术的开发和利用；占全球甲烷总排放量40％的105个国家加入《全球甲烷承诺》，承诺到2030年减少30％的甲烷排放；《格拉斯哥旅游气候行动宣言》宣布，300多家旅游企业和相关政府承诺，到2030年将排放量减少一半，最迟在2050年实现净零排放；40多个主要煤炭使用国家同意放弃煤炭；近500家金融服务公司同意将其所管理的约占全球40％的130万亿美元资产的投资方向与《巴黎协定》设定的目标原则保持一致；45个政府承诺采取紧急行动和投入，保护自然转向更可持续的耕作方式；100多个国家政府、城市、州和主要企业签署了《关于零排放汽车和面包车的格拉斯哥宣言》，到2035年，在全球主要市场停止销售内燃机汽车，至少有13个国家同时承诺，到2040年停止销售化石燃料驱动的重型汽车；22个国家签署《克莱德班克宣言》，支持建立零排放航运路线；"明日清洁天空联盟"发布更新承诺，到2030年，将全球航空燃料需求的10％变为绿色燃料；13个国家成立的"超越石油和天然气联盟"，旨在设定国家油气勘探和开采的结束日期。《中美关于在21世纪20年代强化气候行动的格拉斯哥联合宣言》强调加快向全球净零经济转型，就一系列问题，包括甲烷排放、向清洁能源的过渡和脱碳，采取措施。格拉斯哥气候变化大会开启了国际社会全面应对气候变化的新纪元。

　　2021年11月10日，中国和美国在联合国气候变化格拉斯哥大会期间发布了《中美关于在21世纪20年代强化气候行动的格拉斯哥联合宣言》。双方赞赏迄今为止开展的工作，承诺继续共同努力，并与各方一道，加强《巴黎协定》的实施。在共同但有区别的责任和各自能力原则、考虑各国国情的基础上，采取强化的气候行动，有效应对气候危机。双方计划在21世纪20年代减少温室气体排放的相关法规框架与环境标准，将清洁能源转型的社会效益最大化，推动终端用户行业脱碳和电气化的鼓励性政策，循环经济相关关键领域（如绿色设计和可再生资源利用），部署和应用技术（如碳捕集、利用、封存和直接空气捕集）方面开展合作。双方认为，甲烷排放对升温有显著影响，加大行动控制和减少甲烷排放是21世纪20年代的必要事项。双方同意建立"21世纪20年代强化气候行动工作组"，推动两国气候变化合作和多边进程。联合国秘书长古特雷斯认为，中美宣言的达成是应对气候变化国际合作和团结"迈向正确方向的重要一步"。

2021 年 11 月，美国发布了《美国长期战略：2050 年实现净零温室气体排放的路径》，提出通过电力脱碳实现终端电气化并向其他清洁燃料转型，减少能源浪费，减少甲烷和其他非二氧化碳温室气体排放，加大二氧化碳去除的力度，实现 2050 年以前实现净零排放的目标。

2021 年 11 月，联合国环境署召开了"气候与清洁空气联盟会议"，46 个国家的环境部长批准的《气候和清洁空气联盟 2030 年战略》提出，努力实现 2030 年全球甲烷和黑碳排放比 2010 年分别减少 40% 和 70%，2050 年氢氟碳化物比 2010 年减少 99.5%。创造一种能够使人类和地球共同发展的稳定气候，将升温控制在 1.5℃ 以内，并大幅减少空气污染。

2021 年 11 月 30 日，中非合作论坛第八届部长级会议通过的《中非应对气候变化合作宣言》提出，中非要在清洁能源、利用航空航天技术应对气候变化、农业、森林、海洋、低碳基础设施建设、气象监测预报预警、环境监测、防灾减灾、适应气候变化等领域加强合作，开展务实合作项目。

人类的低碳/脱碳行动对于维持适宜自身的生态系统稳定有决定性的作用，2015 年《巴黎协定》通过后，全球拟建煤电项目就减少了 75%。世界资源研究所气候观察网的统计结果显示，截至 2021 年 11 月 25 日，《联合国气候变化框架公约》的 151 个缔约方提交了新的或更新了的国家自主贡献，其碳排放量占全球碳排放总量的 80% 以上，有 91 个缔约方调低了 2030 年的碳排放目标。

2022 年 1 月 11 日，世界经济论坛发布了《2022 年全球风险报告》，把气候变化列为人类社会面临的最主要的风险。

2009 年启动主要经济体能源与气候论坛，之后一直推进探索在减少温室气体排放的同时增加清洁能源供应，促进主要发达经济体和发展中经济体之间的对话和合作，近年来举行的会议，一直为实现《巴黎协定》的目标、构建公平合理和合作共赢的全球气候治理体系而努力。

2022 年 5 月举行的世界经济论坛 2022 年年会，年会上的应对气候变化是达沃斯论坛的四大主题之一；七国集团能源、气候和环境部长会议在扩展可再生能源以及逐步淘汰煤炭等方面达成了联合声明，承诺到 2035 年实现基本"零碳"供电的目标，各国承诺在 2022 年年底前结束对化石燃料的补贴，加快实施 2015 年联合国气候变化大会达成的《巴黎协定》；第六届气候行动部长级会议聚焦气候行动与实施，以落实为主题、以适应和资金为成果亮点的《联合国气候变化框架公约》第二十七次缔约方大会（COP27）成功举办，会议呼吁各方扎实行动起来。

2022 年 7 月 28 日，欧盟委员会发布的《第八次环境行动计划监测框架》提出，到 2030 年，要将温室气体净排放量在 1990 年的水平上至少减少 55%；到 2030 年，通过增加土地利用、土地利用变化和林业部门的碳汇能力，将其温室气体净去除量增加至 3.1 亿吨二氧化碳当量；减少天气和气候相关事件造成的总体经济损失；减少受干旱和植被生产力损失影响的面积。

2022 年 11 月 20 日，在埃及沙姆沙伊赫闭幕的第二十七届联合国气候变化大会，虽然取得的成果与人们的愿望差距甚远，但发布了"非国家实体净零排放承诺高级别专家组"的第一份报告，宣布了《沙姆沙伊赫适应议程》等 6 项倡议和其他相关规划，最后时刻，各国妥协同意设立一个基金机制以补偿因气候引起的灾害造成的"损失和损害"，也算在全球气候行动中迈出了艰难的一步。

2023 年 2 月 21 日，中国发布的《全球安全倡议概念文件》提出，坚持统筹维护传统领域和非传统领域安全，共同应对气候变化等全球性问题；重视太平洋岛国在气候变化、自然灾害和公共卫生等领域特殊处境和合理关切，支持太平洋岛国为应对全球性挑战所做的努力，支持岛国落实其《蓝色太平洋 2050 战略》；支持各国在气候变化、供应链产业链稳定畅通等领域合作，加快落实联合国 2030 年可持续发展议程，以可持续发展促进可持续安全。

2023 年 4 月 26 日，欧盟议会的环境和工业委员会通过了减少能源部门甲烷排放的法规。

2023 年 5 月，中国—中亚峰会达成了"实行绿色措施，减缓气候变化""发起中国—中亚绿色低碳发展行动，深化绿色发展和应对气候变化领域合作""试实施绿色技术领域的地区计划和项目"的共识和倡议。

2023 年 5 月，G7 广岛峰会发表的首脑宣言重申了应对气候变化的重要性，坚持将升温较工业化前水平控制在 1.5℃ 的《巴黎协定》的责任，到 2050 年实现温室气体"净零排放"的目标保持不变。

第三节　碳达峰与碳中和的标准

一、与能源、环保相关的标准体系建设

在能源、环保领域，国际社会成立了管理标准化的专门机构，从事相关

领域管理标准体系的研究及相关系列标准的制定工作，已经制定了很多国际标准；我国的国家标准化管理委员会和各行政管理部门及相关机构，也发布了国家、行业和团体等标准。2021 年 10 月，中国标准化研究院资源环境研究分院发布了《碳达峰碳中和标准体系建设进展报告》[①]，系统梳理了当前与碳达峰和碳中和相关的国际和国内标准体系的建设情况。

1. 国际标准体系

在国际标准化组织（ISO）发布的 2.3 万多项国际标准中，有 1000 余项标准直接贡献于气候行动。

ISO/TC301 目前已发布能源管理和节能领域国际标准 20 项，正在组织制定的有 5 项；ISO/TC205 直接负责的已发布涉及相关领域的建筑环境设计的标准 36 项，正在制定的有 13 项，还有已发布的 ISO/TC163、ISO/TC274 等标准。国际电工委员会（IEC）也发布了相关标准。

在太阳能领域，ISO/TC180 已发布国际标准（基础通用、光热组件、光热材料、应用等）19 项，正在组织制定的有 6 项，IEC/TC 82 已发布太阳光伏系统相关的标准 155 项，IEC/TC 117 已发布太阳能热发电系统相关的标准 6 项，正在组织制定的标准有 9 项；在风能领域，IEC/TC 88 已发布风力发电相关的标准 42 项，正在组织制定的标准有 30 余项；在氢能领域，ISO/TC 197 已发布国际标准（氢的制取、储存、运输、加注相关技术）17 项，正在组织制定的有 16 项，ISO/TC22/SC37 已发布燃料电池汽车相关标准 3 项，IEC/TC105 已发布燃料电池相关标准 17 项；在生物质能领域，ISO/TC238 已发布固体生物燃料的国际标准 45 项，正在组织制定的有 10 项，ISO/TC255 目前已发布沼气相关标准 3 项，正在组织制定的标准 3 项；在新能源汽车领域，ISO/TC22/SC37 已发布电动汽车相关标准 28 项，正在组织制定的标准 12 项，ISO/TC22/SC41 已发布气体燃料的相关标准 87 项，正在制定的标准 43 项，IEC/TC69 已发布电动车辆相关标准 23 项，正在制定的标准 36 项；在核能领域，ISO/TC 85 已发布相关标准 245 项，正在组织制定的标准 54 项；在海洋能领域，IEC/TC114 已发布标准 17 项，正在组织制定的标准 6 项。

ISO/TC207/SC7 已经发布的温室气体管理标准有 13 项，正在制修订中的标准有 6 项；ISO/TC17 发布钢铁生产二氧化碳排放强度计算方法标准 4 项，ISO/TC59/SC17 发布建筑碳排放计量运营阶段标准 2 项，ISO/TC146/SC1 正

①　中国标准化研究院资源环境研究分院. 碳达峰碳中和标准体系建设进展报告. ［R］. 北京，2021.

在制定高耗能行业固定源温室气体排放确定标准 5 项，ISO/TC130 发布印刷产品碳足迹的量化与交流帮助 1 项；IEC/TC111/WG17 已经发布了 2 项技术报告。

ISO/TC/265 已经发布了碳捕集、运输与封存（CCUS）标准 10 项，正在研制中的标准 5 项。

在环境管理领域，ISO/TC207 目前发布了国际标准 51 项，正在研制的标准 22 项；在大气污染防治领域，ISO/TC 146 已发布或正在研制 SO_2、NO_x、TVOCs、气溶胶、颗粒物检测方法和在线检测系统等国际标准 251 项；在水污染防治领域，截至 2020 年，ISO/ TC282 已发布了国际标准 23 项，在研制的标准 16 项，ISO/TC147 已发布或正在研制的标准 360 项，ISO/TC224 已发布或正在研制的标准 26 项；在固体废物处理处置领域，ISO/ TC275 目前已发布国际标准 1 项，正在研制的标准 7 项。

在绿色金融和可持续金融领域，ISO/TC207 已发布《环境成本和效益确定指南》（ISO14007）、《环境影响和相关环境因素的货币化估值》（ISO14008）、《评估和报告气候变化相关投资和金融活动的框架和原则》（ISO14097）、3 项绿色债务工具标准（ISO14030 系列标准），目前正在制定的 2 项绿色金融标准和 1 项气候投融资标准；ISO/TC322 已发布 1 项标准，正在研制的 2 项标准。

2. 国内标准体系

目前，我国有石油类国家标准 300 余项，煤炭类国家标准 40 余项，天然气类国家标准 200 余项，电力类标准国家近 300 项。在现有的国家标准中，节能类标准 390 余项，现行强制性能耗限额标准 112 项，现行强制性能效标准 75 项，温室气体管理相关标准 16 项，正在制修订的 30 余项外，还有绿色制造、包装和评价等标准 50 余项及循环经济类标准 10 余项。在行业标准中，煤炭类行业有 1300 余项（推标 1000 余项），电力类行业有 2300 余项（推标 2200 余项），石油天然气类行业有 2400 余项（推标 2200 余项），在现有行业标准中涉及绿色、节能、可再生能源、循环经济、能效、能耗、温室气体等多个领域的行业标准 700 余项。

截至 2021 年 10 月，制定国家层面的节能标准有 390 余项。SAC/TC459 已发布 15 项国家标准，发布的相关行业标准有 300 余项。

在太阳能领域，光伏发电方面已发布国家标准 49 项，太阳能热利用方面已发布国家标准 42 项，在研已报批标准 6 项，涉及太阳能领域的行业标准 80 余项；在风能领域，风电标准化方面已发布相关国家标准 90 余项，已发布行业标准94项；在氢能领域，现行有效氢能相关国家标准98项，氢能行业标准30余项；在生物质能领域，国家标准有80余项，行业标准有160余项；在新能源汽车领域，新能源汽车国家标准有71项，有关燃料电池汽车标准11项；在核能领域，国家标准有174项，核能行业能源类标准约930余项；在海洋能领域，SAC/TC546发布国家标准4项，正在制定的标准4项，SAC/TC283/SC1发布国家标准10余项。

SAC/TC548已发布温室气体管理国家标准16项，正在制修订的有30余项标准，涉及温室气体的行业标准有18项，温室气体和碳排放领域有30余项团体标准。

目前已发布《二氧化碳捕集、利用与封存环境风险评估技术指南（试行）》《烟气二氧化碳捕集纯化工程设计标准》（GB/T 51316—2018），正在研制国家标准《二氧化碳捕集、输送和地质封存管道输送系统》，现行的行业标准有7项。

在环境质量和污染物排放领域，已发布水环境质量国家标准5项、水污染排放国家标准60余项以及相关行业标准40余项，发布大气环境质量国家标准4项、固定源和移动源污染物排放国家标准近60项以及相关行业标准17项，发布土壤环境保护行业标准50余项；在污染治理领域，制定并发布国家标准500余项，行业标准方面已发布近630项；在生态系统评估与修复领域，发布6项国家标准，发布行业标准34项，已制定生物多样性直接相关行业标准19项。

发布了2项绿色金融行业标准，国家标准《能效融资项目分类与评估指南》（GB/T 39236—2020）已经发布。

《关于加强产融合作推动工业绿色发展的指导意见》提出，建立健全碳核算和绿色金融标准体系。构建工业碳核算方法、算法和数据库体系，推动碳核算信息在金融系统的应用，强化碳核算产融合作。鼓励运用数字技术开展碳核算，率先对绿色化改造重点行业、绿色工业园区、先进制造业集群等进行核算。规范统一绿色金融标准，完善绿色债券等评估认证标准，健全支持工业绿色发展的绿色金融标准体系。推动国内外绿色金融标准相互融合、市场互联互通，加强国际成熟经验的国内运用和国内有益经验的国际推广，吸引境外资金参与我国工业绿色发展。

《关于深化生态环境领域依法行政 持续强化依法治污的指导意见》提出，积极推动构建生态环境应对气候变化标准体系，完善碳减排量评估与绩效评价标准、低碳评价标准、排放核算报告与核查管理技术规范。

《"十四五"推动高质量发展的国家标准体系建设规划》提出，制定碳达峰、碳中和标准。加快制定温室气体排放核算、报告和核查，温室气体减排效果评估、温室气体管理信息披露方面的标准。推动碳排放管理体系、碳足迹、碳汇、碳中和、碳排放权交易、气候投融资等重点标准制定。

《"十四五"市场监管现代化规划》提出，制定重点领域国家标准，研制包括碳达峰碳中和、新型基础设施建设等重点领域3000项推荐性国家标准，组织制修订能耗限额、产品能效水效、污染物排放等重点领域强制性国家标准100项。

《"十四五"认证认可检验检测发展规划》提出：①服务"双碳"目标。加快构建碳领域合格评定体系，以电力、化工、建材、钢铁、有色、造纸、汽车等行业为重点，研究制订全过程、全生命周期的合格评定解决方案，加强碳排放合格评定能力建设，完善碳排放审定核查机构认可制度，统筹推进碳领域产品、过程、体系、服务认证和审定核查、检验检测等多种合格评定工具的协同应用和创新发展。健全森林认证等生态系统碳汇认证制度，规范开展碳足迹、碳标签等认证服务；完善温室气体排放核查相关标准，加强碳核查认证认可关键技术攻关，加强对温室气体自愿减排审定与核查机构和活动的管理，加快建设碳排放核查检测技术实验室。②完善能源与自然资源领域合格评定体系。大力推进风电、光伏发电、生物质能、核电、海洋能等装备安全认证和性能认证，完善新能源认证制度，开展新能源汽车动力电池梯次利用产品认证，提高动力电池余能检测技术水平，加强燃油、天然气、氢能、充电桩、新型储能设施等领域检验检测能力建设，促进能源安全高效利用和转型发展；推动认证认可检验检测在自然资源领域的应用，健全林草、国土、海洋、地质矿产等自然资源认证评价和检验检测技术规范，完善林草可持续经营认证体系，拓展自然资源调查监测、卫星遥感等技术支撑能力，促进自然资源保护和集约利用。③开展碳达峰和碳中和检测评价能力建设。构建能源、工业、建筑、交通领域碳排放检测评价技术体系，推动生态环境监测领域智能检测、能力验证及数据质量监督等活动，建设针对发电、化工、建材、钢铁、有色、造纸等重点行业领域化石能源及相关产品（材料）与服务碳排放检验检测数据服务平台，提高检验检测报告的完整性和查询的及时性，为碳排放检验检测工作提供支撑，提升检验检测服务碳达峰碳中和的能力。

《关于完整准确全面贯彻新发展理念做好碳达峰碳中和工作的意见》提出，建立健全碳达峰、碳中和标准计量体系。加快节能标准更新升级，抓紧修订一批能耗限额、产品设备能效强制性国家标准和工程建设标准，提升重点产品能耗限额要求，扩大能耗限额标准覆盖范围，完善能源核算、检测认证、评估、审计等配套标准。加快完善地区、行业、企业、产品等碳排放核查核算报告标准，建立统一规范的碳核算体系。制定重点行业和产品温室气体排放标准，完善低碳产品标准标识制度。积极参与相关国际标准制定，加强标准国际衔接。

《建立健全碳达峰碳中和标准计量体系实施方案》提出，完善碳排放基础通用标准体系，加强重点领域碳减排标准体系建设，加快布局碳清除标准体系，健全市场化机制标准体系，完善计量技术体系，加强计量管理体系建设，健全计量服务体系。实施碳计量科技创新、碳计量基础能力提升、碳计量标杆引领、碳计量精准服务、碳计量国际交流合作工程，开展双碳标准强基、百项节能降碳标准提升、低碳前沿技术标准引领、绿色低碳标准国际合作行动。到 2025 年，碳达峰碳中和标准计量体系基本建立。碳相关计量基准、计量标准能力稳步提升，关键领域碳计量技术取得重要突破，重点排放单位碳排放测量能力基本具备，计量服务体系不断完善。碳排放技术和管理标准基本健全，主要行业碳核算核查标准实现全覆盖，重点行业和产品能耗能效标准指标稳步提升，碳捕集利用与封存（CCUS）等关键技术标准与科技研发、示范推广协同推进。新建或改造不少于 200 项计量基准、计量标准，制修订不少于 200 项计量技术规范，筹建一批碳计量中心，研制不少于 200 种标准物质/样品，完成不少于 1000 项国家标准和行业标准（包括外文版本），实质性参与不少于 30 项相关国际标准的制修订，市场自主制定标准供给数量和质量大幅提升。到 2030 年，碳达峰碳中和标准计量体系更加健全。碳相关计量技术和管理水平得到明显提升，碳计量服务市场健康有序发展，计量基础支撑和引领作用更加凸显。重点行业和产品能耗能效标准关键技术指标达到国际领先水平，非化石能源标准体系全面升级，碳捕集利用与封存及生态碳汇标准逐步健全，标准约束和引领作用更加显著，标准化工作重点实现从支撑碳达峰向碳中和目标转变。到 2060 年，技术水平更加先进、管理效能更加突出、服务能力更加高效、引领国际的碳中和标准计量体系全面建成，服务经济社会发展全面绿色转型，有力支撑碳中和目标实现。

《2023 年国家标准立项指南》提出，重点支持 14 个领域和方向推荐性国家标准制定。其中，碳达峰碳中和领域内容包括：碳排放核算报告、化石能源清洁低碳利用、新能源与可再生能源、资源循环利用、工业农业交通节能低碳技术、公共机构节能低碳、碳捕集利用与封存、碳汇等标准。风力发电、冷冻空调、压缩机、钢铁、有色、建材等重点领域节能标准。

《碳达峰碳中和标准体系建设指南》提出，围绕基础通用标准，以及碳减排、碳清除、碳市场等发展需求，基本建成碳达峰碳中和标准体系。到 2025 年，制修订不少于 1000 项国家标准和行业标准（包括外文版本），与国际标准一致性程度显著提高，主要行业碳核算核查实现标准全覆盖，重点行业和产品能耗能效标准指标稳步提升。实质性参与绿色低碳相关国际标准不少于 30 项，绿色低碳国际标准化水平明显提升。碳达峰碳中和标准体系包括基础通用标准子体系、碳减排标准子体系、碳清除标准子体系和市场化机制标准子体系 4 个一级子体系，并进一步细分为 15 个二级子体系、63 个三级子体系。该体系覆盖能源、工业、交通运输、城乡建设、水利、农业农村、林业草原、金融、公共机构、居民生活等重点行业和领域的碳达峰碳中和工作，满足地区、行业、园区、组织等各类场景的应用。本标准体系需根据发展需要进行动态调整。

截至 2022 年年底，共下达了 72 项碳达峰碳中和国家标准专项计划。

二、国际上碳达峰与碳中和的相关标准

1. 《IPCC 国家温室气体清单指南》

联合国政府间气候变化专门委员会发布了《IPCC 国家温室气体清单指南》（1995）、《IPC 国家温室气体清单指南（1996 修订版）》。《IPCC2006 年国家温室气体清单指南》是当前适用性比较广泛的标准，是针对国家、企业、项目等不同核算对象的温室气体排放量进行核算的标准和编制温室气体清单的指南，后又陆续出版了《2006 年 IPCC 国家温室气体清单指南 2013 年增补：湿地》和《2013 年京都议定书补充方法和良好做法指南》。

2019 年 5 月，IPCC 第 49 次全会通过了《IPCC2006 年国家温室气体清单指南 2019 年修订版》，为世界各国建立国际温室气体清单和减排履约提供最新的方法和规则，2019 年清单指南需要和 2006 年清单指南以及湿地增补指南联合使用。2019 年清单指南和 2006 年清单指南均分为 5 卷，第 1 卷为"总论"，第 2 卷为"能源"，第 3 卷为"工业过程和产品使用"，第 4 卷为"农业、林业和土地利用"，第 5 卷为"废弃物"。

2019 年清单指南、2006 年清单指南和湿地增补指南共同构成了 IPCC 国家温室气体清单指南体系，这是世界各国核算温室气体排放与吸收必须遵循的方法和规则。

2. ISO14064 系列标准

ISO14064 系列标准由国际标准化组织 2006 年发布，2018 年、2019 年修

订，规定了核算温室气体排放量的统一标准。

"2018 年温室气体 第 1 部分"（ISO 14064—1）是关于温室气体排放量和清除量的量化和报告的组织一级指南的规范，具体规定了在组织一级量化和报告温室气体排放量和清除量的原则和要求，包括对一个组织温室气体清单的设计、编制、管理、报告和核查的要求。

"2019 年温室气体 第 2 部分"（ISO 14064—2）是关于温室气体排放减量和清除增量的量化、监测和报告的项目一级指南的规范，具体规定了原则和要求，并在项目一级为旨在温室气体排放减量和清除增量的量化、监测和报告提供指导，包括规划温室气体项目，确定和选择与项目和基准情景有关的监测、量化、记录和报告温室气体项目执行情况以及管理数据质量等的要求。

"2019 年温室气体 第 3 部分"（ISO 14064 – 3）是温室气体报表的验证和验证指南，具体规定了原则和要求，并为核实和验证温室气体声明提供了指导意见，适用于组织、项目和产品温室气体报表。

3. 《产品和服务在生命周期内的温室气体排放评价规范》

2008 年 10 月，英国标准协会编制、发布了《产品和服务在生命周期内的温室气体排放评价规范》（PAS 2050：2008），"碳基金"和英国环境、食品与乡村事务部，以及 E4 技术公司、LEK 咨询公司、Booz Allen Hamilton 公司、Orion 创新公司等机构共同组织。

PAS 2050 是计算从原材料的采购到生产、分销、使用和废弃后的处理的整个生命周期的温室气体排放量的产品和服务的规范，但不包括商品和服务的具体产品类别的规则。PAS 2050 包括"引言""范围""规范性引用文件""术语和定义""排放源、抵消和分析单位""系统边界""数据""排放的分配""产品温室气体排放的计算""符合性声明"。企业和公共部门可以根据PAS2050，按照统一规范评估其产品和服务的温室气体排放量。

4. 《碳足迹计算和显示的一般原则》

2009 年，日本工业标准协会发布了《碳足迹计算和显示的一般原则》（TS Q 0010：2009），用以计算产品在原材料采购、生产、流通销售、使用维护、废弃回收各阶段的碳足迹的规范标准。《碳足迹计算和显示的一般原则》包括适用规范、引用标准、术语和定义、计算范围和技术方法、碳足迹的显示方法。

5. 《温室气体核算体系：企业核算与报告标准》

2009 年，世界资源组织和世界可持续发展工商理事会发布了《温室气体核算体系：企业核算与报告标准（修订稿）》（2012 年发布最终版），后又陆续发布了《温室气体核算体系：产品寿命周期核算和报告标准》和《温室气体核算体系：企业价值链（范围三）核算与报告标准》，是针对企业、组织或者减排项目进行温室气体核算的方法体系。

《温室气体核算体系：企业核算与报告标准》2009 年发布修订稿、2012 年发布最终版，是专门针对企业或项目的温室气体报告准则，规定了计量和报告温室气体排放的相关会计问题。

《温室气体核算体系：企业核算与报告标准（2011）》适用于所有经济部门中任何规模的企业、企业之外的组织和机构、相关政策制定者和温室气体计划的设计者；《温室气体核算体系：企业价值链（范围三）核算与报告标准（2011）》适用于所有经济部门任何规模的企业、企业之外的组织和机构；《温室气体核算体系：产品寿命周期核算和报告标准（2011）》适用于所有经济部门的企业和组织，帮其了解主要产品设计、制造、销售、购买的温室气体情况，或者帮助企业和组织了解使用的产品的温室气体清单。

《温室气体核算体系：企业价值链（范围三）核算与报告标准》是以《温室气体核算体系：企业核算与报告标准》为基础，补充规范企业标准中划分的核算范围中范围三的温室气体情况；《温室气体核算体系：产品寿命周期核算和报告标准》面向企业的单个产品来核算产品寿命周期的温室气体排放，可识别所选产品的寿命周期中的最佳减缓机会，作为企业价值链的核算角度上的补充核算标准。3 个标准构成了价值链温室气体核算的综合性方法，用以制定和选择产品、企业层面上的温室气体减排战略。

6. 《碳中和承诺的规范》

2009 年 10 月，英国标准协会等机构宣布制定公共可用规范《碳中和承诺新标准》（PAS 2060），共同参与开发制定 PAS 2060 的机构有英国能源及气候变化部、马克斯思班塞、欧洲之星、合作集团等。2010 年，英国标准协会制定发布了《碳中和承诺的规范》（PAS 2060）。

PAS 2060 包括适用范围、碳足迹的计算、建立碳足迹管理计划，以及达成温室气体减排量、抵换剩余排放量、规范宣告碳中和的方式、保持碳中和状态的相关规定。

PAS 2050 是产品碳足迹的盘查规范，而 PAS 2060 是证实碳中和的规范。PAS 2060 以现有的 ISO 14000 系列标准和 PAS 2050 等为基础，适用于所有实体和个人以及标的物，提出了通过温室气体排放的量化、还原和补偿来实现和实施碳中和的组织所必须符合的规定。

7. 《PAS 2050：2011 商品和服务在生命周期内的温室气体排放评价规范》

2011 年 9 月，英国标准协会发布了修订后的《商品和服务在生命周期内的温室气体排放评价规范》（PAS 2050：2011），规定了企业到企业（B2B）和企业到消费者（B2C）两种评价方法，用商品和服务的生命周期评价其温室气体排放量。

PAS 2050：2011 实现了使用一种统一的方法评价商品和服务在其整个生命周期内的温室气体排放量的愿望，从而使组织、企业和其他利益相关者受益，有助于国际社会减少产品碳足迹。

8. ISO 14067 系列标准

2013 年，国际标准化组织发布了 ISO 14067 系列标准，用以解决产品碳足迹具体计算方法，ISO 14067—1 为量化/计算，ISO 14067—2 为沟通/标识。

2018 年 8 月，国际标准化组织发布了《ISO14067：2018 温室气体—产品碳足迹—量化要求及指南》，取代了技术规范 ISO/TS14067：2013 成为国际标准，这是目前公认的用于量化产品碳足迹的 ISO 标准，具体规定了量化和报告产品碳足迹的原则、要求和指南，还具体规定了对部分氟氯化碳进行量化的要求和准则，符合国际生命周期评估标准（ISO 14040 和 ISO 14044），为企业界评估产品碳排放提供了统一的规范。

9.《碳中和及相关声明实现温室气体中和的要求与原则》

2020 年 2 月，国际标准化组织启动了《碳中和及相关声明实现温室气体中和的要求与原则》（ISO 14068）的制定，重点集中在标准范围、核心术语的定义、减排量要求、碳中和信息交流等方面，预计 2023 年正式发布，将规范组织、企业、政府、产品、建筑、活动和服务等各类对象的碳中和活动，同时支持各国在制订本国气候变化的计划、战略和方案时更好地使用碳中和相关的目标和说明。

三、碳达峰与碳中和的国家及地方标准

1.《省级温室气体排放清单编制指南（试行）》

2011 年 5 月，国家发改委发布了《省级温室气体排放清单编制指南（试行）》，旨在加强省级清单编制的科学性、规范性和可操作性，为编制方法科学、数据透明、格式一致、结果可比的省级温室气体清单提供有益指导。

《省级温室气体排放清单编制指南（试行）》内容包括能源活动、工业生产过程、农业、土地利用变化和林业、废弃物处理涉及的温室气体排放问题，明确了不确定性，规范了质量保证和质量控制。

2.《企业温室气体排放核算方法与报告指南》

2013—2015 年国家发改委先后发布了 24 个行业的企业温室气体排放核算

方法与报告指南，规范了开展碳排放权交易、建立企业温室气体排放报告制度、完善温室气体排放统计核算体系等相关工作。

2013 年 10 月，国家发改委发布了《中国发电企业温室气体排放核算方法与报告指南（试行）》《中国电网企业温室气体排放核算方法与报告指南（试行）》《中国钢铁生产企业温室气体排放核算方法与报告指南（试行）》《中国化工生产企业温室气体排放核算方法与报告指南（试行）》《中国电解铝生产企业温室气体排放核算方法与报告指南（试行）》《中国镁冶炼企业温室气体排放核算方法与报告指南（试行）》《中国平板玻璃生产企业温室气体排放核算方法与报告指南（试行）》《中国水泥生产企业温室气体排放核算方法与报告指南（试行）》《中国陶瓷生产企业温室气体排放核算方法与报告指南（试行）》《中国民航企业温室气体排放核算方法与报告格式指南（试行）》。

2014 年，国家发改委发布了《中国石油和天然气生产企业温室气体排放核算方法与报告指南（试行）》《中国石油化工企业温室气体排放核算方法与报告指南（试行）》《中国独立焦化企业温室气体排放核算方法与报告指南（试行）》《中国煤炭生产企业温室气体排放核算方法与报告指南（试行）》。

2015 年 7 月，国家发改委发布了《造纸和纸制品生产企业温室气体排放核算方法与报告指南（试行）》《其他有色金属冶炼和压延加工业企业温室气体排放核算方法与报告指南（试行）》《电子设备制造企业温室气体排放核算方法与报告指南（试行）》《机械设备制造企业温室气体排放核算方法与报告指南（试行）》《矿山企业温室气体排放核算方法与报告指南（试行）》《食品、烟草及酒、饮料和精制茶企业温室气体排放核算方法与报告指南（试行）》《公共建筑运营单位（企业）温室气体排放核算方法和报告指南（试行）》《陆上交通运输企业温室气体排放核算方法与报告指南（试行）》《氟化工企业温室气体排放核算方法与报告指南（试行）》《工业其他行业企业温室气体排放核算方法与报告指南（试行）》。

3. 《工业企业温室气体排放核算和报告通则》

2015 年 11 月，原国家质量监督检验检疫总局、中国国家标准化管理委员会发布《工业企业温室气体排放核算和报告通则》以及 10 个重点行业温室气体排放核算方法与报告要求。

《工业企业温室气体排放核算和报告通则》（GB/T 32150—2015）规定了工业企业温室气体排放核算与报告的术语和定义、基本原则、工作流程、核算边界确定、核算步骤与方法、质量保证、报告要求等内容。其中，核算边界包括了企业的主要生产、辅助生产、附属生产三大系统，核算范围包括企业生产的燃料燃烧排放、过程排放以及购入和输出的电力、热力产生的排放，核算方法分为"计算"与"实测"两类，并给出了选择核算方法的参考因素，方便企业使用。适用于指导行业温室气体排放核算方法与报告要求标准的编制，也可为工业企业开展温室气体排放核算与报告活动提供方法参考。

发电、钢铁、镁冶炼、平板玻璃、水泥、陶瓷、民航 7 项温室气体排放核算和报告要求的国家标准，主要规定了企业二氧化碳排放的核算要求，并对温室气体核算范围做出了明确的界定。除了化石燃料燃烧、企业购入电力等产生的二氧化碳排放外，发电企业还包括脱硫过程产生的二氧化碳排放，钢铁企业还包括外购含碳原料和熔剂的分解、氧化产生的二氧化碳排放以及固碳产品隐含的排放。

电网、化工、铝冶炼 3 项温室气体排放核算和报告要求的国家标准，除规定了二氧化碳排放核算外，还包括其他温室气体排放核算。电网企业需要核算设备检修与退役时的六氟化硫排放，化工企业如存在硝酸或己二酸生产过程，则需要核算氧化亚氮排放，铝冶炼企业需要核算阳极效应所产生的全氟化碳排放。

4.《全国碳排放权交易市场建设方案（发电行业）》

2017 年 12 月，国家发改委印发了《全国碳排放权交易市场建设方案（发电行业）》，明确了参与主体包括发电行业年度排放达到 2.6 万吨二氧化碳当量（综合能源消费量约 1 万吨标准煤）及以上的企业或者其他经济组织为重点排放单位，年度排放达到 2.6 万吨二氧化碳当量及以上的其他行业自备电厂视同发电行业重点排放单位管理。在此基础上，逐步扩大重点排放单位范围，明确了监管机构和核查机构，规范了制度建设、发电行业配额管理、支撑系统以及试点过渡等问题。

5.《建筑物碳排放计算标准》

2019 年 4 月，住房和城乡建设部发布了《建筑物碳排放计算标准》（GB/T51366—2019），规定了建筑物碳排放的计算。明确了建筑运行阶段碳排放量应根据各系统不同类型能源消耗量和不同类型能源的碳排放因子确定，建筑运行阶段单位建筑面积的总碳排放量的计算公式，照明系统无光电自动控制系统时的能耗计算公式。

6.《大型活动碳中和实施指南（试行）》

2019 年 5 月，生态环境部发布了《大型活动碳中和实施指南（试行）》，规定了在特定时间和场所内开展的较大规模聚集行动的碳中和计划、实施减排行动、量化温室气体排放、碳中和活动以及碳中和评价，同时，提出了推荐重点识别的大型活动排放源及对应的核算标准及技术规范、大型活动碳中和评价报告编写提纲。

7. 《碳排放权交易管理办法（试行）》

2020 年 12 月，生态环境部发布了《碳排放权交易管理办法（试行）》，有助于在应对气候变化和促进绿色低碳发展中充分发挥市场机制作用，推动温室气体减排，规范全国碳排放权交易及相关活动。明确了温室气体重点排放单位，提出了制定碳排放配额总量确定与分配方案，规范了排放交易、排放核查与配额清缴、监督管理、处罚办法。

8. 《企业温室气体排放报告核查指南（试行）》

2021 年 3 月，生态环境部发布了《企业温室气体排放报告核查指南（试行）》，规定了重点排放单位温室气体排放报告的核查原则和依据、核查程序和要点、核查复核以及信息公开等内容，适用于省级生态环境主管部门组织对重点排放单位报告的温室气体排放量及相关数据的核查。同时，规定对重点排放单位以外的其他企业或经济组织的温室气体排放报告进行核查，碳排放权交易试点的温室气体排放报告核查，基于科研等其他目的的温室气体排放报告核查工作可参考该指南执行。

9. 碳排放权管理规则

2021 年 5 月，生态环境部发布了《碳排放权登记管理规则（试行）》《碳排放权交易管理规则（试行）》和《碳排放权结算管理规则（试行）》，以进一步规范全国碳排放权登记、交易、结算活动，保护全国碳排放权交易市场各参与方合法权益。

《碳排放权登记管理规则（试行）》规定了全国碳排放权登记主体是重点排放单位以及符合规定的机构和个人，明确了账户管理、登记、信息管理、监督管理等规则。

《碳排放权交易管理规则（试行）》指出，规则适用于全国碳排放权交易及相关服务业务的监督管理，明确了交易、风险管理、信息管理、监督管理、争议处置等规则。

《碳排放权结算管理规则（试行）》指出，规则适用于全国碳排放权交易的结算监督管理，明确了资金结算账户管理、结算、监督与风险管理等规则。

10. 《乘用车生命周期碳排放核算技术规范》

2021 年 7 月，中汽中心发布了《乘用车生命周期碳排放核算技术规范》，规范了中国境内销售的乘用车的全生命周期碳排放核算，核算指标为乘用车单位行驶里程的碳排放量，通过生命周期单位行驶里程平均碳排放、原材料获取阶段碳排放量、生产阶段碳排放量、使用阶段碳排放量核算，实现乘用车的碳减排。

11. 《上海市温室气体排放核算与报告指南（试行）》

2012年12月，上海市发改委发布了《上海市温室气体排放核算与报告指南（试行）》，用以指导和规范上海市的企业、有关部门和专业机构统一、科学地开展相关碳排放监测、报告、核查和管理工作；明确了温室气体排放是指二氧化碳气体的排放，其他温室气体排放暂不纳入；规范了温室气体排放核算和报告的基本流程、范围、原则、边界确定、核算方法、监测、报告等。

12. 《北京市企业（单位）二氧化碳排放核算和报告指南》

2013年以来，北京市陆续发布《北京市企业（单位）二氧化碳排放核算和报告指南》。《北京市企业（单位）二氧化碳排放核算和报告指南（2017版）》明确了北京市企业（单位）二氧化碳排放的核算边界和核算方法，规定了二氧化碳排放监测和报告机制，详细规定了热力生产和供应企业、火力发电企业、水泥制造企业、石化生产企业、交通运输企业、其他服务企业（单位）、其他行业企业的核算和报告规范，提出了质量保证和质量控制的要求。

《北京市重点碳排放单位二氧化碳核算和报告要求（2021版）》对核算指南做了调整，北京市碳排放权交易市场管理的电力生产、水泥制造、石油化工生产、热力生产和供应、交通运输、服务业及其他行业排放单位年度碳排放核算和报告原则上按照《北京市二氧化碳核算和报告要求 电力生产业》（DB11/T1781-2020）等7个地方标准执行，但移动设施（交通运输行业除外）和外购电力的碳排放仅列入核算和报告方位，不计入履约边界。

13. 《组织的温室气体排放 量化和报告指南》

2018年11月，深圳市市场监督管理局发布了《组织的温室气体排放 量化和报告指南》（SZDB/Z 69-2018），这是深圳市标准化指导性技术文件。该指南适用对象为深圳市行政区域内碳排放权交易管控单位，也适用于其他自愿量化和报告温室气体排放的组织。管控单位包括任意一年的碳排放量达到300万吨二氧化碳当量以上的企业、大型公共建筑和建筑面积达到1万平方米以上的国家机关办公建筑的业主、自愿加入并经主管部门批准纳入碳排放控制管理的碳排放单位、市政府指定的其他碳排放单位。该指南明确了组织的温室气体排放量化和报告总体思路、温室气体排放量化报告的原则和工作流程；提出建立温室气体信息管理体系，确定基准年及边界，规范了设定基准年的原则和组织边界、运行边界界定的方法，识别排放源和明确范围一和范围二排放源类型，列出了温室气体排放量化方法，规定了活动数据收集方法以及排放因子选择的优先原则，加强管理与改进数据质量，规定了温室气体清单和报告编制内容、格式要求。

14.《企事业单位碳中和实施指南》

2021 年 6 月，北京市市场监督管理局发布了地方标准《企事业单位碳中和实施指南》（DB11/T 1861—2021），适用于企事业单位实施碳中和工作，园区实施碳中和工作同样可参照执行。标准规范了企事业单位碳中和实施工作的基本原则和实施流程，以及碳中和准备阶段、实施阶段、评价阶段和声明阶段的详细内容和工作要求。

15. 光伏发电站碳中和规范

2021 年 7 月，中国技术经济学会发布了《光伏发电站建设碳中和通用规范》和《光伏发电站运营碳中和通用规范》两项团体标准，对光伏发电站建设和运营阶段实施碳中和活动明确了标准，提出了要求，对光伏发电站实现碳中和具有重要的指导作用。

《光伏发电站建设碳中和通用规范》（T/CSTE 0063—2021）规定了光伏发电站建设活动碳中和承诺、温室气体减排、温室气体排放量化、温室气体排放抵消、碳中和评价以及碳中和声明等方面的要求。

《光伏发电站运营碳中和通用规范》（T/CSTE 0064—2021）规定了光伏发电站运营活动碳中和的温室气体排放量化、碳中和承诺、温室气体减排、温室气体排放核算、温室气体排放抵消、碳中和评价、碳中和声明等方面的要求，适用于已并网的新建、改建和扩建光伏发电站运营，包括与渔业、农业、畜牧业结合建设的光伏发电站，不适用于建筑一体化光伏发电站。

16.《碳管理体系 要求及使用指南》

2021 年 11 月，中国工业节能与清洁生产协会发布了《碳管理体系 要求及使用指南》，碳管理体系借鉴了国外成熟的能源管理体系标准、温室气体排放标准、质量管理体系标准等，增加了管理内容（碳排放管理、碳交易管理、碳资产管理以及碳中和管理）。碳管理体系的推出和应用将有利于全国碳市场稳定发展。

17.《林业碳汇项目审定和核证指南》

2021 年 12 月，国家市场监督管理总局、国家标准化管理委员会发布我国第一个林业碳汇国家标准《林业碳汇项目审定和核证指南》（GB/T 41198—2021），适用于中国温室气体自愿减排市场林业碳汇项目的审定和核证，其他碳减排机制或市场下的林业碳汇项目审定和核证可参照使用。该标准确定了审定和核证林业碳汇项目的基本原则，提供了林业碳汇项目审定和核证的术语、程序、内容和方法等方面的指导和建议。

18. 中国"双碳"大数据指数

2022 年 2 月，中国科技新闻学会、中国大数据网、"双碳"大数据与科技传播联合实验室发布了《中国"双碳"大数据指数白皮书（2022）》①，以中国城市作为评价对象，运用大数据手段建立了碳达峰碳中和高质量发展效果的评价体系——"中国'双碳'大数据指数"，以有效评价城市的"双碳"发展工作。

中国"双碳"大数据指数评价的对象为中国城市，最终每个城市的得分是 0～100 分的加权综合得分。评价指标由 4 个领域、20 个子领域构成，按照权重为不同领域打分。

在"双碳"发展水平领域，本年的"双碳"发展水平，包括 5 个子领域：单位 GDP 碳排放、人均碳排放、人均能耗、年均 $PM_{2.5}$ 浓度、绿色建筑发展水平。

在"双碳"发展进展领域，本年比上年的进步，包括 3 个子领域：服务业比重年增幅、单位 GDP 能耗年降幅、空气质量优良天数年增幅。

在"双碳"发展导向领域，城市"双碳"发展规划战略导向和"双碳"发展峰值目标的先进性，包括 5 个子领域：碳达峰目标年份、"双碳"发展规划战略导向作用、碳达峰碳中和立法地方性法规、新能源建设发展导向、公交建设发展导向。

在"双碳"发展管理领域，城市"双碳"发展相关管理体制和治理水平，包括 7 个子领域：创建"双碳"管理和发展策略、建立"双碳"管理制度、编制"双碳"操作管理规程、建立碳排放权交易平台、建立低碳与生态文明建设考评机制、建立减碳金融鼓励机制、创建碳中和示范工程。

19. "可持续发展（绿色低碳）工厂评价"系列标准

2022 年，中国技术经济学会、中国标准化协会发布了"可持续发展（绿色低碳）工厂评价"系列标准。标准采用"1 + N（通用 + 行业化）"标准模式，包括《可持续发展（绿色低碳）工厂评价通则》《可持续发展（绿色低碳）工厂评价要求 建筑陶瓷和卫生陶瓷行业》《可持续发展（绿色低碳）工厂评价要求 塑料制品行业》《可持续发展（绿色低碳）工厂评价要求 日化行

---

① 中国大数据网"双碳"大数据与科技传播联合实验室．［EB/OL］．（2022 - 02 - 14）［2022 - 04 - 10］．http：//zgdsj．org．cn/news/3212．cshtml．

业》《可持续发展（绿色低碳）工厂评价要求 电子电器行业》《可持续发展
（绿色低碳）工厂评价要求 纺织制成品及服饰行业》《可持续发展（绿色低
碳）工厂评价要求 建筑施工机械与设备行业》《可持续发展（绿色低碳）工
厂评价要求 制浆造纸行业》。系列标准采用信息披露的方式，要求企业开展
温室气体排放核算与报告，以及碳排放管理相关工作。

《可持续发展（绿色低碳）工厂评价通则》规定了可持续发展（绿色低
碳）工厂的评价边界，包含基本要求、基础设施、采购、能源与资源利用、
产品、环境排放及环境影响、低碳要求、管理体系等制造全生命周期的评价
体系，以及以信息披露为主要方式的评价方法和要求等通用技术内容。建筑
陶瓷和卫生陶瓷、塑料制品、日化、电子电器、纺织制成品及服饰、建筑施
工机械与设备、制浆造纸 7 个行业化标准在"通则"标准基础上更加突出行
业的特性要求，对评价体系和评价方法进行细化，以指导行业化可持续发展
（绿色低碳）工厂的培育、创建和评价工作。

20.《公民绿色低碳行为温室气体减排量化导则》

2022 年 4 月，中华环保联合会发布《公民绿色低碳行为温室气体减排量
化导则》（T/ACEF 031—2022）团体标准。首次全面系统探索制定公民绿色
低碳行为量化标准，适用于指导公民绿色行为碳减排量化评估规范的编制、
公民绿色行为碳减排量化评估等，明确规定了公民绿色行为碳减排量化的基
本原则、要求方法、术语定义等，对公众衣、食、住、行、用、办公、数字
金融七大类 40 项绿色低碳行为进行了分类、细化和描述，给出了常用化石燃
料相关参数缺省值和温室气体排放因子推荐值相关参数。

21.《碳管理体系 要求》

2022 年 6 月，中国认证认可协会发布了《碳管理体系 要求》（T/CCAA
39—2022）团体标准。该标准以生命周期碳管理为理念，采用风险和机遇思
维，遵循"策划—实施—检查—改进"（PDCA）持续改进的管理原则，为各
类组织开展碳管理活动、提升碳管理绩效提出了规范性要求，同时适合各类
组织的碳管理体系要求，可供第一方、第二方和第三方的各类机构使用。标
准引导组织采用体系的思维方式，引导行业从特定机制下的碳管理模式向产
品/服务生命周期过程的碳管理理念转变，有利于组织应用，以及为后续国际
互认打好基础，有效规范组织碳排放数据的采集、分析、核算、报告和披露
及其可信性，提升组织的碳数据管理的准确性和完整性，促进政府、行业、
金融机构、供应商，以及社会组织等相关方的采信。同时，该标准鼓励关注
从消费端促进碳减排，并提升组织自身的品牌形象。

22.《城镇水务系统碳核算与减排路径技术指南》

2022 年 7 月，中国城镇供水排水协会组织编写了《城镇水务系统碳核算与减排路径技术指南》。该指南由总则、城镇水务系统及其碳排放、碳排放核算原则与程序、规划建设、运行维护、资产重置与拆除、城镇水务系统碳减排路径、数据获取与管理、结果分析与报告、附录组成；将城镇水务系统分为给水系统、污水系统、再生水系统和雨水系统 4 个子系统，对全生命周期不同阶段的碳排放核算方法进行了规范，明确了不同子系统的碳排放活动位点，统一了碳排放核算边界，给出了透明的碳排放因子，提出了统一的碳排放核算与报告模板；从源头控制、过程优化、工艺升级、低碳能源和植物增汇 5 个方面，提出了城镇水务系统碳减排的方向、路径和策略。

23.《海洋碳汇测算方法》

2022 年 9 月，自然资源部发布了《海洋碳汇测算方法》（H/Y T 0349—2022）行业标准，由范围、规范性引用文件、术语和定义、海洋碳汇能力评估和附录 5 个部分组成。该标准认为，海洋碳汇是红树林、盐沼、海草床、浮游植物、大型藻类、贝类等从空气或海水中吸收并储存大气中二氧化碳的过程、活动和机制，并针对红树林、盐沼等不同类型，进行了海洋碳汇能力评估。该标准规定了海洋碳汇核算工作的流程、内容、方法及技术等要求，提供了一套完整用于核算我国海洋碳汇能力的实施方案，解决了海洋碳汇的量化问题，可用于海洋碳汇能力核算与区域比较。

24. 碳监测标准

（1）国家标准

1996 年 3 月，国家环境保护局科技标准司发布了《固定污染源排气中颗粒物测定与气态污染物采样方法》（GB/T 16157 - 1996），规定了使用奥氏气体分析仪法测定固定污染源排气中二氧化碳的方法。2008 年 5 月，中国石油和化学工业协会发布了《气体中一氧化碳、二氧化碳和碳氢化合物的测定 气相色谱法》（GB/T 8984 - 2008），规定了气体中二氧化碳的气相色谱测定方法，适用于氢、氧、氮、氖、氩、氦和氙等气体中一氧化碳、二氧化碳和甲烷的分项测定，以及一氧化碳、二氧化碳和碳氢化合物的总量（总碳）测定。2015 年 6 月，中国气象局发布了《气相色谱法本底大气二氧化碳和甲烷浓度在线观测方法》（GB/T 31705 - 2015），规定了本底大气二氧化碳浓度气相色谱在线观测方法。2017 年 9 月，中国气象局发布了《温室气体 二氧化碳测量 离轴积分腔输出光谱法》（GB/T 34286 - 2017），规定了使用离轴积分腔输出光谱法测量环境大气温室气体二氧化碳浓度的方法，适用于开展温室气体二氧化碳浓度的测量。2017年9月，中国气象局发布了《大气二氧化碳（CO_2）光腔衰荡光谱观测系统》（GB/T 34415 - 2017），规定了基于光腔衰荡光谱观测系统观测本底大气中二氧化碳浓度的安装环境、原理及系统组成、性能要求，适用于光腔衰荡光谱法在线观测本底大气二氧化碳浓度。

（2）行业标准

2007年6月，中国气象局发布了《本底大气二氧化碳浓度瓶采样测定方法——非色散红外法》（QX/T 67 - 2007），规定了本底大气中二氧化碳浓度的非色散红外测定方法，适用于本底大气瓶采样样品二氧化碳浓度的测定。2009年3月，原农业部发布了《沼气中甲烷和二氧化碳的测定 气相色谱法》（NY/T 1700 - 2009），规定了沼气中二氧化碳的气相色谱实验方法，适用于沼气中二氧化碳浓度的测定。2017年11月，国家卫计委发布了《工作场所空气有毒物质测定 第37部分 一氧化碳和二氧化碳》（GBZ/T 300.37 - 2017），规定了工作场所空气中二氧化碳的不分光红外线气体分析仪法，适用于工作场所空气中二氧化碳浓度的检测。2017年11月，环境保护部环境监测司和科技标准司发布了《固定污染源废气 二氧化碳的测定 非分散红外吸收法》（HJ 870 - 2017），规定了测定固定污染源废气中二氧化碳的非分散红外吸收法，适用于固定污染源废气中二氧化碳的测定。2017年12月，环境保护部环境监测司和科技标准司发布了《环境空气 无机有害气体的应急监测 便携式傅里叶红外仪法》（HJ 920 - 2017），规定了测定环境空气中无机有害气体的便携式傅里叶红外仪法，适用于环境空气中二氧化碳的现场应急监测，以及筛选、普查等先期调查工作。2018年6月，全国气候与气候变化标准化技术委员会大气成分观测预报预警服务分技术委员会发布了《温室气体 二氧化碳和甲烷观测规范 离轴积分腔输出光谱法》（QX/T 429 - 2018）规定了利用离轴积分腔输出光谱法观测二氧化碳方法外，对观测系统、安装要求、检漏与测试要求、运行和维护要求、溯源及数据处理要求等进行了规定，适用于温室气体二氧化碳离轴积分腔输出光谱法的在线观测和资料处理分析。2021年12月，国家能源局发布了《火电厂烟气二氧化碳排放连续监测技术规范》（DL/T2376 - 2021），规定了火电厂烟气二氧化碳排放连续监测系统的组成和功能、技术性能、监测站房、安装、调试检测、技术验收、运行管理及数据审核和处理的有关要求，适用于火电厂固定源烟气二氧化碳排放连续监测系统。

（3）团体标准

2020年11月，南方电网发布了《火力发电企业二氧化碳排放在线监测技术要求》（T/CAS 454 - 2020），规定了火力发电企业烟气二氧化碳排放在线监测系统（CDEMS）中的主要监测项目、性能指标、安装要求、数据采集处理方式、数据记录格式以及质量保证，适用于火力发电企业产生的二氧化碳排放量的在线监测，采用化石燃料（煤、天然气、石油等）为能源的工业锅炉、工业炉窑的二氧化碳排放量在线监测可参照执行。2022年1月，中国国际科技促进会发布了《卫星对地观测下的碳指标监测体系》（T/C001－2022），规定了卫星对地观测下的碳指标分级体系、碳指标遥感监测产品体系和碳指标监测技术体系框架等，适用于采用卫星对地观测技术进行双碳相关遥感信息产品的业务化反演生产和双碳监测技术系统的建设，为碳交易宏观监测提供量化依据；2022年5月，中国环境保护产业协会发布了《固定污染源二氧化碳排放连续监测技术规范》（T/CAEPI 48－2022），规定了固定污染源二氧化碳排放连续监测系统的组成和功能、监测站房、安装、技术性能指标调试检测、技术验收、日常运行维护、质量保证和质量控制以及数据审核和处理等有关要求，适用于固定污染源二氧化碳连续监测系统的建设、运行和管理。

2022年，中绿环保科技股份有限公司发布了《固定污染源碳排放（CO_2、CO、CH_4）在线自动监测系统技术要求》（征求意见稿），规定了固定污染源烟气（CO_2、CO、CH_4）在线自动监测的组成结构、技术要求、性能指标和检测方法，适用于固定污染源烟气（CO_2、CO、CH_4）在线自动监测的设计、生产和检测。

第三章　中国积极应对气候变化

中国历来重视气候变化，在《联合国气候变化框架公约》框架下制定了一系列政策，并实施了行动，为《巴黎协定》的达成、生效和实施作出了历史性、基础性的贡献，并作出"中国将提高国家自主贡献力度，采取更加有力的政策和措施，二氧化碳排放力争于 2030 年前达到峰值，努力争取 2060 年前实现碳中和"的庄严承诺。把低排放发展战略中的有关要求融入国民经济和社会发展规划，通过建立健全绿色低碳循环发展经济体系，促进中国经济社会发展的全面绿色转型。

第一节　中国积极参与气候行动

一、积极应对气候变化

长期以来，中国高度重视气候变化问题，主动承担相应责任，积极参与国际对话，努力推动全球气候谈判。

中国是最早制订实施应对气候变化国家方案的发展中国家。1994 年 3 月发布了《中国 21 世纪议程——中国 21 世纪人口、环境与发展白皮书》，2007 年 6 月制定了《中国应对气候变化国家方案》，2008 年 10 月发布了《中国应对气候变化的政策与行动》白皮书，2011 年 5 月发布了《省级温室气体排放清单编制指南（试行）》，2013 年 11 月发布了第一部专门针对适应气候变化的战略规划《国家适应气候变化战略》，2013—2015 年国家发改委先后出台了 24 个行业的企业温室气体排放核算方法与报告指南，2014 年 9 月发布了《国家应对气候变化规划（2014—2020 年）》，2015 年 6 月向《联合国气候变化框架公约》秘书处提交了《强化应对气候变化行动——中国国家自主贡献》文件，2015 年发布了《工业企业温室气体排放核算和报告通则》以及 10 个重点行业温室气体排放核算方法与报告要求，2016 年 4 月签署了《巴黎协定》，2016年9月发布了《中国落实2030年可持续发展议程国别方案》，2017年12月国家发改委印发了《全国碳排放权交易市场建设方案（发电行业）》，2019年4月住建部发布了《建筑物碳排放计算标准》，2019年5月生态环境部印发了《大型活动碳中和实施指南（试行）》，2019年12月财政部发布了《碳排放权交易有关会计处理暂行规定》，2020年10月生态环境部等5个部门发布了《关于促进应对气候变化投融资的指导意见》，2020年12月生态环境部发布了《碳排放权交易管理办法（试行）》，2021年3月生态环境部发布了《企业温室气体排放报告核查指南（试行）》《关于加强企业温室气体排放报告管理相关工作的通知》，2021年5月生态环境部发布了《碳排放权登记管理规则（试行）》《碳排放权交易管理规则（试行）》和《碳排放权结算管理规则（试行）》，2021年6月生态环境部发布了《环境影响评价与排污许可领域协同推进碳减排工作方案》，2021年7月生态环境部发布了《关于开展重点行业建设项目碳排放环境影响评价试点的通知》，2021年7月中汽中心发布了《乘用车生命周期碳排放核算技术规范》，2021年8月生态环境部发布了《关于推进国家生态工业示范园区碳达峰碳中和相关工作的通知》，2021年9月生态环境部发布了《碳监测评估试点工作方案》，2021年10月国家发改委等部门发布了《关于严格能效约束推动重点领域节能降碳的若干意见》，2021年10月生态环境部发布了《关于做好全国碳排放权交易市场数据质量监督管理相关工作的通知》《关于在产业园区规划环评中开展碳排放评价试点的通知》，2021年11月，国家机关事务管理局印发了《深入开展公共机构绿色低碳引领行动促进碳达峰实施方案》，2021年12月生态环境部等9个部门发布了《气候投融资试点工作方案》；区域性核算方法有《上海市温室气体排放核算与报告指南（试行）》《北京市企业（单位）二氧化碳排放核算和报告指南（2017版）》和深圳市《组织的温室气体排放 量化和报告指南》等，2021年6月北京市市场监督管理局发布了地方标准《企事业单位碳中和实施指南》，2021年7月中国技术经济学会发布了《光伏发电站建设碳中和通用规范》和《光伏发电站运营碳中和通用规范》两项团体标准，2023年5月国家标准委等部门印发的《加强消费品标准化建设行动方案》提出强化绿色低碳标准研制。

2015年以来，中国拟建煤电项目下降了74%，2021年9月，中国提出将大力支持发展中国家绿色低碳能源发展，不再新建境外煤电项目。

《"十四五"规划和2035年远景目标纲要》提出，落实2030年应对气候变化国家自主贡献目标，制订2030年前碳排放达峰行动方案。完善能源消费总量和强度双控制度，重点控制化石能源消费。实施以碳强度控制为主、碳排放总量控制为辅的制度，支持有条件的地方和重点行业、重点企业率先达到碳排放峰值。推动能源清洁低碳安全高效利用，深入推进工业、建筑、交通等领域低碳转型。加大甲烷、氢氟碳化物、全氟化碳等其他温室气体的控制力度。提升生态系统碳汇能力。锚定努力争取 2060 年前实现碳中和，采取更加有力的政策和措施。加强全球气候变暖对我国承受力脆弱地区影响的观测和评估，提升城乡建设、农业生产、基础设施适应气候变化能力。加强青藏高原综合科学考察研究。坚持公平、共同但有区别的责任及各自能力原则，建设性参与和引领应对气候变化国际合作，推动落实《联合国气候变化框架公约》及《巴黎协定》，积极开展气候变化南南合作。

二、中国应对气候变化的政策与行动

2021 年 1 月，生态环境部印发的《关于统筹和加强应对气候变化与生态环境保护相关工作的指导意见》提出，加强宏观战略统筹、加强规划有机衔接、全力推进达峰行动，注重系统谋划推动战略规划统筹融合；协调推动有关法律法规的制修订、推动标准体系统筹融合、推动环境经济政策统筹融合、推动实现减污降碳协同效应、协同推动适应气候变化与生态保护修复，突出协同增效推动政策法规统筹融合；推动统计调查统筹融合、评价管理统筹融合、监测体系统筹融合、监管执法统筹融合、督察考核统筹融合，打牢基础支撑，推动制度体系统筹融合；积极推进现有试点示范融合创新、推动部分地区和行业先行先试、推动重大科技创新和工程示范，强化创新引领，推动试点示范统筹融合；统筹开展国际合作与交流，做好国际公约谈判与履约，担当大国责任，推动国际合作统筹融合。"十四五"期间，应对气候变化与生态环境保护相关工作统筹融合的格局总体形成，协同优化高效的工作体系基本建立，在统一政策规划标准制定、统一监测评估、统一监督执法、统一督察问责等方面取得关键进展，气候治理能力明显提升；到 2030 年前，应对气候变化与生态环境保护相关工作整体合力将充分发挥，生态环境治理体系和治理能力稳步提升，为实现二氧化碳排放达峰目标与碳中和愿景提供支撑，助力美丽中国建设。

2021 年 6 月，生态环境部编制了《中国应对气候变化的政策与行动 2020 年度报告》，全面总结了 2019 年以来中国在应对气候变化方面的政策与行动及取得的成效。报告指出：通过把碳达峰碳中和纳入生态文明建设整体布局、加强碳达峰碳中和相关研究、推进应对气候变化规划编制、启动《国家适应气候变化战略2035》编制，强化了顶层设计；通过调整产业结构、节能提高能效、优化能源结构、控制非二氧化碳温室气体排放、增加生态系统碳汇、加强温室气体与大气污染物协同控制、持续推进低碳试点与地方行动，减缓气候变化；通过在农业领域、水资源领域、森林和其他陆地生态系统、海岸带和沿海生态系统、城市领域、人体健康领域、综合防灾减灾、适应气候变化国际合作等领域中的有力行动，适应气候变化；通过推动立法和标准制定、推进绿色制度建设、加快全国碳排放权交易市场建设，完善了体制机制；通过加强温室气体统计核算体系建设、强化科技支撑、拓展学科建设，加强了基础能力；通过形成全社会广泛参与的绿色低碳发展格局，开展全民行动；通过推动联合国框架下气候多边进程、参与其他多边气候谈判及合作，加强应对气候变化双边对话、深化应对气候变化南南合作，积极开展应对气候变化的国际交流与合作。

2021年8月，国务院印发的《关于支持北京城市副中心高质量发展的意见》提出，推动北京绿色交易所在承担全国自愿减排等碳交易中心功能的基础上，升级为面向全球的国家级绿色交易所，建设绿色金融和可持续金融中心。

2021年10月，国务院新闻办公室发表了《中国应对气候变化的政策与行动》白皮书。白皮书指出：第一，气候变化是全人类的共同挑战。中国高度重视应对气候变化。作为世界上最大的发展中国家，中国克服自身经济、社会等方面困难，实施了一系列应对气候变化战略、措施和行动，参与全球气候治理，应对气候变化，取得了积极成效。第二，中国实施积极应对气候变化的国家战略。不断提高应对气候变化力度，强化自主贡献目标，加快构建碳达峰碳中和"$1+N$"政策体系。坚定走绿色低碳发展道路，实施减污降碳协同治理，积极探索低碳发展新模式。加大温室气体排放控制力度，有效控制重点工业行业温室气体排放，推动城乡建设和建筑领域绿色低碳发展，构建绿色低碳交通体系，持续提升生态碳汇能力。充分发挥市场机制作用，持续推进全国碳市场建设，建立温室气体自愿减排交易机制。推进和实施适应气候变化的重大战略，持续提升应对气候变化支撑水平。第三，中国应对气候变化发生了历史性变化。经济发展与减污降碳协同效应凸显，绿色已成为经济高质量发展的亮丽底色，在经济社会持续健康发展的同时，碳排放强度显著下降。能源生产和消费革命取得显著成效，非化石能源快速发展，能耗强度显著降低，能源消费结构向清洁低碳加速转化。持续推动产业绿色低碳化和绿色低碳产业化。生态系统碳汇能力明显提高。绿色低碳生活成为新风尚。第四，应对气候变化是全人类的共同事业，面对全球气候治理前所未有的困难，国际社会要以前所未有的雄心和行动，勇于担当，勠力同心，积极应对气候变化，共谋人与自然和谐共生之道。第五，中国将脚踏实地落实国家自主贡献目标，强化温室气体排放控制，提升适应气候变化能力水平，为推动构建人类命运共同体作出更大努力和贡献，让人类生活的地球家园更加美好。

2021 年 10 月，中国政府向《联合国气候变化框架公约》秘书处正式提交《中国落实国家自主贡献成效和新目标新举措》和《中国本世纪中叶长期温室气体低排放发展战略》，这是中国履行《巴黎协定》的具体举措。要建立健全绿色低碳循环发展经济体系、构建清洁低碳安全高效的能源体系、建立以低排放为特征的工业体系、推进绿色低碳城乡建设、构建低碳综合交通运输体系、加强非二氧化碳温室气体管控、推进基于自然的解决方案、推动低排放技术创新、形成全民参与行动的新局面、推动气候治理体系和治理能力现代化。实现本次更新的国家自主贡献目标是：二氧化碳排放力争于 2030 年前达到峰值，努力争取 2060 年前实现碳中和。到 2030 年，中国单位国内生产总值二氧化碳排放将比 2005 年下降 65% 以上，非化石能源占一次能源消费比重将达到 25% 左右，森林蓄积量将比 2005 年增加 60 亿立方米，风电、太阳能发电总装机容量将达到 12 亿千瓦以上。

2021 年 11 月，中共中央、国务院印发的《关于深入打好污染防治攻坚战的意见》提出，深入推进碳达峰行动。处理好减污降碳和能源安全、产业链供应链安全、粮食安全、群众正常生活的关系，落实 2030 年应对气候变化国家自主贡献目标，以能源、工业、城乡建设、交通运输等领域和钢铁、有色金属、建材、石化化工等行业为重点，深入开展碳达峰行动。在国家统一规划的前提下，支持有条件的地方和重点行业、重点企业率先达峰。统筹建立二氧化碳排放总量控制制度。建设完善全国碳排放权交易市场，有序扩大覆盖范围，丰富交易品种和交易方式，并纳入全国统一公共资源交易平台。加强甲烷等非二氧化碳温室气体排放管控。制定《国家适应气候变化战略 2035》。大力推进低碳和适应气候变化试点工作。健全排放源统计调查、核算核查、监管制度，将温室气体管控纳入环评管理。

2021 年 11 月，生态环境部印发的《关于深化生态环境领域依法行政 持续强化依法治污的指导意见》提出，以实现减污降碳协同增效为总抓手，进一步强化降碳的刚性举措，将应对气候变化要求纳入"三线一单"生态环境分区管控体系，实施碳排放环境影响评价，打通污染源与碳排放管理统筹融合路径，从源头实现减污降碳协同作用。落实碳排放权登记、碳排放权交易、碳排放权结算等管理规则，依法加快推进全国碳排放权交易市场建设，积极推动构建生态环境应对气候变化标准体系，完善碳减排量评估与绩效评价标准、低碳评价标准、排放核算报告与核查管理技术规范。开展碳监测评估试点。

2021年12月，国家标准委等十部门印发的《"十四五"推动高质量发展的国家标准体系建设规划》提出，加快制定碳达峰碳中和标准。加快制定温室气体排放核算、报告和核查，温室气体减排效果评估、温室气体管理信息披露方面的标准。推动碳排放管理体系、碳足迹、碳汇、碳中和、碳排放权交易、气候投融资等重点标准的制定。完善碳捕集利用与封存、低碳技术评价等标准，发挥标准对低碳前沿技术的引领和规范作用。加快制定能效、能耗限额、能源管理、能源基础、节能监测控制、节能优化运行、综合能源等节能标准。研制煤炭、石油、天然气等化石能源清洁高效利用标准和产供储销体系建设标准。加强太阳能、风能、生物质能、氢能、核电、分布式发电、微电网、储能等新兴领域标准的研制。

2022年1月29日，国家发改委、国家能源局印发的《"十四五"现代能源体系规划》提出，加快构建现代能源体系是保障国家能源安全，力争如期实现碳达峰碳中和的内在要求。"十四五"时期，能源保障更加安全有力，能源低碳转型成效显著，能源系统效率大幅提高，创新发展能力显著增强，普遍服务水平持续提升。展望2035年，基本建成现代能源体系。

2022年4月，国家发改委、国家统计局、生态环境部印发的《关于加快建立统一规范的碳排放统计核算体系实施方案》提出，建立全国及地方碳排放统计核算制度，完善行业企业碳排放核算机制，建立健全重点产品碳排放核算方法，完善国家温室气体清单编制机制。到2023年，职责清晰、分工明确、衔接顺畅的部门协作机制基本建立，相关统计基础进一步加强，各行业碳排放统计核算工作稳步开展，碳排放数据对碳达峰碳中和各项工作的支撑能力显著增强，统一规范的碳排放统计核算体系初步建成；到2025年，统一规范的碳排放统计核算体系进一步完善，碳排放统计基础更加扎实，核算方法更加科学，技术手段更加先进，数据质量全面提高，为碳达峰碳中和工作提供全面、科学、可靠的数据支持。

2022年5月，农业农村部、国家发改委印发的《农业农村减排固碳实施方案》提出，重点开展种植业节能减排、畜牧业减排降碳、渔业减排增汇、农田固碳扩容、农机节能减排、可再生能源替代，实施稻田甲烷减排、化肥减量增效、畜禽低碳减排、渔业减排增汇、农机绿色节能、农田碳汇提升、秸秆综合利用、可再生能源替代、科技创新支撑、监测体系建设十大行动。"十四五"期间，在增强适应气候变化能力、保障粮食安全的基础上，探索全社会协同推进农业农村减排固碳的实施路径。到 2025 年，农业农村减排固碳与粮食安全、乡村振兴、农业农村现代化统筹融合的格局基本形成；到 2030 年，农业农村减排固碳与粮食安全、乡村振兴、农业农村现代化统筹推进的合力充分发挥。

2022 年 5 月，生态环境部等 17 部门联合印发的《国家适应气候变化战略 2035》提出：通过完善大气圈观测网络、建设多圈层及其相互作用观测网络、提升气候系统监测分析能力、提高精准预报预测水平、强化极端天气气候事件预警、提升评估技术水平和基础能力、加强敏感领域和重点区域气候变化影响和风险评估、强化灾害风险管理理念、强化防范化解重大风险、强化自然灾害综合治理、强化应急机制和处置力量建设，加强气候变化监测预警和风险管理；通过构建水资源及洪涝干旱灾害智能化监测体系、推进水资源集约节约利用、实施国家水网重大工程、完善流域防洪工程体系与洪水风险防控体系、强化大江大河大湖生态保护治理能力、构建陆地生态系统综合监测体系、建立完善陆地生态系统保护与监管体系、加强典型生态系统保护与退化生态系统恢复、提升灾害预警和防御与治理能力、实施生态保护和修复重大工程规划与建设、加强陆地生态系统生物多样性保护、完善海洋灾害观测预警与评估体系、提升海岸带及沿岸地区防灾御灾能力、加强沿海生态系统保护修复、持续改善海洋生态环境质量，提升自然生态系统适应气候变化能力；通过优化农业气候资源利用格局、强化农业应变减灾工作体系、增强农业生态系统气候韧性、建立适应气候变化的粮食安全保障体系、开展气候变化健康风险和适应能力评估、加强气候敏感疾病的监测预警及防控、增强医疗卫生系统气候韧性、全面推进气候变化健康适应行动、加强基础设施与重大工程气候风险管理、推动基础设施与重大工程气候韧性建设、完善基础设施与重大工程技术标准体系、突破基础设施与重大工程关键适应技术、强化城市气候风险评估、调整优化城市功能布局、保障城市基础设施安全运行、完善城市生态系统服务功能、加强城市洪涝防御能力建设与供水保障、提升城市气候风险应对能力、提升气象服务保障能力、防范气候相关金融风险、提高能源行业气候韧性、发展气候适应型旅游业、加强交通防灾和应急保障，强化经济社会系统适应气候变化能力；通过构建适应气候变化的国土空间、强化区域适应气候变化行动、提升重大战略区域适应气候变化能力，构建适应气候变化区域格局。

到 2025 年，适应气候变化政策体系和体制机制基本形成，气候变化和极端天气气候事件监测预警能力持续增强，气候变化不利影响和风险评估水平有效提升，气候相关灾害防治体系和防治能力现代化取得重大进展，各重点领域和重点区域适应气候变化行动有效开展，适应气候变化区域格局基本确立，气候适应型城市建设试点取得显著进展，先进适应技术得到应用推广，全社会自觉参与适应气候变化行动的氛围初步形成；到 2030 年，适应气候变化政策体系和体制机制基本完善，气候变化观测预测、影响评估、风险管理体系基本形成，气候相关重大风险防范和灾害防治能力显著提升，各领域和区域适应气候变化行动全面开展，自然生态系统和经济社会系统气候脆弱性明显降低，全社会适应气候变化理念广泛普及，适应气候变化技术体系和标准体系基本形成，气候适应型社会建设取得阶段性成效；到 2035 年，气候变化监测预警能力达到同期国际先进水平，气候风险管理和防范体系基本成熟，重特大气候相关灾害风险得到有效防控，适应气候变化技术体系和标准体系更加完善，全社会适应气候变化能力显著提升，气候适应型社会基本建成。

2022 年 6 月，生态环境部等 7 个部门印发的《减污降碳协同增效实施方案》提出：通过强化生态环境分区管控、加强生态环境准入管理、推动能源绿色低碳转型、加快形成绿色生活方式，加强源头防控；推进工业、交通运输、城乡建设、农业领域、生态建设等重点领域协同增效；通过推进大气污染防治、水环境治理、土壤污染治理、固体废物污染防治的协同控制，优化环境治理；通过开展区域、城市、产业园区、企业减污降碳协同创新，开展模式创新；通过加强协同技术研发应用、完善减污降碳法规标准、加强减污降碳协同管理、强化减污降碳经济政策、提升减污降碳基础能力，强化支撑保障。到 2025 年，减污降碳协同推进的工作格局基本形成，重点区域、重点领域结构优化调整和绿色低碳发展取得明显成效，形成一批可复制、可推广的典型经验；减污降碳协同度有效提升；到 2030 年，减污降碳协同能力显著提升，助力实现碳达峰目标，大气污染防治重点区域碳达峰与空气质量改善协同推进取得显著成效，水、土壤、固体废物等污染防治领域协同治理水平显著提高。

2022 年 6 月，住建部、国家发改委印发的《城乡建设领域碳达峰实施方案》提出，通过优化城市结构和布局、开展绿色低碳社区建设、全面提高绿色低碳建筑水平、建设绿色低碳住宅、提高基础设施运行效率、优化城市建设用能结构、推进绿色低碳建造，建设绿色低碳城市；通过提升县城绿色低碳水平、营造自然紧凑乡村格局、推进绿色低碳农房建设、推进生活垃圾污水治理低碳化、推广应用可再生能源，打造绿色低碳县城和乡村；通过建立完善法律法规和标准计量体系、构建绿色低碳转型发展模式、建立产学研一体化机制、完善金融财政支持政策，强化保障措施。

2030 年前，城乡建设领域碳排放达到峰值。城乡建设绿色低碳发展政策体系和体制机制基本建立；建筑节能、垃圾资源化利用等水平大幅提高，能源资源利用效率达到国际先进水平；用能结构和方式更加优化，可再生能源应用更加充分；城乡建设方式绿色低碳转型取得积极进展，"大量建设、大量消耗、大量排放"基本扭转；城市整体性、系统性、生长性增强，"城市病"问题初步解决；建筑品质和工程质量进一步提高，人居环境质量大幅改善；绿色生活方式普遍形成，绿色低碳运行初步实现。力争到 2060 年前，城乡建设方式全面实现绿色低碳转型，系统性变革全面实现，美好人居环境全面建成，城乡建设领域碳排放治理现代化全面实现，人民生活更加幸福。

2022 年 7 月，工业和信息化部、国家发改委、生态环境部印发的《工业领域碳达峰实施方案》提出，深度调整产业结构，深入推进节能降碳，积极推行绿色制造，大力发展循环经济，加快工业绿色低碳技术变革，主动推进工业领域数字化转型，实施重点行业达峰行动、绿色低碳产品供给提升行动。"十四五"期间，产业结构与用能结构优化取得积极进展，能源资源利用效率大幅提升，建成一批绿色工厂和绿色工业园区，研发、示范、推广一批减排效果显著的低碳零碳负碳技术工艺装备产品，筑牢工业领域碳达峰基础；到 2025 年，规模以上工业单位增加值能耗较 2020 年下降 13.5%，单位工业增加值二氧化碳排放下降幅度大于全社会下降幅度，重点行业二氧化碳排放强度明显下降；"十五五"期间，产业结构布局进一步优化，工业能耗强度、二氧化碳排放强度持续下降，努力达峰削峰，在实现工业领域碳达峰的基础上强化碳中和能力，基本建立以高效、绿色、循环、低碳为重要特征的现代工业体系，确保工业领域二氧化碳排放在 2030 年前达峰。

2022 年 9 月，国家能源局印发的《能源碳达峰碳中和标准化提升行动计划》提出，大力推进非化石能源标准化，加强新型电力系统标准体系建设，加快完善新型储能技术标准，加快完善氢能技术标准，进一步提升能效相关标准，健全完善能源产业链碳减排标准。到 2025 年，初步建立起较为完善、可有力支撑和引领能源绿色低碳转型的能源标准体系；到 2030 年，建立起结构优化、先进合理的能源标准体系。

2022 年 10 月，国家市场监管总局等 9 个部门印发的《建立健全碳达峰碳中和标准计量体系实施方案》提出，完善碳排放基础通用标准体系，加强重点领域碳减排标准体系建设，加快布局碳清除标准体系，健全市场化机制标准体系，完善计量技术体系，加强计量管理体系建设，健全计量服务体系。实施碳计量科技创新、碳计量基础能力提升、碳计量标杆引领、碳计量精准服务、碳计量国际交流的合作工程，开展双碳标准强基、百项节能降碳标准提升、低碳前沿技术标准引领、绿色低碳标准国际合作行动。到 2025 年，碳达峰碳中和标准计量体系基本建立；到 2030 年，碳达峰碳中和标准计量体系更加健全；到 2060 年，碳中和标准计量体系全面建成。

2022 年 10 月，生态环境部发布了《中国应对气候变化的政策与行动2022 年度报告》，全面总结了我国各领域应对气候变化新的部署和政策行动。中国实施积极应对气候变化的国家战略，将碳达峰碳中和纳入生态文明建设整体布局和经济社会发展全局。经初步核算，2021 年，单位 GDP 二氧化碳排放比 2020 年降低 3.8%，比 2005 年累计下降 50.8%，非化石能源占一次能源消费比重达到 16.6%，风电、太阳能发电总装机容量达到 6.35 亿千瓦，单位GDP 煤炭消耗显著降低，森林覆盖率和蓄积量连续 30 年实现"双增长"。中国通过完善应对气候变化工作的顶层设计，制定中长期温室气体排放控制战略，编制实施国家适应气候变化战略，实现了中国应对气候变化的新部署；通过调整产业结构、优化能源结构、促进节能提效、控制非二氧化碳温室气体排放、提升生态系统碳汇能力、推动减污降碳协同增效、深化试点示范，积极减缓气候变化；通过加强气候变化监测预警和风险管理、提升自然生态系统适应气候变化能力、强化经济社会系统适应气候变化能力、提升关键脆弱区域气候韧性，主动适应气候变化；通过推动立法和标准制定、完善经济政策、积极稳妥推进全国碳市场建设、加快温室气体统计核算监测体系建设、强化科技创新支撑、加强人才培养和能力建设、开展绿色低碳全民行动，完善政策体系和支撑保障；通过加强应对气候变化高层交往、推动多双边气候变化谈判、强化应对气候变化务实合作，积极参与应对气候变化全球治理。

2022 年 11 月，中国政府向《联合国气候变化框架公约》秘书处正式提交了《中国落实国家自主贡献目标进展报告（2022）》，报告反映，2020 年中国提出新的国家自主贡献目标以来，落实国家自主贡献目标的进展。在落实国家自主贡献目标的新部署新举措上，中国通过实施减污降碳协同治理、加快形成绿色发展的空间格局、加强生态环境准入管理、加快形成绿色生产生活方式，以"双碳"目标引领经济社会全面绿色转型，通过构建完成"1 + N"政策体系、完善绿色低碳政策来健全政策体系，以及通过加强统筹协调、将绿色低碳发展作为国民经济社会发展规划的重要组成部分、制定中长期温室气体排放控制战略、编制实施国家适应气候变化战略，来加强战略谋划和制度建设；重点领域控制温室气体排放取得新成效，经初步核算，2021年，中国碳排放强度比2020年降低了3.8%，比2005年累计下降50.8%。通过大力发展绿色低碳产业、优化产业结构，使低碳产业体系逐步完善；通过工业能效水平不断提升、清洁生产水平明显提高、绿色制造体系基本构建、工业结构不断优化，使工业领域持续提质增效；通过推进城乡建设和管理模式低碳转型、大力发展节能低碳建筑、持续推进北方地区冬季清洁取暖、大力推动农村节能和可再生能源的使用，使城乡建设绿色低碳水平持续提升；通过持续优化调整运输结构、推广节能低碳型交通工具、深入推进柴油货车的淘汰、积极引导低碳出行，使绿色低碳交通体系建设步伐加快；通过推动种植业节能减排、推动畜牧业减排降碳、推进渔业减排增汇、推进农机节能减排，使农业减排增效行动积极开展，通过政府引导、企业积极行动、公众广泛参与，使绿色低碳全面性蔚然成风。能源绿色低碳转型提速。2021年，非化石能源占能源消费比重达到16.6%，风能、太阳能总装机容量达到6.35亿千瓦，单位GDP煤炭消耗显著降低，通过非化石能源发电装机容量快速攀升，可再生能源利用水平显著提高，使非化石能源快速发展，通过合理控制煤炭消费，使能源消费总量有效控制，通过积极推进煤炭消费转型升级，使煤炭清洁利用水平不断提升。生态系统的碳汇巩固提升，截至2021年年底，全国森林覆盖率达到24.02%，森林蓄积量达到194.93亿立方米，通过全面加强资源保护巩固生态系统固碳作用，通过提高森林和草原碳汇、增强农田土壤碳汇提升生态系统的碳汇能力，通过全面查清森林草原湿地资源本底及生态状况、强化湿地和海洋及岩溶碳汇技术支撑，强化了生态系统碳汇基础支撑；全国碳市场启动运行，2021年7月16日，全国统一的碳市场正式开启上线交易，通过碳市场建设取得积极进展，使市场运行平稳有序，通过构建支撑全国碳市场运行的正常法规体系，使制度建设持续推进，通过碳市场的初见成效，使碳市场激励约束机制初见成效；通过编制实施国家适应气候变化新战略、气候变化监测预警水平不断提高、重点领域适应气候变化能力有效提升、城市适应气候变化工作扎实推进、适应气候变化意识逐步增强、适应气候变化国际合作日益深化，适应气候变化能力不断提升。

2023年2月，最高人民法院印发的《关于完整准确全面贯彻新发展理念为积极稳妥推进碳达峰碳中和提供司法服务的意见》提出，为实现碳达峰碳中和各项决策部署落地见效提供司法服务；积极稳妥推进碳达峰碳中和，统筹产业结构调整、减污降碳、生态保护、应对气候变化；依法助力协调与平衡发展和减排、整体和局部、短期和中长期、政府和市场的关系；以促进能源绿色低碳发展为关键，推动形成节约资源和保护环境的产业结构、生产方式、生活方式、空间格局，走符合中国国情和实际的司法服务道路；强化以环境保护法为基础，以生态保护、污染防治、资源利用以及能源开发等法律为主干，以行政法规规章为补充的碳达峰碳中和法律制度供给和执行；依法审理节能减排、低碳技术、碳交易、绿色金融等相关案件，促进气候变化减缓和适应；持续深化环境司法领域的国际合作交流，积极参与应对气候变化的全球治理；依法审理新业态新模式生产服务消费纠纷、温室气体排放侵权纠纷、大气污染防治和适应气候变化的行政补偿、企业环境信息披露纠纷案件，服务经济社会发展全面绿色转型；依法审理产能置换纠纷、高耗能高碳排放企业生态环境侵权纠纷、绿色金融纠纷案件，保障产业结构深度调整；依法审理煤炭资源利用和电源结构调整纠纷、油气资源开发纠纷、可再生能源发展纠纷、合同能源管理节能服务合同纠纷案件，助推构建清洁低碳安全高效能源体系；依法审理碳排放配额和核证自愿减排量交易纠纷、碳排放配额和核证自愿减排量担保纠纷、碳排放配额清缴行政处罚、涉温室气体排放报告纠纷案件，依法办理涉碳排放配额和核证自愿减排量金钱债权执行案件，推进完善碳市场交易机制；建立完善涉碳案件审判机制、着力提升专业化审判能力、推动开展绿色低碳社会行动示范，持续深化环境司法改革创新。

全国碳排放权交易市场是推动实现我国碳达峰、碳中和目标的重要政策工具。全国碳市场第一个履约周期共纳入发电行业重点排放单位 2162 家，年覆盖温室气体排放量约 45 亿吨二氧化碳。全国碳排放交易市场 2021 年 7 月 16 日正式启动上线交易，截至 2022 年 12 月 31 日，全国碳市场排放配额累计成交量 2.30 亿吨，累计成交额 104.75 亿元，成为同期全球最大的碳现货二级市场。2021 年，欧盟的碳市场交易也非常活跃，碳价突破了 90 欧元/吨。

三、中国实现碳达峰碳中和目标的顶层设计

2021 年 9 月 22 日，中共中央、国务院印发的《关于完整准确全面贯彻新发展理念做好碳达峰碳中和工作的意见》提出，推进经济社会发展全面绿色转型，深度调整产业结构，加快构建清洁低碳安全高效能源体系，加快推进低碳交通运输体系建设，提升城乡建设绿色低碳发展质量，加强绿色低碳重大科技攻关和推广应用，持续巩固提升碳汇能力，提高对外开放绿色低碳发展水平，健全法律法规标准和统计监测体系，完善政策机制。到 2025 年，单

位国内生产总值能耗比 2020 年下降 13.5%，单位国内生产总值二氧化碳排放比 2020 年下降 18%，非化石能源消费比重达到 20% 左右，森林覆盖率达到 24.1%，森林蓄积量达到 180 亿立方米，为实现碳达峰、碳中和奠定了坚实的基础；到 2030 年，单位国内生产总值能耗大幅下降，单位国内生产总值二氧化碳排放比 2005 年下降 65% 以上，非化石能源消费比重达到 25% 左右，风电、太阳能发电总装机容量达到 12 亿千瓦以上，森林覆盖率达到 25% 左右，森林蓄积量达到 190 亿立方米，二氧化碳排放量达到峰值并实现稳中有降；到 2060 年，绿色低碳循环发展的经济体系和清洁低碳安全高效的能源体系全面建立，能源利用效率达到国际先进水平，非化石能源消费比重达到 80% 以上，碳中和目标顺利实现。

2021 年 10 月，国务院印发的《2030 年前碳达峰行动方案》提出，重点实施能源绿色低碳转型行动、节能降碳增效行动、工业领域碳达峰行动、城乡建设碳达峰行动、交通运输绿色低碳行动、循环经济助力降碳行动、绿色低碳科技创新行动、碳汇能力巩固提升行动、绿色低碳全民行动、各地区梯次有序碳达峰行动。到 2025 年，非化石能源消费比重达到 20% 左右，单位国内生产总值能源消耗比 2020 年下降 13.5%，单位国内生产总值二氧化碳排放比 2020 年下降 18%，为实现碳达峰奠定了坚实的基础；到 2030 年，非化石能源消费比重达到 25% 左右，单位国内生产总值二氧化碳排放比 2005 年下降 65% 以上，顺利实现 2030 年前碳达峰目标。该方案强调，立足我国富煤贫油少气的能源资源禀赋，坚持先立后破，稳住存量，拓展增量，以保障国家能源安全和经济发展为底线，争取时间实现新能源的逐渐替代，推动能源低碳转型平稳过渡，切实保障国家能源安全、产业链供应链安全、粮食安全和群众正常生产生活，着力化解各类风险隐患，防止过度反应，稳妥有序、循序渐进地推进碳达峰行动，确保安全降碳。

2022 年 1 月 24 日，中共中央政治局就努力实现碳达峰碳中和目标进行了第 36 次集体学习，会议强调要处理好四大关系：一是发展和减排的关系。减排不是减生产力，也不是不排放，而是要走生态优先、绿色低碳发展道路，在经济发展中促进绿色转型，在绿色转型中实现更大发展，在降碳的同时确保能源安全、产业链供应链安全、粮食安全，确保群众正常生活。二是整体和局部的关系。既要增强全国一盘棋意识，又要充分考虑区域资源分布和产业分工的客观现实，不搞齐步走、"一刀切"。三是长远目标和短期目标的关系。既要立足当下，又要放眼长远，克服急功近利、急于求成的思想，把握好降碳的节奏和力度，实事求是、循序渐进、持续发力。四是政府和市场的关系。推动有为政府和有效市场更好结合，建立健全"双碳"工作激励约束机制。同时，加强统筹协调，推动能源革命，推进产业优化升级，加快绿色低碳科技革命，完善绿色低碳政策体系，积极参与和引领全球气候治理。

党的二十大报告指出，积极稳妥推进碳达峰碳中和。实现碳达峰碳中和是一场广泛而深刻的经济社会系统性变革。立足我国能源资源禀赋，坚持先立后破，有计划分步骤实施碳达峰行动。完善能源消耗总量和强度调控，重点控制化石能源消费，逐步转向碳排放总量和强度"双控"制度。推动能源清洁低碳高效利用，推进工业、建筑、交通等领域清洁低碳转型。深入推进能源革命，加强煤炭清洁高效利用，加大油气资源勘探开发和增储上产力度，加快规划建设新型能源体系，统筹水电开发和生态保护，积极安全有序发展核电，加强能源产供储销体系建设，确保能源安全。完善碳排放统计核算制度，健全碳排放权市场交易制度。提升生态系统碳汇能力。积极参与应对气候变化全球治理。

四、中国各地碳达峰的进展

中国政府明确宣布，二氧化碳排放力争于 2030 年前达到峰值，到 2030 年中国单位国内生产总值二氧化碳排放将比 2005 年下降 65% 以上。各省（区、市）都积极实施碳达峰行动。

《中国省级碳排放趋势及差异化达峰路径》指出，北京、上海、天津、江苏、福建、广东、浙江已实现碳排放与国内生产总值增长脱钩，属于达峰示范省（市）；贵州、陕西、安徽、江西、云南、湖北、重庆、广西、四川、湖南的碳排放与经济增长正在脱钩中，属于低碳潜力省（区、市）；山东、山西、河北、辽宁、吉林、河南、黑龙江、青海、甘肃的碳排放与经济增长待脱钩，属于低碳转型期省份；内蒙古、宁夏、新疆是我国的能源基地，海南、西藏是低碳转型初期的省区。[①]

《中国"双碳"大数据指数白皮书（2022）》指出，在中国的主要城市中，深圳、北京、广州、厦门、上海、杭州 6 个城市，已基本实现经济增长与碳排放脱钩，呈现已达峰态势；重庆、长沙、南昌、青岛、成都、福州、贵阳、合肥、海口、武汉、天津、南京、西安、南宁 14 个城市，碳排放增速明显慢于国内生产总值增速，处于脱钩期，有望在"十四五"时期达峰；郑

---

① 张诗卉，李明煜，王灿，等. 中国省级碳排放趋势及差异化达峰路径 [J]. 中国人口·资源与环境，2021，31（9）：45－54.

州、长春、兰州、沈阳、昆明、宁波、西宁、济南、哈尔滨、太原、石家庄、大连 12 个城市，尚未出现碳排放与国内生产总值脱钩的迹象，重工业比重高；乌鲁木齐、银川、呼和浩特 3 个城市作为中国的能源基地，经济发展相对依赖高碳排放的能源产业。①

《我国碳达峰碳中和战略及路径》报告指出，通过积极主动作为，我国二氧化碳有望于 2027 年左右实现达峰。

五、开展甲烷排控

甲烷是全球变暖的一个重要因素，是仅次于二氧化碳的第二大温室气体来源，温室效应却更强。《"十四五"规划和 2035 年远景目标纲要》提出，加大甲烷、氢氟碳化物、全氟碳化物等其他温室气体的控制力度。

《中美关于在 21 世纪 20 年代强化气候行动的格拉斯哥联合宣言》明确，加大行动控制和减少甲烷排放是 21 世纪 20 年代的必要事项。中美两国计划合作加强甲烷排放的测量，交流各自加强甲烷管控政策和计划的信息，并促进有关甲烷减排挑战和解决方案的联合研究；双方计划在国家和次国家层面制定强化甲烷排放控制的额外措施。中国将制订一份全面、有力度的甲烷国家行动计划，争取在 21 世纪 20 年代取得控制和减少甲烷排放的显著效果。

"十四五"期间，中国将结合相关规划和政策的制定和落实，推动开展控制甲烷排放行动。在煤炭开采、农业、城市固体废弃物、污水处理、石油天然气等领域，研究制定有效的甲烷减排措施，促进甲烷回收利用和减排技术的发展；推动出台甲烷排放控制行动方案，建立煤炭、油气、废弃物处理等领域甲烷减排的政策、技术和标准体系，适时修订煤层气排放标准，强化标准的实施，同时加强石油天然气开采、废弃物等领域甲烷排放控制和回收利用；修订温室气体自愿减排机制管理办法和相关方法，支持具备条件的甲烷减排项目参与温室气体自愿减排交易，利用市场机制，鼓励企业开展甲烷减排；加强重点领域甲烷排放的监测、核算、报告和核查体系建设，推动重点设施甲烷排放数据收集和分析，开展重点区域、重点企业甲烷减排成效评估跟踪，完善应对气候变化统计报告制度中甲烷相关数据的报告制度；继续鼓励重点领域甲烷自愿减排行动，鼓励地方和行业企业开展甲烷排放控制合作，建立示范项目和工程，推动甲烷利用相关技术、装备和产业发展；在甲烷控

---

① 中国大数据网双碳大数据与科技传播联合实验室．［EB/OL］．（2022 - 02 - 14）［2022 - 04 - 10］．http：//zgdsj.org.cn/news/3212.cshtml.

制政策、技术、标准体系、甲烷监测、核算、报告和核查体系以及减排技术创新等方面加强国际合作。[①]

六、新时代的中国绿色发展

2023 年 1 月 19 日，国务院新闻办公室发布了《新时代的中国绿色发展》白皮书，全面介绍新时代中国绿色发展理念、实践与成效，分享中国绿色发展经验。

中国建设人与自然和谐共生的现代化，创造了举世瞩目的生态奇迹和绿色发展奇迹。要坚持以人民为中心的发展思想，着眼于中华民族永续发展，坚持系统观念统筹推进，共谋全球可持续发展，坚定不移走绿色发展之路；优化国土空间开发保护格局，强化生态系统保护修复，推动重点区域绿色发展，建设生态宜居美丽家园，绿色空间格局基本形成；大力发展战略性新兴产业，引导资源型产业有序发展，优化产业区域布局，产业结构持续调整优化；促进传统产业绿色转型，推动能源绿色低碳发展，构建绿色交通运输体系，推进资源节约集约利用，广泛推行绿色生产方式；持续推进生态文明教育，广泛开展绿色生活创建，日益扩大绿色产品消费，让绿色生活方式渐成时尚；加强法治建设，强化监督管理，健全市场化机制，逐步完善绿色发展体制机制；积极参与全球气候治理，推进共建绿色"一带一路"，广泛开展双多边国际合作，携手共建美丽地球家园。

第二节 健全绿色低碳循环发展经济体系

一、建立健全绿色低碳循环发展经济体系的总体要求

建立健全绿色低碳循环发展经济体系，促进经济社会发展全面绿色转型，是解决我国资源环境生态问题的基础之策。2021 年 2 月，国务院印发了《关于加快建立健全绿色低碳循环发展经济体系的指导意见》，明确提出了建立健全绿色低碳循环发展经济体系的总体要求。

到 2025 年，产业结构、能源结构、运输结构明显优化，绿色产业比重显著提升，基础设施绿色化水平不断提高，清洁生产水平持续提高，生产生活

---

① 生态环境部 11 月例行新闻发布会实录［N］. 中国环境报，2021 – 11 – 26（3）.

方式绿色转型成效显著，能源资源配置更加合理，能源资源利用效率大幅提高，主要污染物排放总量持续减少，碳排放强度明显降低，生态环境持续改善，市场导向的绿色技术创新体系更加完善，法律法规政策体系更加有效，绿色低碳循环发展的生产体系、流通体系、消费体系初步形成。到 2035 年，绿色发展内生动力显著增强，绿色产业规模迈上新台阶，重点行业、重点产品能源资源利用效率达到国际先进水平，广泛形成绿色生产生活方式，碳排放达峰后稳中有降，生态环境根本好转，美丽中国建设目标基本实现。

二、健全绿色低碳循环发展的生产体系

《关于加快建立健全绿色低碳循环发展经济体系的指导意见》提出，健全绿色低碳循环发展的生产体系。

1. 推进工业绿色升级

加快实施钢铁、石化、化工、有色、建材、纺织、造纸、皮革等行业绿色化改造。推行产品绿色设计，建设绿色制造体系。大力发展再制造产业，加强再制造产品认证与推广应用。建设资源综合利用基地，促进工业固体废物综合利用。全面推行清洁生产，依法在"双超双有高耗能"行业实施强制性清洁生产审核。完善"散乱污"企业认定办法，分类实施关停取缔、整合搬迁、整改提升等措施。加快实施排污许可制度。加强工业生产过程中危险废物的管理。

2. 加快农业绿色发展

鼓励发展生态种植、生态养殖，加强绿色食品、有机农产品认证和管理。发展生态循环农业，提高畜禽粪污资源化利用水平，推进农作物秸秆综合利用，加强农膜污染治理。强化耕地质量保护与提升，推进退化耕地综合治理。发展林业循环经济，实施森林生态标志产品建设工程。大力推进农业节水，推广高效节水技术。推行水产健康养殖。实施农药、兽用抗菌药使用减量和产地环境净化行动。依法加强养殖水域、滩涂统一规划。完善相关水域禁渔管理制度。推进农业与旅游、教育、文化、健康等产业深度融合，加快一二三产业融合发展。

3. 提高服务业绿色发展水平

促进商贸企业绿色升级，培育一批绿色流通主体。有序发展出行、住宿等领域的共享经济，规范发展闲置资源交易。加快信息服务业绿色转型，做好大中型数据中心、网络机房绿色建设和改造，建立绿色运营维护体系。推进会展业绿色发展，指导制定行业相关绿色标准，推动办展设施循环使用。

推动汽修、装修装饰等行业使用低挥发性有机物含量原辅材料。倡导酒店、餐饮等行业不主动提供一次性用品。

4. 壮大绿色环保产业

建设一批国家绿色产业示范基地，推动形成开放、协同、高效的创新生态系统。加快培育市场主体，鼓励设立混合所有制公司，打造一批大型绿色产业集团；引导中小企业聚焦主业、增强核心竞争力，培育专精特新中小企业。推行合同能源管理、合同节水管理、环境污染第三方治理等模式和以环境治理效果为导向的环境托管服务。进一步放开石油、化工、电力、天然气等领域节能环保竞争性业务，鼓励公共机构推行能源托管服务。适时修订绿色产业指导目录，引导产业发展方向。

5. 提升产业园区和产业集群循环化水平

科学编制新建产业园区开发建设规划，依法依规开展规划环境影响评价，严格准入标准，完善循环产业链条，推动形成产业循环耦合。推进既有产业园区和产业集群循环化改造，推动公共设施共建共享、能源梯级利用、资源循环利用和污染物集中安全处置等。鼓励建设电、热、冷、气等多种能源协同互济的综合能源项目。鼓励化工等产业园区配套建设危险废物集中贮存、预处理和处置设施。

6. 构建绿色供应链

鼓励企业开展绿色设计、选择绿色材料、实施绿色采购、打造绿色制造工艺、推行绿色包装、开展绿色运输、做好废弃产品回收处理，实现产品全周期的绿色环保。选择100家左右积极性高、社会影响大、带动作用强的企业开展绿色供应链试点，探索建立绿色供应链制度体系。鼓励行业协会通过制定规范、咨询服务、行业自律等方式提高行业供应链绿色化水平。

三、健全绿色低碳循环发展的流通体系

《关于加快建立健全绿色低碳循环发展经济体系的指导意见》提出，健全绿色低碳循环发展的流通体系。

1. 打造绿色物流

积极调整运输结构，推进"铁水""公铁""公水"等多式联运，加快铁路专用线建设。加强物流运输组织管理，加快相关公共信息平台建设和信息共享，发展甩挂运输、共同配送。推广绿色低碳运输工具，淘汰更新或改造老旧车船，港口和机场服务、城市物流配送、邮政快递等领域要优先使用新能源或清洁能源汽车；加大推广绿色船舶示范应用力度，推进内河船型标准

化。加快港口岸电设施建设，支持机场开展飞机辅助动力装置替代设备建设和应用。支持物流企业构建数字化运营平台，鼓励发展智慧仓储、智慧运输，推动建立标准化托盘循环共用制度。

2. 加强再生资源回收利用

推进垃圾分类回收与再生资源回收"两网融合"，鼓励地方建立再生资源区域交易中心。加快落实生产者责任延伸制度，引导生产企业建立逆向物流回收体系。鼓励企业采用现代信息技术实现废物回收，线上与线下有机结合，培育新型商业模式，打造龙头企业，提升行业整体竞争力。完善废旧家电回收处理体系，推广典型回收模式和经验做法。加快构建废旧物资循环利用体系，加强废纸、废塑料、废旧轮胎、废金属、废玻璃等再生资源的回收利用，提升资源产出率和回收利用率。

3. 建立绿色贸易体系

积极优化贸易结构，大力发展高质量、高附加值的绿色产品贸易，从严控制高污染、高耗能产品出口。加强绿色标准国际合作，积极引领和参与相关国际标准制定，推动合格评定合作和互认机制，做好绿色贸易规则与进出口政策的衔接。深化绿色"一带一路"合作，拓宽节能环保、清洁能源等领域的技术装备和服务的合作。

四、健全绿色低碳循环发展的消费体系

《关于加快建立健全绿色低碳循环发展经济体系的指导意见》提出，健全绿色低碳循环发展的消费体系。

1. 促进绿色产品消费

加大政府绿色采购力度，扩大绿色产品采购范围，逐步将绿色采购制度扩展至国有企业。加强对企业和居民采购绿色产品的引导，鼓励地方采取补贴、积分奖励等方式促进绿色消费。推动电商平台设立绿色产品销售专区。加强绿色产品和服务认证管理，完善认证机构信用监管机制。推广绿色电力证书交易，引领全社会提升绿色电力消费。严厉打击虚标绿色产品行为，有关行政处罚等信息纳入国家企业信用信息公示系统。

2. 倡导绿色低碳生活方式

厉行节约，坚决制止餐饮浪费行为。因地制宜推进生活垃圾分类和减量化、资源化，开展宣传、培训和成效评估。扎实推进塑料污染全链条治理。推进过度包装治理，推动生产经营者遵守限制商品过度包装的强制性标准。提升交通系统智能化水平，积极引导绿色出行。深入开展爱国卫生运动，整

治环境脏乱差，打造宜居生活环境，开展绿色生活创建活动。

五、加快基础设施绿色升级

《关于加快建立健全绿色低碳循环发展经济体系的指导意见》提出，加快基础设施绿色升级。

1. 推动能源体系绿色低碳转型

坚持节能优先，完善能源消费总量和强度双控制度。提升可再生能源利用比例，大力推动风电、光伏发电发展，因地制宜发展水能、地热能、海洋能、氢能、生物质能、光热发电。加快大容量储能技术研发推广，提升电网汇集和外送能力。增加农村清洁能源供应，推动农村发展生物质能。促进燃煤清洁高效开发转化利用，继续提升大容量、高参数、低污染煤电机组占煤电装机比例。在北方地区县城，积极发展清洁热电联产集中供暖，稳步推进生物质耦合供热。严控新增煤电装机容量。提高能源输配效率。实施城乡配电网建设和智能升级计划，推进农村电网升级改造。加快天然气基础设施建设和互联互通。开展二氧化碳捕集、利用和封存试验示范。

2. 推进城镇环境基础设施建设升级

推进城镇污水管网全覆盖。推动城镇生活污水收集处理设施"厂网一体化"，加快建设污泥无害化、资源化处置设施，因地制宜布局污水资源化利用设施，基本消除城市黑臭水体。加快城镇生活垃圾处理设施建设，推进生活垃圾焚烧发电，减少生活垃圾填埋处理。加强危险废物集中处置能力建设，提升信息化、智能化监管水平，严格执行经营许可管理制度。提升医疗废物应急处理能力。做好餐厨垃圾资源化利用和无害化处理。在沿海缺水城市推动大型海水淡化设施建设。

3. 提升交通基础设施绿色发展水平

将生态环保理念贯穿交通基础设施规划、建设、运营和维护全过程，集约利用土地等资源，合理避让具有重要生态功能的国土空间，积极打造绿色公路、绿色铁路、绿色航道、绿色港口、绿色空港。加强新能源汽车充换电、加氢等配套基础设施建设。积极推广应用温拌沥青、智能通风、辅助动力替代和节能灯具、隔声屏障等节能环保先进技术和产品。加大工程建设中废弃资源的综合利用力度，推动废旧路面、沥青、疏浚土等材料以及建筑垃圾的资源化利用。

4. 改善城乡人居环境

相关空间性规划要贯彻绿色发展理念，统筹城市发展和安全，优化空间布局，合理确定开发强度，鼓励城市留白增绿。建立"美丽城市"评价体系，开展"美丽城市"建设试点。增强城市防洪排涝能力。开展绿色社区创建行动，大力发展绿色建筑，建立绿色建筑统一标识制度，结合城镇老旧小区改造推动社区基础设施绿色化和既有建筑节能改造。建立乡村建设评价体系，促进补齐乡村建设短板。加快推进农村人居环境整治，因地制宜推进农村改厕、生活垃圾处理和污水治理、村容村貌提升、乡村绿化美化等。继续做好农村清洁供暖改造、老旧危房改造，打造干净整洁有序美丽的村庄环境。

六、构建市场导向的绿色技术创新体系

《关于加快建立健全绿色低碳循环发展经济体系的指导意见》提出，构建市场导向的绿色技术创新体系。

1. 鼓励绿色低碳技术研发

实施绿色技术创新攻关行动，围绕节能环保、清洁生产、清洁能源等领域布局一批前瞻性、战略性、颠覆性的科技攻关项目。培育建设一批绿色技术国家技术创新中心、国家科技资源共享服务平台等创新基地平台。强化企业创新主体地位，支持企业整合高校、科研院所、产业园区等力量建立市场化运行的绿色技术创新联合体，鼓励企业牵头或参与财政资金支持的绿色技术研发项目、市场导向明确的绿色技术创新项目。

2. 加速科技成果转化

积极利用首台（套）重大技术装备政策支持绿色技术应用。充分发挥国家科技成果转化引导基金作用，强化创业投资等各类基金引导，支持绿色技术创新成果转化应用。支持企业、高校、科研机构等建立绿色技术创新项目孵化器、创新创业基地。及时发布绿色技术推广目录，加快先进成熟技术推广应用。深入推进绿色技术交易中心建设。

七、完善法律法规政策体系

《关于加快建立健全绿色低碳循环发展经济体系的指导意见》提出，完善相关的法律法规政策体系。

1. 强化法律法规支撑

推动完善促进绿色设计、强化清洁生产、提高资源利用效率、发展循环经济、严格污染治理、推动绿色产业发展、扩大绿色消费、实行环境信息公开、应对气候变化等方面的法律法规制度。强化执法监督，加大违法行为查处和问责力度，加强行政执法机关与监察机关、司法机关的工作衔接配合。

2. 健全绿色收费价格机制

完善污水处理收费政策，按照覆盖污水处理设施运营和污泥处理处置成本并合理盈利的原则，合理制定污水处理收费标准，健全标准动态调整机制。按照产生者付费原则，建立健全生活垃圾处理收费制度，各地区可根据本地实际情况，实行分类计价、计量收费等差别化管理。完善节能环保电价政策，推进农业水价综合改革，继续落实好居民阶梯电价、气价、水价制度。

3. 加大财税扶持力度

继续利用财政资金和预算内投资支持环境基础设施补短板强弱项、绿色环保产业发展、能源高效利用、资源循环利用等。继续落实节能节水环保、资源综合利用以及合同能源管理、环境污染第三方治理等方面的所得税、增值税等优惠政策。做好资源税征收和水资源费改税试点工作。

4. 大力发展绿色金融

发展绿色信贷和绿色直接融资，加大对金融机构绿色金融业绩评价考核力度。统一绿色债券标准，建立绿色债券评级标准。发展绿色保险，发挥保险费率调节机制作用。支持符合条件的绿色产业企业上市融资。支持金融机构和相关企业在国际市场开展绿色融资。推动国际绿色金融标准趋同，有序推进绿色金融市场双向开放。推动气候投融资工作。

5. 完善绿色标准、绿色认证体系和统计监测制度

开展绿色标准体系顶层设计和系统规划，形成全面系统的绿色标准体系。加快标准化支撑机构建设。加快绿色产品认证制度建设，培育一批专业绿色认证机构。加强节能环保、清洁生产、清洁能源等领域的统计监测，健全相关制度，强化统计信息共享。

6. 培育绿色交易市场机制

进一步健全排污权、用能权、用水权、碳排放权等交易机制，降低交易成本，提高运转效率。加快建立初始分配、有偿使用、市场交易、纠纷解决、配套服务等制度，做好绿色权属交易与相关目标指标的对接协调。

第三节　中国长期温室气体低排放发展战略

一、中国长期温室气体低排放发展战略愿景

2021 年 10 月，中国政府向《联合国气候变化框架公约》秘书处正式提

交了《中国本世纪中叶长期温室气体低排放发展战略》，向全球展示了中国温室气体低排放发展战略。

《中国本世纪中叶长期温室气体低排放发展战略》提出的战略愿景是：

加快建设绿色低碳循环发展的经济体系和清洁低碳安全高效的能源体系，大力推进低碳技术创新和低碳产业发展，全面形成绿色低碳生产和生活方式，全面提升生态系统质量和稳定性，构建气候治理体系，二氧化碳排放力争于2030年前达到峰值，努力争取2060年前实现碳中和，为实现《巴黎协定》确定的长期目标作出更大努力和贡献。

大力推动能源生产和消费革命。强化能源消费强度和总量双控，推动能源利用效率大幅提升。严格控制化石能源消费，大力发展非化石能源，到2030年非化石能源占能源消费比重达到25%左右，风电、太阳能发电总装机容量达到12亿千瓦以上。到2060年，全面建立清洁低碳安全高效的能源体系，能源利用效率达到国际先进水平，非化石能源消费比重达到80%以上。

加快推进工业领域绿色低碳转型。推动钢铁、建材、有色、石化、化工等行业碳达峰。持续削减工业过程二氧化碳排放。加快建设绿色零碳工业园区和绿色零碳供应链示范。到2030年，重点工业行业能源利用效率达到国际先进水平，实现低碳和数字经济"两翼"驱动，带动制造业组织和生产方式的根本性转变。

全面推进城乡建设绿色低碳发展。大力发展节能低碳建筑，到2025年，城镇新建建筑全面执行绿色建筑标准。加快优化建筑用能结构，到2025年，城镇建筑可再生能源替代率达8%，新建公共机构建筑、新建厂房屋顶光伏覆盖率力争达到50%。

加快推进低碳交通运输体系建设。积极扩大电力、氢能、天然气、先进生物液体燃料等在交通运输领域的应用。到2030年，当年新增新能源、清洁能源动力的交通工具比例达到40%左右，营运交通工具换算周转量碳排放强度较2020年下降9.5%左右，国家铁路单位换算周转量综合能耗比2020年下降10%。陆路交通运输石油消费力争2030年前达到峰值。

加快推动基于自然的解决方案，将可持续利用自然资源纳入应对气候变化政策和行动框架，最大限度地发挥自然在林业、农业、海洋、水资源、生态系统等领域的促进作用，全面增强应对气候变化的韧性。到2030年，全国森林覆盖率达到25%左右，森林蓄积量比2005年增加60亿立方米。

倡导简约适度、绿色低碳的生活理念，广泛形成绿色生产生活方式。建立健全应对气候变化的法规体系、制度体系、政策体系和标准体系，有效发挥市场机制作用，形成绿色低碳转型的内生动力。

二、中国长期温室气体低排放发展战略技术路径

《中国本世纪中叶长期温室气体低排放发展战略》提出的技术路径是：

持续推动节能技术进步与发展，通过加快普及先进适用的节能低碳、零碳技术与生产工艺，将智能制造、系统集成、循环链接等先进技术融入能源生产和消费的全过程，从整体和系统的角度大幅提高能源利用效率。

加快提升终端用能领域电气化水平，通过完善基础设施、应用推广电能替代技术等方式大力提升工农业生产、交通和城乡居民生活等终端用能领域中电力对其他能源形态的替代，电力成为终端部门用能的主力。

加速建设新型电力系统，大力发展可再生能源和先进核能技术，加快非化石能源降本提效发展及与现代信息技术革命的深度融合，积极发展"新能源＋储能""源网荷储"和多能互补，支持分布式新能源合理配置储能系统，推动清洁电力资源大范围优化配置。

积极扩大电力、氢能、天然气、先进生物液体燃料等新能源、清洁能源在钢铁、水泥、航空、航运等领域的应用。积极推动高效率、低成本二氧化碳移除技术研发和应用，加快发展电力、钢铁、水泥、化工等领域规模化、全流程的碳捕集利用和封存（CCUS）规模化示范和建设。

提升生态系统碳汇能力。实施重要生态系统保护和修复重大工程，开展山水林田湖草沙一体化保护和修复。深入推进大规模国土绿化行动，强化森林资源保护，强化草原生态保护修复，加强河湖、湿地保护修复，整体推进海洋生态系统保护修复，加强退化土地修复治理，实施历史遗留矿山生态修复工程。

三、中国长期温室气体低排放发展战略重点及政策导向

《中国本世纪中叶长期温室气体低排放发展战略》提出了十大战略重点及政策导向。

1. 建立健全绿色低碳循环发展经济体系

《中国本世纪中叶长期温室气体低排放发展战略》提出，着力调整经济结构、转变发展方式，催生促进绿色低碳发展的新技术、新产品、新产业、新模式、新业态和新经济，培育形成绿色低碳循环发展经济体系，不断提高发展质量和效益。

培育绿色低碳发展新动能，加快发展战略性新兴产业，完成对传统工业、

能源、建筑、交通基础设施的深度绿色低碳改造，使绿色制造产业成为经济增长新引擎和新优势。

建设以绿色低碳、可持续为特征的投资和消费体系，进一步激发全社会推动绿色低碳发展的内生动力和市场活力。加快建立绿色投资和消费的制度体系，建立健全气候友好的政策体系，完善促进绿色消费的体制机制。

2. 构建清洁低碳安全高效的能源体系

《中国本世纪中叶长期温室气体低排放发展战略》提出，持续推动能源生产和消费革命，在确保能源安全供应、满足国民经济可持续发展和人民生活水平不断提升等内在需要的同时，先立后破，大力提升能源利用效率，加快能源结构向清洁低碳方向转型。

加大力度提高能源利用效率，坚持节能优先方针，推动能源资源配置更加合理、利用效率大幅提高。

严格控制化石能源消费总量，大力推动煤炭清洁利用，严控煤电项目，加快推进非化石能源对化石能源的存量替代。

大力发展非化石能源，加快可再生能源发展步伐，不断提高非化石能源在能源消费中的比重。

3. 建立以低排放为特征的工业体系

《中国本世纪中叶长期温室气体低排放发展战略》提出，围绕资源能源利用效率和绿色生产水平提升，以节能减排、清洁生产为重要抓手，以绿色科技创新为支撑，调整工业用能结构和方式，深入实施绿色制造工程，全面构建绿色制造体系，推进重点行业绿色低碳改造。

加快推动传统工业生产方式绿色化变革，推动工业固废源头减量和资源综合利用，加快推进绿色制造体系建设，推广清洁低碳生产，形成低排放供应链。

大力发展循环经济，加快构建再生资源回收利用体系，以新材料技术为重点推行材料替代，提高资源回收利用水平。

推进重点行业优化升级和低碳化转型，制订钢铁、有色金属、石化化工、建材等行业碳达峰实施方案，加快部署氢能冶金等新型生产工艺的研究和应用，推动重点产业提质增效，加快推动工业结构优化升级，大力提升可再生能源在工业领域的应用。

4. 推进绿色低碳城乡建设

《中国本世纪中叶长期温室气体低排放发展战略》提出，加快建立符合中国国情的绿色低碳建筑创新体系，在满足新型城镇化、经济社会发展和人民生活水平提高带来的不断增长的建筑领域能源需求的同时，全面优化建筑终端用能结构，控制建筑领域能源消费总量，提升建筑能源利用效率。

全面发展绿色建筑，推广绿色低碳建材和绿色建造方式，加强县城绿色低碳建设，推动建立以绿色低碳为导向的城乡规划建设管理机制，建设绿色城镇、绿色社区。

大力优化建筑用能结构，推进可再生能源建筑应用，推动清洁取暖和引导科学取暖，提高建筑终端电气化水平，建设"光储直柔"建筑。

推进城镇建设和管理方式的低碳化转型，科学确定建设规模，倡导绿色低碳规划设计理念，优化城市空间布局和治理格局，推进城市基础设施建设，积极推广钢结构建筑，不断优化提升建筑绿色低碳运营水平。

加强县城绿色低碳建设，保持山水脉络和自然风貌，合理控制县城建设密度、强度和住宅高度，不断提高县城新建建筑中绿色建筑的比例，大力发展适应县城当地资源禀赋和需求的可再生能源，建设绿色节约型县城基础设施。

加快农房和村庄建设现代化，推动绿色农房建设，促进农房节能和碳减排，积极采用清洁能源解决用能需求，推广小型化、生态化、分散化的农村污水处理方式，推动农村生活垃圾源头减量，推进农村能源结构革新。

5. 构建低碳综合交通运输体系

《中国本世纪中叶长期温室气体低排放发展战略》提出，坚持优化供给与引导需求并重，充分发挥各种运输方式的比较优势和组合效率，加快建成绿色低碳综合交通运输体系。

打造低碳高效交通运输系统。建设综合立体交通网络，积极推进绿色铁路、绿色公路、绿色航道、绿色港口、绿色机场、绿色枢纽等建设，加快优化调整运输结构，推进智慧交通发展，加快交通领域重点节能低碳技术、产品的研发推广应用。

加快推动交通领域能源结构变革，持续提升新能源汽车保有率，大力推广低碳能源船舶的应用，探索生物质燃料和其他合成燃料在民用航空中的应用，加大太阳能、风能和地热能等可再生能源在交通基础设施中的应用。

加快构建绿色出行体系，优先发展城市公共交通，提高绿色出行比例，积极发展区际快速客运服务，提高城市群内轨道交通通勤化水平，鼓励城际道路客运公交化运行。

6. 加强非二氧化碳温室气体管控

《中国本世纪中叶长期温室气体低排放发展战略》提出，统筹能源活动、工业生产过程、农业、废弃物处理等领域的非二氧化碳温室气体管控，强化温室气体排放与大气污染物排放的协同控制，有重点、分步骤、分阶段将不同类型非二氧化碳温室气体排放纳入量化管控范围，建立和完善非二氧化碳排放统计核算体系、政策体系和管理体系。积极履行《关于消耗臭氧层物质的蒙特利尔议定书》基加利修正案，严格要求全部二氟一氯甲烷生产企业无害化处置其副产物三氟甲烷；加大低碳环保替代技术研发和应用，在替代减排氟氯烃的过程中积极采用低全球增温潜势值替代技术；推动受控物质回收、再利用和无害化处理，支持相关生产企业创建绿色工厂，严格控制生产过程中受控物质泄漏和排放。优先在替代技术相对成熟的行业开展替代减排氢氟碳化物行动。

7. 推进基于自然的解决方案

《中国本世纪中叶长期温室气体低排放发展战略》提出，坚持人与自然和谐共生，积极发挥"基于自然的解决方案"在温室气体减排与增汇方面的潜力，提高陆地和海洋生态系统气候恢复力水平，使绿水青山持续发挥生态效益和经济社会效益。

形成减排增汇的国土空间布局和生态系统，整体谋划新时代国土空间开发保护格局，推动提升生态系统服务功能，提高国土空间韧性。

推动农业绿色低碳转型，发展绿色低碳循环农业，提高农业生产效率和综合效益，推进农业废弃物综合利用产业结构优化和提质增效，大力推进生态技术、绿色技术和增汇型技术研发和推广应用。

加强生态系统保护修复和碳储存，进一步加强森林、草原、海洋、湿地、荒漠生态保护和修复，减少灾害导致的温室气体排放，创新发展林草绿色低碳产业，全面建成以国家公园为主体的自然保护地体系，积极保护修复红树林、海草床、盐沼等蓝碳生态系统，探索水产养殖业碳汇、贝藻类渔业碳汇、微型生物碳汇等增汇技术研究和实践，开展生态系统及人类二氧化碳排放变化反演的碳源汇监测和评估。

8. 推动低排放技术创新

《中国本世纪中叶长期温室气体低排放发展战略》提出，以科技创新为引领，加强技术研发和国际合作，加快部署和应用前沿、关键和颠覆性技术，将发展和推广各类节能、提高能效等可持续能源消费技术作为中长期成本最低、协同效益最直接的减排措施。

加大节能技术发展应用力度，加快普及先进适用节能低碳零碳技术与工艺，加快推动需求减量、智能制造、系统集成等能效提升技术的应用。

大力发展非化石能源开发利用技术，大力支持和发展一批低成本、高效率的可再生能源利用技术，推动互联网、大数据等技术与可再生能源产业深度融合，加大小型灵活核反应堆等先进核能研发力度。

积极推动革命性减排技术的创新发展，集中力量开展技术攻关，推广先进成熟绿色低碳技术，建设全流程、集成化、规模化二氧化碳捕集利用与封存示范项目，推进熔盐储能供热和发电应用示范，加快氢能技术研发应用。

9. 形成全民参与行动新局面

《中国本世纪中叶长期温室气体低排放发展战略》提出，将培育绿色低碳生活方式作为改善生活环境和提升社会文明水平的重要指标，广泛宣传和倡导简约适度、绿色低碳、文明健康的生活理念，建立完善推动绿色生活消费的相关政策和管理制度。

全面提升公众绿色低碳生活消费意识。普及绿色低碳理念，提倡绿色健康的营养膳食结构，发挥公共机构对全社会践行绿色低碳理念的示范引领作用，推行绿色低碳居住和出行方式。

10. 推动气候治理体系和治理能力现代化

《中国本世纪中叶长期温室气体低排放发展战略》提出，推动制度性变革，加快构建现代气候治理体系，建立健全气候治理的法规体系、制度体系、政策体系、市场体系和支撑体系，基本建成以政府为主导、企业为主体、社会组织和公众共同参与的气候治理体系，推动建立科学合理的国际海运、航空温室气体减排机制。

不断完善法律体系，加强法律法规间的衔接，研究制定碳中和专项法律。

建立健全政策体系，编制印发分领域分行业碳达峰实施方案，制订科技支撑、绿色金融、财税、价格等保障方案，支撑碳达峰碳中和目标的实现。

加快建设市场机制，加快建成和稳定运行的全国碳排放权交易市场，稳定扩大碳市场覆盖行业范围和温室气体种类，同步推进温室气体核证减排交易市场建设，积极参与国际碳市场相关合作。

第四章　能源绿色低碳转型行动

《2030 年前碳达峰行动方案》提出，能源是经济社会发展的重要物质基础，也是碳排放的最主要来源。要坚持安全降碳，在保障能源安全的前提下，大力实施可再生能源替代，加快构建清洁低碳安全高效的能源体系。通过推进煤炭消费替代和转型升级、大力发展新能源、因地制宜开发水电、积极安全有序发展核电、合理调控油气消费、加快建设新型电力系统，实施能源绿色低碳转型行动。

第一节　推进煤炭消费替代和转型升级

一、加快煤炭减量步伐

《2030 年前碳达峰行动方案》提出，加快煤炭减量步伐，"十四五"时期严格合理控制煤炭消费增长，"十五五"时期逐步减少煤炭消费。

《煤炭工业"十四五"高质量发展指导意见》提出，对 14 个大型煤炭基地的功能要合理定位、科学规划，推动煤炭资源开发与生态环境保护系统性规划，科学布局。到"十四五"末，国内煤炭产量控制在 41 亿吨左右，全国煤炭消费量控制在 42 亿吨左右，年均消费增长 1% 左右。全国煤矿数量控制在 4000 处以内，大型煤矿产量占 85% 以上，大型煤炭基地产量占 97% 以上；建成煤矿智能化采掘工作面 1000 处以上；建成千万吨级矿井（露天）数量 65 处，产能超过 10 亿吨/年。培育 3~5 家具有全球竞争力的世界一流煤炭企业。

内蒙古东部（东北）、云贵基地：稳定规模、安全生产，区域保障。这两处基地的煤炭产量分别稳定在 5 亿吨/年、2.5 亿吨/年左右，要提高区域煤炭稳定供应保障能力。

冀中、鲁西、河南、两淮基地：控制规模，提升水平，基本保障。这四处基地的煤炭产量分别稳定在 0.6 亿吨/年、1.2 亿吨/年、1.2 亿吨/年、1.3 亿吨/年左右。

晋北、晋中、晋东、神东、陕北、黄陇基地：控制节奏，高产高效，兜底保障。控制煤炭总产能，建设一批大型智能化煤矿，提高基地长期稳定供应能力。晋北、晋中、晋东基地的煤炭产量控制在 9 亿吨/年左右，神东基地控制在 9 亿吨/年左右，陕北和黄陇基地控制在 6.4 亿吨/年左右。

新疆基地：科学规划，把握节奏，应急保障。超前做好矿区总体规划，合理把握开发节奏和建设时序，就地转化与外运结合，实现煤炭梯级开发、梯级利用，做好应急储备和能力保障。"十四五"期间煤炭产量稳定在 3 亿吨/年左右。

宁东基地：稳定规模，就地转化，区内平衡。煤炭产量稳定在 0.8 亿吨/年左右。

《黄河流域生态保护和高质量发展规划纲要》提出，合理控制煤炭开发强度，严格规范各类勘探开发活动，推动煤炭产业绿色化、智能化发展。

《关于完整准确全面贯彻新发展理念做好碳达峰碳中和工作的意见》提出，加快煤炭减量步伐，"十四五"时期严控煤炭消费增长，"十五五"时期逐步减少煤炭消费。

《关于深入打好污染防治攻坚战的意见》提出，加快煤炭减量步伐，实施可再生能源替代行动。"十四五"时期，严控煤炭消费增长，非化石能源消费比重提高到 20% 左右，京津冀及周边地区、长三角地区的煤炭消费量分别下降 10%、5% 左右，汾渭平原煤炭消费量实现负增长。原则上不再新增自备燃煤机组。重点区域的平原地区散煤基本清零。

《"十四五"支持老工业城市和资源型城市产业转型升级示范区高质量发展实施方案》提出，稳妥有序推进煤炭减量替代，统筹煤电发展和保供调峰，保障能源供应安全。

《西安都市圈发展规划》提出，合力控制煤炭消费总量，提高区域清洁能源在终端能源消费中的比例。

《财政支持做好碳达峰碳中和工作的意见》提出，有序减量替代，推进煤炭消费转型升级。

《减污降碳协同增效实施方案》提出，"十四五"时期严格合理控制煤炭消费增长，"十五五"时期逐步减少煤炭消费。重点削减散煤等非电用煤。

《黄河流域生态环境保护规划》提出，有序有效开发山西、鄂尔多斯盆地综合能源基地资源，推动宁东、陇东、陕北、海西等重要能源基地高质量发展。

二、严格控制新增煤电项目

《2030 年前碳达峰行动方案》提出，严格控制新增煤电项目，新建机组煤耗标准达到国际先进水平，有序淘汰煤电落后产能，加快现役机组节能升级和灵活性改造，积极推进供热改造，推动煤电向基础保障性和系统调节性电源并重转型。

《"十四五"规划和 2035 年远景目标纲要》提出，合理控制煤电建设规模和发展节奏，推进煤电灵活性改造。

《关于完善能源绿色低碳转型体制机制和政策措施的意见》提出，对区域内现有煤电机组进行升级改造，探索建立送受两端协同为新能源电力输送提供调节的机制。

国家能源局明确表示，"十四五"时期严控煤电项目，原则上不再新建单纯以发电为目的的煤电项目，按需安排一定规模保障电力供应安全的支撑性电源和促进新能源消纳的调节性电源。统筹低碳转型与能源安全，严格控制煤电新增规模，合理控制煤电发电量增长，大力推动现役机组改造升级和规范运行，加大力度推进煤电行业碳捕集利用与封存，探索实施煤电行业碳排放权交易，大力推进煤电行业的碳达峰。

《"十四五"现代能源体系规划》提出，发挥煤电支撑性调节性作用。统筹电力保供和减污降碳，根据发展需要合理建设先进煤电，保持系统安全稳定运行必需的合理裕度，加快推进煤电由主体性电源向提供可靠容量、调峰调频等辅助服务的基础保障性和系统调节性电源转型，充分发挥现有煤电机组应急调峰能力，有序推进支撑性、调节性电源建设。

2021 年 9 月，中国提出将大力支持发展中国家绿色低碳能源发展，不再新建境外煤电项目。

《关于完整准确全面贯彻新发展理念做好碳达峰碳中和工作的意见》提出，统筹煤电发展和保供调峰，严控煤电装机规模，加快现役煤电机组节能升级和灵活性改造，逐步减少直至禁止煤炭散烧。

《黄河流域生态保护和高质量发展规划纲要》提出，推进煤炭清洁高效利用，严格控制新增煤电规模，加快淘汰落后煤电机组。

《关于推进共建"一带一路"绿色发展的意见》提出，促进煤电等项目绿色低碳发展。全面停止新建境外煤电项目，稳慎推进在建境外煤电项目。推动建成境外煤电项目绿色低碳发展，鼓励相关企业加强煤炭清洁高效利用。

《减污降碳协同增效实施方案》提出，严控煤电项目，严禁在国家政策允许的领域以外新（扩）建燃煤自备电厂。

三、严控跨区外送可再生能源电力配套煤电规模

《2030 年前碳达峰行动方案》提出，严控跨区外送可再生能源电力配套煤电规模，新建通道可再生能源电量比例原则上不低于 50%。

《"十四五"现代能源体系规划》提出，优化能源输送格局，减少能源流向交叉和迂回，提高输送通道利用率。有序推进大型清洁能源基地电力外送，提高存量通道输送可再生能源电量比例，新建通道输送可再生能源电量比例原则上不低于 50%，优先规划输送可再生能源电量比例更高的通道。

加大力度规划建设以大型风光电基地为基础，以其周边清洁高效先进节能的煤电为支撑，以稳定安全可靠的特高压输变电线路为载体的新能源供给消纳体系，是"十四五"时期的方向。

四、推动重点用煤行业减煤限煤

《2030 年前碳达峰行动方案》提出，推动重点用煤行业减煤限煤。

《"十四五"节能减排综合工作方案》提出，严格合理控制煤炭消费增长。到 2025 年，非化石能源占能源消费总量比重达到 20% 左右。"十四五"时期，京津冀及周边地区、长三角地区煤炭消费量分别下降 10%、5% 左右，汾渭平原的煤炭消费量实现负增长。

《"十四五"现代能源体系规划》提出，"十四五"时期严格合理控制煤炭消费增长，严格控制钢铁、化工、水泥等主要用煤行业的煤炭消费。

五、推动煤炭清洁利用

《2030 年前碳达峰行动方案》提出，大力推动煤炭清洁利用，合理划定禁止散烧区域，多措并举、积极有序推进散煤替代，逐步减少直至禁止煤炭散烧。

《粤港澳大湾区发展规划纲要》提出，大力推进煤炭清洁高效利用，控制煤炭消费总量，不断提高清洁能源比重。

《"十四五"规划和 2035 年远景目标纲要》提出，推动煤炭等化石能源清洁高效利用，推进钢铁、石化、建材等行业绿色化改造。

《全国煤电机组改造升级实施方案》提出，推动煤电机组节能提效升级和清洁化利用，开展煤电机组供热改造，加快实施煤电机组灵活性制造和灵活性改造，淘汰关停低参数小火电，规范燃煤自备电厂运行，优化煤电机组运

行管理，严格新增煤电机组节能降耗标准，加大对节能降耗改造机组政策支持。到2025年，全国火电平均供电煤耗降至300克标准煤/千瓦时以下。"十四五"期间，节煤降耗改造规模不低于3.5亿千瓦，供热改造规模力争达到5000万千瓦，实现煤电机组灵活性制造规模1.5亿千瓦。

《关于深入打好污染防治攻坚战的意见》提出，推动煤炭等化石能源清洁高效利用。

《"十四五"推动高质量发展的国家标准体系建设规划》提出，研制煤炭清洁高效利用和产供储销体系建设标准。

《"十四五"节能减排综合工作方案》提出，实施煤炭清洁高效利用工程。抓好煤炭清洁高效利用，推进存量煤电机组节煤降耗改造、供热改造、灵活性改造的"三改联动"，持续推动煤电机组超低排放改造。稳妥有序推进大气污染防治重点区域燃料类煤气发生炉、燃煤热风炉、加热炉、热处理炉、干燥炉（窑）以及建材行业煤炭减量，实施清洁电力和天然气替代。推广大型燃煤电厂热电联产改造，充分挖掘供热潜力，推动淘汰供热管网覆盖范围内的燃煤锅炉和散煤。加大落后燃煤锅炉和燃煤小热电的退出力度，推动以工业余热、电厂余热、清洁能源等替代煤炭供热（蒸汽）。

《支持贵州在新时代西部大开发上闯新路的意见》提出，加快推动煤炭清洁高效利用。加快现役煤电机组节能升级和灵活性改造，推动以原址扩能升级改造及多能互补方式建设清洁高效燃煤机组。

《"十四五"现代能源体系规划》提出，大力推动煤炭清洁高效利用。大力推动煤电节能降碳改造、灵活性改造、供热改造的"三改联动"，"十四五"期间节能改造规模不低于3.5亿千瓦。新增煤电机组全部按照超低排放标准建设，煤耗标准达到国际先进水平。持续推进北方地区冬季清洁取暖，推广热电联产改造和工业余热余压综合利用，逐步淘汰供热管网覆盖范围内的燃煤小锅炉和散煤，鼓励公共机构、居民使用非燃煤高效供暖产品。力争到2025年，大气污染防治重点区域散煤基本清零，基本淘汰35蒸吨/小时以下燃煤锅炉。

《"十四五"现代能源体系规划》提出，研发煤炭清洁高效开发利用技术，开展煤炭绿色智能开采、先进燃煤发电、超临界二氧化碳发电、老旧煤电机组延寿升级改造、煤制油、煤制气、先进煤化工等技术研发及示范应用。

《关于完善能源绿色低碳转型体制机制和政策措施的意见》提出，完善煤炭清洁开发利用政策，发挥好煤炭在能源供应保障中的基础作用，建立煤矿绿色发展长效机制，大力推动煤炭清洁高效利用，完善绿色智能煤矿建设标准体系，健全煤矿智能化技术、装备、人才发展支持政策体系，完善煤矸石、矿井水、煤矿井下抽采瓦斯等资源综合利用及矿区生态治理与修复支持政策，鼓励利用废弃矿区开展新能源及储能项目开发建设，依法依规加快办理绿色智能煤矿等优质产能和保供煤矿的环保、用地、核准、采矿等相关手续，科学评估煤炭企业产量减少和关闭退出的影响；完善煤电清洁高效转型政策，统筹协调有序控煤减煤，推动煤电向基础保障性和系统调节性电源并重转型，加强煤电机组与非化石能源发电、天然气发电及储能的整体协同，推进煤电机组节能提效、超低排放升级改造，鼓励在合理供热半径内的存量凝汽式煤电机组实施热电联产改造，在允许燃煤供热的区域，鼓励建设燃煤背压供热机组，探索开展煤电机组抽汽蓄能改造，有序推动落后煤电机组关停整合，加大燃煤锅炉淘汰力度，原则上不新增企业燃煤自备电厂，加大燃煤自备机组节能减排力度，支持利用退役火电机组的既有厂址和相关设施建设新型储能设施或改造为同步调相机，完善火电领域二氧化碳捕集利用与封存技术研发和试验示范项目支持政策。

《长江中游城市群发展"十四五"实施方案》提出，鼓励煤炭应急储备项目建设，抓好煤炭清洁高效利用。

《北部湾城市群建设"十四五"实施方案》提出，严格合理控制煤炭消费增长，抓好煤炭清洁高效利用，推进存量煤电机组节能升级和灵活性改造，合理建设先进煤电。

《煤炭清洁高效利用重点领域标杆水平和基准水平（2022年版）》提出，合理确定指标，充分发挥导向作用；分类分批实施，滚动提升利用水平；完善支持政策，加快推动转型升级。对标实现碳达峰碳中和目标任务，推动煤炭清洁高效利用，促进煤炭消费转型升级。

《黄河流域生态环境保护规划》提出，加强煤炭等化石能源清洁高效利用，有序减量替代，推动煤电节能降碳改造。

《重污染天气消除攻坚行动方案》提出，严控煤炭消费增长，重点区域继续实施煤炭消费总量控制，推动煤炭清洁高效利用。

第二节 大力发展新能源

一、开发和高质量发展风电、太阳能发电

《2030年前碳达峰行动方案》提出，全面推进风电、太阳能发电大规模

开发和高质量发展，坚持集中式与分布式并举，加快建设风电和光伏发电基地。到 2030 年，风电、太阳能发电总装机容量达到 12 亿千瓦以上。

《汉江生态经济带发展规划》提出，鼓励开展多种形式的分布式光伏发电应用，支持在公共建筑和居民住宅区等开展光伏和新能源示范项目建设。

《粤港澳大湾区发展规划纲要》提出，有序开发风能资源，因地制宜发展太阳能光伏发电。

《关于引导加大金融支持力度　促进风电和光伏发电等行业健康有序发展的通知》提出，充分认识风电和光伏发电等行业健康有序发展的重要意义，金融机构按照商业化原则与可再生能源企业协商展期或续贷，金融机构按照市场化、法治化原则自主发放补贴确权贷款，对补贴确权贷款给予合理支持，补贴资金在贷款行定点开户管理，通过核发绿色电力证书方式适当弥补企业分担的利息成本，足额征收可再生能源电价附加，优先发放补贴和进一步加大信贷支持力度，试点先行，增强责任感，防范化解风险。

《"十四五"规划和 2035 年远景目标纲要》提出，大力提升风电、光伏发电规模。

《关于完整准确全面贯彻新发展理念做好碳达峰碳中和工作的意见》提出，大力发展风能、太阳能。

《"十四五"支持老工业城市和资源型城市产业转型升级示范区高质量发展实施方案》提出，创新"光伏＋"模式，推进光伏发电多元布局。

《"十四五"推动高质量发展的国家标准体系建设规划》提出，加强太阳能、风能领域标准的研制。

《"十四五"可再生能源发展规划》提出，统筹推进陆上风电和光伏发电基地建设，加快推进以沙漠、戈壁、荒漠地区为重点的大型风电太阳能发电基地，积极推动风电分布式就近开发，大力推动光伏发电多场景融合开发。建设新疆、黄河上游、河西走廊、黄河几字弯、冀北、松辽 6 个新能源基地和黄河下游绿色能源廊道，开展城镇屋顶光伏行动、"光伏＋"综合利用行动、千乡万村驭风行动、千家万户沐光行动、新能源电站升级改造行动、光伏廊道示范。

《"十四五"现代能源体系规划》提出，加快发展风电、太阳能发电。全面推进风电和太阳能发电大规模开发和高质量发展，优先就地就近开发利用，加快负荷中心及周边地区分散式风电和分布式光伏建设，推广应用低风速风电技术。在风能和太阳能资源禀赋较好、建设条件优越、具备持续整装开发条件、符合区域生态环境保护等要求的地区，有序推进风电和光伏发电集中式开发，加快推进以沙漠、戈壁、荒漠地区为重点的大型风电光伏基地项目建设，积极推进黄河上游、新疆、冀北等多能互补清洁能源基地建设。积极推动工业园区、经济开发区等屋顶光伏开发利用，推广光伏发电与建筑一体化应用。开展风电、光伏发电制氢示范。积极推进东部和中部等地区分散式风电和分布式光伏建设，优化推进新疆、青海、甘肃、内蒙古、宁夏、陕北、晋北、冀北、辽宁、吉林、黑龙江等地区陆上风电和光伏发电基地化开发，重点建设广东、福建、浙江、江苏、山东等海上风电基地。

《关于完善能源绿色低碳转型体制机制和政策措施的意见》提出，以沙漠、戈壁、荒漠地区为重点，加快推进大型风电、光伏发电基地建设；在农村地区优先支持屋顶分布式光伏发电；鼓励利用农村地区分散开发风电、光伏发电。

《关于推进共建"一带一路"绿色发展的意见》提出，鼓励太阳能发电、风电等企业"走出去"，推动建成一批绿色能源最佳实践项目。

《北部湾城市群建设"十四五"实施方案》提出，因地制宜发展分布式光伏和分散式风电。

《关于促进新时代新能源高质量发展的实施方案》提出，加快推进以沙漠、戈壁、荒漠地区为重点的大型风电光伏基地建设。加大力度规划建设以大型风光电基地为基础、以其周边清洁高效先进节能的煤电为支撑、以稳定安全可靠的特高压输变电线路为载体的新能源供给消纳体系。

《财政支持做好碳达峰碳中和工作的意见》提出，支持光伏、风电等可再生能源。

《减污降碳协同增效实施方案》提出，推动在沙漠、戈壁、荒漠地区加快规划建设大型风电光伏基地项目，大力发展风能、太阳能。研究利用废弃矿山、采煤沉陷区受损土地、已封场垃圾填埋场、污染地块等因地制宜规划建设光伏发电、风力发电等新能源项目。

《工业领域碳达峰实施方案》提出，持续推动陆上风电机组稳步发展，开展高空风电机组预研。

《能源碳达峰碳中和标准化提升行动计划》提出，实施风电光伏标准体系完善行动。

二、加快智能光伏产业创新升级和特色应用

《2030 年前碳达峰行动方案》提出，加快智能光伏产业创新升级和特色应用，创新"光伏＋"模式，推进光伏发电多元布局。

《智能光伏产业创新发展行动计划（2021—2025 年）》提出，加快产业技术创新，提升智能制造水平、实现全链条绿色发展以提升行业发展水平，发展智能光伏产品、建设智能光伏系统、发展智能光储系统、拓展智能光伏技术耦合以支撑新型电力系统，发展智能光伏工业、智能光伏交通、智能光伏建筑、智能光伏农业、智能光伏乡村、智能光伏电站、智能光伏通信、智能光伏创新应用以助力各领域碳达峰碳中和，完善技术标准体系、完善知识产权布局、深化国际交流合作以优化产业发展环境，建设技术创新平台、行业服务和验证平台、"双创"孵化平台以建设公共服务平台，推动人才梯队建设、加大人才培养力度、引导人才合理流动以强化光伏人才培育。实行智能光伏产业创新提升行动（多晶硅、硅棒/硅片、晶硅电池、光伏组件、逆变器、光伏材料与零部件及装备）、智能光伏系统融合发展行动（智能光伏发电终端、智能光伏关键器件、智能光伏系统支持工具、智能户用光伏系统、智能设计、智能集成、智能运维）。到 2025 年，光伏行业智能化水平显著提升，产业技术创新取得突破。

《工业领域碳达峰实施方案》提出，实施智能光伏产业发展行动计划并开展试点示范，加快基础材料、关键设备升级。推进先进太阳能电池及部件智能制造，提高光伏产品全生命周期信息化管理水平。支持低成本、高效率光伏技术研发及产业化应用，优化实施光伏、锂电等行业规范条件、综合标准体系。

《关于促进光伏产业链供应链协同发展的通知》提出，立足长远目标、优化产业布局，鼓励创新进步、规范行业秩序，加强系统对接、深化全链合作，支持协同发展、稳定产业供需，坚持统筹发力、加强宣传引导。建立全国光伏大产业大市场，促进光伏产业高质量发展，积极推动建设新能源供给消纳体系。

《关于促进光伏产业链健康发展有关事项的通知》提出，多措并举保障多晶硅合理产量，创造条件支持多晶硅先进产能按期达产，鼓励多晶硅企业合理控制产品价格水平，充分保障多晶硅生产企业电力需求，鼓励光伏产业制造环节加大绿电消纳，完善产业链综合支持措施，加强行业监管，合理引导行业预期。

《关于推动能源电子产业发展的指导意见》提出，发展先进高效的光伏产品及技术，实施太阳能光伏产品及技术供给能力提升行动。

三、建设海上风电基地

《2030 年前碳达峰行动方案》提出，坚持陆海并重，推动风电协调快速发展，完善海上风电产业链，鼓励建设海上风电基地。

《"十四五"规划和2035年远景目标纲要》提出，有序发展海上风电，建设广东、福建、浙江、江苏、山东等海上风电基地。

《"十四五"可再生能源发展规划》提出，有序推进海上风电基地建设。重点建设山东半岛、长三角、闽南、粤东和北部湾五大海上风电基地，开展深远海海上风电平价示范、海上能源岛示范、海上风电与海洋油气田深度融合发展示范。

《"十四五"现代能源体系规划》提出，鼓励建设海上风电基地，推进海上风电向深水远岸区域布局。

《北部湾城市群建设"十四五"实施方案》提出，建设北部湾海上风电基地。

《工业领域碳达峰实施方案》提出，加快大功率固定式海上风电机组和漂浮式海上风电机组研制。

国家能源局规划推进海上风电项目集中连片开发，分为项目、集群、基地3个层次，单体项目规模原则上不小于100万千瓦，由单体项目组成百万千瓦级的海上风电集群，由海上风电集群组成千万千瓦级海上风电基地，将建设围绕山东半岛、长三角、闽南、粤东、北部湾5个千万千瓦级海上风电基地，"十四五"期间中国海上风电新增装机容量有望超过40吉瓦。

四、发展太阳能光热发电

《2030年前碳达峰行动方案》提出，积极发展太阳能光热发电，推动建立光热发电与光伏发电、风电互补调节的风光热综合可再生能源发电基地。

《"十四五"现代能源体系规划》提出，积极发展太阳能热发电。

"十四五"时期，我国将在内蒙古西北部、甘肃西部、青海柴达木盆地、新疆东部，利用这些地区未利用的土地资源，大规模开发光热发电基地，已规划了总规划容量60吉瓦的10余个光热发电基地，"十四五"可供开发的规模超过8吉瓦。

五、发展生物质能

《2030年前碳达峰行动方案》提出，因地制宜发展生物质发电、生物质能清洁供暖和生物天然气。

《汉江生态经济带发展规划》提出，推进秸秆沼气综合利用。

《粤港澳大湾区发展规划纲要》提出，有序开发生物质能。

《关于全面推进乡村振兴加快农业农村现代化的意见》提出，发展农村生物质能源。

《关于完整准确全面贯彻新发展理念做好碳达峰碳中和工作的意见》提出，大力发展生物质能。

《"十四五"可再生能源发展规划》提出，稳步推进生物质能多元化开发。稳步发展生物质发电，积极发展生物质能清洁供暖，加快发展生物天然气，大力发展非粮生物质液体燃料，开展生物天然气、生物质发电市场化、生物质能清洁供暖示范。

《"十四五"推动高质量发展的国家标准体系建设规划》提出，加强生物质能领域标准的研制。

《林草产业发展规划（2021—2025年）》提出，大力发展生物质成型燃料，鼓励发展生物质供热、生物质多联产、生物质发电。

《"十四五"现代能源体系规划》提出，推进生物质能多元化利用，稳步发展城镇生活垃圾焚烧发电，有序发展农林生物质发电和沼气发电，因地制宜发展生物质能清洁供暖，在粮食主产区和畜禽养殖集中区统筹规划建设生物天然气工程，促进先进生物液体燃料产业化发展。稳步发展城镇生活垃圾焚烧发电，有序发展农林生物质发电和沼气发电，建设千万立方米级生物天然气工程。在京津冀、山西、陕西、河南、湖北等区域大力推进中深层地热能供暖制冷，在西藏、川西、青海等高温地热资源丰富的地区建设一批地热能发电示范项目。

《关于完善能源绿色低碳转型体制机制和政策措施的意见》提出，在农村地区优先支持沼气发电等生物质能发电接入电网，完善规模化沼气、生物天然气、成型燃料等生物质能开发利用扶持政策和保障机制。

《"十四五"生物经济发展规划》提出，积极开发生物能源。有序发展生物质发电，推动向热电联产转型升级。开展新型生物质能技术研发与培育，推动生物燃料与生物化工融合发展，建立生物质燃烧掺混标准。优选和改良中高温厌氧发酵菌种，提高生物质厌氧处理工艺及厌氧发酵成套装备研制水平，加快生物天然气、纤维素乙醇、藻类生物燃料等关键技术研发和设备制造。积极推进先进生物燃料在市政、交通等重点领域替代推广应用，推动化石能源向绿色低碳可再生能源转型。开展生物能源环保产业示范工程。

《财政支持做好碳达峰碳中和工作的意见》提出，支持生物质能等可再生能源。

《减污降碳协同增效实施方案》提出，大力发展生物质能，因地制宜稳步推进生物质能多元化开发利用。

六、深化地热能和海洋新能源开发利用

《2030 年前碳达峰行动方案》提出，探索深化地热能以及波浪能、潮流能、温差能等海洋新能源开发利用。

《汉江生态经济带发展规划》提出，因地制宜开展地热能开发利用。

《"十四五"规划和 2035 年远景目标纲要》提出，因地制宜开发利用地热能。

《关于完整准确全面贯彻新发展理念做好碳达峰碳中和工作的意见》提出，大力发展海洋能、地热能。

《"十四五"可再生能源发展规划》提出，积极推进地热能规模化开发。积极推进中深层地热能供暖制冷，全面推进浅层地热能开发，有序推动地热能发电发展。稳妥推进海洋能示范化开发。稳步发展潮汐能发电，开展潮流能和波浪能示范，探索开发海岛可再生能源。

《"十四五"现代能源体系规划》提出，积极推进地热能供热制冷，在具备高温地热资源条件的地区有序开展地热能发电示范。因地制宜开发利用海洋能，推动海洋能发电在近海岛屿供电、深远海开发、海上能源补给等领域应用。

《关于完善能源绿色低碳转型体制机制和政策措施的意见》提出，在农村地区完善地热能开发利用扶持政策和保障机制。

《长江中游城市群发展"十四五"实施方案》提出，实施新能源倍增行动，因地制宜推进浅层地热能开发。

《减污降碳协同增效实施方案》提出，大力发展海洋能、地热能。

七、完善可再生能源电力消纳保障机制

《2030 年前碳达峰行动方案》提出，进一步完善可再生能源电力消纳保障机制。

《"十四五"可再生能源发展规划》提出，加强电网基础设施建设及智能化升级提升电网对可再生能源的支撑保障能力，提升可再生能源就地消纳能力，加强送受端电网支撑提升"三北"地区既有特高压输电通道新能源外送规模，提升基础设施利用率推动既有火电"点对网"专用输电通道外送新能源，优化新建通道布局推动可再生能源跨省跨区消纳，推动可再生能源发电在终端直接应用，扩大可再生能源非电直接利用规模，开展高比例可再生能

源应用示范。健全可再生能源电力消纳保障机制，强化可再生能源电力消纳责任权重引导，加强可再生能源电力消纳责任权重评价考核，建立健全可再生能源电力消纳长效机制。

《关于完善能源绿色低碳转型体制机制和政策措施的意见》提出，完善适应可再生能源局域深度利用和广域输送的电网体系。整体优化输电网络和电力系统运行，提升对可再生能源电力的输送和消纳能力。通过电源配置和运行优化调整尽可能增加存量输电通道输送可再生能源电量，明确最低比重指标并进行考核。统筹布局以送出可再生能源电力为主的大型电力基地，在省级电网及以上范围优化配置调节性资源。完善相关省（区、市）政府间协议与电力市场相结合的可再生能源电力输送和消纳协同机制，加强省际、区域间电网互联互通，进一步完善跨省跨区电价形成机制，促进可再生能源在更大范围消纳。大力推进高比例容纳分布式新能源电力的智能配电网建设，鼓励建设源网荷储一体化、多能互补的智慧能源系统和微电网。电网企业应提升新能源电力接纳能力，动态公布经营区域内可接纳新能源电力的容量信息并提供查询服务，依法依规将符合规划和安全生产条件的新能源发电项目和分布式发电项目接入电网，做到应并尽并。

《黄河流域生态环境保护规划》提出，依托"东数西算"工程布局和实施，大幅提升绿色能源利用比例。加大青海、甘肃、内蒙古等省区清洁能源消纳外送能力和保障机制建设力度，加快跨省区电力市场一体化建设。

第三节　因地制宜开发水电

一、推进水电基地建设

《2030 年前碳达峰行动方案》提出，积极推进水电基地建设，推动金沙江上游、澜沧江上游、雅砻江中游、黄河上游等已纳入规划、符合生态保护要求的水电项目开工建设，推进雅鲁藏布江下游水电开发，推动小水电绿色发展。"十四五"和"十五五"期间分别新增水电装机容量 4000 万千瓦左右，西南地区以水电为主的可再生能源体系基本建立。

《"十四五"规划和 2035 年远景目标纲要》提出，加快西南水电基地建设，建设雅鲁藏布江下游水电基地。

《"十四五"现代能源体系规划》提出，因地制宜开发水电。坚持生态优先、统筹考虑、适度开发、确保底线，积极推进水电基地建设，推动金沙江上游、雅砻江中游、黄河上游等河段水电项目开工建设。实施雅鲁藏布江下游水电开发等重大工程。实施小水电清理整改，推进绿色改造和现代化提升。推动西南地区水电与风电、太阳能发电协同互补。到 2025 年，常规水电装机容量达到 3.8 亿千瓦左右。

《关于完整准确全面贯彻新发展理念做好碳达峰碳中和工作的意见》提出，因地制宜开发水能。

《成渝地区双城经济圈建设规划纲要》提出，稳步推进金沙江、雅砻江、大渡河水电基地开发，优先建设具有调节能力的水库电站。

《减污降碳协同增效实施方案》提出，因地制宜开发水电，开展小水电绿色改造。

二、推动西南地区水电与风电、太阳能发电协同互补

《2030 年前碳达峰行动方案》提出，推动西南地区水电与风电、太阳能发电协同互补。

《"十四五"规划和 2035 年远景目标纲要》提出，建设金沙江上下游清洁能源基地、雅砻江流域清洁能源基地。

《黄河流域生态保护和高质量发展规划纲要》提出，发挥黄河上游水电站和电网系统的调节能力，支持青海、甘肃、四川等风能、太阳能丰富地区构建"风光水"多能互补系统。加大青海、甘肃、内蒙古等省区清洁能源消纳外送能力和保障机制建设力度，加快跨省区电力市场一体化建设。

《成渝地区双城经济圈建设规划纲要》提出，统筹推进"风光水"多能互补能源基地建设，积极推广分布式能源发展，研究开展氢能运营试点示范，建设优质清洁能源基地。

《"十四五"可再生能源发展规划》提出，统筹推进"水风光"综合基地一体化开发。科学有序推进大型水电基地建设，积极推进大型水电站优化升级发挥水电调节潜力，做好生态环境保护与移民安置，依托西南水电基地统筹推进"水风光"综合基地开发建设。建设川滇黔桂、藏东南"水风光"综合基地。

《支持贵州在新时代西部大开发上闯新路的意见》提出，推进川滇黔桂水风光综合基地建设，加快实施大型风电、光伏、抽水蓄能项目，在开阳等县（市、区）开展屋顶分布式光伏开发试点。

《"十四五"现代能源体系规划》提出，建成投产金沙江乌东德（已建成

投产）、白鹤滩（部分机组已建成投产），雅砻江两河口（部分机组已建成投产）等水电站。推进金沙江拉哇、大渡河双江口等水电站建设。力争开工金沙江岗托、旭龙，雅砻江牙根二级、孟底沟（已核准开工），大渡河丹巴，黄河羊曲（已核准开工）等水电站。深入开展奔子栏、龙盘、古学等水电站前期论证。实施雅鲁藏布江下游水电开发等重大工程。

《"十四五"现代能源体系规划》提出，推进西部清洁能源基地绿色高效开发，积极推进多能互补的清洁能源基地建设，科学优化电源规模配比，优先利用存量常规电源实施"风光水（储）""风光火（储）"等多能互补工程，大力发展风电、太阳能发电等新能源，最大化利用可再生能源。

《黄河流域生态环境保护规划》提出，发挥黄河上游水电站和电网系统的调节能力，支持青海、四川、甘肃等风能、太阳能丰富地区构建"风光水"多能互补系统。

《能源碳达峰碳中和标准化提升行动计划》提出，实施"水风光"综合能源开发利用标准示范行动。

三、建立水能资源开发生态保护补偿机制

《2030年前碳达峰行动方案》提出，统筹水电开发和生态保护，探索建立水能资源开发生态保护补偿机制。

《关于建立健全生态产品价值实现机制的意见》提出，建立横向生态保护补偿机制。支持在符合条件的重点流域依据出入境断面水量和水质监测结果等开展横向生态保护补偿。

《关于深化生态保护补偿制度改革的意见》提出，针对江河源头、重要水源地、水土流失重点防治区、蓄滞洪区、受损河湖等重点区域开展水流生态保护补偿。推动建立长江、黄河全流域横向生态保护补偿机制，支持沿线省（自治区、直辖市）在干流及重要支流自主建立省际和省内横向生态保护补偿机制。

《"十四五"特殊类型地区振兴发展规划》提出，建立水能资源开发生态保护补偿机制，鼓励水电资源开发企业积极履行社会职责，与项目所在地人民政府建立帮扶协作机制，推动资源开发成果更多惠及当地。

国家正在探索建立水能资源开发生态保护补偿机制。为促进河流生态保护，国家行业主管部门和省级人民政府做好统筹指导和协调，水电开发企业与项目所在地人民政府、农村集体经济组织探索建立水能资源开发生态保护补偿机制，积极开展生态保护与修复。

第四节　积极安全有序发展核电

一、核电站布局和开发时序

《2030 年前碳达峰行动方案》提出，合理确定核电站布局和开发时序，在确保安全的前提下有序发展核电，保持平稳建设节奏。

《粤港澳大湾区发展规划纲要》提出，安全高效发展核电。

《"十四五"规划和 2035 年远景目标纲要》提出，安全稳妥推动沿海核电建设，核电运行装机容量达到 7000 万千瓦。

《关于完整准确全面贯彻新发展理念做好碳达峰碳中和工作的意见》提出，积极安全有序发展核电。

《"十四五"现代能源体系规划》提出，积极安全有序发展核电。在确保安全的前提下，积极有序推动沿海核电项目建设，保持平稳建设节奏，合理布局新增沿海核电项目。切实做好核电厂址资源保护。到 2025 年，核电运行装机容量达到 7000 万千瓦左右。建成投产辽宁红沿河 5 号、6 号（5 号已建成投产）；山东石岛湾高温气冷堆、国和一号示范项目；江苏田湾 6 号（已建成投产）；福建福清 5 号、6 号（5 号已建成投产），漳州一期 1 号、2 号；广东太平岭一期 1 号、2 号；广西防城港 3 号、4 号等核电机组。

《北部湾城市群建设"十四五"实施方案》提出，在确保绝对安全的前提下推动防城港、昌江、湛江等核电项目建设。

二、先进堆型示范工程

《2030 年前碳达峰行动方案》提出，积极推动高温气冷堆、快堆、模块化小型堆、海上浮动堆等先进堆型示范工程，开展核能综合利用示范。

《"十四五"规划和 2035 年远景目标纲要》提出，建设华龙一号、国和一号、高温气冷堆示范工程，推动模块式小型堆、60 万千瓦级高温气冷堆、海上浮动式核动力平台等先进堆型示范，开展山东海阳等核能综合利用示范。

《"十四五"能源领域科技创新规划》提出，开展小型模块化反应堆技术示范，包括小型堆核能综合利用工程示范、小型堆供热商业示范。

《"十四五"现代能源体系规划》提出，开展核能综合利用示范，积极推动高温气冷堆、快堆、模块化小型堆、海上浮动堆等先进堆型示范工程，推动核能在清洁供暖、工业供热、海水淡化等领域的综合利用。

《减污降碳协同增效实施方案》提出，在严监管、确保绝对安全前提下有序发展核电。

三、核电标准化、自主化

《2030 年前碳达峰行动方案》提出，加大核电标准化、自主化力度。

《关于加强核电标准化工作的指导意见》提出，立足我国核电长远发展，坚持标准自主化与国际化相结合，凝聚共识，自主创新，加快建设一套自主、统一、协调、先进、与我国核电发展水平相适应的核电标准体系，充分发挥标准的规范、引领和支撑作用，推动核电技术和装备进步，促进我国核电安全和可持续发展。加强自主创新、优化完善核电标准体系，加强政策引导、推动核电标准广泛应用，深化国际合作、扩大核电标准国际影响，强化能力建设、支撑核电标准长远发展，开展配套研究、提升标准自主创新水平。到2022 年，标准应用明显加强，国内自主核电项目采用自主核电标准的比例大幅提高，我国核电标准的国际影响力和认可度显著提升；到 2027 年，跻身核电标准化强国前列，在国际核电标准化领域发挥引领作用。

《"十四五"推动高质量发展的国家标准体系建设规划》提出，加强核电领域标准研制。

《能源碳达峰碳中和标准化提升行动计划》提出，实施先进三代压水堆核电标准应用实施行动。

四、加快关键技术装备攻关，培育制造产业集群

《2030 年前碳达峰行动方案》提出，加快关键技术装备攻关，培育高端核电装备制造产业集群。

《"十四五"规划和2035 年远景目标纲要》提出，积极有序推进沿海三代核电建设，建设核电站中低放废物处置场，建设乏燃料后处理厂。

《"十四五"能源领域科技创新规划》提出，围绕提升核电技术装备水平及项目经济性，开展三代核电关键技术优化研究，支撑建立标准化型号和型号谱系；加强战略性、前瞻性核能技术创新，开展小型模块化反应堆、（超）高温气冷堆、熔盐堆等新一代先进核能系统关键核心技术攻关；开展放射性废物处理处置、核电站长期运行、延寿等关键技术研究，推进核能全产业链上下游可持续发展。

《"十四五"现代能源体系规划》提出，加快推动新一代先进核能等方面

技术突破。发展先进核能技术，开展三代核电关键技术优化升级示范应用，开展模块式小型堆、（超）高温气冷堆、低温供热堆、快堆、熔盐堆、海上浮动式核动力平台等技术攻关及示范应用，支持新燃料、新材料等新技术研发应用，支持受控核聚变的前期研发，积极开展国际合作。

五、提升核安全监管能力

《2030 年前碳达峰行动方案》提出，实行最严格的安全标准和最严格的监管，持续提升核安全监管能力。

《关于深入打好污染防治攻坚战的意见》提出，确保核与辐射安全。坚持安全第一、质量第一，实行最严格的安全标准和最严格的监管，持续强化在建和运行核电厂安全监管，加强核安全监管制度、队伍、能力建设，督促营运单位落实全面核安全责任。严格研究堆、核燃料循环设施、核技术利用等安全监管，积极稳妥推进放射性废物、伴生放射性废物处置，加强电磁辐射污染防治。强化风险预警监测和应急响应，不断提升核与辐射安全保障能力。

《关于深化生态环境领域依法行政　持续强化依法治污的指导意见》提出，依法推进核与辐射安全监管工作。全面贯彻《核安全法》《放射性污染防治法》，开展核与辐射安全隐患排查三年行动，依法强化核电厂、研究堆、核燃料循环设施、核与辐射安全监管，推动核动力厂管理体系建设，落实营运单位核安全主体责任，强化高风险移动放射源安全监管，对弄虚作假、违规操作等违法违规行为坚决查处；组织开展《放射性物品运输安全管理条例》十年评价等相关法律法规后评估，研究完善放射性废物管理相关法律法规，健全核与辐射安全标准体系；深入实施国家核安全局综合管理体系，加强国家辐射环境监测网络运行管理，强化核安全预警监测信息化平台建设。

《"十四五"现代能源体系规划》提出，全面加强核电安全管理，实行最严格的安全标准和最严格的监管，始终把"安全第一、质量第一"的方针贯穿于核电建设、运行、退役的各个环节，将全链条安全责任落实到人，持续提升在运在建机组安全水平，确保万无一失。

《北部湾城市群建设"十四五"实施方案》提出，组建区域性核与辐射应急救援队伍和物资储备中心，确保核设施安全。

根据国家核安全管理部门的部署，我国的核安全监管将围绕监管中心工作，加强科学统筹，强化内部督查督办，全面开展"质效提升行动"，进一步完善核与辐射安全监管机制，健全以落实企业主体责任为核心的核安全监督执法体系，探索建立核安全监督动态清单机制，督促形成企业内部监督机制；

持续优化核与辐射安全法规标准体系，强化核与辐射安全法规标准顶层设计，推动相关法律、法规、规章制修订，健全核与辐射安全标准分类管理，完善核与辐射安全行政执法流程；加快监管信息化建设，赋能核与辐射安全监管转型升级，推进线上线下一体化监管，加快改进核与辐射安全监管知识管理，提升核与辐射安全预警监测信息化水平；着力提升监管能力，推动增强核与辐射安全监管力量配备，打造代际有序更替的人才梯队，加快推进国家核与辐射安全监管技术研发基地内涵建设。

第五节　合理调控油气消费

一、改善油气消费结构

《2030 年前碳达峰行动方案》提出，保持石油消费处于合理区间，逐步调整汽油消费规模，大力推进先进生物液体燃料、可持续航空燃料等替代传统燃油，提升终端燃油产品能效。

《"十四五"规划和 2035 年远景目标纲要》提出，新建中俄东线境内段、川气东送二线等油气管道，建设石油储备重大工程，加快中原文 23、辽河储气库群等地下储气库建设。

《长江三角洲区域一体化发展规划纲要》提出，统筹建设油气基础设施。完善区域油气设施布局，推进油气管网互联互通。编制实施长三角天然气供应能力规划，加快建设浙沪联络线，推进浙苏、苏皖天然气管道联通。加强液化天然气（LNG）接收站互联互通和公平开放，加快上海、江苏如东、浙江温州 LNG 接收站扩建，宁波舟山 LNG 接收站和江苏沿海输气管道、滨海 LNG 接收站及外输管道。实施淮南煤制天然气示范工程。积极推进浙江舟山国际石油储运基地、芜湖 LNG 内河接收（转运）站建设，支持 LNG 运输船舶在长江上海、江苏、安徽段开展航运试点。

《关于完善能源绿色低碳转型体制机制和政策措施的意见》提出，提升油气田清洁高效开采能力，推动炼化行业转型升级，加大减污降碳协同力度。完善油气与地热能以及风能、太阳能等能源资源协同开发机制，鼓励油气企业利用自有建设用地发展可再生能源和建设分布式能源设施，在油气田区域内建设多能融合的区域供能系统。持续推动油气管网公平开放并完善接入标准，梳理天然气供气环节并减少供气层级，在满足安全和质量标准等前提下，支持生物燃料乙醇、生物柴油、生物天然气等清洁燃料接入油气管网，探索输气管道掺氢输送、纯氢管道输送、液氢运输等高效输氢方式。鼓励传统加油站、加气站建设油气电氢一体化综合交通能源服务站。加强二氧化碳捕集利用与封存技术推广示范，扩大二氧化碳驱油技术应用，探索利用油气开采形成地下空间封存二氧化碳。

《"十四五"推动高质量发展的国家标准体系建设规划》提出，研制石油清洁高效利用和产供储销体系建设标准。

《"十四五"现代能源体系规划》提出，强化战略安全保障。增强油气供应能力，加强安全战略技术储备，提升天然气储备和调节能力。

二、加快非常规油气资源规模化开发

《2030年前碳达峰行动方案》提出，加快推进页岩气、煤层气、致密油（气）等非常规油气资源规模化开发。

《汉江生态经济带发展规划》提出，加快页岩气资源调查评价、重点区块勘查和开发利用，继续推进南阳油田页岩气开采试点工作。

《"十四五"规划和2035年远景目标纲要》提出，加快深海、深层和非常规油气资源利用，推动油气增储上产

《关于完整准确全面贯彻新发展理念做好碳达峰碳中和工作的意见》提出，加快推进页岩气、煤层气、致密油气等非常规油气资源规模化开发。

《支持贵州在新时代西部大开发上闯新路的意见》提出，加快煤层气、页岩气等勘探开发利用，推进黔西南、遵义等煤矿瓦斯规模化抽采利用。

《"十四五"现代能源体系规划》提出，在实施的能源安全保障重点工程中油气勘探开发，立足四川盆地、塔里木盆地、鄂尔多斯盆地、准噶尔盆地、松辽盆地、渤海湾盆地、柴达木盆地等重点盆地，加强中西部地区和海域风险勘探，强化东部老区精细勘探。推动准噶尔盆地玛湖、吉木萨尔页岩油、鄂尔多斯盆地页岩油、致密气、松辽盆地大庆古龙页岩油、四川盆地川中古隆起、川南页岩气，塔里木盆地顺北、富满、博孜—大北、鄂西、陕南、滇黔北页岩气，海域渤中、垦利、恩平等油气上产工程。加快推进四川盆地"气大庆"、塔里木盆地"深层油气大庆"、鄂尔多斯亿吨级"油气超级盆地"等标志性工程。加强沁水盆地、鄂尔多斯盆地东缘煤层气勘探开发。开展南海等地区天然气水合物试采。研发油气勘探开发技术，开展深层页岩气、页岩油、海洋深水油气、煤层气勘探开发及示范应用，提升陆上油气采收率。

《黄河流域生态保护和高质量发展规划纲要》提出，加大石油、天然气勘

探力度，稳步推动煤层气、页岩气等非常规油气资源开采利用。

《成渝地区双城经济圈建设规划纲要》提出，统筹油气资源开发。发挥长宁—威远、涪陵国家级页岩气示范区引领作用，推动页岩气滚动开发，建设天然气千亿立方米产能基地，打造中国"气大庆"。完善页岩气开发利益共享机制，有序放开油气勘探开发市场，加大安岳等地天然气勘探开发力度。

《财政支持做好碳达峰碳中和工作的意见》提出，激励非常规天然气开采增产上量。

《黄河流域生态环境保护规划》提出，稳步有序推动煤层气、页岩气等非常规油气资源开采利用。

三、有序引导天然气消费

《2030年前碳达峰行动方案》提出，有序引导天然气消费，优化利用结构，优先保障民生用气，大力推动天然气与多种能源融合发展，因地制宜建设天然气调峰电站，合理引导工业用气和化工原料用气。

《"十四五"规划和2035年远景目标纲要》提出，加快建设天然气主干管道，完善油气互联互通网络。

《"十四五"推动高质量发展的国家标准体系建设规划》提出，研制天然气清洁高效利用和产供储销体系建设标准。

国家能源局提出，有序扩大天然气利用规模，充分发展气电调峰。立足碳达峰碳中和目标和行业发展新形势，在工业、建筑、交通、电力等多领域有序扩大天然气利用规模，将气电调峰作为构建以新能源为主体的新型电力系统的重要组成部分，全面构建安全可靠、有弹性有韧性的天然气产业链、供应链体系，完善天然气行业高质量发展的市场体系，并积极参与全球能源治理，融入国际天然气市场发展。

四、支持车船使用液化天然气

《2030年前碳达峰行动方案》提出，支持车船使用液化天然气作为燃料。

《加快推进天然气利用的意见》提出，加快天然气车船发展，提高天然气在公共交通、货运物流、船舶燃料中的比重。天然气汽车重点发展公交出租、长途重卡，以及换位、场区、港区、景点等作业和摆渡车辆等。

《关于节能新能源车船享受车船税优惠政策的通知》明确，液化天然气轻型和重型商用车减半征收车船税。

《绿色交通"十四五"发展规划》提出，深入推进内河液化天然气动力船舶推广应用，支持沿海及远洋液化天然气动力船舶发展，指导落实长江干线、西江航运干线、京杭运河液化天然气加注码头布局方案，推动加快内河船舶液化天然气加注站建设，推动沿海船舶液化天然气加注设施建设。

《"十四五"现代能源体系规划》提出，鼓励重载卡车、船舶领域使用液化天然气等清洁燃料替代，加强交通运输行业清洁能源供应保障。

第六节 加快建设新型电力系统

一、构建新能源占比逐渐提高的新型电力系统

《2030 年前碳达峰行动方案》提出，构建新能源占比逐渐提高的新型电力系统，推动清洁电力资源大范围优化配置。

《长江三角洲区域一体化发展规划纲要》提出，协同推动新能源设施建设。因地制宜积极开发陆上风电与光伏发电，有序推进海上风电建设，鼓励新能源龙头企业跨省投资建设风能、太阳能、生物质能等新能源。加快推进浙江宁海、长龙山、衢江和安徽绩溪、金寨抽水蓄能电站建设，开展浙江磐安和安徽桐城、宁国等抽水蓄能电站前期工作，研究建立华东电网抽水蓄能市场化运行的成本分摊机制。加强新能源微电网、能源物联网、"互联网 + 智慧"能源等综合能源示范项目建设，推动绿色化能源变革。

《关于做好新能源配套送出工程投资建设有关事项的通知》提出，高度重视电源配套送出工程对新能源并网的影响，加强电网和电源规划统筹协调，允许新能源配套送出工程由发电企业建设，做好配套工程回购工作，确保新能源并网消纳安全。

《物联网新型基础设施建设三年行动计划（2021—2023 年)》提出，发展智慧能源。加快电网基础设施智能化改造和智能微电网建设，部署区域能源管理、智能计量体系、综合能源服务等典型应用系统。结合 5G 等通信设施的部署，搭建能源数据互通平台，提高电网、燃气网、热力网柔性互联和联合调控能力，推进构建清洁低碳、安全高效的现代能源体系。

《关于完整准确全面贯彻新发展理念做好碳达峰碳中和工作的意见》提出，构建以新能源为主体的新型电力系统，提高电网对高比例可再生能源的消纳和调控能力。

《"十四五"可再生能源发展规划》提出，优化发展方式大规模、开发可

再生能源，促进存储消纳、高比例利用可再生能源，坚持创新驱动、高质量发展可再生能源，健全体制机制、市场化发展可再生能源，坚持开放融入、深化可再生能源国际合作。展望 2035 年，碳排放达峰后稳中有降，在 2030 年非化石能源消费占比达到 25% 左右，风电、太阳能发电总装机容量达到 12 亿千瓦以上的基础上进一步提高；到 2025 年，可再生能源消费总量达到 10 亿吨标准煤左右，"十四五"期间可再生能源在一次能源消费增量中占比超过 50%，可再生能源年发电量达到 3.3 万亿千瓦时左右，"十四五"期间可再生能源发电量增量在全社会用电量增量中的占比超过 50%，风电和太阳能发电量实现翻倍，全国可再生能源电力总量消纳责任权重达到 33% 左右，可再生能源电力非水电消纳责任权重达到 18% 左右，地热能供暖、生物质供热、生物质燃料、太阳能热利用等非电利用规模达到 6000 万吨标准煤以上。

《"十四五"能源领域科技创新规划》提出，重点发展先进可再生能源发电及综合利用技术，聚焦大规模高比例可再生能源开发利用，研发更高效、更经济、更可靠的水能、风能、太阳能、生物质能、地热能以及海洋能等可再生能源先进发电及综合利用技术，支撑可再生能源产业高质量开发利用，攻克高效氢气制备、储运、加注和燃料电池关键技术，推动氢能与可再生能源融合发展。重点发展新型电力系统及其支撑技术，加快战略性、前瞻性电网核心技术攻关，支撑建设适应大规模可再生能源和分布式电源友好并网、源网荷双向互动、智能高效的先进电网，突破能量型、功率型等储能本体及系统集成关键技术和核心装备，满足能源系统不同应用场景储能发展需要。

《江苏沿海地区发展规划（2021—2025 年）》提出，建设重要绿色能源基地。一是强化能源安全高效绿色供给。加强沿海电源点及电力、油气输送通道规划布局，统筹建设海上风电、沿海 LNG 接收、煤炭中转储运、核电基地。推进深远海风电试点示范和多种能源资源集成的海上"能源岛"建设，支持探索海上风电、光伏发电和海洋牧场融合发展。推进沿海天然气管网建设，合理规划建设沿海电网过江通道和天然气过江通道，打通长江北翼绿色能源和天然气输送通道。规划建设连云港石油储备库。依托沿海港口推进煤炭中转储备基地建设。在确保绝对安全的前提下有序利用核能，稳妥推进核能供热。二是打造新能源产业集群。推进风电全产业链布局和光伏产业集群化发展，建设盐城国家级海上风电检验中心，打造具有全球影响力的新能源产业基地。加快突破光伏产业关键技术，实现产业链自主可控。研究风电制氢储能。推广新能源应用，建设新能源应用示范城市。

《"十四五"现代能源体系规划》提出，推动电力系统向适应大规模高比例新能源方向演进。统筹高比例新能源发展和电力安全稳定运行，加快电力系统数字化升级和新型电力系统建设迭代发展，全面推动新型电力技术应用和运行模式创新，深化电力体制改革。以电网为基础平台，增强电力系统资源优化配置能力，提升电网智能化水平，推动电网主动适应大规模集中式新能源和量大面广的分布式能源发展。加大力度规划建设以大型风光电基地为基础，以其周边清洁高效先进节能的煤电为支撑，以稳定安全可靠的特高压输变电线路为载体的新能源供给消纳体系。建设智能高效的调度运行体系，探索电力、热力、天然气等多种能源联合调度机制，促进协调运行。以用户为中心，加强供需双向互动，积极推动源网荷储一体化发展。

《"十四五"现代能源体系规划》提出，加快推动新型电力系统技术突破。研发新型电力系统技术，开展新能源发电并网及主动支撑、大容量远海风电友好送出、柔性直流、直流配电网、煤电机组灵活性改造、V2G、虚拟电厂、微电网等技术研发及示范应用。

《关于完善能源绿色低碳转型体制机制和政策措施的意见》提出，引导工业企业开展清洁能源替代，降低单位产品碳排放，鼓励具备条件的企业率先形成低碳、零碳能源消费模式。鼓励建设绿色用能产业园区和企业，发展工业绿色微电网，支持在自有场所开发利用清洁低碳能源，建设分布式清洁能源和智慧能源系统，对余热余压余气等综合利用发电减免交叉补贴和系统备用费，完善支持自发自用分布式清洁能源发电的价格政策。在符合电力规划布局和电网安全运行条件的前提下，鼓励通过创新电力输送及运行方式实现可再生能源电力项目就近向产业园区或企业供电，鼓励产业园区或企业通过电力市场购买绿色电力。鼓励新兴重点用能领域以绿色能源为主满足用能需求并对余热余压余气等进行充分利用。

《关于进一步推进电能替代的指导意见》提出，大力推进工业领域电气化，深入推进交通领域电气化，加快推进建筑领域电气化，积极推进农业农村领域电气化，加强科技研发创新，着力提升电能替代用户灵活互动和新能源消纳能力，加强规划统筹衔接，增强电力供应与服务保障，加强投融资支持力度，完善价格和市场机制，强化节能环保降碳刚性约束。"十四五"期间，进一步拓展电能替代的广度和深度，努力构建政策体系完善、标准体系完备、市场模式成熟、智能化水平高的电能替代发展新格局。到2025年，电能占终端能源消费比重达到30%左右。

《长株潭都市圈发展规划》提出，统筹各类能源基础设施建设，促进能源灵活高效利用，保障长株潭负荷中心用能需求。积极推进保障电源建设，加快电化学储能和抽水蓄能等应急调峰设施布局，推进平江抽水蓄能电站建设，大力促进太阳能、风能、生物质能等综合开发利用，为长株潭提供安全稳定能源供应。

《关于促进新时代新能源高质量发展的实施方案》提出，创新新能源开发利用模式，加快构建适应新能源占比逐渐提高的新型电力系统，深化新能源领域"放管服"改革，支持引导新能源产业健康有序发展，保障新能源发展合理空间需求，充分发挥新能源的生态环境保护效益，完善支持新能源发展的财政金融政策。到 2030 年，风电、太阳能发电总装机容量达到 12 亿千瓦以上，加快构建清洁低碳、安全高效的能源体系。

《财政支持做好碳达峰碳中和工作的意见》提出，优化清洁能源支持政策，大力支持可再生能源高比例应用，推动构建新能源占比逐渐提高的新型电力系统。

《加快电力装备绿色低碳创新发展行动计划》提出，通过加速发展清洁低碳发电装备，提升输变电装备消纳保障能力，加快推进配电装备升级换代，提高用电设备能效匹配水平，实施装备体系绿色升级行动；通过加快关键核心技术攻关，加强创新平台建设，促进产业集聚和企业融通发展，实施电力装备技术创新提升行动；通过深化"5G + 工业互联网"应用，加快推进智能制造，加速服务型制造转型，实施网络化智能化转型发展行动；通过加强技术标准体系建设，推动绿色低碳装备检测认证，实施技术基础支撑保障行动；通过强化推广应用政策引导，开展试验验证及试点应用，培育推广应用新模式新业态，实施推广应用模式创新行动；通过推动电力装备走出去，深化国际交流合作，实施电力装备对外合作行动。通过 5 ~ 8 年的时间，电力装备供给结构显著改善，高端化智能化绿色化发展及示范应用不断加快，基本满足适应非化石能源高比例、大规模接入的新型电力系统建设需要。煤电机组灵活性改造能力累计超过 2 亿千瓦，可再生能源发电装备供给能力不断提高，风电和太阳能发电装备满足 12 亿千瓦以上装机需求，核电装备满足 7000 万千瓦装机需求。

《能源碳达峰碳中和标准化提升行动计划》提出，实施新型电力系统标准体系专项研究和示范行动。

二、大力提升电力系统综合调节能力

《2030 年前碳达峰行动方案》提出，大力提升电力系统综合调节能力，加快灵活调节电源建设，引导自备电厂、传统高载能工业负荷、工商业可中断负荷、电动汽车充电网络、虚拟电厂等参与系统调节，建设坚强智能电网，提升电网安全保障水平。

《"十四五"规划和2035年远景目标纲要》提出，加快电网基础设施智能化改造和智能微电网建设，提高电力系统互补互济和智能调节能力，加强源网荷储衔接，提升清洁能源消纳和存储能力，提升向边远地区输配电能力。

《长江三角洲区域一体化发展规划纲要》提出，加快区域电网建设。完善电网主干网架结构，提升互联互通水平，提高区域电力交换和供应保障能力。推进电网建设改造与智能化应用，优化皖电东送、三峡水电沿江输电通道建设，开展区域大容量柔性输电、区域智慧能源网等关键技术攻关，支持安徽打造长三角特高压电力枢纽。依托两淮煤炭基地建设清洁高效坑口电站，保障长三角供电安全可靠。加强跨区域重点电力项目建设，加快建设淮南—南京—上海1000千伏特高压交流输电工程过江通道，实施南通—上海崇明500千伏联网工程、申能淮北平山电厂二期、省际联络线增容工程。

《黄河流域生态保护和高质量发展规划纲要》提出，发挥黄河上游水电站和电网系统的调节能力，支持青海、甘肃、四川等风能、太阳能丰富地区构建风光水多能互补系统。加大青海、甘肃、内蒙古等省区清洁能源消纳外送能力和保障机制建设力度，加快跨省区电力市场一体化建设。

《"十四五"现代能源体系规划》提出，增强电源协调优化运行能力。提高风电和光伏发电功率预测水平，完善并网标准体系，建设系统友好型新能源场站。全面实施煤电机组灵活性改造，优先提升30万千瓦级煤电机组深度调峰能力，推进企业燃煤自备电厂参与系统调峰。因地制宜建设天然气调峰电站和发展储热型太阳能热发电，推动气电、太阳能热发电与风电、光伏发电融合发展、联合运行。优化电源侧多能互补调度运行方式，充分挖掘电源调峰潜力。力争到2025年，煤电机组灵活性改造规模累计超过2亿千瓦。在青海、新疆、甘肃、内蒙古等地区推动太阳能热发电与风电、光伏发电配套发展。

《关于完善能源绿色低碳转型体制机制和政策措施的意见》提出，完善适应可再生能源局域深度利用和广域输送的电网体系。整体优化输电网络和电力系统运行，提升对可再生能源电力的输送和消纳能力。通过电源配置和运行优化调整尽可能增加存量输电通道输送可再生能源电量，明确最低比重指标并进行考核。统筹布局以送出可再生能源电力为主的大型电力基地，在省级电网及以上范围优化配置调节性资源。完善相关省（自治区、直辖市）政府间协议与电力市场相结合的可再生能源电力输送和消纳协同机制，加强省际、区域间电网互联互通，进一步完善跨省跨区电价形成机制，促进可再生能源在更大范围消纳。大力推进高比例容纳分布式新能源电力的智能配电网建设，鼓励建设源网荷储一体化、多能互补的智慧能源系统和微电网。电网企业应提升新能源电力接纳能力，动态公布经营区域内可接纳新能源电力的容量信息并提供查询服务，依法依规将符合规划和安全生产条件的新能源发电项目和分布式发电项目接入电网，做到应并尽并。

三、发展分布式新能源合理配置储能系统

《2030 年前碳达峰行动方案》提出，积极发展"新能源＋储能"、源网荷储一体化和多能互补，支持分布式新能源合理配置储能系统。到 2025 年，新型储能装机容量达到 3000 万千瓦以上。

《关于推进电力源网荷储一体化和多能互补发展的指导意见》提出，通过优化整合本地电源侧、电网侧、负荷侧资源，以先进技术突破和体制机制创新为支撑，探索构建源网荷储高度融合的新型电力系统发展路径，充分发挥负荷侧的调节能力，实现就地就近、灵活坚强发展，激发市场活力，引导市场预期；利用存量常规电源，合理配置储能，统筹各类电源规划、设计、建设、运营，优先发展新能源，积极实施存量"风光水火储一体化"提升，稳妥推进增量"风光水（储）一体化"，探索增量"风光储一体化"，严控增量"风光火（储）一体化"，强化电源侧灵活调节作用，优化各类电源规模配比，确保电源基地送电可持续性；通过区域（省）级源网荷储一体化、市（县）级源网荷储一体化、园区（居民区）级源网荷储一体化，推进源网荷储一体化提升保障能力和利用效率；通过风光储一体化、风光水（储）一体化、风光火（储）一体化，推进多能互补提升可再生能源消纳水平。

《"十四五"规划和 2035 年远景目标纲要》提出，加快新型储能技术规模化应用。建设金沙江上下游、雅砻江流域、黄河上游和几字弯、河西走廊、新疆、冀北、松清洁能源基地，其中，松辽、冀北清洁能源基地为"风光储一体化"基地，黄河几字弯、河西走廊清洁能源基地为"风光火储一体化"基地，新疆清洁能源为"风光水火储一体化"基地，黄河上游、金沙江上游、雅砻江流域、金沙江下游清洁能源基地为"风光水储一体化"基地。

《关于加快推动新型储能发展的指导意见》提出，统筹开展储能专项规划，大力推进电源侧储能项目建设，积极推动电网侧储能合理化布局，积极支持用户侧储能多元化发展，强化规划引导鼓励储能多元发展；提升科技创新能力，加强产学研用融合，加快创新成果转化，增强储能产业竞争力；推

动技术进步壮大储能产业体系；明确新型储能独立市场主体地位，健全新型储能价格机制，健全"新能源＋储能"项目激励机制，完善政策机制营造健康市场环境；完善储能建设运行要求，明确储能备案并网流程，健全储能技术标准及管理体系，规范行业管理提升建设运行水平；加强组织领导工作，落实主体发展责任，鼓励地方先行先试，建立监管长效机制，加强安全风险防范，加强组织领导强化监督保障工作。到2025年，实现新型储能从商业化初期向规模化发展转变。新型储能技术创新能力显著提高，核心技术装备自主可控水平大幅提升，在高安全、低成本、高可靠、长寿命等方面取得长足进步，标准体系基本完善，产业体系日趋完备，市场环境和商业模式基本成熟，装机规模达3000万千瓦以上。新型储能在推动能源领域碳达峰碳中和过程中发挥显著作用。到2030年，实现新型储能全面市场化发展。新型储能核心技术装备自主可控，技术创新和产业水平稳居全球前列，标准体系、市场机制、商业模式成熟健全，与电力系统各环节深度融合发展，装机规模基本满足新型电力系统相应需求。新型储能成为能源领域碳达峰碳中和的关键支撑之一。

《黄河流域生态保护和高质量发展规划纲要》提出，开展大容量、高效率储能工程建设。

《"十四五"可再生能源发展规划》提出，促进存储消纳，高比例利用可再生能源。提升可再生能源存储能力，促进可再生能源就地就近消纳，推动可再生能源外送消纳，加强可再生能源多元直接利用，推动可再生能源规模化制氢利用，扩大乡村可再生能源综合利用。推进龙羊峡—拉西瓦河段百万千瓦级梯级电站大型储能试点项目建设，在青海、甘肃、新疆、内蒙古、吉林等资源优质区域建设长时储热型太阳能热发电项目。

《"十四五"推动高质量发展的国家标准体系建设规划》提出，加强分布式、微电网、储能领域标准研制。

《支持贵州在新时代西部大开发上闯新路的意见》提出，开展源网荷储一体化、能源数字化试点，研究建设能源数据中心。

《"十四五"现代能源体系规划》提出，创新电网结构形态和运行模式。加快配电网改造升级，推动智能配电网、主动配电网建设，提高配电网接纳新能源和多元化负荷的承载力和灵活性，促进新能源优先就地就近开发利用。积极发展以消纳新能源为主的智能微电网，实现与大电网兼容互补。完善区域电网主网架结构，推动电网之间柔性可控互联，构建规模合理、分层分区、安全可靠的电力系统，提升电网适应新能源的动态稳定水平。科学推进新能源电力跨省跨区输送，稳步推广柔性直流输电，优化输电曲线和价格机制，加强送受端电网协同调峰运行，提高全网消纳新能源能力。开展黄河上游梯级电站大型储能项目研究。

《"十四五"新型储能发展实施方案》提出，构建新型储能创新体系，稳妥推进新型储能产业化进程，支撑构建新型电力系统，加快新型储能市场化步伐，健全新型储能管理体系，提升新型储能竞争优势。到2025年，新型储能由商业化初期步入规模化发展阶段，具备大规模商业化应用条件；到2030年，新型储能全面市场化发展。

《乡村建设行动实施方案》提出，发展太阳能、风能、水能、地热能、生物质能等清洁能源，在条件适宜地区探索建设多能互补的分布式低碳综合能源网络。

《能源碳达峰碳中和标准化提升行动计划》提出，实施新型储能标准体系建设完善行动。

《关于推动能源电子产业发展的指导意见》提出，采用分布式储能、"光伏＋储能"等模式推动能源供应多样化，建立分布式光伏集群配套储能系统，探索开展源网荷储一体化、多能互补的智慧能源系统、智能微电网、虚拟电厂建设。

四、发展抽水蓄能电站

《2030年前碳达峰行动方案》提出，制订新一轮抽水蓄能电站中长期发展规划，完善促进抽水蓄能发展的政策机制。到2030年，抽水蓄能电站装机容量达到1.2亿千瓦左右，省级电网基本具备5%以上的尖峰负荷响应能力。

《"十四五"规划和2035年远景目标纲要》提出，加快抽水蓄能电站建设。建设桐城、磐安、泰安二期、浑源、庄河、安化、贵阳、南宁等抽水蓄能电站。

《抽水蓄能中长期发展规划（2021—2035年）》提出，做好资源站点保护，积极推进在建项目建设，加快新建项目开工建设，加强规划站点储备和管理，因地制宜开展中小型抽水蓄能建设，探索推进水电梯级融合改造，加强科技和装备创新，建立行业监测体系。到2025年，抽水蓄能投产总规模6200万千瓦以上；到2030年，投产总规模1.2亿千瓦左右；到2035年，形成满足新能源高比例大规模发展需求的、技术先进、管理优质、国际竞争力强的抽水蓄能现代化产业，培育形成一批抽水蓄能大型骨干企业。

《关于完整准确全面贯彻新发展理念做好碳达峰碳中和工作的意见》提

出，加快推进抽水蓄能应用。

《"十四五"可再生能源发展规划》提出，加快推进抽水蓄能电站建设。加快重点开工抽水蓄能项目建设，开展抽水蓄能资源调查行动和中小型抽水蓄能示范。

《"十四五"支持老工业城市和资源型城市产业转型升级示范区高质量发展实施方案》提出，积极发展储能产业，因地制宜建设抽水蓄能电站等。

《"十四五"现代能源体系规划》提出，加快推进抽水蓄能电站建设，实施全国新一轮抽水蓄能中长期发展规划，推动已纳入规划、条件成熟的大型抽水蓄能电站开工建设。力争到2025年，抽水蓄能装机容量达到6200万千瓦以上、在建装机容量达到6000万千瓦左右。推进桐城、磐安、泰安二期、浑源等抽水蓄能电站建设，开工大雅河、尚志、滦平、徐水、灵寿、美岱、乌海、泰顺（已核准开工）、天台（已核准开工）、建德、桐庐、宁国、岳西、石台、霍山、连云港、洪屏二期、大幕山、平坦原（已核准开工）、紫云山、安化、栗子湾（已核准开工）、哇让、牛首山（已核准开工）、贵阳（石厂坝）、南宁（已核准开工）、黔南（黄丝）、羊林等抽水蓄能电站。

《能源碳达峰碳中和标准化提升行动计划》提出，实施抽水蓄能专项标准完善和示范行动。

五、加快新型储能示范推广应用

《2030年前碳达峰行动方案》提出，加快新型储能示范推广应用。

《关于促进储能技术与产业发展的指导意见》提出，集中攻关一批具有关键核心意义的储能技术和材料、试验示范一批具有产业化潜力的储能技术和装备、应用推广一批具有自主知识产权的储能技术和产品、完善储能产品标准和检测认证体系，推进储能技术装备研发示范；鼓励可再生能源场站合理配置储能系统、推动储能系统与可再生能源协调运行、研究建立可再生能源场站侧储能补偿机制、支持应用多种储能促进可再生能源消纳，推进储能提升可再生能源利用水平应用示范；支持储能系统直接接入电网、建立健全储能参与辅助服务市场机制、探索建立储能容量电费和储能参与容量市场的规则机制，推进储能提升电力系统灵活性稳定性应用示范；鼓励在用户侧建设分布式储能系统、完善用户侧储能系统支持政策、支持微电网和离网地区配置储能，推进储能提升用能智能化水平应用示范；提升储能系统的信息化和管控水平、鼓励基于多种储能实现能源互联网多能互补和多源互动、拓展电动汽车等分散电池资源的储能化应用，推进储能多元化应用支撑能源互联网应用示范。"十四五"期间，储能项目广泛应用，形成较为完整的产业体系。

《汉江生态经济带发展规划》提出，开展先进储能、智能微网等新技术应用试点。

《"十四五"规划和2035年远景目标纲要》提出，实施电化学、压缩空气、飞轮等储能示范项目，开展黄河梯级电站大型储能项目研究。

《关于完整准确全面贯彻新发展理念做好碳达峰碳中和工作的意见》提出，加快推进新型储能规模化应用。

《"十四五"可再生能源发展规划》提出，推动其他新型储能规模化应用，促进储能在电源侧、电网侧和用户侧多场景应用，创新储能发展商业模式，有序推动储能与可再生能源协同发展。

《"十四五"现代能源体系规划》提出，加快新型储能技术规模化应用。大力推进电源侧储能发展，合理配置储能规模，改善新能源场站出力特性，支持分布式新能源合理配置储能系统。优化布局电网侧储能，发挥储能消纳新能源、削峰填谷、增强电网稳定性和应急供电等多重作用。积极支持用户侧储能多元化发展，提高用户供电可靠性，鼓励电动汽车、不间断电源等用户侧储能参与系统调峰调频。拓宽储能应用场景，推动电化学储能、梯级电站储能、压缩空气储能、飞轮储能等技术多元化应用，探索储能聚合利用、共享利用等新模式新业态。开展电化学储能、梯级电站储能、飞轮储能、压缩空气储能和蓄热蓄冷等技术攻关及规模化示范应用，开展新型储能安全防范技术攻关及示范应用。

《"十四五"新型储能发展实施方案》提出，加大关键技术装备研发力度、积极推动产学研用融合发展、健全技术创新体系，强化技术攻关，构建新型储能创新体系；加快多元化技术示范应用、推进不同场景及区域试点示范、发展壮大新型储能产业，积极试点示范，稳妥推进新型储能产业化进程；加大力度发展电源侧新型储能、因地制宜发展电网侧新型储能、灵活多样发展用户侧新型储能、开展新型储能多元化应用，推动规模化发展，支撑构建新型电力系统；营造良好市场环境、合理疏导新型储能成本、拓展新型储能商业模式，完善体制机制，加快新型储能市场化步伐；健全标准体系、完善支持政策、建立项目管理机制，做好政策保障，健全新型储能管理体系；完善国际合作机制、推动技术和产业国际合作，推进国际合作，提升新型储能竞争优势。到2025年，新型储能由商业化初期步入规模化发展阶段，具备大规模商业化应用条件，新型储能技术创新能力显著提高，核心技术装备自主可控水平大幅提升，标准体系基本完善，产业体系日趋完备，市场环境和商业模式基本成熟。到 2030 年，新型储能全面市场化发展。新型储能核心技术装备自主可控，技术创新和产业水平稳居全球前列，市场机制、商业模式、标准体系成熟健全，与电力系统各环节深度融合发展，基本满足构建新型电力系统需求，全面支撑能源领域碳达峰目标如期实现。

《财政支持做好碳达峰碳中和工作的意见》提出，因地制宜发展新型储能、抽水蓄能等，加快形成以储能和调峰能力为基础支撑的电力发展机制。

《黄河流域生态环境保护规划》提出，开展大容量、高效率储能工程建设。

《关于推动能源电子产业发展的指导意见》提出，开发安全经济的新型储能电池，实施新型储能电池产品及技术供给能力提升行动。

六、深化电力体制改革

《2030 年前碳达峰行动方案》提出，深化电力体制改革，加快构建全国统一电力市场体系。

《关于完整准确全面贯彻新发展理念做好碳达峰碳中和工作的意见》提出，全面推进电力市场化改革，加快培育发展配售电环节独立市场主体，完善中长期市场、现货市场和辅助服务市场衔接机制，扩大市场化交易规模。推进电网体制改革，明确以消纳可再生能源为主的增量配电网、微电网和分布式电源的市场主体地位。加快形成以储能和调峰能力为基础支撑的新增电力装机发展机制。完善电力等能源品种价格市场化形成机制。从有利于节能的角度深化电价改革，理顺输配电价结构，全面放开竞争性环节电价。推进煤炭、油气等市场化改革，加快完善能源统一市场。

《关于加快建设全国统一电力市场体系的指导意见》提出，健全多层次统一电力市场体系，完善统一电力市场体系的功能，健全统一电力市场体系的交易机制，加强电力统筹规划和科学监管，构建适应新型电力系统的市场机制。到 2025 年，全国统一电力市场体系初步建成，国家市场与省（区、市）/区域市场协同运行，电力中长期、现货、辅助服务市场一体化设计、联合运营，跨省跨区资源市场化配置和绿色电力交易规模显著提高，有利于新能源、储能等发展的市场交易和价格机制初步形成。到 2030 年，全国统一电力市场体系基本建成，适应新型电力系统要求，国家市场与省（区、市）/区域市场联合运行，新能源全面参与市场交易，市场主体平等竞争、自主选择，电力资源在全国范围内得到进一步优化配置。

《"十四五"现代能源体系规划》提出，持续深化电力中长期交易机制建设，稳妥推进电力现货市场建设，完善电力辅助服务市场机制，加快建设全国统一电力市场体系，积极推进分布式发电市场化交易，深化配售电改革。

《关于完善能源绿色低碳转型体制机制和政策措施的意见》提出，加强新型电力系统顶层设计，鼓励各类企业等主体积极参与新型电力系统建设，在电网架构、电源结构、源网荷储协调、数字化智能化运行控制等方面提升技术和优化系统，推动关键核心技术突破，研究制定新型电力系统相关标准，推动互联网、数字化、智能化技术与电力系统融合发展，推动新技术、新业态、新模式发展，构建智慧能源体系，加强新型电力系统技术体系建设，开展相关技术试点和区域示范；健全适应新型电力系统的市场机制，建立全国统一电力市场体系，深化输配电等重点领域改革，通过市场化方式促进电力绿色低碳发展，完善有利于可再生能源优先利用的电力交易机制，支持微电网、分布式电源、储能和负荷聚合商等新兴市场主体独立参与电力交易，积极推进分布式发电市场化交易，完善支持分布式发电市场化交易的价格政策及市场规则，完善支持储能应用的电价政策；完善灵活性电源建设和运行机制，全面实施煤电机组灵活性改造，因地制宜建设天然气"双调峰"电站，积极推动流域控制性调节水库建设和常规水电站扩机增容，加快建设抽水蓄能电站，推行梯级水电储能，发挥太阳能热发电的调节作用，开展废弃矿井改造储能等新型储能项目研究示范，全面推进企业自备电厂参与电力系统调节，鼓励工业企业发挥自备电厂调节能力就近利用新能源，完善支持调节性电源运行的价格补偿机制，鼓励新能源发电基地提升自主调节能力，完善抽水蓄能、新型储能参与电力市场的机制；完善电力需求响应机制，推动电力需求响应市场化建设，拓宽电力需求响应实施范围，通过多种方式挖掘各类需求侧资源并组织其参与需求响应，加强安全监管，加快推进需求响应市场化建设，全面调查评价需求响应资源并建立分级分类清单；探索建立区域综合能源服务机制，探索同一市场主体运营集供电、供热（供冷）、供气为一体的多能互补、多能联供区域综合能源系统，鼓励增量配电网通过拓展区域内分布式清洁能源、接纳区域外可再生能源等提高清洁能源比重，公共电网企业、燃气供应企业应为综合能源服务运营企业提供可靠能源供应，鼓励提升智慧能源协同服务水平，强化共性技术的平台化服务及商业模式创新，加强数据资源开放共享；构建电力系统安全运行和综合防御体系，各类发电机组运行要严格遵守《电网调度管理条例》等法律法规和技术规范建立煤电机组退出审核机制，建立各级电力规划安全评估制度，健全各类电源并网技术标准，完善电力电量平衡管理，建立电力企业与燃料供应企业、管输企业的信息共享与应急联动机制，建立重要输电通道跨部门联防联控机制，建立完善负荷中心和特大型城市应急安全保障电源体系，完善电力监控系统安全防控体系，加强电力行业关键信息基础设施安全保护，统筹协调推进电力应急体系建设，健全电力应急保障体系，完善电力应急制度、标准和预案。

《黄河流域生态环境保护规划》提出，深入推进山西国家资源型经济转型综合配套改革试验区建设和能源革命综合改革试点。

第七节　能源绿色低碳转型行动的进展

一、非化石能源

2022 年年底，国家发改委总结了 7 个方面的"碳达峰十大行动"进展，非化石能源加快开发利用取得进展。

1. 新能源保持较快增长

制订实施以沙漠、戈壁、荒漠地区为重点的大型风电光伏基地规划布局方案，规划总规模约 4.5 亿千瓦，目前第一批 9500 万千瓦基地项目已全部开工建设，印发第二批项目清单并抓紧推进前期工作，组织谋划第三批基地项目。稳步推进整县屋顶分布式光伏开发试点，截至 2022 年 6 月底，全国试点累计备案规模 6615 万千瓦。有序推进山东半岛、长三角、闽南、粤东和北部湾等海上风电基地建设。2020 年以来，新增风电、太阳能发电装机容量连续两年突破 1 亿千瓦，占年新增全部发电装机的六成左右。稳步发展生物质发电，截至 2022 年 7 月底，生物质发电装机 3967 万千瓦。会同有关部门积极研究支持地热能、非粮生物液体燃料等发展。推动国内首套自主化年产 3 万吨纤维素燃料乙醇示范装置工业化试生产。印发《氢能产业发展中长期规划（2021—2035 年）》。2021 年，新能源年发电量首次突破 1 万亿千瓦时大关。

2. 常规水电项目建设稳步推进

统筹水电开发和生态环境保护，大力推动金沙江上游、雅砻江中游、黄河上游等重点流域水电规划和重大水电工程建设。乌东德、两河口水电站全面投产，白鹤滩水电站 2022 年 8 月底前建成投产 10 台机组，金沙江旭龙水电站项目已于 2022 年 6 月上旬核准建设。2021 年以来至 2022 年 6 月，常规水电开工 600 万千瓦。截至 2022 年 6 月底，全国水电装机容量达到 3.6 亿千瓦左右，比 2020 年增加约 2000 万千瓦，"十四五"期间新增 4000 万千瓦的目标已完成近 50%。

3. 核电保持平稳建设节奏

在确保安全的前提下积极有序推进核电建设。华龙一号、国和一号示范工程、高温气冷堆示范工程等在建工程，在确保质量的前提下推进建设。2021 年 1 月，华龙一号全球首堆福清 5 号建成投产。截至 2022 年 7 月，我国在运在建核电机组共 77 台，装机规模 8335 万千瓦。

二、化石能源

2022 年年底，国家发改委总结了 7 个方面的"碳达峰十大行动"进展，化石能源清洁高效开发利用取得积极进展。

1. 煤炭清洁高效开发利用持续深化

充分发挥煤炭煤电对能源绿色低碳转型的支撑保障作用。持续打好煤炭增产保供"组合拳"，实施煤炭安全保供责任制，稳定煤炭保供政策，加强全国煤炭产量调度，持续释放先进产能，切实稳定增加煤炭产量。研究推进低阶煤分质分级利用试点示范。充分挖掘煤电顶峰出力潜力。稳妥有序推进煤电行业淘汰落后产能。2021 年，煤电以不足 50% 的装机占比，生产了全国 60% 的电量，承担了 70% 的顶峰任务。全面实施煤电节能降碳、灵活性和供热改造"三改联动"，2021 年已完成改造 2.4 亿千瓦，2022 年将继续实施改造 2.2 亿千瓦，为实现"十四五"累计改造 6 亿千瓦的目标奠定良好基础。

2. 油气高质量发展深入推进

扎实推进油气勘探开发 7 年行动计划，大力提升油气勘探开发力度，2021 年原油产量 1.99 亿吨、连续 3 年企稳回升，天然气产量 2076 亿立方米、增量连续 5 年超百亿立方米。加快推进非常规油气资源规模化开发，2021 年页岩油产量 240 万吨、页岩气产量 230 亿立方米，煤层气利用量 77 亿立方米，保持良好增长势头。加快推进油气基础设施建设，推动油气干线管道和互联互通重点工程建设，"全国一张网"进一步完善。天然气储备能力快速提升，储气规模 3 年多实现翻番。扎实推进实施成品油质量升级，切实保障符合第六阶段强制性国家标准的汽柴油供应。油气消费保持合理增长，2021 年油气消费约占一次能源消费总量的 27.4%。

3. 终端用能清洁替代加快实施

出台《关于进一步推进电能替代的指导意见》等政策，推动工业、交通、建筑、农业农村等重点领域持续提升电气化水平。深入推进北方地区清洁取暖，截至 2021 年底，清洁取暖面积达到 156 亿平方米，清洁取暖率 73.6%，超额完成规划目标，累计替代散煤超过1.5亿吨，对降低$PM_{2.5}$浓度、改善空气质量贡献率超过1/3。加快推动电动汽车充电基础设施建设，截至2022年7月，累计建成398万台，可基本满足电动汽车发展需求。开展核能综合利用示范，山东海阳核能供暖一二期工程总供暖面积超过500万平方米，实现海阳城区核能供暖全覆盖。浙江秦山核能供暖项目正式投运，成为南方地区首个核能供暖项目。

三、新型电力系统

2022年年底，国家发改委总结了7个方面的"碳达峰十大行动"进展，新型电力系统建设稳步推进。

1. 跨省区电力资源配置能力稳步增强

建成投产雅中—江西、陕北—武汉、白鹤滩—江苏特高压直流等跨省区输电通道，加快推进白鹤滩—浙江、闽粤联网直流工程以及南阳—荆门—长沙、驻马店—武汉等跨省区特高压交流工程建设，积极推进"三交九直"跨省区输电通道。协调推进第一批大型风电光伏基地项目接入电网。截至2021年底，全国西电东送输电能力达到2.9亿千瓦，比2020年底提高2000万千瓦。

2. 电力系统灵活调节能力明显提升

推进煤电机组灵活性改造，截至2021年底，实施灵活性改造超过1亿千瓦。制订印发《抽水蓄能中长期发展规划（2021—2035年）》，推动各省制订实施方案和"十四五"项目核准工作计划，加快推进生态友好、条件成熟、指标优越的项目建设。截至2022年6月底，抽水蓄能装机达到4200万千瓦。出台《"十四五"新型储能发展实施方案》，加快新型储能多元化、产业化、规模化发展。截至2021年底，新型储能装机规模超过400万千瓦。推动具备条件的气电项目加快建设，截至2022年6月底，天然气发电装机约1.1亿千瓦，比2020年增加1000万千瓦左右。指导各地做好需求侧响应，有效减少尖峰负荷需求。

四、能源转型

2022年年底，国家发改委总结了7个方面的"碳达峰十大行动"进展，能源转型支撑保障不断加强。

1. 能源科技创新加快推进

多项重大科技创新实现新突破，掌握自主三代核电技术，建成单机容量全球第一的百万千瓦水电机组，多次刷新光伏电池转换效率世界纪录，13 兆瓦海上风电机组成功下线，大规模储能、氢能等一批能源新技术研发应用取得新进展。完善创新机制，制订印发《"十四五"能源领域科技创新规划》，修订能源领域首台（套）重大技术装备评定和评价办法，组织开展"十四五"第一批国家能源研发创新平台遴选认定。

2. 能源体制机制改革不断深化

印发实施《关于加快建设全国统一电力市场体系的指导意见》。批复南方区域电力市场建设实施方案。积极稳妥推进电力现货市场建设，山西等 6 个第一批电力现货试点地区开展不间断结算试运行。2022 年上半年，全国市场化交易电量 2.5 万亿千瓦时，同比增长 45.8%，占全社会用电量的 61% 左右。开展新能源领域增量混合所有制改革，研究确定一批重点项目。推动健全完善煤价、电价、抽水蓄能价格形成机制，放开煤电上网电价，取消工商业目录销售电价，推动工商业用户进入市场。加快推动能源法、煤炭法、电力法等制修订。

3. 能源转型政策保障进一步完善

印发实施《推动能源绿色低碳转型做好碳达峰工作的实施方案》《关于完善能源绿色低碳转型体制机制和政策措施的意见》和煤炭、石油天然气行业碳达峰实施方案，出台《关于促进新时代新能源高质量发展的实施方案》，系统推进能源绿色低碳转型工作，形成政策合力。加强重点难点问题研究，组织有关方面深入开展能源转型路径研究。

第五章　节能降碳增效行动

《2030 年前碳达峰行动方案》提出，落实节约优先方针，完善能源消费强度和总量双控制度，严格控制能耗强度，合理控制能源消费总量，推动能源消费革命，建设能源节约型社会。通过全面提升节能管理能力、实施节能降碳重点工程、推进重点用能设备节能增效、加强新型基础设施节能降碳，实施节能降碳增效行动。

第一节　全面提升节能管理能力

一、推行用能预算管理

《2030 年前碳达峰行动方案》提出，推行用能预算管理，强化固定资产投资项目节能审查，对项目用能和碳排放情况进行综合评价，从源头推进节能降碳。

《关于严格能效约束推动重点领域节能降碳的若干意见》提出，严格实施分类管理。各地认真排查在建项目，对能效水平低于本行业能耗限额准入值的，按照有关规定停工整改，推动提升能效水平，力争达到标杆水平。科学评估拟建项目，对产能已经饱和的行业按照"减量置换"原则压减产能，对产能尚未饱和的行业，要对标国际先进水平提高准入门槛，对能耗较大的新兴产业要支持引导企业应用绿色技术、提高能效水平。加快改造升级存量项目，坚决淘汰落后产能、落后工艺、落后产品。

二、提高节能管理信息化水平

《2030 年前碳达峰行动方案》提出，提高节能管理信息化水平，完善重点用能单位能耗在线监测系统，建立全国性、行业性节能技术推广服务平台，推动高耗能企业建立能源管理中心。

《节能增效、绿色降碳服务行动方案》提出，以降低能耗、提升能效水平压力大的地市为重点，聚焦重点用能领域，提供综合性服务，着力推动地方更好地落实节能降碳各项措施、完成"十四五"能耗控制目标任务，促进地区绿色高质量发展；以地方产业园区绿色化改造为重点，推动产业园区在整体节能降碳、能源系统优化和梯级利用、绿色化升级等方面取得更大的成效；以地方重点用能行业领域和重点用能单位为重点，全面挖掘节能增效、减排降碳的潜力，采取更有力措施持续提高能效，推动行业领域和重点用能单位绿色化水平提升；着力推动节能服务由单一、短时效的技术服务向整体性、系统性的综合服务延伸拓展，探索创新可复制、可推广的市场化服务模式，努力把服务行动打造成可持续、有机制保障的品牌化服务，促进节能服务业向纵深发展。

《关于加强数字政府建设的指导意见》提出，加快构建碳排放智能监测和动态核算体系，推动形成集约节约、循环高效、普惠共享的绿色低碳发展新格局，服务保障碳达峰、碳中和目标顺利实现。

三、完善能源计量体系

《2030 年前碳达峰行动方案》提出，完善能源计量体系，鼓励采用认证手段提升节能管理水平。

《关于完整准确全面贯彻新发展理念做好碳达峰碳中和工作的意见》提出，健全电力、钢铁、建筑等行业领域能耗统计监测和计量体系，加强重点用能单位能耗在线监测系统建设。加强二氧化碳排放统计核算能力建设。

《"十四五"推动高质量发展的国家标准体系建设规划》提出，加快制定能效、能耗限额、能源管理、能源基础、节能监测控制、节能优化运行、综合能源管理等节能标准。

《"十四五"原材料工业发展规划》提出，支持钢铁、水泥等重点行业构建生产全过程碳排放统计核算、监测与评估体系。

《"十四五"节能减排综合工作方案》提出，严格实施重点用能单位能源利用状况报告制度，健全能源计量体系，加强重点用能单位能耗在线监测系统建设和应用。完善工业、建筑、交通运输等领域能源消费统计制度和指标体系，探索建立城市基础设施能源消费统计制度。

《计量发展规划（2021—2035 年）》提出，支撑碳达峰碳中和目标实现。完善温室气体排放计量监测体系，加强碳排放关键计量测试技术研究和应用，健全碳计量标准装置，为温室气体排放可测量、可报告、可核查提供计量支撑。建立碳排放计量审查制度，强化重点排放单位的碳计量要求。在城市和园区开展低碳计量试点。建立完善资源环境计量体系，建设一批国家能源、水文水资源和环境计量中心，推进能耗、水资源、环境监测系统建设，加强能源资源和环境计量数据分析挖掘和利用。加快推进能源资源计量服务示范工程建设，引导和培育能源资源和环境计量服务市场。在碳排放领域，完善碳排放计量体系，提升碳排放计量监测能力和水平。开展多行业典型用能设施及用能系统碳排放计量方法研究和碳排放基准数据库建设。开展用电信息推算碳排放量、烟气排放测量等技术研究与应用。加强计量测试技术在碳足迹核算、碳追踪中的应用。

《财政支持做好碳达峰碳中和工作的意见》提出，健全碳排放统计核算和监管体系，完善相关标准体系，加强碳排放监测和计量体系建设。

《关于加快建立统一规范的碳排放统计核算体系实施方案》提出，建立全国及地方碳排放统计核算制度，完善行业企业碳排放核算机制，建立健全重点产品碳排放核算方法，完善国家温室气体清单编制机制。到 2023 年，统一规范的碳排放统计核算体系初步建成；到 2025 年，统一规范的碳排放统计核算体系进一步完善。

《质量强国建设纲要》提出，建立健全碳达峰、碳中和标准计量体系，推动建立国际互认的碳计量基标准、碳监测及效果评估机制。

四、加强节能监察能力建设

《2030 年前碳达峰行动方案》提出，加强节能监察能力建设，健全省、市、县三级节能监察体系，建立跨部门联动机制，综合运用行政处罚、信用监管、绿色电价等手段，增强节能监察约束力。

《"十四五"原材料工业发展规划》提出，加强重点行业节能监察，贯彻强制性单位产品能耗限额标准。开展工业节能诊断服务。严格落实钢铁、水泥、电解铝等重点行业阶梯电价政策，完善有利于绿色低碳发展的差别化电价政策。

《财政支持做好碳达峰碳中和工作的意见》提出，加强对重点行业、重点设备的节能监察，组织开展能源计量审查。

第二节　实施节能降碳重点工程

一、城市节能降碳工程

《2030 年前碳达峰行动方案》提出，实施城市节能降碳工程，开展建筑、交通、照明、供热等基础设施节能升级改造，推进先进绿色建筑技术示范应用，推动城市综合能效提升。

《关中平原城市群建设"十四五"实施方案》提出，落实能耗双控和2030年前碳达峰要求，进一步细化节能降碳任务，加快产业结构、能源结构和运输结构低碳调整。深化低碳试点示范，支持西咸新区开展气候适应性城市试点和气候投融资试点。

《"十四五"全国城市基础设施建设规划》提出，推进城市能源系统高效化、清洁化、低碳化发展，增强电网分布式清洁能源接纳和储存能力。

二、园区节能降碳工程

《2030年前碳达峰行动方案》提出，实施园区节能降碳工程，以高耗能高排放项目（以下简称"两高"项目）集聚度高的园区为重点，推动能源系统优化和梯级利用，打造一批达到国际先进水平的节能低碳园区。

《"十四五"医药工业发展规划》提出，构建绿色产业体系。建立健全医药行业绿色工厂、绿色园区、绿色供应链等标准评价体系，培育发展一批优秀企业、优秀园区。开展清洁生产审核和评价认证，推动企业实施生产过程绿色低碳化改造，淘汰一批挥发性有机物（VOCs）排放高、环境污染严重、安全风险高的工艺技术和生产设施。

《"十四五"节能减排综合工作方案》提出，实施园区节能环保提升工程。引导工业企业向园区集聚，推动工业园区能源系统整体优化和污染综合整治，鼓励工业企业、园区优先利用可再生能源。以省级以上工业园区为重点，推进供热、供电、污水处理、中水回用等公共基础设施共建共享，对进水浓度异常的污水处理厂开展片区管网系统化整治，加强一般固体废物、危险废物集中贮存和处置，推动挥发性有机物、电镀废水及特征污染物集中治理等"绿岛"项目建设。到2025年，建成一批节能环保示范园区。

《"十四五"环境影响评价与排污许可工作实施方案》提出，探索温室气体排放环境影响评价。积极开展产业园区减污降碳协同管控，强化产业园区管理机构开展和组织落实规划环评的主体责任，高质量开展规划环评工作，推动园区绿色低碳发展，在产业园区层面推进温室气体排放环境影响评价试点。

《黄河流域生态环境保护规划》提出，推进企业园区化绿色发展，建立以"一园一策"和第三方综合托管为主要手段的工业园区环境治理新模式。

《工业能效提升行动计划》提出，统筹提升企业园区综合能效。推动工业企业、工业园区加强全链条、全维度、全过程用能管理，协同推进大中小企业节能提效，系统提升产业链供应链综合能效水平。强化工业能效标杆引领，强化工业企业能效管理，强化大型企业能效引领作用，强化中小企业能效服务能力，强化工业园区用能管理。

三、重点行业节能降碳工程

《2030 年前碳达峰行动方案》提出，实施重点行业节能降碳工程，推动电力、钢铁、有色金属、建材、石化化工等行业开展节能降碳改造，提升能源资源利用效率。

《关于完整准确全面贯彻新发展理念做好碳达峰碳中和工作的意见》提出，大幅提升能源利用效率。持续深化工业、建筑、交通运输、公共机构等重点领域节能，提升数据中心、新型通信等信息化基础设施能效水平。

《关于严格能效约束推动重点领域节能降碳的若干意见》提出，突出抓好重点行业。分步实施、有序推进重点行业节能降碳工作，首批聚焦能源消耗占比较高、改造条件相对成熟、示范带动作用明显的钢铁、电解铝、水泥、平板玻璃、炼油、乙烯、合成氨、电石等重点行业和数据中心组织实施。分行业研究制定具体行动方案，明确节能降碳主要目标和重点任务。待上述行业取得阶段性突破、相关机制运行成熟后，再视情况研究选取下一批主攻行业，稳扎稳打，压茬推进。借助重点行业节能降碳技术改造有利时机，加快先进成熟绿色低碳技术装备推广应用，提高重点行业技术装备绿色化、智能化水平。

《冶金、建材重点行业严格能效约束推动节能降碳行动方案（2021—2025年)》提出，建立技术改造企业清单，制订技术改造实施方案，稳妥组织企业实施改造，引导低效产能有序退出，创新发展绿色低碳技术，推进产业结构优化调整，修订完善产业政策标准，强化产业政策标准协同，加大财政金融支持力度，加大配套监督管理力度。到 2025 年，通过实施节能降碳行动，钢铁、电解铝、水泥、平板玻璃行业能效达到标杆水平的产能比例超过 30%，行业整体能效水平明显提升，碳排放强度明显下降，绿色低碳发展能力显著增强。

《石化化工重点行业严格能效约束推动节能降碳行动方案（2021—2025年)》提出，建立技术改造企业清单，制订技术改造实施方案，稳妥组织企业实施改造，引导低效产能有序退出，推广节能低碳技术装备，推动产业协同集聚发展，修订完善产业政策标准，强化产业政策标准协同，加大财政金融支持力度，加大配套监督管理力度。到 2025 年，通过实施节能降碳行动，炼油、乙烯、合成氨、电石行业达到标杆水平的产能比例超过 30%，行业整体能效水平明显提升，碳排放强度明显下降，绿色低碳发展能力显著增强。

《关于推进中央企业高质量发展做好碳达峰碳中和工作的指导意见》提出，构建清洁低碳安全高效能源体系。加快提升能源节约利用水平，加快推进化石能源清洁高效利用，加快推动非化石能源发展，加快构建以新能源为主体的新型电力系统。建立完善碳排放管理机制，推动中央企业建立健全碳排放统计、监测、核查、报告、披露等体系，加快建立完善碳交易管理机制，开发碳汇项目与国家核证自愿减排量（CCER）项目。

《黄河流域水资源节约集约利用实施方案》提出，推动减污降碳协同增效。探索"供—排—净—治"设施建设运维一体化改革，强化城市水系统管理体系化水平。示范推广资源能源标杆再生水厂，减少污水处理能源消耗和碳排放。鼓励具备条件的供水、水处理企业，因地制宜发展沼气发电、分布式光伏发电，推广区域热电冷联供。

《"十四五"原材料工业发展规划》提出：①积极实施节能低碳行动。围绕碳达峰、碳中和目标节点，强化碳效率发展理念，全面实施碳减排行动，将碳排放纳入环境影响评价，发挥减污降碳协同效应。制订石化化工、钢铁、有色金属、建材等重点行业碳达峰实施方案，确保 2030 年前实现达峰，鼓励有条件的行业、企业率先达峰。支持企业实施原料、燃料替代，加快推进工业煤改电、煤改气，提高可再生资源和清洁能源使用比例。支持企业利用余热余压发电、并网。加快推进原材料企业节能低碳改造升级，鼓励企业建设能源管理中心，深入实施能源梯级利用。优化产品贸易结构，鼓励增加初级加工产品进口，严格控制高耗能、低附加值产品出口。②推进超低排放和清洁生产。推进实施钢铁行业超低排放改造，研究推动化工、焦化、电解铝、铜冶炼、铅锌冶炼、水泥、玻璃、耐火材料、石墨深加工、陶瓷等重点行业实施超低排放。鼓励石化化工企业开展初期雨水收集处理，石化化工、钢铁等行业组织企业开展内部节水改造。对生产、使用、排放优先控制化学品的企业，实施强制性清洁生产审核，推动石化化工、有色金属、建材等重点行业制订清洁生产改造提升计划，创新原材料重点行业清洁生产推行模式。加强工业园区尾气资源集中规划管理和水梯次利用、集中处理，推进工业尾气循环化、清洁化、高值化利用。加强有色金属行业重金属污染治理，无害化处理含砷冶炼渣、铝灰等危险废物。限制和逐步淘汰高毒、高污染、高环境风险化工产品和工艺技术，禁止非法生产、使用持久性有机污染物，禁止非法生产添汞产品。支持企业研究开发、推广应用减少工业固废产生量和降低工业固废危害性的生产工艺和设备。强化产品全生命周期绿色发展理念，大力推广绿色工艺和绿色产品。引导企业和园区开展卓越环保绩效管理，加强智能管控一体化治理，全面建设绿色工厂和绿色园区。加强矿山生态修复，建设绿色矿山。制修订一批环保排放、节水等重点标准。

《"十四五"医药工业发展规划》提出，实施医药工业碳减排行动。落实国家碳达峰、碳中和战略部署，制订实施医药工业重点领域碳减排行动计划，明确二氧化碳排放强度控制目标，提高全行业资源综合利用效率。支持企业开发应用节能技术和装备，提升能源利用效率，减少二氧化碳以及其他温室气体排放。鼓励医药园区实施集中供热或使用可再生、清洁能源，加快淘汰企业自备燃煤锅炉。

《"十四五"节能减排综合工作方案》提出，实施重点行业绿色升级工程。以钢铁、有色金属、建材、石化化工等行业为重点，推进节能改造和污染物深度治理。推广高效精馏系统、高温高压干熄焦、富氧强化熔炼等节能技术，鼓励将高炉—转炉长流程炼钢转型为电炉短流程炼钢。推进钢铁、水泥、焦化行业及燃煤锅炉超低排放改造，到 2025 年，完成 5.3 亿吨钢铁产能超低排放改造，大气污染防治重点区域燃煤锅炉全面实现超低排放。加强行业工艺革新，实施涂装类、化工类等产业集群分类治理，开展重点行业清洁生产和工业废水资源化利用改造。"十四五"时期，规模以上工业单位增加值能耗下降 13.5%，万元工业增加值用水量下降 16%。到 2025 年，通过实施节能降碳行动，钢铁、电解铝、水泥、平板玻璃、炼油、乙烯、合成氨、电石等重点行业产能和数据中心达到能效标杆水平的比例超过 30%。

《"十四五"现代能源体系规划》提出，减少能源产业碳足迹，推进化石能源开发生产环节碳减排，促进能源加工储运环节提效降碳，推动能源产业和生态治理协同发展；更大力度强化节能降碳，完善能耗"双控"与碳排放控制制度，大力推动煤炭清洁高效利用，实施重点行业领域节能降碳行动，提升终端用能低碳化电气化水平。

《关于完善能源绿色低碳转型体制机制和政策措施的意见》提出，研究制定重点行业、重点产品碳排放核算方法。

《高耗能行业重点领域节能降碳改造升级实施指南（2022 年版）》提出，科学做好炼油、乙烯、对二甲苯、现代煤化工、合成氨、电石、烧碱、纯碱、磷铵、黄磷、水泥、平板玻璃、建筑和卫生陶瓷、钢铁、焦化、铁合金、有色金属冶炼 17 个行业节能降碳改造升级。引导改造升级，加强技术攻关，促进集聚发展，加快淘汰落后。

《关于加快推进废旧纺织品循环利用的实施意见》提出，推进纺织工业绿色低碳生产。推行纺织品绿色设计，鼓励使用绿色纤维。

《"十四五"环境影响评价与排污许可工作实施方案》提出，在煤炭开采等项目环评中，探索加强对瓦斯等温室气体排放的控制。支持各地深入开展重点行业建设项目温室气体排放环境影响评价试点，推进近零碳排放示范工程建设。

《关于化纤工业高质量发展的指导意见》提出，促进节能低碳发展。鼓励企业优化能源结构，扩大风电、光伏等新能源应用比例，逐步淘汰燃煤锅炉、加热炉。制定化纤行业碳达峰路线图，明确行业降碳实施路径，加大绿色工艺及装备研发，加强清洁生产技术改造及重点节能减排技术推广。加快化纤工业绿色工厂、绿色产品、绿色供应链、绿色园区建设，开展水效和能效领跑者示范企业建设，推动碳足迹核算和社会责任建设。

《关于产业用纺织品行业高质量发展的指导意见》提出，推动行业节能减碳。围绕碳达峰、碳中和战略目标，制定节能减碳行动方案。制定纺粘、水刺、针刺等非织造布领域节能减排和清洁生产评价指标体系，降低行业能耗水平。支持企业建设能源管理系统，鼓励使用清洁能源，应用节能技术和设备，创建绿色工厂。

《财政支持做好碳达峰碳中和工作的意见》提出，推动减污降碳协同增效，持续开展燃煤锅炉、工业炉窑综合治理。持续推进工业、交通、建筑、农业农村等领域电能替代，实施"以电代煤"和"以电代油"。

《关于推动轻工业高质量发展的指导意见》提出，有序推进轻工业碳达峰进程，绘制造纸等行业低碳发展路线图。加大食品、皮革、造纸、电池、陶瓷、日用玻璃等行业节能降耗和减污降碳力度，加快完善能耗限额和污染排放标准，树立能耗环保标杆企业，推动能效环保对标达标。推动塑料制品、家用电器、造纸、电池、日用玻璃等行业废弃产品循环利用。在制革、制鞋、油墨、家具等行业，加大低（无）挥发性有机物（VOCs）含量原辅材料的源头替代力度，推广低挥发性无铅有机溶剂工艺和装备，加快产品中有毒有害化学物质含量限值标准制修订。

《减污降碳协同增效实施方案》提出，鼓励重点行业企业探索采用多污染物和温室气体协同控制技术工艺，开展协同创新。优化治理技术路线，加大氮氧化物、挥发性有机物（VOCs）以及温室气体协同减排力度。一体推进重点行业大气污染深度治理与节能降碳行动，推动钢铁、水泥、焦化行业及锅炉超低排放改造，探索开展大气污染物与温室气体排放协同控制改造提升工程试点。VOCs 等大气污染物治理优先采用源头替代措施。推进大气污染治理设备节能降耗，提高设备自动化智能化运行水平。加强消耗臭氧层物质和氢氟碳化物管理，加快使用含氢氯氟烃生产线改造，逐步淘汰氢氯氟烃使用。推进移动源大气污染物排放和碳排放协同治理。推进污水处理厂节能降耗，优化工艺流程，提高处理效率；鼓励污水处理厂采用高效水力输送、混合搅拌和鼓风曝气装置等高效低能耗设备；推广污水处理厂污泥沼气热电联产及水源热泵等热能利用技术；提高污泥处置和综合利用水平；在污水处理厂推广建设太阳能发电设施。开展城镇污水处理和资源化利用碳排放测算，优化污水处理设施能耗和碳排放管理。

《黄河流域生态环境保护规划》提出，促进绿色矿业发展。积极推进矿产资源绿色勘查开采，促进矿产资源综合利用。实施钢铁水泥行业超低排放改造工程、工业炉窑综合整治工程、VOCS 污染防治工程。

《工业能效提升行动计划》提出，大力提升重点行业领域能效。推进重点行业节能提效改造升级，深入挖掘钢铁、石化化工、有色金属、建材等行业节能潜力，针对机械、造纸、纺织、电子等行业主要用能环节和设备，推广一批关键共性节能提效技术装备，鼓励企业加强能量系统优化、余热余压利用、可再生能源利用、公辅设施改造等。推进跨产业跨领域耦合提效协同升级。鼓励钢化联产、炼化集成、煤化电热一体化和多联产发展，推动不同行业间融合创新，实现协同节能提效。利用钢铁、焦化企业副产煤气生产高附加值化工产品，推动炼化、煤化工企业构建首尾相连、互为供需和生产装置互联互通的产业链。推动工业固体废物高值高效资源化利用，以高炉矿渣、粉煤灰等为主要原料的超细粉替代水泥混合材，减少水泥、水泥熟料消耗量。推动利用工业余热供暖，促进产城高效融合。

《工业领域碳达峰实施方案》提出，实施绿色低碳产品供给提升行动，构建绿色低碳产品开发推广机制，加大能源生产领域绿色低碳产品供给，加大交通运输领域绿色低碳产品供给。发挥绿色低碳产品装备在碳达峰碳中和工作中的支撑作用，完善设计开发推广机制，为能源生产、交通运输、城乡建设等领域提供高质量产品装备，打造绿色低碳产品供给体系，助力全社会达峰。到 2025 年，创建一批生态（绿色）设计示范企业，制修订 300 项左右绿色低碳产品评价相关标准，开发推广万种绿色低碳产品。

《深入打好重污染天气消除、臭氧污染防治和柴油货车污染治理攻坚战行动方案》提出，统筹大气污染防治与"双碳"目标要求，开展大气减污降碳协同增效行动，将标志性战役任务措施与降碳措施一体谋划、一体推进，优化调整产业、能源、运输结构，从源头减少大气污染物和碳排放。促进产业绿色转型升级，坚决遏制高耗能、高排放、低水平项目盲目发展，开展传统产业集群升级改造。推动能源清洁低碳转型，开展分散、低效煤炭综合治理。构建绿色交通运输体系，加快推进"公转铁""公转水"，提高机动车船和非道路移动机械绿色低碳水平。强化挥发性有机物（VOCs）、氮氧化物等多污染物协同减排，以石化、化工、涂装、制药、包装印刷和油品储运销等为重点，加强 VOCs 源头、过程、末端全流程治理；持续推进钢铁行业超低排放改造，出台焦化、水泥行业超低排放改造方案；开展低效治理设施全面提升改造工程。

《关于深入推进黄河流域工业绿色发展的指导意见》提出，围绕黄河流域煤化工、有色金属、建材等重点行业，通过流程降碳、工艺降碳、原料替代，实现生产过程降碳。加强绿色低碳工艺技术装备推广应用，提高重点行业技术装备绿色化、智能化水平。推动重点行业存量项目开展节能降碳技术改造。

《"十四五"扩大内需战略实施方案》提出，建设促进提高清洁能源利用水平、降低二氧化碳排放的生态环保设施。

四、重大节能降碳技术示范工程

《2030 年前碳达峰行动方案》提出，实施重大节能降碳技术示范工程，支持已取得突破的绿色低碳关键技术开展产业化示范应用。

《关于严格能效约束推动重点领域节能降碳的若干意见》提出，鼓励国有企业、骨干企业发挥引领作用，开展节能降碳示范性改造。改造过程中，在落实产能置换等要求前提下，鼓励企业实施兼并重组。

第三节　推进重点用能设备节能增效

一、提升能效标准

《2030 年前碳达峰行动方案》提出，以电机、风机、泵、压缩机、变压器、换热器、工业锅炉等设备为重点，全面提升能效标准。

《关于严格能效约束推动重点领域节能降碳的若干意见》提出，科学确定能效水平。本着"就高不就低"的原则，对标国内外生产企业先进能效水平，确定各行业能效标杆水平，以此作为企业技术改造的目标方向。在此基础上，参考国家现行节能标准确定的准入值和限定值，根据行业实际情况、发展预期、生产装置整体能效水平等，统筹考虑如期实现碳达峰目标、保持生产供给平稳、便于企业操作实施等因素，科学划定各行业能效基准水平。

《关于推动原料药产业高质量发展实施方案的通知》提出，推动企业主动开展碳足迹分析，健全完善企业碳排放和能效评价体系。

《高耗能行业重点领域能效标杆水平和基准水平（2021年版）》提出，对标国内外生产企业先进能效水平，确定高耗能行业能效标杆水平；对拟建、在建项目，应对照能效标杆水平建设实施，推动能效水平应提尽提，力争全面达到标杆水平，对能效低于本行业基准水平的存量项目，合理设置政策实施过渡期；依据能效标杆水平和基准水平，限期分批实施改造升级和淘汰；整合利用已有政策工具，落实节能专用装备、技术改造、资源综合利用等税收优惠政策。

《"十四五"市场监管现代化规划》提出，建立健全碳达峰碳中和标准体系，分行业制修订并严格执行能耗限额强制性国家标准，清理妨碍优胜劣汰的不合理政策措施，促进落后和过剩产能有序退出。

《关于完善能源绿色低碳转型体制机制和政策措施的意见》提出，推动地方建立健全用能预算管理制度，探索开展能耗产出效益评价。

《长江中游城市群发展"十四五"实施方案》提出，推动重点行业绿色转型，开展重点行业和重点产品资源效率对标提升行动。

《关于化纤工业高质量发展的指导意见》提出，严格能效约束，完善化纤行业绿色制造标准体系，依法依规加快淘汰高能耗、高水耗、高排放的落后生产工艺和设备，为优化供给结构提供空间。

《减污降碳协同增效实施方案》提出，推进工业节能和能效水平提升。

《"十四五"新型城镇化实施方案》提出，鼓励建设超低能耗和近零能耗建筑。

《工业能效提升行动计划》提出，持续提升用能设备系统能效。围绕电机、变压器、锅炉等通用用能设备，持续开展能效提升专项行动，加大高效用能设备应用力度，开展存量用能设备节能改造。实施电机能效提升行动，实施变压器能效提升行动，实施锅炉能效提升行动，实施用能系统能效提升行动。

《关于深化电子电器行业管理制度改革的意见》提出，持续规范能效标识制度，鼓励企业不断提升产品能源效率。将节能产品认证制度、低碳产品认证制度整合为节能低碳产品认证制度。

《能源碳达峰碳中和标准化提升行动计划》提出，实施煤电能效标准提升行动、煤炭深加工能效标准提升行动、石油炼化能效标准提升行动、电力输送能效标准提升行动、综合能源服务标准提升行动。

《重点用能产品设备能效先进水平、节能水平和准入水平（2022 年版）》提出，合理划定能效水平。将有关产品设备能效水平划分为先进水平、节能水平、准入水平三档。准入水平为相关产品设备进入市场的最低能效水平门槛，数值与现行有关能效标准限定值一致；节能水平为不低于现行能效 2 级，与能效准入水平产品设备相比，更符合节能降碳工作要求，同时在 3～5 年内可转化为下一阶段的准入水平；先进水平为不低于能效 1 级，是当前相关产品设备所能达到先进能效水平。持续推动重点用能产品设备能效提升。

《关于深入推进黄河流域工业绿色发展的指导意见》提出，推进重点用能行业节能技术工艺升级，鼓励黄河流域电力、钢铁、有色、石化化工等行业企业对主要用能环节和用能设备进行节能化改造。

《关于统筹节能降碳和回收利用　加快重点领域产品设备更新改造的指导意见》提出，加快重点领域产品设备节能降碳更新改造。聚焦重点领域产品设备，合理划定产品设备能效水平，逐步分类实施产品设备更新改造，加强高效节能产品设备市场供给和推广应用。到 2025 年，通过统筹推进重点领域产品设备更新改造和回收利用，进一步提升高效节能产品设备市场占有率。与 2021 年相比，工业锅炉、电站锅炉平均运行热效率分别提高 5 个百分点和 0.5 个百分点，在运高效节能电机、在运高效节能电力变压器占比分别提高超过 5 个百分点和 10 个百分点，在用主要家用电器中高效节能产品占比提高 10 个百分点。在运工商业制冷设备、家用制冷设备、通用照明设备中高效节能产品占比分别达到 40%、60%、50%。废旧产品设备回收利用更加规范畅通，形成一批可复制可推广的回收利用先进模式，推动废钢铁、废有色金属、废塑料等主要再生资源循环利用量达到 4.5 亿吨。到 2030 年，重点领域产品设备能效水平进一步提高，推动重点行业和领域整体能效水平和碳排放强度达到国际先进水平。产品设备更新改造和回收利用协同效应有效增强，资源节约集约利用水平显著提升，为顺利实现碳达峰目标提供有力支撑。

二、建立以能效为导向的激励约束机制

《2030 年前碳达峰行动方案》提出，建立以能效为导向的激励约束机制，推广先进高效产品设备，加快淘汰落后低效设备。

《关于加快推进工业节能与绿色发展的通知》提出，充分借助绿色金融措施，大力支持工业节能降耗、降本增效，实现绿色发展。

《污染治理和节能减碳中央预算内投资专项管理办法》提出，紧紧围绕实现碳达峰、碳中和，继续统筹安排污染治理和节能减碳中央预算内投资支持资金。

《完善能源消费强度和总量双控制度方案》提出，合理设置国家和地方能耗双控指标、优化能耗双控指标分解落实，完善指标设置及分解落实机制；对国家重大项目实行能耗统筹，坚决管控高耗能高排放项目，鼓励地方增加可再生能源消费，鼓励地方超额完成能耗强度降低目标，推行用能指标市场化交易，增强能源消费总量管理弹性；推动地方实行用能预算管理，严格实施节能审查制度，完善能耗双控考核制度，健全能耗双控管理制度。到 2025 年，能耗双控制度更加健全，能源资源配置更加合理、利用效率大幅提高；到 2030 年，能耗双控制度进一步完善，能耗强度继续大幅下降，能源消费总量得到合理控制，能源结构更加优化；到 2035 年，能源资源优化配置、全面节约制度更加成熟和定型，有力支撑碳排放达峰后稳中有降目标实现。

《关于严格能效约束推动重点领域节能降碳的若干意见》提出，建立健全重点行业能效和碳排放监测与评价体系，健全完善企业能效和碳排放核算、计量、报告、核查和评价机制。

《"十四五"节能减排综合工作方案》提出，优化完善能耗双控制度，健全污染物排放总量控制制度。

《长江中游城市群发展"十四五"实施方案》提出，创造条件尽早实现能耗"双控"向碳排放总量和强度"双控"转变，加快形成减污降碳的激励约束机制。

《工业能效提升行动计划》提出，加快完善节能提效体制机制，健全完善工业节能有关政策、法规、标准，强化节能监督管理和诊断服务，夯实工业能效提升基础。持续加强工业节能监察，深入开展工业节能诊断，健全完善工业节能标准体系。

《能源碳达峰碳中和标准化提升行动计划》提出，实施能源产业链碳减排标准体系建设行动、能源装备碳足迹标准体系完善和试点示范行动。

《重点用能产品设备能效先进水平、节能水平和准入水平（2022 年版）》提出，推动相关产业提质升级。完善能效标准体系和能效标识制度，加大中央预算内投资对高能效产品设备及相关零部件制造项目的支持力度，强化绿色金融支持，鼓励重点用能产品设备相关产业聚集地研究制定有针对性的政策，引导和支持企业主动实施技术工艺升级、提升产品能效水平。

三、加强重点用能设备节能审查和日常监管

《2030 年前碳达峰行动方案》提出，加强重点用能设备节能审查和日常监管，强化生产、经营、销售、使用、报废全链条管理，严厉打击违法违规行为，确保能效标准和节能要求全面落实。

《重点用能产品设备能效先进水平、节能水平和准入水平（2022 年版）》提出，加快淘汰落后产品设备。企业新建、改扩建项目不得采购使用能效低于准入水平的产品设备，优先采购使用能效达到先进水平产品设备，依法依规禁止能效低于准入水平的产品设备生产销售，引导重点用能单位实施重点产品设备更新换代和改造升级，督促企业依法依规淘汰老旧落后产品设备。

新修订的《固定资产投资项目节能审查办法》和《重点用能单位节能管理办法》提出，进一步发挥节能审查能效源头把关作用，优化重点用能单位节能管理机制；加强节能事中事后监管能力建设，持续发布年度监察计划，指导地方完善节能监察体系，突出抓好重点领域、重点单位、重点项目监督管理。

第四节　加强新型基础设施节能降碳

一、优化新型基础设施空间布局

《2030 年前碳达峰行动方案》提出，优化新型基础设施空间布局，统筹谋划、科学配置数据中心等新型基础设施，避免低水平重复建设。

《"十四五"信息通信行业发展规划》提出，建设新型数字基础设施。全面推进 5G 网络建设、部署千兆光纤网络、持续推进骨干网演进和服务能力升级、提升互联网协议第六版（IPv6）端到端贯通能力、推进移动物联网全面发展、加快布局卫星通信、构建通达全球的信息基础设施，全面部署新一代通信网络基础设施；推动数据中心高质量发展、构建多层次的算力设施体系、构建互通共享的数据基础设施、提升人工智能基础设施服务能力，统筹布局绿色智能的数据与算力设施；打造全面互联的工业互联网、加快车联网部署应用、协同推进社会生活新型基础设施部署、支持新型城市基础设施建设，积极发展高效协同的融合基础设施；加速信息技术赋能社会各领域节能减排，

构建"智能+"绿色生态体系，降低社会总体能耗，推进行业节能减排和绿色发展；强化核心技术研发和创新突破，整体提升产业链基础能力和供应链安全水平。

《"十四五"信息化和工业化深度融合发展规划》提出，建设新型信息基础设施，提升关键核心技术支撑能力，推动工业大数据创新发展，完善信息化和工业化深度融合标准体系，筑牢信息化和工业化融合发展新基础。

《"十四五"数字经济发展规划》提出，优化升级数字基础设施。加快建设信息网络基础设施，建设高速泛在、天地一体、云网融合、智能敏捷、绿色低碳、安全可控的智能化综合性数字信息基础设施；推进云网协同和算网融合发展，加快构建算力、算法、数据、应用资源协同的全国一体化大数据中心体系；有序推进基础设施智能升级，稳步构建智能高效的融合基础设施，提升基础设施网络化、智能化、服务化、协同化水平。

《"十四五"全国城市基础设施建设规划》提出，加快新型城市基础设施建设，推动城市基础设施智能化建设与改造，构建信息通信网络基础设施系统。

《信息通信行业绿色低碳发展行动计划（2022—2025年）》提出：①优化绿色发展总体布局。通过统筹信息基础设施集约部署，打造绿色低碳信息基础设施，优化基础设施体系架构；通过深入推进通信网络设施共建共享，全面开展与社会资源共建共享，强化基础设施共建共享；通过提升信息基础设施建设和运营绿色化水平，加快高耗能老旧设施绿色升级，提升基础设施整体能效；通过鼓励企业积极使用绿色电力、加大绿色能源推广使用，提高行业绿色用能水平。②加快重点设施绿色升级。推动绿色集约化布局，加大先进节能节水技术应用，提高IT设施能效水平，推进绿色数据中心建设；通过推动基站主设备节能技术应用推广，提升基站配套设施能效水平，推动基站节能监测及效果评估，促进通信基站能效提升；通过加快核心机房绿色低碳化重构，加速接入和汇聚机房绿色化改造，推动通信机房绿色改造。③完善绿色产业链供应链。通过引导产业链供应链协同制造，建立完善绿色采购制度，导绿色化生产和采购；通过推动各环节绿色包装循环再利用，提高废旧信息通信设备回收利用水平，提高资源循环利用水平。④赋能全社会降碳促达峰。通过强化工业节能降碳供给能力，助力重点行业绿色化转型，赋能产业绿色低碳转型；通过强化公共服务绿色低碳供给能力，助力打造居民绿色生活方式，赋能居民低碳环保生活；通过增强城乡节能降碳供给能力，助力城乡绿色智慧发展，赋能城乡绿色智慧发展。⑤加强绿色发展统筹管理。通过构建绿色低碳发展机制，增强企业绿色发展制度保障，健全绿色低碳管理机制；通过推动企业建立完善绿色低碳发展管理平台，探索建立行业绿色低碳发展管理平台，建设绿色低碳管理平台；通过加快绿色技术攻关和转化，建立健全绿色低碳标准体系，激发市场主体绿色创新活力，提升行业绿色创新能力。到 2025 年，信息通信行业绿色低碳发展管理机制基本完善，节能减排取得重点突破，行业整体资源利用效率明显提升，助力经济社会绿色转型能力明显增强，单位信息流量综合能耗比"十三五"期末下降 20%，单位电信业务总量综合能耗比"十三五"期末下降 15%，遴选推广 30 个信息通信行业赋能全社会降碳的典型应用场景。展望 2030 年，信息通信行业绿色低碳发展总体布局更加完善，信息基础设施整体能效全球领先，绿色产业链供应链稳定顺畅，有力支撑经济社会全面绿色转型发展。

《"十四五"扩大内需战略实施方案》提出，系统布局新型基础设施，加强新型基础设施建设。加快构建全国一体化大数据中心体系，布局建设国家枢纽节点和数据中心集群。加快 5G 网络规模化部署。加快千兆光网建设，扩容骨干网互联节点，新设一批国际通信出入口，全面推进互联网协议第六版（IPv6）商用部署。加快运用 5G、人工智能、大数据等技术对交通、水利、能源、市政等传统基础设施的数字化改造。实施中西部地区中小城市基础网络完善工程。推动物联网全面发展，打造支持固移融合、宽窄结合的物联接入能力。实施智能网联汽车示范应用工程，创建车联网先导区。支持有条件的地方建设区域性创新高地，优化提升产业创新基础设施。建设一批具有重要研究价值、特定学科领域的重大科技基础设施。

二、优化新型基础设施用能结构

《2030 年前碳达峰行动方案》提出，优化新型基础设施用能结构，采用直流供电、分布式储能、"光伏＋储能"等模式，探索多样化能源供应，提高非化石能源消费比重。

《新型数据中心发展三年行动计划（2021—2023 年）》提出，开展绿色低碳发展行动。一是加快先进绿色技术产品应用。大力推动绿色数据中心创建、运维和改造，引导新型数据中心走高效、清洁、集约、循环的绿色发展道路。鼓励应用高密度集成等高效 IT 设备、液冷等高效制冷系统、高压直流等高效供配电系统、能效环境集成检测等高效辅助系统技术产品，支持探索利用锂电池、储氢和飞轮储能等作为数据中心多元化储能和备用电源装置，加强动力电池梯次利用产品推广应用。二是持续提升能源高效清洁利用水平。鼓励企业探索建设分布式光伏发电、燃气分布式供能等配套系统，引导新型数据中心向新能源发电侧建设，就地消纳新能源，推动新型数据中心高效利用清洁能源和可再生能源、优化用能结构，助力信息通信行业实现碳达峰、碳中和目标。三是优化绿色管理能力。深化新型数据中心绿色设计、施工、采购与运营管理，全面提高资源利用效率。支持采用合同能源管理等方式，对高耗低效的数据中心加快整合与改造。新建大型及以上数据中心达到绿色数据中心要求，绿色低碳等级达到4A级以上。

《关于严格能效约束推动重点领域节能降碳的若干意见》提出，加强数据中心绿色高质量发展。鼓励重点行业利用绿色数据中心等新型基础设施实现节能降耗。新建大型、超大型数据中心电能利用效率不超过1.3。到2025年，数据中心电能利用效率普遍不超过1.5。加快优化数据中心建设布局，新建大型、超大型数据中心原则上布局在国家枢纽节点数据中心集群范围内。各地要统筹好在建和拟建数据中心项目，设置合理过渡期，确保平稳有序发展。

《工业能效提升行动计划》提出，推进重点领域能效提升绿色升级，持续开展国家绿色数据中心建设，推动老旧数据中心实施系统节能改造，提高网络设备等信息处理设备能效。推动低功耗芯片等产品和技术在移动通信网络中的应用，推动电源、空调等配套设施绿色化改造。数据中心加快液冷、自然冷源等制冷节能技术应用，鼓励采用分布式供电、模块化机房及虚拟化、云化IT资源、高温型IT设备等高效系统和设备，推广高压直流供电、集成式电力模块等技术，优化减配冗余基础设施，自建余热回收设施；通信基站推进硬件节能技术应用，采用高制程芯片、利用氮化镓功放等提升设备整体能效。逐步引入液体冷却、自然冷源等新型散热技术，加强智能符号静默、通道静默等软件节能技术应用，推广室外小型智能化电源系统在基站的应用；通信机房加快推广机房冷热通道隔离、微模块、整机柜服务器、余热回收利用等技术，推广不同供电保障等级的节能技术方案，推广机房机柜一体化集成技术和自然冷源利用技术。

《关于深入推进黄河流域工业绿色发展的指导意见》提出，积极推进黄河流域新型信息基础设施绿色升级，降低数据中心、移动基站功耗。依托国家"东数西算"工程，在中上游内蒙古、甘肃、宁夏、成渝算力网络国家枢纽节点地区，开展大中型数据中心、通信网络基站和机房绿色建设和改造。

三、对标国际先进水平，淘汰落后设备和技术

《2030年前碳达峰行动方案》提出，对标国际先进水平，加快完善通信、

运算、存储、传输等设备能效标准，提升准入门槛，淘汰落后设备和技术。

四、加强新型基础设施用能管理

《2030 年前碳达峰行动方案》提出，加强新型基础设施用能管理，将年综合能耗超过 1 万吨标准煤的数据中心全部纳入重点用能单位能耗在线监测系统，开展能源计量审查。

《"十四五"节能减排综合工作方案》提出，推进新型基础设施能效提升，加快绿色数据中心建设。

五、推动既有设施绿色升级改造

《2030 年前碳达峰行动方案》提出，推动既有设施绿色升级改造，积极推广使用高效制冷、先进通风、余热利用、智能化用能控制等技术，提高设施能效水平。

《工业能效提升行动计划》提出，积极推动数字能效提档升级，充分发挥数字技术对工业能效提升的赋能作用，推动构建状态感知、实时分析、科学决策、精确执行的能源管控体系，加速生产方式数字化、绿色化转型。提高数字化节能提效技术水平，提高能效管理公共服务能力，提高"工业互联网＋能效管理"创新能力。实施"工业互联网＋能效管理"解决方案，推广"工业互联网＋能效管理"集成创新应用。持续夯实节能提效产业基础，着力提升节能技术装备产品供给水平，大力发展节能服务，积极构建绿色增长新引擎，培育制造业绿色竞争新优势。加大节能技术遴选推广力度，加大节能装备产品供给力度，加大专业化节能服务力度，加大节能新技术储备力度。

第五节　节能降碳增效行动的进展

一、节能工作

2022 年年底，国家发改委总结了 7 个方面的"碳达峰十大行动"进展，系统谋划、统筹推进"十四五"节能工作取得进展。

1. 系统谋划节能工作

国务院印发《"十四五"节能减排综合工作方案》，对"十四五"全国节能工作进行总体部署，明确全国和各领域、各地区节能目标任务，压实各地区和有关部门主体责任。各省（区、市）均结合实际制订了本地区"十四五"节能减排工作方案。

2. 细化完善配套政策措施

工业和信息化部印发《"十四五"工业绿色发展规划》，联合发展改革委、财政部等部门印发《工业能效提升行动计划》。住房城乡建设部印发《"十四五"建筑节能与绿色建筑发展规划》。交通运输部、民航局、国铁集团分别印发绿色交通发展、民航、轨道交通专项规划。国管局、发展改革委印发《"十四五"公共机构节约能源资源工作规划》。财政部、税务总局等部门发布节能节水等领域项目企业所得税优惠目录，加大税收优惠政策支持力度。人民银行推出碳减排金融工具和煤炭清洁高效利用专项再贷款，精准支持节能环保、碳减排、煤炭清洁高效利用等重点项目。

二、能耗调控政策

2022年年底，国家发改委总结了7个方面的"碳达峰十大行动"进展，优化完善能耗调控政策取得进展，保障高质量发展用能需求。

1. 完善能耗总量指标形成方式

增强能源消费总量管理弹性，由地方根据本地区经济增速目标和能耗强度下降基本目标确定年度能耗总量目标，并可结合实际经济增速进行相应调整。

2. 新增可再生能源和原料用能不纳入能源消费总量控制

落实中央经济工作会议精神，发展改革委联合国家统计局等部门印发进一步做好新增可再生能源和原料用能不纳入能源消费总量控制的工作通知，明确具体操作办法。

3. 有序实施国家重大项目能耗单列

发展改革委会同有关部门研究提出实施能耗单列的项目清单，有力保障国家布局重大项目合理用能需求。

4. 优化完善节能目标责任评价考核方式

统筹经济社会发展和节能降碳，在"十四五"规划期内统筹开展地方节能目标责任评价考核，实行"年度评价、中期评估、五年考核"。

三、高耗能、高排放、低水平项目

2022年年底，国家发改委总结了7个方面的"碳达峰十大行动"进展，坚决遏制高耗能、高排放、低水平项目盲目发展取得进展。

1. 完善制度体系

发展改革委会同相关部门严格能效约束，进一步完善电解铝行业阶梯电价、燃煤发电上网电价等绿色价格机制，指导金融机构完善"两高"项目融资政策。

2. 加强督促指导

国务院召开坚决遏制"两高"项目盲目发展电视电话会议。发展改革委持续加强节能形势分析研判，定期调度地方"十四五"拟投产达产和存量"两高一低"项目情况，对能耗强度降低不及预期的地区及时进行工作指导。

3. 压实主体责任

发展改革委多次组织地方梳理排查"两高一低"项目，对项目实行清单管理、分类处置、动态监控，联合工业和信息化部、生态环境部等部门开展专项检查，并将有关工作推进情况纳入省级人民政府节能目标责任评价考核。生态环境部将坚决遏制"两高"项目盲目发展作为中央生态环境保护督察工作重点，并将查实的相关问题纳入长江、黄河生态环境警示片，公开曝光典型案例。

四、重点领域和行业节能降碳改造

2022 年年底，国家发改委总结了 7 个方面的"碳达峰十大行动"进展，深入推进重点领域和行业节能降碳改造取得进展。

1. 大力推进工业和能源领域节能降碳

发展改革委等部门出台《关于严格能效约束推动重点领域节能降碳的若干意见》，明确重点行业能效标杆水平和基准水平，制定分行业节能降碳改造升级实施指南并深入推进实施。工业和信息化部印发石化化工、钢铁等行业高质量发展指导意见，遴选 43 家能效"领跑者"企业，推广高效节能技术。发展改革委、国家能源局部署推动中央企业和各地区扎实开展煤电"三改联动"，积极运用中央预算内投资、煤炭清洁高效利用专项再贷款加大支持力度。2021 年，全国火电机组平均供电煤耗降至 302.5 克标准煤/千瓦时，同比下降 2.4 克标准煤/千瓦时。

2. 扎实推进建筑领域能效提升

住房城乡建设部持续推动既有建筑节能改造，大力推进绿色建筑标准实施。截至 2021 年底，全国累计完成既有建筑节能改造约 17 亿平方米，建成绿色建筑约 85 亿平方米，建设超低、近零能耗建筑面积超过 1000 万平方米。

3. 加快建立清洁高效交通运输体系

交通运输部联合相关部门大力推动绿色公路、绿色水运、港口岸电等绿色交通基础设施建设，加快推广新能源汽车、清洁能源动力船舶等清洁低碳型交通工具，持续优化调整运输结构。截至 2022 年 9 月，我国新能源汽车保有量达 1149 万辆，居全球首位。

4. 深入推进公共机构能源资源节约

国管局持续开展节约型机关创建行动，有序组织实施公共机构节能改造工程，积极推广能源费用托管服务方式提升公共机构能源利用效率。截至 2022 年 6 月底，全国共建成约 13 万家县级及以上党政节约型机关和 5114 家节约型公共机构示范单位，376 家公共机构被评为能效领跑者。2021 年，全国公共机构单位建筑面积能耗、人均综合能耗分别同比下降 1.14%、1.32%。

五、节能降碳基础能力

2022 年年底，国家发改委总结了 7 个方面的"碳达峰十大行动"进展，不断提升节能降碳基础能力取得进展。

1. 完善节能法规制度

发展改革委研究修订《固定资产投资项目节能审查办法》和《重点用能单位节能管理办法》，进一步发挥节能审查能效源头把关作用，优化重点用能单位节能管理机制；加强节能事中事后监管能力建设，持续发布年度监察计划，指导地方完善节能监察体系，突出抓好重点领域、重点单位、重点项目监督管理。

2. 更新升级节能标准和能效标识

市场监管总局、发展改革委深入推进节能标准制修订工作，加强主要耗能产品、工序能耗限额管理，2021 年推动发布 4 项强制性能耗限额标准、4 项强制性能效标准和 25 项推荐性节能标准。截至目前，我国已累计发布 378 项节能国家标准，涉及火电、钢铁、建材、化工等重点行业领域，以及房间空调、电动机等家用电器和工业设备，基本覆盖了生产生活各个方面。已累计发布 15 批能效标识产品目录，覆盖家电、照明等 41 类产品，涉及产品型号约 290 万个。

3. 夯实能源消费数据基础

发展改革委联合国家统计局、国家能源局加快夯实原料用能、可再生能源消费数据统计核算基础，规范企业、行业协会、地方有关部门数据报送要求。发展改革委推动各地区督促重点用能单位严格落实能源利用状况报告制度，加快推进重点用能单位能耗在线监测系统建设和数据应用，为节能形势分析研判提供及时有效支撑。

六、节能降碳宣传教育和国际合作

2022 年年底，国家发改委总结了 7 个方面的"碳达峰十大行动"进展，深入开展节能降碳宣传教育和国际合作取得进展。

1. 积极开展全民节能行动

发展改革委、生态环境部联合有关部门每年开展全国节能宣传周、全国低碳日等主题宣传活动，深化节能降碳宣传教育，营造节能降碳浓厚氛围，推动节能降碳理念进一步深入人心。2022 年全国节能宣传周期间，各地区和部门举办的各类节能宣传活动累计吸引线上线下观众达 1.3 亿人次。

2. 深化节能国际交流合作

围绕能源转型、节能增效等相关领域，深化中德、中日等双边及二十国集团（G20）、金砖国家、国际能效中心（EE Hub）等多边国际能效合作，主动参与引领国际规则制定，加强在节能降碳、能效提升等领域的务实合作。

第六章 工业领域碳达峰行动

《2030 年前碳达峰行动方案》提出，工业是产生碳排放的主要领域之一，对全国整体实现碳达峰具有重要影响。工业领域要加快绿色低碳转型和高质量发展，力争率先实现碳达峰。通过推动工业领域绿色低碳发展、推动钢铁行业碳达峰、推动有色金属行业碳达峰、推动建材行业碳达峰、推动石化化工行业碳达峰、坚决遏制"两高"项目盲目发展，实施工业领域碳达峰行动。

第一节 推动工业领域绿色低碳发展

一、优化产业结构

《2030 年前碳达峰行动方案》提出，优化产业结构，加快退出落后产能，大力发展战略性新兴产业，加快传统产业绿色低碳改造。

《关于加强产融合作推动工业绿色发展的指导意见》提出，加快工业企业绿色化改造提升，全面推行绿色制造、共享制造、智能制造，支持企业创建绿色工厂；支持工业园区和先进制造业集群绿色发展。打造一批绿色工业园区和先进制造业集群；优化调整产业结构和布局，实施产业基础再造工程，加快发展战略性新兴产业，加快内河与沿海老旧船舶电动化、绿色化更新改造和港区新能源基础设施建设，引导高耗能、高排放企业搬迁改造和退城入园，支持危险化学品生产企业搬迁改造，支持产业向符合资源禀赋、区位优势、环保升级、总体降耗等条件的地区转移；构建完善绿色供应链，推动绿色产业链与绿色供应链协同发展，鼓励企业实施绿色采购、打造绿色制造工艺、推行绿色包装、开展绿色运输、做好废弃产品回收处理；培育绿色制造服务体系，大力发展专业化节能环保服务，培育一批绿色制造服务供应商；促进绿色低碳产品消费升级，扩大高质量绿色产品有效供给；推进绿色低碳国际合作，以碳中和为导向制定重点行业碳达峰目标任务及路线图，推动绿色技术创新成果在国内转化落地，共建绿色"一带一路"，建设绿色综合服务平台和共性技术平台。

《"十四五"电子商务发展规划》提出，践行绿色发展理念，贯彻落实碳达峰碳中和目标要求，提高电子商务领域节能减排和集约发展水平。指导电子商务企业建立健全绿色运营体系持续推动节能减排，推进塑料包装治理和快递包装绿色供应链管理，促进包装减量化、标准化、循环化，落实电商平台绿色管理责任，大力发展和规范二手电子商务。实施电子商务绿色发展行动。

《"十四五"利用外资发展规划》提出，发展绿色经济、数字经济，引导外资更多投向数字转型、节能环保、生态环境、绿色服务等产业，参与新型基础设施建设。大力发展环境友好型绿色产业，推进绿色低碳转型和节能减排，鼓励在碳达峰、碳中和工作中先行先试，积极推进国家级经开区"双碳"工作。

《"十四五"服务贸易发展规划》提出，落实碳达峰碳中和重大战略决策，坚持服务贸易绿色低碳发展。发挥绿色转型促进作用，围绕经济社会发展全面绿色转型，鼓励国内急需的节能降碳、环境保护、生态治理等技术和服务进口，鼓励企业开展技术创新，助力实现碳达峰、碳中和战略目标。扩大绿色节能技术出口。加强绿色技术国际合作，畅通政府间合作渠道，为企业合作搭建平台。

《"十四五"对外贸易高质量发展规划》提出，坚持绿色引领，加快绿色低碳转型，落实碳达峰、碳中和重大战略决策，坚定走生态优先、绿色低碳的贸易发展道路，协同推进外贸高质量发展和生产生活方式绿色转型，发挥示范带动作用。构建绿色贸易体系，建立绿色低碳贸易标准和认证体系，打造绿色贸易发展平台，营造绿色贸易发展良好政策环境，扎实开展绿色低碳贸易合作，开展绿色贸易推进行动。

《金融标准化"十四五"发展规划》提出，统一绿色债券标准，不断丰富绿色金融产品与服务标准，支持建立绿色项目库标准，为绿色金融与绿色低碳项目高效对接提供平台，研究制定并推广金融机构碳排放核算标准，建立可衡量碳减排效果的贷款统计标准，完善绿色低碳产业贷款统计标准，探索制定碳金融产品相关标准，助力金融支持碳市场建设。

《"十四五"促进中小企业发展规划》提出，引导各类要素资源向绿色低碳领域不断聚集，创新绿色金融产品和服务，健全政府绿色采购制度。培育一批专业化绿色发展服务机构，开发适合中小企业特点的绿色制造系统解决方案，为中小企业提供能源审计、能效评估、能源监测、技术咨询等服务。实施工业节能诊断服务行动，为基础薄弱的中小企业开展节能诊断及改造提供服务。持续开展能源资源计量服务示范活动，促进能源资源节约和绿色发展。鼓励各地探索建立绿色综合服务平台，为中小企业提供碳中和登记公示、技术支撑、绿色金融、培训研究等服务。树立一批清洁生产、能效提升、节水治污、循环利用等方面的绿色发展中小企业典型，形成示范效应。

《环保装备制造业高质量发展行动计划（2022—2025 年)》提出，促进绿色低碳转型。引导污水处理、流域监测利用光伏、太阳能、沼气热联发电，推广高能效比的水源热泵等技术，实现清洁能源替代，减少污染治理过程中的能源消耗及碳排放。鼓励环保治理长流程工艺向短流程工艺改进，推动治理工艺过程药剂减量化、加强余热利用，推广节能、节水技术装备，提高资源能源利用效率。鼓励企业运用绿色设计方法和工具，从全生命周期角度对产品进行系统优化，开发环境友好型药剂、低碳化工艺、轻量化环保装备，提高污染治理绿色化水平。在大气治理、污水治理、垃圾处理过程中通过工艺技术过程的改进，实现二氧化碳、甲烷、氧化亚氮等温室气体的抑制、分解、捕捉，研发应用减少污染治理过程中温室气体排放的工艺技术。

《中国保险业标准化"十四五"规划》提出，加快完善绿色保险相关标准建设。助力保险业服务碳达峰碳中和目标，支持保险业探索开发环境气候领域等创新性绿色保险产品，加快研究服务新能源发展、绿色低碳技术研发应用、生物多样性保护等业务领域的绿色保险产品和服务标准，有效衔接各类环境权益市场相关标准。探索绿色保险统计、保险资金绿色运用、绿色保险业务评价等标准建设，更好地推动完善我国绿色金融标准体系。

《黄河流域生态环境保护规划》提出，推进产业绿色转型升级。实施节能审查、环评审批和排污许可制度，优化甘肃、宁夏、内蒙古、山西、陕西、山东等省区高耗水行业规模，加快产业结构转型升级，延长和优化煤炭、石油、矿产资源开发产业链。

《工业能效提升行动计划》提出，有序推进工业用能低碳转型。加强用能供需双向互动，统筹用好化石能源、可再生能源等不同能源品种，积极构建电、热、冷、气等多能高效互补的工业用能结构。加快推进煤炭利用高效化、清洁化，加快推进工业用能多元化、绿色化，加快推进终端用能电气化、低碳化。

《工业领域碳达峰实施方案》提出，深度调整产业结构。构建有利于碳减排的产业布局，推进京津冀、长江经济带、粤港澳大湾区、长三角地区、黄河流域等重点区域产业有序转移和承接，科学确定东中西部石化产业定位和建设时序，引导有色金属等行业产能向可再生能源富集、资源环境可承载地区有序转移，鼓励钢铁、有色金属等行业原生与再生、冶炼与加工产业集群化发展，打造低碳转型效果明显的先进制造业集群；优化重点行业产能规模，修订产业结构调整指导目录，加快化解过剩产能，完善以环保、能耗、质量、安全、技术为主的综合标准体系，持续依法依规淘汰落后产能；推动产业低碳协同示范，强化能源、钢铁、石化化工、建材、有色金属、纺织、造纸等行业耦合发展，推动产业循环链接，实施钢化联产、炼化一体化、林浆纸一体化、林板一体化，加强产业链跨地区协同布局，鼓励龙头企业联合上下游企业、行业间企业开展协同降碳行动，构建企业首尾相连、互为供需、互联互通的产业链。建设一批"产业协同""以化固碳"示范项目。

《关于深入推进黄河流域工业绿色发展的指导意见》提出，推动产业结构布局调整。推动黄河流域煤炭、石油、矿产资源开发产业链延链和补链，逐步完成产业结构调整和升级换代；推动重化工集约化、绿色化发展，构建适水产业布局；大力发展先进制造业和战略性新兴产业。

二、促进工业能源消费低碳化

《2030 年前碳达峰行动方案》提出，促进工业能源消费低碳化，推动化石能源清洁高效利用，提高可再生能源应用比重，加强电力需求侧管理，提升工业电气化水平。

《汉江生态经济带发展规划》提出，实施燃煤电厂超低排放改造工程。充分挖掘供热潜力，鼓励采用纯凝机组打孔抽汽等方式进行供热改造，替代管网覆盖范围内的燃煤小锅炉。

《关于完整准确全面贯彻新发展理念做好碳达峰碳中和工作的意见》提出，制定能源、钢铁、有色金属、石化化工、建材、交通、建筑等行业和领域碳达峰实施方案。以节能降碳为导向，修订产业结构调整指导目录。

《关于深化生态环境领域依法行政　持续强化依法治污的指导意见》提出，依法推进碳减排工作。以实现减污降碳协同增效为总抓手，进一步强化降碳的刚性举措，将应对气候变化要求纳入"三线一单"生态环境分区管控体系，实施碳排放环境影响评价，打通污染源与碳排放管理统筹融合路径，从源头实现减污降碳协同作用。

《"十四五"工业绿色发展规划》提出，实施工业领域碳达峰行动，制定工业碳达峰路线图，明确工业降碳实施路径，开展降碳重大工程示范（降碳重大工程示范、绿色低碳材料推广、降碳基础能力建设），加强非二氧化碳温室气体管控；推进产业结构高端化转型，推动传统行业绿色低碳发展，壮大绿色环保战略性新兴产业，优化重点区域绿色低碳布局；加快能源消费低碳化转型，提升清洁能源消费比重，提高能源利用效率，完善能源管理和服务机制，实施先进工艺流程、重点用能设备、数据中心和基站节能等工业节能与能效提升工程；促进资源利用循环化转型，推进原生资源高效化协同利用，推进再生资源高值化循环利用，推进工业固废规模化综合利用，推进水资源节约利用；推动生产过程清洁化转型，健全绿色设计推行机制，减少有害物质源头使用，削减生产过程污染排放，升级改造末端治理设施，实施重点行业清洁生产改造工程；引导产品供给绿色化转型，加大绿色低碳产品供给，大力发展绿色环保装备，创新绿色服务供给模式，实施绿色产品和节能环保装备供给工程。

《"十四五"支持老工业城市和资源型城市产业转型升级示范区高质量发展实施方案》提出，促进能源资源绿色低碳转型。完善能源消耗强度和总量双控制度，推进能耗强度稳步下降，逐步实现安全降碳。

《江苏沿海地区发展规划（2021—2025年）》提出，加快推动低碳转型。实施以碳排放强度控制为主、碳排放总量控制为辅的制度，在保障能源安全供应的同时稳步推进碳减排。建设近零碳示范园区和示范工厂。

《环保装备制造业高质量发展行动计划（2022—2025年）》提出，促进绿色低碳转型。引导污水处理、流域监测利用光伏、太阳能、沼气热联发电，推广高能效比的水源热泵等技术，实现清洁能源替代，减少污染治理过程中的能源消耗及碳排放。

《关于促进新时代新能源高质量发展的实施方案》提出，在具备条件的工业企业、工业园区，加快发展分布式光伏、分散式风电等新能源项目，支持工业绿色微电网和源网荷储一体化项目建设，推进多能互补高效利用，开展新能源电力直供电试点，提高终端用能的新能源电力比重。

《减污降碳协同增效实施方案》提出，新改扩建工业炉窑采用清洁低碳能源，优化天然气使用方式，有序推进工业燃煤和农业用煤天然气替代。

《黄河流域生态环境保护规划》提出，开展重点行业清洁生产改造，加强清洁生产评价认证和审核，研究制定重点行业清洁生产改造升级方案。推动企业开展减污降碳协同创新行动。推进"煤改气""煤改电"进程，提高工业终端用能电气化水平。

《工业能效提升行动计划》提出，推进工业能效提升，是降低工业领域碳排放、实现碳达峰碳中和目标的重要途径。到 2025 年，重点工业行业能效全面提升，数据中心等重点领域能效明显提升，绿色低碳能源利用比例显著提高，节能提效工艺技术装备广泛应用，标准、服务和监管体系逐步完善，钢铁、石化化工、有色金属、建材等行业重点产品能效达到国际先进水平，规模以上工业单位增加值能耗比 2020 年下降 13.5%。

《关中平原城市群建设"十四五"实施方案》提出，推动可再生能源利用，不断提升能源利用效率。

《工业领域碳达峰实施方案》提出，深入推进节能降碳。调整优化用能结构，重点控制化石能源消费，有序引导天然气消费，推进氢能制储输运销用全链条发展，鼓励企业、园区就近利用清洁能源，支持具备条件的企业开展"光伏＋储能"等自备电厂、自备电源建设；推动工业用能电气化，拓宽电能替代领域，扩大电气化终端用能设备使用比例，重点对工业生产过程 1000℃以下中低温热源进行电气化改造，提升消纳绿色电力比例；加快工业绿色微电网建设，增强源网荷储协调互动，引导企业、园区加快分布式光伏、分散式风电、多元储能、高效热泵、余热余压利用、智慧能源管控等一体化系统开发运行，因地制宜推广园区集中供热、能源供应中枢等新业态，加快新型储能规模化应用；加快实施节能降碳改造升级，实施工业节能改造工程，完善差别电价、阶梯电价等绿色电价政策，加快节能技术创新与推广应用，推动制造业主要产品工艺升级与节能技术改造，在钢铁、石化化工等行业实施能效"领跑者"行动；提升重点用能设备能效，实施变压器、电机等能效提升计划，推动工业窑炉、锅炉、压缩机、风机、泵等重点用能设备系统节能改造升级，重点推广稀土永磁无铁芯电机、特大功率高压变频变压器、三角形立体卷铁芯结构变压器、可控热管式节能热处理炉、变频无级变速风机、磁悬浮离心风机等新型节能设备；强化节能监督管理，持续开展国家工业专项节能监察，健全省、市、县三级节能监察体系，全面实施节能诊断和能源审计，发挥重点领域中央企业、国有企业引领作用。

《工业领域碳达峰实施方案》提出，研究消费品、装备制造、电子等行业低碳发展路线图，降低碳排放强度，控制碳排放量。①消费品行业。造纸行业建立农林生物质剩余物回收储运体系，研发利用生物质替代化石能源技术，推广低能耗蒸煮、氧脱木素、宽压区压榨、污泥余热干燥等低碳技术装备。到 2025 年，产业集中度前 30 位企业达 75%，采用热电联产占比达 85%；到 2030 年，热电联产占比达 90% 以上。纺织行业发展化学纤维智能化高效柔性制备技术，推广低能耗印染装备，应用低温印染、小浴比染色、针织物连续印染等先进工艺。加快推动废旧纺织品循环利用。到 2025 年，差别化高品质绿色纤维产量和比重大幅提升，低温、短流程印染低能耗技术应用比例达50%，能源循环利用技术占比达 70%；到 2030 年，印染低能耗技术占比达60%。②装备制造行业。围绕电力装备、石化通用装备、重型机械、汽车、船舶、航空等领域绿色低碳需求，聚焦重点工序，加强先进铸造、锻压、焊接与热处理等基础制造工艺与新技术融合发展，实施智能化、绿色化改造。加快推广抗疲劳制造、轻量化制造等节能节材工艺。研究制定电力装备及技术绿色低碳发展路线图。到 2025 年，一体化压铸成形、无模铸造、超高强钢热成形、精密冷锻、异质材料焊接、轻质高强合金轻量化、激光热处理等先进近净成形工艺技术实现产业化应用；到 2030 年，创新研发一批先进绿色制造技术，大幅降低生产能耗。③电子行业。强化行业集聚和低碳发展，进一步降低非电能源的应用比例。以电子材料、元器件、典型电子整机产品为重点，大力推进单晶硅、电极箔、磁性材料、锂电材料、电子陶瓷、电子玻璃、光纤及光纤预制棒等生产工艺的改进。加快推广多晶硅闭环制造工艺、先进拉晶技术、节能光纤预制及拉丝技术、印制电路板清洁生产技术等研发和产业化应用。到 2025 年，连续拉晶技术应用范围 95% 以上，锂电材料、光纤行业非电能源占比分别在 7%、2% 以下；到 2030 年，电子材料、电子整机产品制造能耗显著下降。

《关于深入推进黄河流域工业绿色发展的指导意见》提出，推进清洁能源高效利用。鼓励氢能、生物燃料、垃圾衍生燃料等替代能源在钢铁、水泥、化工等行业的应用，发展屋顶光伏、智能光伏、分散式风电、多元储能、高效热泵等，开展工业绿色微电网建设。

三、实施绿色制造工程

《2030 年前碳达峰行动方案》提出，深入实施绿色制造工程，大力推行绿色设计，完善绿色制造体系，建设绿色工厂和绿色工业园区。

《长江经济带生态环境保护规划》提出，重点支持长江经济带沿江城市开展绿色制造示范。鼓励企业进行改造提升，促进企业绿色化生产。

《关于加快推进环保装备制造业发展的指导意见》提出，加大绿色设计、绿色工艺、绿色供应链在环保装备制造领域的应用，开展生产过程中能效、水效和污染物排放对标达标，创建绿色示范工厂，提高行业绿色制造的整体水平。

《"十四五"循环经济发展规划》提出：①推行重点产品绿色设计。健全产品绿色设计政策机制，引导企业在生产过程中使用无毒无害、低毒低害、低（无）挥发性有机物（VOCs）含量等环境友好型原料。推广易拆解、易分类、易回收的产品设计方案，提高再生原料的替代使用比例。推动包装和包装印刷减量化。加快完善重点产品绿色设计评价技术规范，鼓励行业协会发布产品绿色设计指南，推广绿色设计案例。②强化重点行业清洁生产。依法在"双超双有高耗能"行业实施强制性清洁生产审核，引导其他行业自觉自愿开展审核。进一步规范清洁生产审核行为，提高清洁生产审核质量。推动石化、化工、焦化、水泥、有色、电镀、印染、包装印刷等重点行业"一行一策"制订清洁生产改造提升计划。加快清洁生产技术创新、成果转化与标准体系建设，建立健全差异化奖惩机制，探索开展区域、工业园区和行业清洁生产整体审核试点示范工作。

《"十四五"全国清洁生产推行方案》提出，推行工业产品绿色设计，加快燃料原材料清洁替代，大力推进重点行业清洁低碳改造。支持有条件的重点行业二氧化碳排放率先达峰。实施工业产品生态（绿色）设计示范企业工程、重点行业清洁生产改造工程。

《关于深入打好污染防治攻坚战的意见》提出，大力推行绿色制造，构建资源循环利用体系。

《推进资源型地区高质量发展"十四五"实施方案》提出，推进接续产业绿色制造，推广清洁生产工艺、技术和生产设备。

《"十四五"工业绿色发展规划》提出，完善绿色制造支撑体系，健全绿色低碳标准体系，打造绿色公共服务平台，强化绿色制造标杆引领，贯通绿色供应链管理，打造绿色低碳人才队伍，完善绿色政策和市场机制。

《"十四五"民用爆炸物品行业安全发展规划》提出，加快实施绿色制造。以节能降耗、清洁生产、清洁能源利用等为重点，加快推进民爆行业绿色清洁转型。

《"十四五"信息化和工业化深度融合发展规划》提出，实施"互联网＋"绿色制造行动，引导企业应用新一代信息技术建设污染物排放在线监测系统、地下管网漏水检测系统、工业废水循环利用智慧管理平台和能源管理中心，开展资源能源和污染物全过程动态监测、精准控制和优化管理，推动碳减排，助力实现碳达峰、碳中和。加快绿色制造体系数字化，推进绿色技术软件化封装，培育一批数字化、模块化的绿色制造解决方案，推动成熟绿色制造技术的创新应用。建立工业领域生态环境保护信息化工程平台，聚焦重点行业重点产品全生命周期，加强部门间数据共享共治，构建资源能源和污染物公共数据库，提升资源能源管理水平。

《"十四五"支持老工业城市和资源型城市产业转型升级示范区高质量发展实施方案》提出，推动制造业绿色发展。加快实施电力、钢铁、石化、化工、有色、建材等行业绿色化改造，加快淘汰落后产能，坚决遏制高耗能高排放项目盲目发展。推进绿色制造和清洁生产，倡导绿色生产工艺，鼓励制造业企业优化产品设计、生产、使用、维修、回收、处置流程，逐步实现产品全生命周期绿色管理。

《"十四五"特殊类型地区振兴发展规划》提出，推动制造业绿色化。落实碳达峰碳中和工作要求，推进绿色制造和清洁生产，加快淘汰落后产能，实现节能降耗、减污降碳。倡导绿色生产，推动生产过程节能减排，鼓励制造业企业优化产品设计、生产、使用、维修、回收、处置流程，逐步实现产品全生命周期的绿色管理。

《关于推进中央企业高质量发展做好碳达峰碳中和工作的指导意见》提出，全面建设绿色制造体系，加快推进煤电、钢铁、有色金属、建材、石化化工、造纸等工业行业低碳工艺革新和数字化转型，提高工业电气化水平，促进绿色电力消费，提高能源资源利用效率。

《"十四五"促进中小企业发展规划》提出，推动中小企业实施绿色化改造。支持中小企业实施绿色战略、绿色标准、绿色管理和绿色生产，开展绿色企业文化建设，提升品牌绿色竞争力。深入实施绿色制造工程，综合运用质量、安全、环保等标准助推中小企业结构调整，引导中小企业应用高效节能技术工艺装备，加大可再生能源使用，推动电能、氢能、生物质能替代化石燃料。鼓励中小企业采用先进的清洁生产技术和高效末端治理装备，推动水、气、固体废弃物资源化利用和无害化处置。推动中小企业利用大数据采集生产和管理流程中的关键数据，实现生产过程能量流、物质流等关键资源环境信息数字化采集、智能化分析和精细化管理。引导中小企业通过共享制造、柔性制造、精益生产等方式，开展全要素全流程的"绿色化＋智能化"改造。大力推行绿色设计，引导中小企业使用绿色包装。大力推广绿色标识。

《江苏沿海地区发展规划（2021—2025年）》提出，推动产业绿色发展。推动碳评与环评融合，严格能源消费强度管理，严把产业园区和建设项目环境准入关，坚决遏制高耗能、高排放项目盲目发展，未取得能评、环评手续的项目，一律不准开工建设。全面促进清洁生产，依法在"双超双有高耗能"行业实施强制性清洁生产审核。聚焦钢铁、化工、煤电等领域实施绿色化改造工程。推广先进适用绿色工艺、节能技术，培育一批绿色工厂、绿色发展领军企业。培育发展节能环保等新兴产业，开展重点产业绿色供应链示范试点。

《"十四五"医药工业发展规划》提出，提高绿色制造水平。在药品研发阶段加强环境风险评估，开发低环境风险产品。开展绿色技术创新，采用新型技术和装备改造提升传统生产过程，开发和应用连续合成、生物转化等绿色化学技术，加强生产过程自动化、密闭化改造。推动企业贯彻绿色发展理念，制定整体污染控制策略，强化源头预防、过程控制、末端治理等综合措施，确保实现"三废"稳定达标排放。

《关于高质量实施〈区域全面经济伙伴关系协定〉（RCEP）的指导意见》提出，深入实施智能制造和绿色制造工程，发展服务型制造新模式，推动制造业高端化智能化绿色化。

《关于化纤工业高质量发展的指导意见》提出，建设绿色制造体系。鼓励纺纱、织造、服装、家纺等产业链下游企业参与绿色纤维制品认证，推进绿色纤维制品可信平台建设，提升绿色纤维供给数量和质量。培育一批绿色设计示范企业、绿色工厂标杆企业和绿色供应链企业。

《新污染物治理行动方案》提出，加强清洁生产和绿色制造。推动将有毒有害化学物质的替代和排放控制要求纳入绿色产品、绿色园区、绿色工厂和绿色供应链等绿色制造标准体系。

《关于推动轻工业高质量发展的指导意见》提出，全面建设绿色制造体系。加强持久性有机污染物、内分泌干扰物、铅汞铬等有害物质源头管控和绿色原材料采购，推广全生命周期绿色发展理念。完善绿色工厂评价、节水节能规范等标准，建设统一的绿色产品标准、认证、标识体系。积极推行绿色制造，培育一批绿色制造典型。鼓励企业进园入区，引导企业逐步淘汰高耗能设备和工艺，推广使用绿色、低碳、环保工艺和设备，推进节能降碳改造、清洁生产改造、清洁能源替代、新污染物环境风险管控、节水工艺改造提升，提升清洁生产水平、减污降碳协同控制水平及能源、资源综合利用水平。

《减污降碳协同增效实施方案》提出，实施绿色制造工程，推广绿色设计，探索产品设计、生产工艺、产品分销以及回收处置利用全产业链绿色化，加快工业领域源头减排、过程控制、末端治理、综合利用全流程绿色发展。

《黄河流域生态环境保护规划》提出，全面推进绿色制造体系建设，创建一批绿色工厂、绿色工业园区、绿色供应链。推进钢铁、石化、化工、有色、建材等行业节能降碳，升级钢铁、石化、建材等领域工艺技术，控制工业过程二氧化碳排放，开展工业园区和企业分布式绿色电网建设。

《数字化助力消费品工业"三品"行动方案》提出，推动数字化绿色化协同扩大绿色消费品供给。推进产品绿色设计与制造一体化，鼓励开发应用节能降耗关键技术和绿色低碳产品，深化产品研发设计和生产制造过程的数字化应用，提升行业绿色制造和运维服务水平；完善绿色产品标准、认证、标识体系，加快推进绿色产品市场供应；积极拓展绿色消费场景，鼓励发展基于"互联网＋""智能＋"的回收利用与共享服务新模式，赋能行业绿色转型发展效能提升。实施数字化绿色化协同能力提升工程。一是绿色低碳产品推广，鼓励企业按照全生命周期理念开展产品绿色设计，促进绿色低碳技术创新，加强绿色设计关键技术应用，在节能家电、高效照明、环保家具、纤维制品等领域推广 200 种绿色低碳产品，提升绿色消费体验，不断提升资源环境效益；二是绿色制造水平提升，以数据为驱动推进化纤、印染、皮革、造纸、电池、医药、家具、家装材料、洗涤用品等行业绿色改造提升，推广应用 200 种绿色工艺技术，推进能源管理体系建设，实现资源能源动态监测和优化管理；三是资源利用效率提升，应用物联网、大数据和云计算等技术对产品的生产消费和回收利用开展信息采集、数据分析和流向监测，提升纺织服装、家用电器、家具、塑料制品、玻璃制品、造纸、电池等行业资源利用效率。

《工业领域碳达峰实施方案》提出，积极推行绿色制造。建设绿色低碳工厂，培育绿色工厂，实施绿色工厂动态化管理，完善绿色制造公共服务平台，鼓励绿色工厂编制绿色低碳年度发展报告，引导绿色工厂进一步提标改造，建设一批"超级能效"和"零碳"工厂；构建绿色低碳供应链，支持汽车、机械、电子、纺织、通信等行业龙头企业将绿色低碳理念贯穿于产品设计、原料采购、生产、运输、储存、使用、回收处理的全过程，推动供应链全链条绿色低碳发展，鼓励"一链一策"制定低碳发展方案，推动优化大宗货物运输方式和厂内物流运输结构；打造绿色低碳工业园区，通过"横向耦合、纵向延伸"构建园区内绿色低碳产业链条，促进园区内企业采用能源资源综合利用生产模式；促进中小企业绿色低碳发展，引导中小企业提升碳减排能力，实施中小企业绿色发展促进工程，创新低碳服务模式，助推企业增强绿色制造能力；全面提升清洁生产水平，推动钢铁、建材、石化化工、有色金属、印染、造纸、化学原料药、电镀、农副食品加工、工业涂装、包装印刷等行业企业实施节能、节水、节材、减污、降碳等系统性清洁生产改造。

《推进家居产业高质量发展行动方案》提出，大力推行绿色制造。积极推行清洁生产，加强绿色材料、技术、设备和生产工艺推广应用。支持企业践行绿色设计理念，加大绿色改造力度，积极创建绿色制造标杆。加快家电制冷剂、发泡剂环保替代，加大家具行业低（无）挥发性有机物（VOCs）含量原辅材料的源头替代力度，推广水性涂饰、静电粉末涂饰、光固化涂饰等工艺和装备。积极推行家居包装材料减量化，采用环保可回收包装材料，提升资源利用水平。

《原材料工业"三品"实施方案》提出，围绕石化化工、钢铁、有色金属、建材等行业，开展节能降碳和绿色转型升级改造，逐步降低原材料产品单位能耗和碳排放量。加强可降解塑料、生物基材料等高品质绿色低碳材料研发和应用，大力发展全氧富氧燃烧、膜分离、直接空气等碳捕捉技术，扩大低碳、零碳产品供给。强化绿色产品评价标准实施，建立重点产品全生命周期碳排放数据库，探索将原材料产品碳足迹指标纳入评价体系。发布绿色低碳方向鼓励推广应用技术和产品目录，加快循环利用、低碳环保等绿色产品研发与应用。加快建设统一的绿色产品标准、认证、标识体系，引导具有生态主导力的龙头企业构建绿色产品供应链体系，创造和拉动绿色消费。

《关于深入推进黄河流域工业绿色发展的指导意见》提出，围绕黄河流域重点行业和重要领域，持续推进绿色产品、绿色工厂、绿色工业园区和绿色供应链管理企业建设。

《质量强国建设纲要》提出，全面推行绿色设计、绿色制造、绿色建造，健全统一的绿色产品标准、认证、标识体系，大力发展绿色供应链。

《关于培育传统优势食品产区和地方特色食品产业的指导意见》提出，推进绿色低碳和安全发展。支持地方特色食品生产企业创建绿色工厂，鼓励传统优势食品产区发展循环经济，强化大气、水、土壤、固废（白色垃圾）污染防治工作。

《关于推动铸造和锻压行业高质量发展的指导意见》提出，坚持绿色发展，加快绿色低碳转型，提升环保治理水平。协同推进降碳减污扩绿增长，实施节能减排、节水减污、节材降耗升级改造，将绿色理念贯穿铸造和锻压生产全流程。

《关于推动外贸稳规模优结构的意见》提出，组织制定外贸产品绿色低碳标准，支持相关产品进一步开拓国际市场，增强企业绿色低碳发展意识和能力，发展绿色贸易。

四、推进工业领域数字化智能化绿色化融合发展

《2030 年前碳达峰行动方案》提出，推进工业领域数字化智能化绿色化

融合发展，加强重点行业和领域技术改造。

《"工业互联网＋安全生产"行动计划（2021—2023年）》提出，深化数字化管理、网络化协同、能化管控应用，深化工业互联网和安全生产的融合应用。

《工业互联网创新发展行动计划（2021—2023年）》提出，实施新型模式培育行动。发展智能化制造，鼓励大型企业加大5G、大数据、人工智能等数字化技术应用力度，全面提升研发设计、工艺仿真、生产制造、设备管理、产品检测等智能化水平，实现全流程动态优化和精准决策；实施数字化管理，推动重点行业企业打通内部各管理环节，打造数据驱动、敏捷高效的经营管理体系，推进可视化管理模式普及，开展动态市场响应、资源配置优化、智能战略决策等新模式应用探索。

《5G应用"扬帆"行动计划（2021—2023年）》提出，开展"5G＋工业互联网""5G＋车联网""5G＋智慧物流""5G＋智慧港口""5G＋智能采矿""5G＋智慧电力""G＋智能油气""5G＋智慧农业""5G＋智慧水利""5G＋智慧教育""5G＋智慧医疗""5G＋文化旅游""5G＋智慧城市"行动。

《物联网新型基础设施建设三年行动计划（2021—2023年）》提出，围绕信息感知、信息传输、信息处理等产业链关键环节突破关键核心技术，面向"5G＋物联网"推动技术融合创新，鼓励地方联合龙头企业、科研院所、高校建立一批物联网技术孵化创新中心构建协同创新机制，实施创新能力提升行动。发展智能制造。加快射频识别、智能传感器、视觉识别等感知装置应用部署，推动工业现场"哑设备"数据采集和联网能力改造，实现对生产状态、生产环境、物料的实时监测；鼓励工业企业利用时间敏感网络、5G等新型网络技术，开展企业内网和外网的升级改造；围绕设备健康管理、经营管控一体化和现场辅助装配等典型应用，鼓励物联网企业联合工业企业开展物联网平台的建设。

《"十四五"信息通信行业发展规划》提出，拓展数字化发展空间。加快培育互联网新模式新业态、大力推进互联网无障碍化普及，创新高品质的互联网生活服务；推进互联网生产服务融合创新、拓展工业互联网融合创新应用，推广高层次的数字化生产服务；提升数字化社会治理效能、提升数字化疫情防控效能，深化高效能的数字化治理服务；深化数据要素流动、深化大数据融合应用创新，推进数据要素流动和应用创新；加强产业链协同创新、完善产业发展环境，完善数字化服务应用产业生态。

《推进资源型地区高质量发展"十四五"实施方案》提出，推动战略性矿产资源开发与下游行业耦合发展，支持资源型企业的低碳化、绿色化、智能化技术改造和转型升级，统筹有序做好碳达峰碳中和工作。

《"十四五"工业绿色发展规划》提出，加速生产方式数字化转型，建立绿色低碳基础数据平台，推动数字化智能化绿色化融合发展，实施"工业互联网＋绿色制造"。

《"十四五"软件和信息技术服务业发展规划》提出，激发数字化发展新需求，全面推进重大应用，支撑制造业数字化转型，推进重点领域数字化发展，服务信息消费扩大升级。

《"十四五"信息化和工业化深度融合发展规划》提出，企业经营管理数字化普及率达80%，数字化研发设计工具普及率达85%，关键工序数控化率达68%，网络化、智能化、个性化生产方式在重点领域得到深度应用；产业数字化转型成效显著，原材料、装备制造、消费品、电子信息、绿色制造、安全生产等重点行业领域数字化转型步伐加快，数字化、网络化、智能化整体水平持续提高。

《"十四五"信息化和工业化深度融合发展规划》提出，发展基于智能产品的场景化应用，通过智能传感、物联网等技术推动全业务链数据的实时采集和全面贯通，实现全要素全环节的动态感知、互联互通、数据集成和智能管控；石化化工、钢铁、有色、建材、能源等行业推进生产过程数字化监控及管理，机械、汽车、航空、航天、船舶、兵器、电子、电力等重点装备领域建设数字化车间和智能工厂，推动纺织服装、家具、家电等行业建设自动化、连续化、柔性化生产系统，支持食品、药品等行业建设产品信息追溯系统，基于工业互联网平台实现消费品行业的柔性生产和产需对接，引导电子行业企业深化5G、大数据、人工智能、边缘计算等技术的创新应用，加快安全生产要素的网络化连接、平台化汇聚和智能化分析；促进集群企业高端化、智能化、绿色化改造转型。

《"十四五"信息化和工业化深度融合发展规划》提出，通过制订制造业数字化转型行动计划、制定重点行业领域数字化转型路线图、构建制造企业数字化转型能力体系，实施制造业数字化转型行动；通过开展信息化和工业化融合度标准制定与评估推广工作、打造信息化和工业化融合管理体系贯标升级版、健全标准应用推广的市场化服务体系，实施信息化和工业化融合标准引领行动；通过完善工业互联网平台体系、加快工业互联网平台融合应用、组织开展平台监测分析，实施工业互联网平台推广工程；通过打造系统解决方案资源池、培育推广工业设备上云解决方案、健全完善解决方案应用推广生态，实施系统解决方案能力提升行动；通过制定和推广供应链数字化管理标准、提升重点领域产业链供应链数字化水平、加快发展工业电子商务，实施产业链供应链数字化升级行动。

《"十四五"大数据产业发展规划》提出，坚持产业链各环节齐头并进、统筹发展，围绕数字产业化和产业数字化，系统布局，生态培育，加强技术、产品和服务协调，推动产业链现代化。

《"十四五"促进中小企业发展规划》提出，中小企业数字化促进工程。推动中小企业数字化转型，推动中小企业数字产业化发展，夯实中小企业数字化服务基础。

《"十四五"数字经济发展规划》提出，大力推进产业数字化转型，加快企业数字化转型升级，全面深化重点产业数字化转型，推动产业园区和产业集群数字化转型，培育转型支撑服务生态；加快推动数字产业化，增强关键技术创新能力，提升核心产业竞争力，加快培育新业态新模式，营造繁荣有序的产业创新生态。

《"十四五"机器人产业发展规划》提出，推进人工智能、5G、大数据、云计算等新技术融合应用，提高机器人智能化和网络化水平；开发机器人控制软件、核心算法等，提高机器人控制系统的功能和智能化水平。

《"十四五"智能制造发展规划》提出，"十四五"及未来相当长一段时期，推进智能制造，要立足制造本质，紧扣智能特征，以工艺、装备为核心，以数据为基础，依托制造单元、车间、工厂、供应链等载体，构建虚实融合、知识驱动、动态优化、安全高效、绿色低碳的智能制造系统，推动制造业实现数字化转型、网络化协同、智能化变革。到2025年，规模以上制造业企业大部分实现数字化网络化，重点行业骨干企业初步应用智能化；到2035年，规模以上制造业企业全面普及数字化网络化，重点行业骨干企业基本实现智能化。

《"十四五"推进国家政务信息化规划》提出，充分利用大数据手段加强碳达峰碳中和领域的监测预测预警分析。

《"十四五"国家信息化规划》提出，通过建设泛在智能的网络连接设施、建设物联数通的新型感知基础设施、构建云网融合的新型算力设施、探索建设前沿信息基础设施，建设泛在智联的数字基础设施体系；通过加强数据治理、提升数据资源开发利用水平、强化数据安全保障，建立高效利用的数据要素资源体系；通过加强信息技术基础研究、强化关键信息技术创新、布局战略性前沿性技术、构建开放灵活的制度体系与创新环境，构建释放数字生产力的创新发展体系；通过打造高水平产业生态、推动数字产业能级跃升、推动网信企业发展壮大，培育先进安全的数字产业体系；通过推进传统产业优化升级、实施文化产业数字化战略、促进新业态新模式发展、推动区域协同发展、推动数字化绿色化协同发展，构建产业数字化转型发展体系。

《"十四五"国家信息化规划》提出，在推进数字化转型过程中实现绿色化发展，以数字化赋能生产、生活、生态，加速数字化推动农业、制造业、服务业等产业的智慧绿色增长。以数字化引领绿色化，以绿色化带动数字化。大力发展数字和绿色的融合新技术和产业体系，推动生产生活方式的深刻变革，助力碳达峰、碳中和目标实现。

《环保装备制造业高质量发展行动计划（2022—2025 年)》提出，推动数字化智能化转型。深入推进 5G、工业互联网、大数据、人工智能等新一代信息技术在环保装备设计制造、污染治理和环境监测等过程中的应用。

《关于促进钢铁工业高质量发展的指导意见》提出，开展钢铁行业智能制造行动计划，推进 5G、工业互联网、人工智能、商用密码、数字孪生等技术在钢铁行业的应用，在铁矿开采、钢铁生产领域突破一批智能制造关键共性技术，开展智能制造示范推广，打造一批智能制造示范工厂。建设钢铁行业大数据中心，提升数据资源管理和服务能力。依托龙头企业推进多基地协同制造，在工业互联网框架下实现全产业链优化。鼓励企业大力推进智慧物流，探索新一代信息技术在生产和营销各环节的应用，不断提高效率、降低成本。构建钢铁行业智能制造标准体系，积极开展基础共性、关键技术和行业应用标准研究。

《关于产业用纺织品行业高质量发展的指导意见》提出，促进两化融合，培育新业态新模式。推进数字化智能化制造，加大智能纺织品开发推广，建设工业互联网平台。

《财政支持做好碳达峰碳中和工作的意见》提出，支持工业部门向高端化智能化绿色化先进制造发展。

《工业领域碳达峰实施方案》提出，主动推进工业领域数字化转型。推动新一代信息技术与制造业深度融合，利用大数据、第五代移动通信（5G）、工业互联网、云计算、人工智能、数字孪生等对工艺流程和设备进行绿色低碳升级改造，持续推动工艺革新、装备升级、管理优化和生产过程智能化，在钢铁、建材、石化化工、有色金属等行业加强全流程精细化管理，在汽车、机械、电子、船舶、轨道交通、航空航天等行业打造数字化协同的绿色供应链，在家电、纺织、食品等行业推行全生命周期管理，推进绿色低碳技术软件化封装，开展新一代信息技术与制造业融合发展试点示范；建立数字化碳管理体系，加强信息技术在能源消费与碳排放等领域的开发部署，推动重点用能设备上云上平台，提升碳排放的数字化管理、网络化协同、智能化管控水平，促进企业构建碳排放数据计量、监测、分析体系，打造重点行业碳达峰碳中和公共服务平台，建立产品全生命周期碳排放基础数据库，加强对重点产品产能产量监测预警；推进"工业互联网＋绿色低碳"，统筹共享低碳信息基础数据和工业大数据资源，为生产流程再造、跨行业耦合、跨区域协同、跨领域配给等提供数据支撑，培育推广标准化的"工业互联网＋绿色低碳"解决方案和工业 APP。

《关于深入推进黄河流域工业绿色发展的指导意见》提出，推动数字化智能化绿色化融合。采用工业互联网、大数据、5G 等新一代信息技术提升黄河流域能源、资源、环境管理水平，深化生产制造过程的数字化应用，赋能绿色制造。

《"十四五"扩大内需战略实施方案》提出，加快实施智能制造和绿色制造工程，开展智能制造试点示范行动，建设智能制造示范工厂，培育智能制造先行区。

《关于推动能源电子产业发展的指导意见》提出，深入推动能源电子全产业链协同和融合发展，提升太阳能光伏和新型储能电池供给能力，支持新技术新产品在重点终端市场应用，推动关键信息技术及产品发展和创新应用，高度重视产业安全规范和有序发展，着力提升产业国际化发展水平。到 2025 年，产业技术创新取得突破，产业生态体系基本建立；到 2030 年，能源电子产业综合实力持续提升，产业集群和生态体系不断完善，能源电子产业成为推动实现碳达峰碳中和的关键力量。

《智能检测装备产业发展行动计划（2023—2025 年）》提出，建立健全创新体系、加强核心技术攻关、加快补齐产业基础短板，实施产业基础创新工程；攻克一批前沿智能检测装备、发展一批通用智能检测装备、研制一批专用智能检测装备、改造升级一批在役检测装备，实施供给能力提升工程；加强技术试验验证、开展应用示范推广、营造普及应用氛围，实施技术装备推广工程；培育优质企业、加强标准研制、完善产业公共服务、推进数据安全共享、强化人才培养，实施产业生态优化工程。到 2025 年，智能检测技术基本满足用户领域制造工艺需求，核心零部件、专用软件和整机装备供给能力显著提升，重点领域智能检测装备示范带动和规模应用成效明显，产业生态初步形成，基本满足智能制造发展需求。

第二节　推动钢铁行业碳达峰

一、深化钢铁行业供给侧结构性改革

《2030 年前碳达峰行动方案》提出，深化钢铁行业供给侧结构性改革，严格执行产能置换，严禁新增产能，推进存量优化，淘汰落后产能。

《关于促进钢铁工业高质量发展的指导意见》提出，严禁新增钢铁产能。坚决遏制钢铁冶炼项目盲目建设，严格落实产能置换、项目备案、环评、排污许可、能评等法律法规、政策规定，不得以机械加工、铸造、铁合金等名义新增钢铁产能。严格执行环保、能耗、质量、安全、技术等法律法规，利用综合标准依法依规推动落后产能应去尽去，严防"地条钢"死灰复燃和已化解过剩产能复产。健全防范产能过剩长效机制，加大违法违规行为查处力度。

《工业能效提升行动计划》提出，钢铁行业通过产能置换有序发展短流程电炉炼钢，提高废钢使用量，加快烧结烟气内循环、高炉炉顶均压煤气回收、铁水一罐到底、薄带铸轧、铸坯热装热送、副产煤气高参数机组发电、余热余压梯级综合利用、智能化能源管控等技术推广。

《关中平原城市群建设"十四五"实施方案》提出，实施传统产业智能化改造和转型升级专项行动，大力推广先进节能技术，有序开展节能降碳技术改造。

《工业领域碳达峰实施方案》提出，严格落实产能置换和项目备案、环境影响评价、节能评估审查等相关规定，切实控制钢铁产能。强化产业协同，构建清洁能源与钢铁产业共同体。鼓励适度稳步提高钢铁先进电炉短流程发展。推进低碳炼铁技术示范推广。优化产品结构，提高高强高韧、耐蚀耐候、节材节能等低碳产品应用比例。到 2025 年，废钢铁加工准入企业年加工能力超过 1.8 亿吨，短流程炼钢占比达 15% 以上。到 2030 年，富氢碳循环高炉冶炼、氢基竖炉直接还原铁、碳捕集利用封存等技术取得突破应用，短流程炼钢占比达 20% 以上。

二、推进钢铁企业跨地区、跨所有制兼并重组

《2030 年前碳达峰行动方案》提出，推进钢铁企业跨地区、跨所有制兼并重组，提高行业集中度。

《关于促进钢铁工业高质量发展的指导意见》提出，推进企业兼并重组。鼓励行业龙头企业实施兼并重组，打造若干世界一流超大型钢铁企业集团。依托行业优势企业，在不锈钢、特殊钢、无缝钢管、铸管等领域分别培育 1～2 家专业化领航企业。鼓励钢铁企业跨区域、跨所有制兼并重组，改变部分地区钢铁产业"小散乱"局面，增强企业发展内生动力。有序引导京津冀及周边地区独立热轧和独立焦化企业参与钢铁企业兼并重组。对完成实质性兼并重组的企业进行冶炼项目建设时给予产能置换政策支持。鼓励金融机构按照风险可控、商业可持续原则，积极向实施兼并重组、布局调整、转型升级的钢铁企业提供综合性金融服务。

三、优化生产力布局

《2030 年前碳达峰行动方案》提出，优化生产力布局，以京津冀及周边地区为重点，继续压减钢铁产能。

《关于促进钢铁工业高质量发展的指导意见》提出，优化产业布局结构。鼓励重点区域提高淘汰标准，淘汰步进式烧结机、球团竖炉等低效率、高能耗、高污染工艺和设备。鼓励有环境容量、能耗指标、市场需求、资源能源保障和钢铁产能相对不足的地区承接转移产能。未完成产能总量控制目标的地区不得转入钢铁产能。鼓励钢铁冶炼项目依托现有生产基地集聚发展。对于确有必要新建和搬迁建设的钢铁冶炼项目，必须按照先进工艺装备水平建设。现有城市钢厂应立足于就地改造、转型升级，达不到超低排放要求、竞争力弱的城市钢厂，应立足于就地压减退出。统筹焦化行业与钢铁等行业发展，引导焦化行业加大绿色环保改造力度。

四、促进钢铁行业结构优化和清洁能源替代

《2030 年前碳达峰行动方案》提出，促进钢铁行业结构优化和清洁能源替代，大力推进非高炉炼铁技术示范，提升废钢资源回收利用水平，推行全废钢电炉工艺。

《关于促进钢铁工业高质量发展的指导意见》提出，研究落实以碳排放、污染物排放、能耗总量、产能利用率等为依据的差别化调控政策。

《黄河流域生态环境保护规划》提出，高标准实施钢铁行业超低排放改造，因地制宜推进水泥、焦化行业超低排放改造。

五、推广先进适用技术

《2030 年前碳达峰行动方案》提出，推广先进适用技术，深挖节能降碳

潜力，鼓励钢化联产，探索开展氢冶金、二氧化碳捕集利用一体化等试点示范，推动低品位余热供暖发展。

《关于促进钢铁工业高质量发展的指导意见》提出，重点围绕低碳冶金、洁净钢冶炼、薄带铸轧、高效轧制、基于大数据的流程管控、节能环保等关键共性技术，以及先进电炉、特种冶炼、高端检测等通用专用装备和零部件，加大创新资源投入。

六、推进绿色低碳

《关于促进钢铁工业高质量发展的指导意见》提出，深入推进绿色低碳。落实钢铁行业碳达峰实施方案，统筹推进减污降碳协同治理。支持建立低碳冶金创新联盟，制定氢冶金行动方案，加快推进低碳冶炼技术研发应用。支持构建钢铁生产全过程碳排放数据管理体系，参与全国碳排放权交易。开展工业节能诊断服务，支持企业提高绿色能源使用比例。全面推动钢铁行业超低排放改造，加快推进钢铁企业清洁运输，完善有利于绿色低碳发展的差别化电价政策。积极推进钢铁与建材、电力、化工、有色等产业耦合发展，提高钢渣等固废资源综合利用效率。大力推进企业综合废水、城市生活污水等非常规水源利用。推动绿色消费，开展钢结构住宅试点和农房建设试点，优化钢结构建筑标准体系；建立健全钢铁绿色设计产品评价体系，引导下游产业用钢升级。

第三节　推动有色金属行业碳达峰

一、严控新增产能

《2030 年前碳达峰行动方案》提出，巩固化解电解铝过剩产能成果，严格执行产能置换，严控新增产能。

《工业领域碳达峰实施方案》提出，坚持电解铝产能总量约束，研究差异化电解铝减量置换政策，防范铜、铅、锌、氧化铝等冶炼产能盲目扩张，新建及改扩建冶炼项目须符合行业规范条件，且达到能耗限额标准先进值。实施铝用高质量阳极示范、铜锍连续吹炼、大直径竖罐双蓄热底出渣炼镁等技改工程。突破冶炼余热回收、氨法炼锌、海绵钛颠覆性制备等技术。依法依规管理电解铝出口，鼓励增加高品质再生金属原料进口。到2025 年，铝水直接合金化比例提高到 90% 以上，再生铜、再生铝产量分别达到 400 万吨、1150 万吨，再生金属供应占比达 24% 以上。到 2030 年，电解铝使用可再生能源比例提至 30% 以上。

《有色金属行业碳达峰实施方案》提出，优化冶炼产能规模。①巩固化解电解铝过剩产能成果。坚持电解铝产能总量约束，严格执行产能置换办法，研究差异化电解铝产能减量置换政策。压实地方政府、相关企业责任，加强事中事后监管，将严控电解铝新增产能纳入中央生态环境保护督察重要内容。②防范重点品种冶炼产能无序扩张。防范铜、铅、锌、氧化铝等冶炼产能盲目扩张，加快建立防范产能严重过剩的市场化、法治化长效机制。强化工业硅、镁等行业政策引导，促进形成更高水平的供需动态平衡。③提高行业准入门槛。新建和改扩建冶炼项目严格落实项目备案、环境影响评价、节能审查等政策规定，符合行业规范条件、能耗限额标准先进值、清洁运输、污染物区域削减措施等要求，国家或地方已出台超低排放要求的，应满足超低排放要求，大气污染防治重点区域须同时符合重污染天气绩效分级 A 级、煤炭减量替代等要求。

《有色金属行业碳达峰实施方案》提出，调整优化产业结构。①引导行业高效集约发展。强化低碳发展理念，修订完善行业规范条件，支持制定行业自律公约，推动企业技术进步和规范发展，促进要素资源向绿色低碳优势企业集聚。完善国有企业考核体系，鼓励企业开展兼并重组或减碳战略合作。推动有色金属行业集中集聚发展，提高集约化、现代化水平，形成规模效益，降低单位产品能耗和碳排放。②加快低效产能退出。修订完善《产业结构调整指导目录》，强化碳减排导向，坚决淘汰落后生产工艺、技术、装备，依据能效标杆水平，推动电解铝等行业改造升级。完善阶梯电价等绿色电价政策，引导电解铝等主要行业节能减排，加速低效产能退出。鼓励优势企业实施跨区域、跨所有制兼并重组，推动环保绩效差、能效水平低、工艺落后的产能依法依规加快退出。

二、推进清洁能源替代

《2030 年前碳达峰行动方案》提出，推进清洁能源替代，提高水电、风电、太阳能发电等应用比重。

《有色金属行业碳达峰实施方案》提出，控制化石能源消费。推进有色金属行业燃煤窑炉以电代煤，提升用能电气化水平。在气源有保障、气价可承受的条件下有序推进以气代煤。推动落后自备燃煤机组淘汰关停或采用清洁燃料替代。严禁在国家政策允许的领域以外新（扩）建燃煤自备电厂，推动电解铝行业从使用自备电向网电转化。支持企业参与光伏、风电等可再生能源和氢能、储能系统开发建设。加强企业节能管理，严格落实国家强制性节能标准，持续开展工业节能监察，规范企业用能行为。

《有色金属行业碳达峰实施方案》提出，鼓励消纳可再生能源。提高可再生能源使用比例，鼓励企业在资源环境可承载的前提下向可再生能源富集地区有序转移，逐步减少使用火电的电解铝产能。利用电解铝、工业硅等有色金属生产用电量大、负荷稳定等特点，支持企业参与以消纳可再生能源为主的微电网建设，支持具备条件的园区开展新能源电力专线供电，提高消纳能力。鼓励和引导有色金属企业通过绿色电力交易、购买绿色电力证书等方式积极消纳可再生能源，确保可再生能源电力消纳责任权重高于本区域最低消纳责任权重。力争 2025 年、2030 年电解铝使用可再生能源比例分别达到25%、30%以上。

三、加快再生有色金属产业发展

《2030 年前碳达峰行动方案》提出，加快再生有色金属产业发展，完善废弃有色金属资源回收、分选和加工网络，提高再生有色金属产量。

《有色金属行业碳达峰实施方案》提出，强化产业协同耦合。鼓励原生与再生、冶炼与加工产业集群化发展，通过减少中间产品物流运输、推广铝水直接合金化等短流程工艺、共用园区或电厂蒸汽等，建立有利于碳减排的协同发展模式，降低总体碳排放。到 2025 年，铝水直接合金化比例提高到90%以上。支持有色金属行业与石化化工、钢铁、建材等行业耦合发展，鼓励发展再生有色金属产业，实现能源资源梯级利用和产业循环衔接。

《有色金属行业碳达峰实施方案》提出，发展再生金属产业。完善再生有色金属资源回收和综合利用体系，引导在废旧金属产量大的地区建设资源综合利用基地，布局一批区域回收预处理配送中心。完善再生有色金属原料标准，鼓励企业进口高品质再生资源，推动资源综合利用标准化，提高保级利用水平。到 2025 年，再生铜、再生铝产量分别达到 400 万吨、1150 万吨，再生金属供应占比达 24% 以上。

四、推广应用先进适用绿色低碳技术

《2030 年前碳达峰行动方案》提出，加快推广应用先进适用绿色低碳技术，提升有色金属生产过程余热回收水平，推动单位产品能耗持续下降。

《工业能效提升行动计划》提出，有色金属行业加强铝用高质量阳极、铜锍连续吹炼、大直径竖罐双蓄热底出渣炼镁、液态高铅渣直接还原等应用，加快多孔介质燃烧、短流程冶炼等推广。

《有色金属行业碳达峰实施方案》提出，加强关键技术攻关。研究有色金属行业低碳技术发展路线图，开展余热回收等共性关键技术、氨法炼锌等前沿引领技术、原铝低碳冶炼等颠覆性技术攻关和示范应用。强化企业创新主体地位，支持企业联合开展低碳技术创新和国际技术合作交流。围绕绿色冶金等重点领域，建设有色金属低碳制造业创新载体。

《有色金属行业碳达峰实施方案》提出，推广绿色低碳技术。大力推动先进节能工艺技术改造，重点推广高效稳定铝电解、铜锍连续吹炼、蓄热式竖罐炼镁等一批节能减排技术，进一步提高节能降碳水平。对技术节能降碳项目开展安全评估工作。

五、建设绿色制造体系

《有色金属行业碳达峰实施方案》提出，构建绿色清洁生产体系。引导有色金属生产企业选用绿色原辅料、技术、装备、物流，建立绿色低碳供应链管理体系。对标国际领先水平，全面开展清洁生产审核评价和认证，实施清洁生产改造，推动减污降碳协同治理。提高有色金属企业厂外物料和产品清洁运输比例，优化厂内物流运输结构，全面实施皮带、轨道、辊道运输系统建设，推动大气污染防治重点区域淘汰国四及以下厂内车辆和国二及以下的非道路移动机械。基于产品全生命周期的绿色低碳发展理念，开展工业产品绿色设计，引导下游行业选用绿色有色金属产品。

《有色金属行业碳达峰实施方案》提出，加快产业数字化转型。统筹推进重点领域智能矿山和智能工厂建设，建立具有工艺流程优化、动态排产、能耗管理、质量优化等功能的智能生产系统，构建全产业链智能制造体系。探索运用工业互联网、云计算、第五代移动通信（5G）等技术加强对企业碳排放在线实时监测，追踪重点产品全生命周期碳足迹，建立行业碳排放大数据中心。鼓励企业完善能源管理体系，建设能源管控中心，利用信息化、数字化和智能化技术加强能耗监控，完善能源计量体系，提升能源精细化管理水平。

六、健全标准计量体系

《有色金属行业碳达峰实施方案》提出，建立健全以碳达峰碳中和为目标的有色金属行业碳排放标准计量体系。研究制定重点领域碳排放核算、产品碳足迹等核算核查类标准，低碳产品、企业、园区等评价类标准，低碳工艺流程等技术类标准，监测方法、设备等监测监控类标准，碳排放限额、碳资产管理等管理服务类标准。制修订重点品种的能耗限额标准。建立完善有色金属行业绿色产品、绿色工厂、绿色园区、绿色供应链等绿色制造标准体系。开展关键计量测试和评价技术研究，逐步建立健全有色金属行业碳排放计量体系。推动建立绿色用能监测与评价体系，建立完善基于绿证的绿色能源消费认证、标准、制度和标识体系。及时调整更新各类能源的碳排放系数，推进有色金属行业碳排放核算标准化。强化标准实施，完善团体标准采信机制，推进重点标准技术水平评价和实施效果评估，推动有色金属行业将温室气体管控纳入环评管理。加强低碳标准国际合作。

七、加强管理和服务

《有色金属行业碳达峰实施方案》提出，加强统筹协调。各相关部门协同配合，统筹推进有色金属行业碳达峰工作，细化落实各项任务举措。各地区要提高认识，压实工作责任，严格执行环保、节能、安全生产等相关政策法规，结合本地实际提出落实措施。有色金属企业要强化低碳发展意识，结合自身实际明确企业碳达峰目标和路径，行业龙头企业体现责任担当，统筹兼顾企业发展和碳达峰需要，力争率先实现碳达峰，做好行业表率。

《有色金属行业碳达峰实施方案》提出，强化激励约束。利用现有资金渠道，加大有色金属行业绿色低碳技术攻关力度，支持有色金属企业开展低碳冶炼、绿色化智能化改造。探索开展低碳绩效评价，鼓励地方对采用引领性绿色低碳新技术、新工艺的企业给予差别化政策。落实资源综合利用税收优惠政策，继续实行电解铝等冶炼产品进口暂定零关税。完善电解铝、工业硅等进出口政策。研究将有色金属行业重点品种纳入全国碳排放权交易市场，通过市场化手段，形成成本梯度，促进行业绿色低碳转型。

《有色金属行业碳达峰实施方案》提出，加强金融支持。持续完善绿色金融标准体系，加快研究制定转型金融标准，健全金融机构绿色金融评价体系和激励机制，发挥国家产融合作平台作用，加强碳排放等信息对接，支持有色金属行业高耗能高排放项目转型升级。用好碳减排支持工具，支持金融机构在依法合规、风险可控和商业可持续前提下向具有显著碳减排效应的重点项目提供高质量金融服务。发展绿色直接融资，支持符合条件的绿色低碳企业上市融资、挂牌融资和再融资。有序推动绿色金融产品研发，支持发行碳中和债券、可持续发展挂钩债券等金融创新产品。鼓励社会资本设立有色金属行业低碳发展相关的股权投资基金，推动绿色低碳项目落地。强化企业社会责任意识，健全企业碳排放报告与信息披露制度，鼓励重点企业编制低碳发展报告，完善碳排放信用监管机制。

《有色金属行业碳达峰实施方案》提出，完善公共服务。建设有色金属行业绿色低碳发展公共服务平台，面向重点领域提供产业咨询、碳排放核算、技术验证、分析检测、绿色评价、人才培训、金融投资等专业服务，支持行业龙头企业积极参与公共服务平台建设。结合有色金属行业特点和需求，组织开展碳排放核算、交易、管理等专业化、系统化培训，加强碳排放管理人才队伍建设，提升企业碳资产管理水平。鼓励企业参与组建低碳发展联盟等行业组织，通过技术交流、资源共享、产业耦合等方式推动协同降碳。

《有色金属行业碳达峰实施方案》提出，加强示范引导。支持具有典型代表性的企业和园区开展碳达峰试点建设，在政策、资金、技术等方面对试点企业和园区给予支持，遴选公布一批低碳示范技术，培育一批标杆企业，打造一批标杆园区，为全行业提供可操作、可复制、可推广的经验做法。发挥舆论宣传引导作用，传播有色金属行业绿色低碳发展理念，加大低碳技术、绿色产品、绿色园区等典型案例宣传力度，推广先进经验与做法。发挥行业协会支撑政府、服务企业作用，做好政策宣贯落实，通过多种形式增进行业共识，推动行业自律。加强信息公开，及时发布行业动态，积极回应舆情热点和群众合理关切，为有色金属行业绿色低碳发展营造良好社会氛围。

第四节　推动建材行业碳达峰

一、加强产能置换监管和低效产能退出

《2030年前碳达峰行动方案》提出，加强产能置换监管，加快低效产能退出，严禁新增水泥熟料、平板玻璃产能，引导建材行业向轻型化、集约化、制品化转型。

《工业领域碳达峰实施方案》提出，严格执行水泥、平板玻璃产能置换政策，依法依规淘汰落后产能。加快全氧、富氧、电熔等工业窑炉节能降耗技术应用，推广水泥高效篦冷机、高效节能粉磨、低阻旋风预热器、浮法玻璃一窑多线、陶瓷干法制粉等节能降碳装备。到2025年，水泥熟料单位产品综

合能耗水平下降3%以上。到2030年，原燃料替代水平大幅提高，突破玻璃熔窑窑外预热、窑炉氢能煅烧等低碳技术，在水泥、玻璃、陶瓷等行业改造建设一批减污降碳协同增效的绿色低碳生产线，实现窑炉碳捕集利用封存技术产业化示范。

《建材行业碳达峰实施方案》提出，引导低效产能退出。修订《产业结构调整指导目录》，进一步提高行业落后产能淘汰标准，通过综合手段依法依规淘汰落后产能。发挥能耗、环保、质量等指标作用，引导能耗高、排放大的低效产能有序退出。鼓励建材领军企业开展资源整合和兼并重组，优化生产资源配置和行业空间布局。鼓励第三方机构、骨干企业等联合设立建材行业产能结构调整基金或平台，进一步探索市场化、法治化产能退出机制。

《建材行业碳达峰实施方案》提出，防范过剩产能新增。严格落实水泥、平板玻璃行业产能置换政策，加大对过剩产能的控制力度，坚决遏制违规新增产能，确保总产能维持在合理区间。加强石灰、建筑卫生陶瓷、墙体材料等行业管理，加快建立防范产能严重过剩的市场化、法治化长效机制，防范产能无序扩张。支持国内优势企业"走出去"，开展国际产能合作。

二、推动水泥错峰生产常态化

《2030年前碳达峰行动方案》提出，推动水泥错峰生产常态化，合理缩短水泥熟料装置运转时间。

《建材行业碳达峰实施方案》提出，完善水泥错峰生产。分类指导，差异管控，精准施策安排好错峰生产，推动全国水泥错峰生产有序开展，有效避免水泥生产排放与取暖排放叠加。加大落实和检查力度，健全激励约束机制，充分调动企业依法依规执行错峰生产的积极性。

三、利用可再生能源

《2030年前碳达峰行动方案》提出，因地制宜利用风能、太阳能等可再生能源，逐步提高电力、天然气应用比重。

《建材行业碳达峰实施方案》提出，加大替代燃料利用。支持生物质燃料等可燃废弃物替代燃煤，推动替代燃料高热值、低成本、标准化预处理。完善农林废弃物规模化回收等上游产业链配套，形成供给充足稳定的衍生燃料制造新业态，提升水泥等行业燃煤替代率。

《建材行业碳达峰实施方案》提出，加快清洁绿色能源应用。优化建材行业能源结构，促进能源消费清洁低碳化，在气源、电源等有保障，价格可承受的条件下，有序提高平板玻璃、玻璃纤维、陶瓷、矿物棉、石膏板、混凝土制品、人造板等行业的天然气和电等使用比例。推动大气污染防治重点区域逐步减少直至取消建材行业燃煤加热、烘干炉（窑）、燃料类煤气发生炉等用煤。引导建材企业积极消纳太阳能、风能等可再生能源，促进可再生能源电力消纳责任权重高于本区域最低消纳责任权重，减少化石能源消费。

《建材行业碳达峰实施方案》提出，提高能源利用效率水平。引导企业建立完善能源管理体系，建设能源管控中心，开展能源计量审查，实现精细化能源管理。加强重点用能单位的节能管理，严格执行强制性能耗限额标准，加强对现有生产线的节能监察和新建项目的节能审查，树立能效"领跑者"标杆，推进企业能效对标达标。开展企业节能诊断，挖掘节能减碳空间，进一步提高能效水平。

四、鼓励建材企业原料的循环利用

《2030 年前碳达峰行动方案》提出，鼓励建材企业使用粉煤灰、工业废渣、尾矿渣等作为原料或水泥混合材。

《建材行业碳达峰实施方案》提出，逐步减少碳酸盐用量。强化产业间耦合，加快水泥行业非碳酸盐原料替代，在保障水泥产品质量的前提下，提高电石渣、磷石膏、氟石膏、锰渣、赤泥、钢渣等含钙资源替代石灰石比重，全面降低水泥生产工艺过程的二氧化碳排放。加快高贝利特水泥、硫（铁）铝酸盐水泥等低碳水泥新品种的推广应用。研发含硫硅酸钙矿物、黏土煅烧水泥等材料，降低石灰石用量。

《建材行业碳达峰实施方案》提出，加快提升固废利用水平。支持利用水泥窑无害化协同处置废弃物。鼓励以高炉矿渣、粉煤灰等对产品性能无害的工业固体废弃物为主要原料的超细粉生产利用，提高混合材产品质量。提升玻璃纤维、岩棉、混凝土、水泥制品、路基填充材料、新型墙体和屋面材料生产过程中固废资源利用水平。支持在重点城镇建设一批达到重污染天气绩效分级 B 级及以上水平的墙体材料隧道窑处置固废项目。

《建材行业碳达峰实施方案》提出，推动建材产品减量化使用。精准使用建筑材料，减量使用高碳建材产品。提高水泥产品质量和应用水平，促进水泥减量化使用。开发低能耗制备与施工技术，加大高性能混凝土推广应用力度。加快发展新型低碳胶凝材料，鼓励固碳矿物材料和全固废免烧新型胶凝材料的研发。

五、加快技术创新

《工业能效提升行动计划》提出，建材行业加强全氧、富氧、电熔等工业窑炉节能降耗技术应用，实施水泥、平板玻璃、建筑卫生陶瓷等生产线节能技术综合改造，推广水泥高效篦冷机、高效节能粉磨、低阻高效旋风预热器、浮法玻璃一窑多线、陶瓷干法制粉等，积极推进水泥窑协同处置。

《建材行业碳达峰实施方案》提出，加快研发重大关键低碳技术。突破水泥悬浮沸腾煅烧、玻璃熔窑窑外预热、窑炉氢能煅烧等重大低碳技术。研发大型玻璃熔窑大功率"火—电"复合熔化，以及全氧、富氧、电熔等工业窑炉节能降耗技术。加快突破建材窑炉碳捕集、利用与封存技术，加强与二氧化碳化学利用、地质利用和生物利用产业链的协同合作，建设一批标杆引领项目。探索开展负排放应用可行性研究。加大低温余热高效利用技术研发推广力度。加快气凝胶材料研发和推广应用。

《建材行业碳达峰实施方案》提出，加快推广节能降碳技术装备。每年遴选公布一批节能低碳建材技术和装备，到 2030 年，累计推广超过 100 项。水泥行业加快推广低阻旋风预热器、高效烧成、高效篦冷机、高效节能粉磨等节能技术装备，玻璃行业加快推广浮法玻璃一窑多线等技术，陶瓷行业加快推广干法制粉工艺及装备，岩棉行业加快推广电熔生产工艺及技术装备，石灰行业加快推广双腔立窑、预热器等节能技术装备，墙体材料行业加快推广窑炉密封保温节能技术装备，提高砖瓦窑炉装备水平。

《建材行业碳达峰实施方案》提出，以数字化转型促进行业节能降碳。加快推进材行业与新一代信息技术深度融合，通过数据采集分析、窑炉优化控制等提升能源资源综合利用效率，促进全链条生产工序清洁化和低碳化。探索运用工业互联网、云计算、第五代移动通信（5G）等技术加强对企业碳排放在线实时监测，追踪重点产品全生命周期碳足迹，建立行业碳排放大数据中心。针对水泥、玻璃、陶瓷等行业碳排放特点，提炼形成 10 套以上数字化、智能化、集成化绿色低碳系统解决方案，在全行业进行推广。

《建材行业碳达峰实施方案》提出，2025 年前，重点研发低钙熟料水泥、非碳酸盐钙质等原料替代技术，生物质燃料、垃圾衍生燃料等燃料替代技术，低温余热高效利用技术，全氧、富氧、电熔及"火—电"复合熔化技术等。重点推广水泥高效篦冷机、高效节能粉磨、低阻旋风预热器、浮法玻璃一窑多线、陶瓷干法制粉、岩棉电熔生产、石灰双腔立窑、墙体材料窑炉密封保温等节能降碳技术装备。2030 年前，重点推广新型低碳胶凝材料，突破玻璃熔窑窑外预热、水泥电窑炉、水泥悬浮沸腾煅烧、窑炉氢能煅烧等重大低碳技术，实现窑炉碳捕集、利用与封存技术的产业化应用。

六、推进绿色制造

《关于推进中央企业高质量发展做好碳达峰碳中和工作的指导意见》提出，提升建筑行业绿色低碳发展水平，全面推行绿色建造工艺和绿色低碳建材，推动建材减量化、循环化利用，推进超低能耗、近零能耗、低碳建筑规模化发展。

《建材行业碳达峰实施方案》提出，构建高效清洁生产体系。强化建材企业全生命周期绿色管理，大力推行绿色设计，建设绿色工厂，协同控制污染物排放和二氧化碳排放，构建绿色制造体系。推动制订"一行一策"清洁生产改造提升计划，全面开展清洁生产审核评价和认证，推动一批重点企业达到国际清洁生产领先水平。在水泥、石灰、玻璃、陶瓷等重点行业加快实施污染物深度治理和二氧化碳超低排放改造，促进减污降碳协同增效，到2030年，改造建设1000条绿色低碳生产线。推进绿色运输，打造绿色供应链，中长途运输优先采用铁路或水路，中短途运输鼓励采用管廊、新能源车辆或达到国六排放标准的车辆，厂内物流运输加快建设皮带、轨道、辊道运输系统，减少厂内物料二次倒运以及汽车运输量。推动大气污染防治重点区域淘汰国四及以下厂内车辆和国二及以下的非道路移动机械。

《建材行业碳达峰实施方案》提出，构建绿色建材产品体系。将水泥、玻璃、陶瓷、石灰、墙体材料、木竹材等产品碳排放指标纳入绿色建材标准体系，加快推进绿色建材产品认证，扩大绿色建材产品供给，提升绿色建材产品质量。大力提高建材产品深加工比例和产品附加值，加快向轻型化、集约化、制品化、高端化转型。加快发展生物质建材。

《建材行业碳达峰实施方案》提出，加快绿色建材生产和应用。鼓励各地因地制宜发展绿色建材，培育一批骨干企业，打造一批产业集群。持续开展绿色建材下乡活动，助力美丽乡村建设。通过政府采购支持绿色建材促进建筑品质提升试点城市建设，打造宜居绿色低碳城市。促进绿色建材与绿色建筑协同发展，提升新建建筑与既有建筑改造中使用绿色建材，特别是节能玻璃、新型保温材料、新型墙体材料的比例，到2030年，星级绿色建筑全面推广绿色建材。

七、健全标准计量体系

《建材行业碳达峰实施方案》提出，明确核算边界，完善建材行业碳排放核算体系。加强碳计量技术研究和应用，建立完善碳排放计量体系。研究制定重点行业和产品碳排放限额标准，修订重点领域单位产品能耗限额标准，提高行业能效水平。加强建材行业节能降碳新技术、新工艺、新装备的标准制定，充分发挥计量、标准、认证、检验检测等质量基础设施对行业碳达峰工作的支撑作用。推动建材行业建立绿色用能监测与评价体系，建立完善基于绿证的绿色能源消费认证、标准、制度和标识体系。研究制定水泥、石灰、陶瓷、玻璃、墙体材料、耐火材料等分行业碳减排技术指南，有效引导企业实施碳减排行动。推动建材行业将温室气体管控纳入环评管理。加强低碳标准国际合作。

八、加强管理和服务

《建材行业碳达峰实施方案》提出，加强统筹协调。各相关部门要加强协同配合，细化工作措施，着力抓好各项任务落实，全面统筹推进建材行业碳达峰各项工作。各地区要高度重视，明确本地区目标，分解具体任务，压实工作责任，加强事中事后监管，结合本地实际提出落实举措。充分发挥行业协会作用，做好各项工作支撑。大型建材企业要发挥表率作用，结合自身实际，明确碳达峰碳减排时间表和路线图，加大技术创新力度，逐年降低碳排放强度，加快低碳转型升级。

《建材行业碳达峰实施方案》提出，加大政策支持。严格落实水泥玻璃产能置换办法，组织开展专项检查，对弄虚作假、"批小建大"、违规新增产能等行为依法依规严肃处理。加大对建材行业低碳技术研发和产业化的支持力度。建立健全绿色建筑和绿色建材政府采购需求标准体系，加大绿色建材采购力度。在依法合规、风险可控、商业可持续的前提下，支持金融机构对符合条件的建材企业碳减排项目和技术、绿色建材消费等提供融资支持，支持社会资本以市场化方式设立建材行业绿色低碳转型基金。加强建材行业二氧化碳排放总量控制，研究将水泥等重点行业纳入全国碳排放权交易市场。完善阶梯电价等绿色电价政策，强化与产业和环保政策的协同。实行差别化的低碳环保管控政策，适时纳入重污染天气行业绩效分级管控体系。加强建材行业高耗能、高排放项目的环境影响评价和节能审查，充分发挥其源头防控作用。强化企业社会责任意识，健全企业碳排放报告与信息披露制度，鼓励重点企业编制绿色低碳发展报告，完善信用评价体系。

《建材行业碳达峰实施方案》提出，营造良好环境。建立建材行业碳达峰碳减排专家咨询委员会，发挥战略咨询、技术支撑、政策建议等作用。整合骨干企业、科研院所、行业协会等资源，建设建材重点行业碳达峰碳减排公共服务平台，提供排放核算、测试评价、技术推广等绿色低碳服务。加快"双碳"领域人才培养，建设一批现代产业学院。积极推动建材行业节能降碳设施向公众开放，保障公众知情权、参与权和监督权。定期召开行业大会，加大对建材行业节能降碳典型案例、优秀项目、先进个人的宣传力度，全面动员行业力量，广泛交流经验，形成建材行业绿色低碳发展合力。

九、推进绿色建材产品认证和应用推广，开展能源管理体系建设

《2030 年前碳达峰行动方案》提出，加快推进绿色建材产品认证和应用推广，加强新型胶凝材料、低碳混凝土、木竹建材等低碳建材产品研发应用。

《2030 年前碳达峰行动方案》提出，推广节能技术设备，开展能源管理体系建设，实现节能增效。

第五节　推动石化化工行业碳达峰

一、优化产能规模和布局

《2030 年前碳达峰行动方案》提出，优化产能规模和布局，加大落后产能淘汰力度，有效化解结构性过剩矛盾。到 2025 年，国内原油一次加工能力控制在 10 亿吨以内，主要产品产能利用率提升至 80% 以上。

《关于"十四五"推动石化化工行业高质量发展的指导意见》提出，科学调控产业规模。有序推进炼化项目"降油增化"，延长石油化工产业链。增强高端聚合物、专用化学品等产品供给能力。促进煤化工产业高端化、多元化、低碳化发展，按照生态优先、以水定产、总量控制、集聚发展的要求，稳妥有序发展现代煤化工。统筹项目布局，推进新建石化化工项目向原料及清洁能源匹配度好、环境容量富裕、节能环保低碳的化工园区集中。推动现代煤化工产业示范区转型升级，稳妥推进煤制油气战略基地建设，构建原料高效利用、资源要素集成、减污降碳协同、技术先进成熟、产品系列高端的产业示范基地。持续推进城镇人口密集区危险化学品生产企业搬迁改造。落实推动长江经济带发展、黄河流域生态保护和高质量发展要求，推进长江、黄河流域石化化工项目科学布局、有序转移。引导化工项目进区入园，促进高水平集聚发展。

　　《工业能效提升行动计划》提出，石化化工行业加强高效精馏系统产业化应用，加快原油直接裂解制乙烯、新一代离子膜电解槽、重劣质渣油低碳深加工、合成气一步法制烯烃、高效换热器、中低品位余热余压利用等推广。

　　《工业领域碳达峰实施方案》提出，增强天然气、乙烷、丙烷等原料供应能力，提高低碳原料比重。合理控制煤制油气产能规模。推广应用原油直接裂解制乙烯、新一代离子膜电解槽等技术装备。开发可再生能源制取高值化学品技术。到 2025 年，"减油增化"取得积极进展，新建炼化一体化项目成品油产量占原油加工量比例降至 40% 以下，加快部署大规模碳捕集利用封存产业化示范项目。到 2030 年，合成气一步法制烯烃、乙醇等短流程合成技术实现规模化应用。

二、严格项目准入

　　《2030 年前碳达峰行动方案》提出，严格项目准入，合理安排建设时序，严控新增炼油和传统煤化工生产能力，稳妥有序发展现代煤化工。

　　《关于"十四五"推动石化化工行业高质量发展的指导意见》提出，严控炼油、磷铵、电石、黄磷等行业新增产能，禁止新建用汞的（聚）氯乙烯产能，加快低效落后产能退出。

三、转变用能方式

　　《2030 年前碳达峰行动方案》提出，引导企业转变用能方式，鼓励以电力、天然气等替代煤炭。

　　《关于"十四五"推动石化化工行业高质量发展的指导意见》提出，发挥碳固定碳消纳优势，协同推进产业链碳减排。有序推动石化化工行业重点领域节能降碳，提高行业能效水平。拟制高碳产品目录，稳妥调控部分高碳产品出口。提升中低品位热能利用水平，推动用能设施电气化改造，合理引导燃料"以气代煤"，适度增加富氢原料比重。鼓励石化化工企业因地制宜、合理有序开发利用"绿氢"，推进炼化、煤化工与"绿电""绿氢"等产业耦合示范，利用炼化、煤化工装置所排二氧化碳纯度高、捕集成本低等特点，开展二氧化碳规模化捕集、封存、驱油和制化学品等示范。加快原油直接裂解制乙烯、合成气一步法制烯烃、智能连续化微反应制备化工产品等节能降碳技术开发应用。

四、调整原料结构

　　《2030 年前碳达峰行动方案》提出，调整原料结构，控制新增原料用煤，拓展富氢原料进口来源，推动石化化工原料轻质化。

《关于"十四五"推动石化化工行业高质量发展的指导意见》提出，增强原料资源保障，维护产业链供应链安全稳定。拓展石化原料供给渠道，构建国内基础稳固、国际多元稳定的供给体系，适度增加轻质低碳富氢原料进口。按照市场化原则，推进国际钾盐等资源开发合作。加强国内钾资源勘探，积极推进中低品位磷矿高效采选技术、非水溶性钾资源高效利用技术开发。多措并举推进磷石膏减量化、资源化、无害化，稳妥推进磷化工"以渣定产"。加强化肥生产要素保障，提高生产集中度和骨干企业产能利用率，确保化肥稳定供应。保护性开采萤石资源，鼓励开发利用伴生氟资源。

五、优化产品结构

《2030 年前碳达峰行动方案》提出，优化产品结构，促进石化化工与煤炭开采、冶金、建材、化纤等产业协同发展，加强炼厂干气、液化气等副产气体高效利用。

《关于"十四五"推动石化化工行业高质量发展的指导意见》提出，推进氨碱法生产纯碱废渣、废液的环保整治，提升废催化剂、废酸、废盐等危险废物利用处置能力，推进（聚）氯乙烯生产无汞化。积极发展生物化工，鼓励基于生物资源，发展生物质利用、生物炼制所需酶种，推广新型生物菌种；强化生物基大宗化学品与现有化工材料产业链衔接，开发生态环境友好的生物基材料，实现对传统石油基产品的部分替代。推动石化化工与建材、冶金、节能环保等行业耦合发展，提高磷石膏、钛石膏、氟石膏、脱硫石膏等工业副产石膏、电石渣、碱渣、粉煤灰等固废综合利用水平。鼓励企业加强磷钾伴生资源、工业废盐、矿山尾矿以及黄磷尾气、电石炉气、炼厂平衡尾气等资源化利用和无害化处置。有序发展和科学推广生物可降解塑料，推动废塑料、废弃橡胶等废旧化工材料再生和循环利用。

六、鼓励企业节能升级改造

《2030 年前碳达峰行动方案》提出，鼓励企业节能升级改造，推动能量梯级利用、物料循环利用。

《关于"十四五"推动石化化工行业高质量发展的指导意见》提出，加快改造提升，提高行业竞争能力。鼓励利用先进适用技术实施安全、节能、减排、低碳等改造，推进智能制造。加快新技术新模式协同创新应用，强化工业互联网赋能。发挥碳固定碳消纳优势，协同推进产业链碳减排。着力发展清洁生产绿色制造，培育壮大生物化工。促进行业间耦合发展，提高资源循环利用效率。

第六节　坚决遏制"两高"项目盲目发展

一、加强"两高"项目管理

《2030年前碳达峰行动方案》提出，采取强有力措施，对"两高"项目实行清单管理、分类处置、动态监控。

《关于支持海南全面深化改革开放的指导意见》提出，全面禁止高能耗、高污染、高排放产业和低端制造业发展，推动现有制造业向智能化、绿色化和服务型转变，加快构建绿色产业体系。

《"十四五"时期深化价格机制改革行动方案》提出，针对高耗能、高排放行业，完善差别电价、阶梯电价等绿色电价政策，强化与产业和环保政策的协同，加大实施力度，促进节能减碳。

《关于"十四五"推进沿黄重点地区工业项目入园及严控高污染、高耗水、高耗能项目的通知》提出，严控新上高污染、高耗水、高耗能项目。

《关于完整准确全面贯彻新发展理念做好碳达峰碳中和工作的意见》提出，坚决遏制高耗能高排放项目盲目发展。新建、扩建钢铁、水泥、平板玻璃、电解铝等高耗能高排放项目严格落实产能等量或减量置换，出台煤电、石化、煤化工等产能控制政策。未纳入国家有关领域产业规划的，一律不得新建改扩建炼油和新建乙烯、对二甲苯、煤制烯烃项目。合理控制煤制油气产能规模。提升高耗能高排放项目能耗准入标准。加强产能过剩分析预警和窗口指导。

《"十四五"全国清洁生产推行方案》提出，加强高耗能高排放项目清洁生产评价。对标节能减排和碳达峰、碳中和目标，严格高耗能高排放项目准入，新建、改建、扩建项目应采取先进适用的工艺技术和装备，单位产品能耗、物耗和水耗等达到清洁生产先进水平。坚决遏制高耗能高排放项目盲目发展。

《关于推进中央企业高质量发展做好碳达峰碳中和工作的指导意见》提出，坚决遏制高耗能高排放项目盲目发展。中央企业要严控高耗能高排放项目，优化高耗能高排放项目产能规模和布局。

《关于促进制造业有序转移的指导意见》提出，在满足产业、能源、碳排放等政策的条件下，支持符合生态环境分区管控要求和环保、能效、安全生产等标准要求的高载能行业向西部清洁能源优势地区集聚。严格实施产能置换办法，坚决遏制"两高"项目盲目发展。

《"十四五"节能减排综合工作方案》提出，加强对"两高"项目节能审查、环境影响评价审批程序和结果执行的监督评估，对审批能力不适应的依法依规调整上收审批权。对年综合能耗5万吨标准煤及以上的"两高"项目加强工作指导。严肃财经纪律，指导金融机构完善"两高"项目融资政策。

《长江中游城市群发展"十四五"实施方案》提出，坚决遏制"两高"项目盲目发展。

《北部湾城市群建设"十四五"实施方案》提出，坚决遏制"两高"项目盲目发展。

《"十四五"环境影响评价与排污许可工作实施方案》提出，加强"两高"行业生态环境源头防控。建立"两高"项目环评管理台账，严格执行环评审批原则和准入条件，按照国家关于做好碳达峰碳中和工作的政策要求，推动相关产业布局优化和结构调整，落实主要污染物区域削减、产能置换、煤炭消费减量替代等措施。推动各地理顺"两高"项目环评审批权限。

《关于推进以县城为重要载体的城镇化建设的意见》提出，坚决遏制"两高"项目盲目发展，深入推进产业园区循环化改造。

《减污降碳协同增效实施方案》提出，坚决遏制高耗能、高排放、低水平项目盲目发展，高耗能、高排放项目审批要严格落实国家产业规划、产业政策、"三线一单"、环评审批、取水许可审批、节能审查以及污染物区域削减替代等要求，采取先进适用的工艺技术和装备，提升高耗能项目能耗准入标准，能耗、物耗、水耗要达到清洁生产先进水平。

《工业能效提升行动计划》提出，坚决遏制高耗能、高排放、低水平项目盲目发展。深入挖掘存量项目节能降碳潜力，动态调整完善行业能效标杆水平和基准水平，从高定标、分类指导，坚决遏制高耗能、高排放、低水平项目不合理用能。综合考虑产品单耗、能源产出率、产业链定位、绿色低碳水平等因素，探索建立"白名单"制度。严格落实钢铁、水泥、平板玻璃、电解铝等行业新建、扩建项目产能等量或减量置换，严控磷铵、黄磷、电石等行业新增产能，大气污染防治重点区域严禁新增水泥熟料、平板玻璃、电解铝、氧化铝、煤化工产能，合理控制煤制油气产能规模，严控新增炼油产能。综合发挥能耗强度、质量、安全、环保等约束性指标作用，加快淘汰落后产能。

《关中平原城市群建设"十四五"实施方案》提出，坚决遏制高耗能、高排放、低水平项目盲目发展。

《工业领域碳达峰实施方案》提出，坚决遏制高耗能高排放低水平项目盲目发展。严把高耗能高排放低水平项目准入关，加强固定资产投资项目节能审查、环境影响评价，对项目用能和碳排放情况进行综合评价，严格项目审批、备案和核准。

《重污染天气消除攻坚行动方案》提出，坚决遏制高耗能、高排放、低水平项目盲目发展，严格落实国家产业规划、产业政策、"三线一单"、规划环评，以及产能置换、煤炭消费减量替代、区域污染物削减等要求，坚决叫停不符合要求的高耗能、高排放、低水平项目。

《"十四五"扩大内需战略实施方案》提出，严格控制建设高耗能、高排放项目。

二、全面排查在建项目

《2030 年前碳达峰行动方案》提出，全面排查在建项目，对能效水平低于本行业能耗限额准入值的，按有关规定停工整改，推动能效水平应提尽提，力争全面达到国内乃至国际先进水平。

《黄河流域生态环境保护规划》提出，严把新上项目的碳排放关，坚决遏制高能耗、高排放、低水平项目盲目发展。

《关于深入打好污染防治攻坚战的意见》提出，坚决遏制高耗能高排放项目盲目发展。严把高耗能高排放项目准入关口，严格落实污染物排放区域削减要求，对不符合规定的项目坚决停批停建。依法依规淘汰落后产能和化解过剩产能。推动高炉－转炉长流程炼钢转型为电炉短流程炼钢。重点区域严禁新增钢铁、焦化、水泥熟料、平板玻璃、电解铝、氧化铝、煤化工产能，合理控制煤制油气产能规模，严控新增炼油产能。

《关于深化生态环境领域依法行政 持续强化依法治污的指导意见》提出，加强对"高耗能、高排放"企业排污许可证核发审查，纳入"双随机、一公开"监管。

《关于推进中央企业高质量发展做好碳达峰碳中和工作的指导意见》提出，新建、扩建钢铁、水泥、平板玻璃、电解铝等高耗能高排放项目严格落实等量或减量置换，严格执行煤电、石化、煤化工等产能控制政策，坚决关停不符合有关政策要求的高耗能高排放项目。

《"十四五"节能减排综合工作方案》提出，坚决遏制高耗能高排放项目盲目发展。根据国家产业规划、产业政策、节能审查、环境影响评价审批等政策规定，对在建、拟建、建成的高耗能高排放项目开展评估检查，建立工作清单，明确处置意见，严禁违规"两高"项目建设、运行，坚决拿下不符合要求的"两高"项目。

《工业领域碳达峰实施方案》提出，全面排查在建项目，对不符合要求的高耗能高排放低水平项目按有关规定停工整改。

三、科学评估拟建项目

《2030年前碳达峰行动方案》提出，科学评估拟建项目，对产能已饱和的行业，按照"减量替代"原则压减产能；对产能尚未饱和的行业，按照国家布局和审批备案等要求，对标国际先进水平提高准入门槛；对能耗量较大的新兴产业，支持引导企业应用绿色低碳技术，提高能效水平。

《工业领域碳达峰实施方案》提出，科学评估拟建项目，对产能已饱和的行业要按照"减量替代"原则压减产能，对产能尚未饱和的行业要按照国家布局和审批备案等要求对标国内领先、国际先进水平提高准入标准。

四、深入挖潜存量项目

《2030年前碳达峰行动方案》提出，深入挖潜存量项目，加快淘汰落后产能，通过改造升级挖掘节能减排潜力。

《关于推进中央企业高质量发展做好碳达峰碳中和工作的指导意见》提出，深入挖掘存量项目潜力，加快实施改造升级，推动能效水平应提尽提，力争全面达到国内乃至国际先进水平。

五、强化常态化监管

《2030年前碳达峰行动方案》提出，强化常态化监管，坚决拿下不符合要求的"两高"项目。

《关于加强高耗能、高排放建设项目生态环境源头防控的指导意见》提出，深入实施"三线一单"、强化规划环评效力，加强生态环境分区管控和规划约束；严把建设项目环境准入关、落实区域削减要求、合理划分事权，严格"两高"项目环评审批；提升清洁生产和污染防治水平、将碳排放影响评价纳入环境影响评价体系，推进"两高"行业减污降碳协同控制；加强排污许可证管理、强化以排污许可证为主要依据的执法监管，依排污许可证强化监管执法；建立管理台账、加强监督检查、强化责任追究，保障政策落地见效。

《关于实施"三线一单"生态环境分区管控的指导意见（试行）》提出，强化"两高"行业源头管控。加快推进"三线一单"生态环境分区管控在"两高"行业产业布局和结构调整、重大项目选址中的应用，将"两高"行业落实区域空间布局、污染物排放、环境风险防控、资源利用效率等管控要求的情况，作为"三线一单"生态环境分区管控年度跟踪评估的重点。鼓励各地依托"三线一单"数据应用系统，探索开展"两高"行业生态环境准入智能辅助决策，提升管理效率。地方组织"三线一单"生态环境分区管控更新调整时，应在生态环境准入清单中不断深化"两高"行业环境准入及管控要求。

《"十四五"环境影响评价与排污许可工作实施方案》提出，加强"两高"行业减污降碳源头防控。

《工业领域碳达峰实施方案》提出，采取强有力措施，对高耗能高排放低水平项目实行清单管理、分类处置、动态监控。

第七节　工业领域碳达峰行动的进展

一、推进工业领域碳达峰工作

2022 年年底，国家发改委总结了 7 个方面的"碳达峰十大行动"进展，系统谋划、稳妥推进工业领域碳达峰工作取得进展。

1. 编制工业碳达峰方案

落实碳达峰碳中和工作领导小组部署，系统梳理行业碳排放情况，制订工业领域碳达峰实施方案及有色金属、建材等重点行业碳达峰方案，既聚焦工业绿色低碳转型，明确碳达峰路径，又突出行业特色，注重增加绿色低碳产品供给。研究制定汽车、造纸、纺织等行业减碳路线图和电力装备绿色低碳创新发展行动计划。

2. 完善规划政策体系

制订发布《"十四五"工业绿色发展规划》，统筹谋划关键目标、重要任务和工作举措，搭建多层次政策框架体系。

二、优化产业结构

2022 年年底，国家发改委总结了 7 个方面的"碳达峰十大行动"进展，优化产业结构取得进展，积极推动产业转型升级。

1. 持续巩固去产能成果

制定 2021—2023 年淘汰落后产能工作实施要点，印发新版钢铁、水泥、玻璃行业产能置换实施办法。开展钢铁去产能"回头看"，实地督导检查 29 个省份 435 家企业，2021 年粗钢产量同比减少 3200 万吨。公告水泥行业 56 个项目产能置换方案，压减产能超过 1000 万吨。

2. 提升产业竞争力

编制《关于"十四五"推动石化化工行业高质量发展的指导意见》《钢铁工业高质量发展指导意见》。发布石化化工行业鼓励推广应用技术产品目录，引导行业采用先进适用技术工艺。围绕新一代信息技术、高端装备、新材料等领域，支持 25 家先进制造业集群不断提升发展质量和水平。

3. 坚决遏制高耗能高排放低水平项目盲目发展

强化对"十四五"工业能源消费量与强度变化趋势研判，制定高耗能行业重点领域能效标杆水平和基准水平，稳妥有序调控部分高耗能高排放产品出口。

三、强化工业节能降碳

2022 年年底，国家发改委总结了 7 个方面的"碳达峰十大行动"进展，强化工业节能降碳取得进展，推动提升能源利用效率。

1. 加大节能技术推广力度

遴选发布 500 余项工业和通信业先进节能技术、装备、产品，组织开展线上线下"节能服务进企业"活动。实施变压器、电机能效提升计划，促进重点用能设备全产业链系统节能。

2. 扎实推进工业节能提效

制订《工业能效提升行动计划》，统筹部署"十四五"工业节能重点任务。深入推进国家工业专项节能监察，组织对 3535 家重点企业开展节能监察，督促企业依法依规用能，对 6800 家企业、园区开展节能诊断服务。2021 年规模以上工业单位增加值能耗下降 5.6%，2022 年上半年下降 4.2%。

3. 打造能效标杆企业

在石化化工、钢铁等 14 个重点行业遴选 43 家能效"领跑者"企业，创建一批国家绿色数据中心，带动行业整体能效水平提升。目前，我国水泥熟料、平板玻璃、电解铝等单位产品综合能耗总体处于世界先进水平。

四、发展循环经济

2022 年年底，国家发改委总结了 7 个方面的"碳达峰十大行动"进展，

发展循环经济取得进展，提高资源综合利用水平。

1. 推进工业固废综合利用

印发《限期淘汰产生严重污染环境的工业固体废物的落后生产工艺设备名录》，积极推广工业资源综合利用先进适用工艺技术设备。

2. 加强资源节约与回收利用

制订《工业水效提升行动计划》，落实《工业废水循环利用实施方案》，推动工业水资源节约集约利用。发布废纸加工行业规范条件，公告 309 家符合废钢铁、废塑料等综合利用行业规范条件的企业名单。

3. 建设动力电池回收利用体系

实施《新能源汽车动力蓄电池梯次利用管理办法》，推进动力电池全生命周期溯源管理，推动设立 1 万余个回收服务网点。

五、推行绿色制造

2022 年年底，国家发改委总结了 7 个方面的"碳达峰十大行动"进展，推行绿色制造取得进展，发挥典型示范引领作用。

1. 建设绿色制造体系

累计推动建设绿色工厂 2783 家、绿色园区 223 家、绿色供应链管理示范企业 296 家，推广超 2 万种绿色产品，打造绿色增长新动能。

2. 加强工业领域电力需求侧管理

组织工业领域电力需求侧管理示范企业（园区）遴选，支持提升电能管理水平和需求侧响应能力，优化电力资源配置。

3. 加快中小企业绿色发展

培育一批节能环保类专精特新"小巨人"企业，有效带动中小企业提升绿色低碳创新能力。

六、突出技术标准

2022 年年底，国家发改委总结了 7 个方面的"碳达峰十大行动"进展，突出技术标准取得进展，夯实降碳基础能力。

1. 支持绿色低碳技术突破

聚焦钢铁、有色金属、建材、石化化工等重点行业，加快工业领域低碳工艺革新，推进绿色低碳技术装备创新突破和改造应用。

2. 建立健全标准体系

编制工业领域碳达峰碳中和标准体系建设指南，规划未来 3～5 年重点标准研制清单。聚焦重点行业下达 110 项碳达峰碳中和行业标准制修订项目计划。

3. 打造公共服务平台

利用财政资金支持重点原材料、重点装备制造业碳达峰碳中和工业数字化碳管理公共服务平台建设，探索构建重点产品碳足迹基础数据库，提升低碳技术服务能力。

七、推动数字赋能

2022 年年底，国家发改委总结了 7 个方面的"碳达峰十大行动"进展，大力推动数字赋能行业绿色发展取得进展。

1. 推动数字化绿色化融合发展

举办第四届"绽放杯"5G 应用征集大赛，支持一批数字化绿色化融合试点示范项目。

2. 支持新型基础设施绿色发展

印发推动数据中心和 5G 等新型基础设施绿色高质量发展有关方案。目前，新建 5G 基站能耗水平比 2019 年商用初期降低 20%，新建铁塔共享率超过 80%。

3. 推进"工业互联网＋绿色低碳"

推动工业互联网平台进园区、进企业，培育一批工业互联网平台创新领航应用案例，为钢铁、石化化工、建材等重点行业提供数字化绿色化转型解决方案。

八、培育低碳产品

2022 年年底，国家发改委总结了 7 个方面的"碳达峰十大行动"进展，培育低碳产品取得进展，助力全社会碳达峰。

1. 积极推广新能源汽车

持续开展中国汽车品牌向上发展专项行动、新能源汽车下乡活动。推进燃料电池汽车示范应用，首批启动北京、上海、广东 3 个城市群示范应用。2022 年新能源汽车下乡，首批发布 28 家企业 70 款下乡车型。2022 年 1—7 月，中国新能源汽车销售完成 319.4 万辆，同比增长 1.2 倍，年销售量连续 7 年位居全球第一。

2. 推进船舶航空领域低碳发展

制定印发《关于加快内河船舶绿色智能发展的实施意见》，推动内河船舶绿色智能技术研发应用和试点示范。支持开展纯电动飞机、混合动力飞机等技术研究，研究民用航空工业应对碳中和目标发展路径。

3. 加大智能光伏产品供给

编制智能光伏产业创新发展行动计划，持续加强光伏制造行业规范管理。2022 年上半年光伏组件产量约 123.6GW，同比增长 54.1%，光伏组件年产量连续 15 年位居全球首位。

4. 推动新型储能电池升级发展

修订发布《锂离子电池行业规范条件（2021 年本）》，促进锂电产业技术进步。制订电化学储能电站安全风险隐患专项整治工作方案，加强储能电池安全供给。

5. 提升建筑用材绿色水平

持续开展绿色建材评价认证，促进绿色建材产业增品种、提品质、创品牌。开展绿色建材下乡活动，批复了浙江等七省（市）成为试点地区，活动得到社会各界广泛关注和积极响应。截至 2022 年 9 月，获得绿色建材认证的 562 家企业 1462 种产品参与下乡活动。

九、加强政策保障

2022 年年底，国家发改委总结了 7 个方面的"碳达峰十大行动"进展，加强政策保障取得进展，多措并举推动绿色低碳发展。

1. 加大资金支持力度

支持重点行业节能降碳技术改造示范，印发《关于加强产融合作推动工业绿色发展的指导意见》，加强与金融机构战略合作，引导金融资源支持工业绿色低碳高质量发展。

2. 强化人才培育

支持建设一批以光伏、新能源、新材料等为特色的现代产业学院，已打造 6 家绿色低碳领域现代产业学院。

3. 推进国际合作

加强多双边沟通，将工业绿色低碳发展纳入重点议题，共同推动全球工业可持续发展。

第七章　城乡建设碳达峰行动

《2030 年前碳达峰行动方案》提出，加快推进城乡建设绿色低碳发展，城市更新和乡村振兴都要落实绿色低碳要求。通过推进城乡建设绿色低碳转型、加快提升建筑能效水平、加快优化建筑用能结构、推进农村建设和用能低碳转型，实施城乡建设碳达峰行动。

第一节　推进城乡建设绿色低碳转型

一、推动城乡建设绿色发展

《关于完整准确全面贯彻新发展理念做好碳达峰碳中和工作的意见》提出，推进城乡建设和管理模式低碳转型。在城乡规划建设管理各环节，全面落实绿色低碳要求。推动城市组团式发展，建设城市生态和通风廊道，提升城市绿化水平。合理规划城镇建筑面积发展目标，严格管控高能耗公共建筑建设。实施工程建设全过程绿色建造，健全建筑拆除管理制度，杜绝大拆大建。

《"十四五"建筑节能与绿色建筑发展规划》提出，聚焦 2030 年前城乡建设领域碳达峰目标，提高建筑能效水平，优化建筑用能结构，合理控制建筑领域能源消费总量和碳排放总量。到 2025 年，城镇新建建筑全面建成绿色建筑，建筑能源利用效率稳步提升，建筑用能结构逐步优化，建筑能耗和碳排放增长趋势得到有效控制，基本形成绿色、低碳、循环的建设发展方式，为城乡建设领域 2030 年前碳达峰奠定坚实基础。到 2025 年，建筑运行一次二次能源消费总量控制在 11.5 亿吨标准煤，城镇新建居住建筑能效水平提升 30%，城镇新建公共建筑能效水平提升 20%。完成既有建筑节能改造面积 3.5 亿平方米以上，建设超低能耗、近零能耗建筑 0.5 亿平方米以上，装配式建筑占当年城镇新建建筑的比例达到 30%，全国新增建筑太阳能光伏装机容量 0.5 亿千瓦以上，地热能建筑应用面积 1 亿平方米以上，城镇建筑可再生能源替代率达到 8%，建筑能耗中电力消费比例超过 55%。

《"十四五"工程勘察设计行业发展规划》提出，全面落实绿色发展理念，推动工程建设领域绿色低碳转型发展，提升建筑绿色低碳设计水平，发挥绿色勘查基础作用，加强低碳关键技术研发和应用。促进工程勘察设计行业绿色发展，助力工程建设绿色产业链的形成和延伸。

《关中平原城市群建设"十四五"实施方案》提出，推动绿色建筑发展。

《城乡建设领域碳达峰实施方案》提出，一是优化城市结构和布局。城市形态、密度、功能布局和建设方式对碳减排具有基础性重要影响。积极开展绿色低碳城市建设，推动组团式发展。加强生态廊道、景观视廊、通风廊道、滨水空间和城市绿道统筹布局，留足城市河湖生态空间和防洪排涝空间。推动城市生态修复，完善城市生态系统。严格控制新建超高层建筑。新城新区合理控制职住比例。合理布局城市快速干线交通、生活性集散交通和绿色慢行交通设施。严格既有建筑拆除管理，不大规模、成片集中拆除现状建筑。盘活存量房屋，减少各类空置房。二是建设绿色低碳住宅。积极发展中小户型普通住宅，限制发展超大户型住宅。合理确定住宅朝向、窗墙比和体形系数，降低住宅能耗。合理布局居住生活空间，充分利用日照和自然通风。推行灵活可变的居住空间设计，减少改造或拆除造成的资源浪费。推动新建住宅全装修交付使用，减少资源消耗和环境污染。积极推广装配化装修，推行整体卫浴和厨房等模块化部品应用技术，实现部品部件可拆改、可循环使用。提高共用设施设备维修养护，提升智能化程度。加强住宅共用部位维护管理，延长住宅使用寿命。三是营造自然紧凑乡村格局。合理布局乡村建设，保护乡村生态环境，减少资源能源消耗。开展绿色低碳村庄建设，提升乡村生态和环境质量。农房和村庄建设选址要安全可靠，顺应地形地貌，保护山水林田湖草沙生态脉络。鼓励新建农房向基础设施完善、自然条件优越、公共服务设施齐全、景观环境优美的村庄聚集，农房群落自然、紧凑、有序。四是构建绿色低碳转型发展模式。构建纵向到底、横向到边、共建共治共享发展模式。建立健全"一年一体检、五年一评估"的城市体检评估制度。建立乡村建设评价机制。推动数字建筑、数字孪生城市建设，加快城乡建设数字化转型。大力发展节能服务产业。

《"十四五"全国城市基础设施建设规划》提出，推动城市绿色低碳发展。构建连续完整的城市生态基础设施体系，统筹推进城市水系建设，推进城市绿地系统建设。

《扩大内需战略规划纲要（2022－2035年）》提出，按照绿色低碳循环理念规划建设城乡基础设施。完善城市生态和通风廊道，提升城市绿化水平。

《关于加强新时代水土保持工作的意见》提出，实施城市更新行动，推进城市水土保持和生态修复，强化山体、山林、水体、湿地保护，保持山水生态的原真性和完整性，推动绿色城市建设。

二、科学确定建设规模

《2030年前碳达峰行动方案》提出，推动城市组团式发展，科学确定建设规模，控制新增建设用地过快增长。

《淮河生态经济带发展规划》提出促进各类城市协调发展，培育区域中心城市，促进城市组团发展，发展中小城市，引导特色小镇和小城镇健康发展。

《上海市建设具有全球影响力的科技创新中心"十四五"规划》提出，开展智能高效的城市规划建设，面向超大城市的大体量、高精度、多元化的建设需求，以先进城市建设理论和人工智能科技赋能传统规划、建造及更新改造技术，显著提升城市建筑和基础设施的建设质量和能效，实现城市功能提升与空间高效利用，成为超大城市智能高效建设典范。

《关于推动城乡建设绿色发展的意见》提出，以自然资源承载能力和生态环境容量为基础，合理确定城市人口、用水、用地规模，合理确定开发建设密度和强度。

《"十四五"推动高质量发展的国家标准体系建设规划》提出，加强城市可持续发展评价领域标准的制定。

《关于加强城市节水工作的指导意见》提出，以水资源承载能力和水生态环境容量为基础，合理确定城市规模、空间结构、开发建设密度和强度，优化城市功能布局。

《"十四五"推动长江经济带发展城乡建设行动方案》提出，合理管控城镇规模和建设密度，加快老旧小区改造和完整居住社区建设，统筹城市、县城、小城镇和乡村的建设管理，形成大中小城市协调发展的城镇体系。

《"十四五"黄河流域生态保护和高质量发展城乡建设行动方案》提出，根据水资源承载能力合理确定沿黄城市规模，推动沿黄城市组团式发展，按照单个城市组团面积不超过50平方千米的标准优化沿黄城市布局，人口密度不超过1万人/平方千米（超大特大城市不超过1.2万人/平方千米，个别地段最高不超过1.5万人/平方千米），主城区人口密度超过1.5万人/平方千米的城市应建设产城融合、职住平衡、生态宜居、交通便利的郊区新城，新建住宅建筑密度控制在 30% 以下，加强山边水边建筑高度、体量等管控，限制新建超高层或超大体量建筑，在实施城市更新行动中防止大拆大建。

《长株潭都市圈发展规划》提出，合理确定城市规模，科学划定城市边界，优化城市功能布局，强化长沙市中心城区空间管控，适当降低中心城区开发强度和人口密度。

《减污降碳协同增效实施方案》提出，优化城镇布局，合理控制城镇建筑总规模，加强建筑拆建管理，多措并举提高绿色建筑比例，推动超低能耗建筑、近零碳建筑规模化发展。

三、建设海绵城市

《2030 年前碳达峰行动方案》提出，倡导绿色低碳规划设计理念，增强城乡气候韧性，建设海绵城市。

《关于支持浦东新区高水平改革开放打造社会主义现代化建设引领区的意见》提出，加强地下空间统筹规划利用，推进海绵城市和综合管廊建设，提升城市气候韧性。

《关于新时代推动中部地区高质量发展的意见》提出，加快补齐市政基础设施和公共服务设施短板，系统化全域化推进海绵城市建设，增强城市防洪排涝功能。

《关于推动城乡建设绿色发展的意见》提出，实施海绵城市建设，完善城市防洪排涝体系，提高城市防灾减灾能力，增强城市韧性。

《"十四五"推动高质量发展的国家标准体系建设规划》提出，完善更新改造及海绵城市建设标准。

《关于加强城市节水工作的指导意见》提出，推进海绵城市建设。有条件的地方积极推进海绵城市建设，加大雨水收集综合利用设施建设力度，通过"渗、滞、蓄、净、用、排"等措施，加强城市吸水、蓄水、净水、释水的能力。城市新区建设和新建项目要落实调蓄空间、雨水径流和竖向管控等要求，增加下沉式绿地、植草沟、人工湿地、砂石地面和自然地面等软性透水地面。老城区改造要以解决易涝易淹点和缓解水资源短缺等问题为导向，结合老旧小区改造、绿地景观、市政道路建设等，因地制宜建设绿色屋顶、旱溪、干湿塘等滞水渗水设施，提高雨水资源就地消纳、就地利用的水平。

《"十四五"推动长江经济带发展城乡建设行动方案》提出，积极推进海绵城市建设。发挥海绵城市建设试点和示范城市的引领作用，上游城市注重保护"山水城"格局，持续推进基础设施补短板；中下游城市注重协调洪涝关系，完善蓄排平衡体系，增强城市防洪排涝能力。实施保护修复山体工程，拓展蓄滞洪空间，实施雨水源头减排工程，打通城市排涝通道，系统实施城市防洪排涝工程，加强竖向设计与管控，高质量建设新区排水防涝设施，完善老城区排水防涝设施，提升沿江设施防洪排涝抗灾能力。到2025年，城市建成区可渗透地面面积比例不宜小于40%，全面消除严重影响生产生活秩序的积水点。

《"十四五"黄河流域生态保护和高质量发展城乡建设行动方案》提出，积极推进黄河流域海绵城市建设工作。黄河流域上游城市重点解决水源涵养和湿陷性黄土问题，中游城市重点解决水资源紧缺、水土流失与水环境保护问题，下游城市重点解决黄河安澜与水安全保障问题。城市老城区统筹推进排水防涝设施建设、城市水环境改善、城市生态修复功能完善、城镇老旧小区改造等工作，各类城市新区、园区、成片开发区全面落实海绵城市建设管控要求，提高可透水地面面积比例。到2025年沿黄城市可渗透地面面积占比达到40%以上。改扩建项目硬化地面率不应大于改造前，加强雨水利用设施建设，将收集的雨水统一纳入城市水资源配置；构建排涝通道，优化排水分区，因地制宜构建雨洪行泄通道。开展城市建成区河道、排洪沟等整治工程，提高行洪排涝能力，提升城市内涝防治水平，到2025年沿黄城市基本形成"源头减排、管网排放、蓄排并举、超标应急"的排水防涝工程体系；加强流域防洪排涝综合治理，加大排水防涝设施改造建设力度，提升排水防涝日常与应急管理水平，统筹考虑城市竖向设计与内涝治理。

《关于进一步明确海绵城市建设工作有关要求的通知》提出，准确把握海绵城市建设内涵，明确海绵城市建设主要目标，突出全域谋划，坚持系统施策，坚持因地制宜，坚持有序实施，合理确定规划目标和指标，合理划分排水分区，实事求是确定技术路线，加强多专业协同，注重多目标融合，全生命周期优化设计，强化建设管控，加强施工管理，做好运行维护，落实主体责任，强化规划管控，科学开展评价，加大宣传引导，鼓励公众参与。

《城乡建设领域碳达峰实施方案》提出，结合城市特点，充分尊重自然，加强城市设施与原有河流、湖泊等生态本底的有效衔接，因地制宜，系统化全域推进海绵城市建设，综合采用"渗、滞、蓄、净、用、排"方式，加大雨水蓄滞与利用，到2030年全国城市建成区平均可渗透面积占比达到45%。

《"十四五"全国城市基础设施建设规划》提出，因地制宜积极推进海绵城市建设。城市新区坚持目标导向，因地制宜合理选用"渗、滞、蓄、净、用、排"等措施，把海绵城市建设理念落实到城市规划建设管理全过程。老旧城区结合城市更新、城市河湖生态治理、城镇老旧小区改造、地下基础设施改造建设、城市防洪排涝设施建设等，以城区内涝积水治理、黑臭水体治理、雨水收集利用等为突破口，推进区域整体治理。

四、推广绿色低碳建材和绿色建造方式

《2030 年前碳达峰行动方案》提出，推广绿色低碳建材和绿色建造方式，加快推进新型建筑工业化，大力发展装配式建筑，推广钢结构住宅，推动建材循环利用，强化绿色设计和绿色施工管理。

《物联网新型基础设施建设三年行动计划（2021—2023 年）》提出，发展智能建造。加快智能传感器、射频识别（RFID）、二维码、近场通信、低功耗广域网等物联网技术在建材部品生产采购运输、BIM 协同设计、智慧工地、智慧运维、智慧建筑等方面的应用。利用物联网技术提升对建造质量、人员安全、绿色施工的智能管理与监管水平。

《关于完整准确全面贯彻新发展理念做好碳达峰碳中和工作的意见》提出，大力发展节能低碳建筑。持续提高新建建筑节能标准，加快推进超低能耗、近零能耗、低碳建筑规模化发展。大力推进城镇既有建筑和市政基础设施节能改造，提升建筑节能低碳水平。逐步开展建筑能耗限额管理，推行建筑能效测评标识，开展建筑领域低碳发展绩效评估。全面推广绿色低碳建材，推动建筑材料循环利用。

《辽宁沿海经济带高质量发展规划》提出，推动城市建设低碳转型，发展绿色建筑，培育钢结构等装配式建筑示范产业基地。

《成渝地区双城经济圈建设规划纲要》提出，共建绿色城市标准化技术支撑平台，完善统一的绿色建筑标准及认证体系，推广装配式建筑、钢结构建筑和新型建材。

《关于推动城乡建设绿色发展的意见》提出，建设高品质绿色建筑。实施建筑领域碳达峰、碳中和行动，推进既有建筑绿色化改造，开展绿色建筑创建行动，推动高质量绿色建筑规模化发展，大力推广超低能耗、近零能耗建筑，发展零碳建筑。实施绿色建筑统一标识制度。

《关于推动城乡建设绿色发展的意见》提出，实现工程建设全过程绿色建造。开展绿色建造示范工程创建行动，推广绿色化、工业化、信息化、集约化、产业化建造方式，加强技术创新和集成，利用新技术实现精细化设计和施工。大力发展装配式建筑，重点推动钢结构装配式住宅建设，不断提升构件标准化水平，推动形成完整产业链，推动智能建造和建筑工业化协同发展。

完善绿色建材产品认证制度，开展绿色建材应用示范工程建设，鼓励使用综合利用产品。加强建筑材料循环利用，促进建筑垃圾减量化，严格施工扬尘管控，采取综合降噪措施管控施工噪声。推动传统建筑业转型升级。

《"十四五"全国清洁生产推行方案》提出，推广使用再生骨料及再生建材，促进建筑垃圾资源化利用。

《关于加快推进竹产业创新发展的意见》提出，全面推进竹材建材化，推动竹纤维复合材料、竹纤维异型材料、定向重组竹集成材、竹缠绕复合材料、竹展平材等新型竹质材料研发生产，逐步推广竹结构建筑和竹质建材。

《"十四五"时期"无废城市"建设工作方案》提出，大力发展节能低碳建筑，全面推广绿色低碳建材，推动建筑材料循环利用。以保障性住房、政策投资或以政府投资为主的公建项目为重点，大力发展装配式建筑，有序提高绿色建筑占新建建筑的比例。推广全装修交付，减少施工现场建筑垃圾的产生。

《促进绿色消费实施方案》提出，加快发展绿色建造。推动绿色建筑、低碳建筑规模化发展，将节能环保要求纳入老旧小区改造。全面推广绿色低碳建材，推动建筑材料循环利用，鼓励有条件的地区开展绿色低碳建材下乡活动。大力发展绿色家装。

《"十四五"建筑业发展规划》提出，推广绿色建造方式。持续深化绿色建造试点工作，提炼可复制推广经验。开展绿色建造示范工程创建行动，提升工程建设集约化水平，实现精细化设计和施工。培育绿色建造创新中心，加快推进关键核心技术攻关及产业化应用。研究建立绿色建造政策、技术、实施体系，出台绿色建造技术导则和计价依据，构建覆盖工程建设全过程的绿色建造标准体系。在政府投资工程和大型公共建筑中全面推行绿色建造。积极推进施工现场建筑垃圾减量化，推动建筑废弃物的高效处理与再利用，探索建立研发、设计、建材和部品部件生产、施工、资源回收再利用等一体化协同的绿色建造产业链。研究制订绿色建筑设计、施工、运行维护标准体系，完善既有建筑绿色改造技术及评价标准，编制超低能耗、近零能耗建筑相关标准。

《关于完善能源绿色低碳转型体制机制和政策措施的意见》提出，积极推广使用绿色建材。

《长江中游城市群发展"十四五"实施方案》提出，推广装配式建筑、钢结构建筑和绿色建材，到2025年城镇新建建筑全面执行绿色建筑标准。

《"十四五"建筑节能与绿色建筑发展规划》提出，推广新型绿色建造方式，实施《装配式住宅设计选型标准》和《钢结构住宅主要构件尺寸指南》《装配式混凝土结构住宅主要构件尺寸指南》《住宅装配化装修主要部品部件尺寸指南》标准化设计和生产体系，推进新型建筑工业化可持续发展；促进绿色建材推广应用，在政府投资工程率先采用绿色建材，显著提高城镇新建建筑中绿色建材应用比例。

《关于进一步释放消费潜力促进消费持续恢复的意见》提出，推动绿色建筑规模化发展，大力发展装配式建筑，积极推广绿色建材，加快建筑节能改造。

《关于推进以县城为重要载体的城镇化建设的意见》提出，大力发展绿色建筑，推广装配式建筑、节能门窗、绿色建材、绿色照明，全面推行绿色施工。

《乡村建设行动实施方案》提出，因地制宜推广装配式钢结构、木竹结构等安全可靠的新型建造方式。

《减污降碳协同增效实施方案》提出，稳步发展装配式建筑，推广使用绿色建材。鼓励在城镇老旧小区改造、农村危房改造、农房抗震改造等过程中同步实施建筑绿色化改造。

《城乡建设领域碳达峰实施方案》提出，推进绿色低碳建造。大力发展装配式建筑，推广钢结构住宅，到2030年装配式建筑占当年城镇新建建筑的比例达到40%。推广智能建造。推广建筑材料工厂化精准加工、精细化管理，到2030年施工现场建筑材料损耗率比2020年下降20%。加强施工现场建筑垃圾管控，到2030年新建建筑施工现场建筑垃圾排放量不高于300吨/万平方米。积极推广节能型施工设备，监控重点设备耗能，对多台同类设备实施群控管理。优先选用获得绿色建材认证标识的建材产品，建立政府工程采购绿色建材机制。到2030年，星级绿色建筑全面推广绿色建材。鼓励有条件的地区使用木竹建材。提高预制构件和部品部件通用性，推广标准化、少规格、多组合设计。

《工业领域碳达峰实施方案》提出，加大城乡建设领域绿色低碳产品供给。将水泥、玻璃、陶瓷、石灰、墙体材料等产品碳排放指标纳入绿色建材标准体系，加快推进绿色建材产品认证。开展绿色建材试点城市创建和绿色建材下乡行动，推广节能玻璃、高性能门窗、新型保温材料、建筑用热轧型钢和耐候钢、新型墙体材料，推动优先选用获得绿色建材认证标识的产品，促进绿色建材与绿色建筑协同发展。推广高效节能的空调、照明器具、电梯等用能设备，扩大太阳能热水器、分布式光伏、空气热泵等清洁能源设备在建筑领域应用。

《扩大内需战略规划纲要（2022－2035年）》提出，大力发展节能低碳建筑。

《"十四五"扩大内需战略实施方案》提出，推广应用绿色建材。

《质量强国建设纲要》提出，大力发展绿色建筑，深入推进可再生能源、资源建筑应用，实现工程建设全过程低碳环保、节能减排。

五、加强县城绿色低碳建设

《2030年前碳达峰行动方案》提出，加强县城绿色低碳建设。

《关于加强县城绿色低碳建设的意见》提出，严守县城建设安全底线，控制县城建设密度和强度，限制县城民用建筑高度，县城建设要与自然环境相协调，大力发展绿色建筑和建筑节能，建设绿色节约型基础设施，加强县城历史文化保护传承，建设绿色低碳交通系统，营造人性化公共环境，推行以街区为单元的统筹建设方式。

《关于完整准确全面贯彻新发展理念做好碳达峰碳中和工作的意见》提出，结合实施乡村建设行动，推进县城和农村绿色低碳发展。

《关于推动城乡建设绿色发展的意见》提出，推进以县城为重要载体的城镇化建设，加强县城绿色低碳建设。

《"十四五"推动高质量发展的国家标准体系建设规划》提出，构建以县城为载体就地城镇化和县域为单元城乡统筹发展的建设标准体系，以及小城镇基础设施和公共服务设施配置标准体系。

《"十四五"节能减排综合工作方案》提出，实施城镇绿色节能改造工程。全面推进城镇绿色规划、绿色建设、绿色运行管理，推动低碳城市、韧性城市、海绵城市、"无废城市"建设。到2025年，城镇新建建筑全面执行绿色建筑标准，城镇清洁取暖比例和绿色高效制冷产品市场占有率大幅提升。

《"十四五"推动长江经济带发展城乡建设行动方案》提出，加强县城人居环境建设。鼓励县城发展星级绿色建筑和装配式建筑，新建建筑落实绿色建筑基本级要求。倡导大分散与小区域集中相结合的基础设施布局方式，因地制宜布置分布式能源、生活垃圾和污水处理等设施。构建县城绿色低碳能源体系，加强配电网、电动汽车充电桩等能源基础设施建设。到2025年，县城新建建筑普遍达到绿色建筑基本级要求，县城生活污水处理能力基本满足需求，生活污水收集效能进一步提升，生活垃圾无害化处理率达到99%。

《"十四五"黄河流域生态保护和高质量发展城乡建设行动方案》提出，加强县城绿色低碳建设。推进县城各类设施提标改造，控制县城建设密度、强度和高度，优化县域基础设施和公共服务设施布局，开展县城绿色低碳试点。

《长株潭都市圈发展规划》提出，推动县城绿色低碳建设，开展马栏山、韶山等近零碳示范区，梅溪湖、洋湖零碳示范区，长沙县碳达峰示范县等试点示范建设。

《关于推进以县城为重要载体的城镇化建设的意见》提出，打造蓝绿生态空间。完善生态绿地系统，依托山水林田湖草等自然基底建设生态绿色廊道，利用周边荒山坡地和污染土地开展国土绿化，建设街心绿地、绿色游憩空间、郊野公园。加强河道、湖泊、滨海地带等湿地生态和水环境修复，合理保持水网密度和水体自然连通。加强黑臭水体治理，对河湖岸线进行生态化改造，恢复和增强水体自净能力。推进生产生活低碳化。推动能源清洁低碳安全高效利用，引导非化石能源消费和分布式能源发展，在有条件的地区推进屋顶分布式光伏发电。推动公共交通工具和物流配送、市政环卫等车辆电动化。推广节能低碳节水用品和环保再生产品，减少一次性消费品和包装用材消耗。

《财政支持做好碳达峰碳中和工作的意见》提出，支持北方采暖地区开展既有城镇居住建筑节能改造。

《城乡建设领域碳达峰实施方案》提出，提升县城绿色低碳水平。开展绿色低碳县城建设，构建集约节约、尺度宜人的县城格局，实现县城与自然环境融合协调。结合实际推行大分散与小区域集中相结合的基础设施分布式布局，建设绿色节约型基础设施。要因地制宜强化县城建设密度与强度管控。

六、建立以绿色低碳为导向的城乡规划建设管理机制

《2030年前碳达峰行动方案》提出，推动建立以绿色低碳为导向的城乡规划建设管理机制，制定建筑拆除管理办法，杜绝大拆大建。

《"十四五"建筑节能与绿色建筑发展规划》提出，完善绿色建筑运行管理制度。加强绿色建筑运行管理，提高绿色建筑设施、设备运行效率，将绿色建筑日常运行要求纳入物业管理内容。

《城乡建设领域碳达峰实施方案》提出，建立完善法律法规和标准计量体系。推动完善城乡建设领域碳达峰相关法律法规，建立健全碳排放管理制度，

明确责任主体。建立完善节能降碳标准计量体系，制定完善绿色建筑、零碳建筑、绿色建造等标准。鼓励具备条件的地区制定高于国家标准的地方工程建设强制性标准和推荐性标准。各地根据碳排放控制目标要求和产业结构情况，合理确定城乡建设领域碳排放控制目标。建立城市、县城、社区、行政村、住宅开发项目绿色低碳指标体系。完善省市公共建筑节能监管平台，推动能源消费数据共享，加强建筑领域计量器具配备和管理。加强城市、县城、乡村等常住人口调查与分析。完善金融财政支持政策。完善支持城乡建设领域碳达峰的相关财政政策，落实税收优惠政策。完善绿色建筑和绿色建材政府采购需求标准，在政府采购领域推广绿色建筑和绿色建材应用。强化绿色金融支持，鼓励银行业金融机构在风险可控和商业自主原则下，创新信贷产品和服务支持城乡建设领域节能降碳。鼓励开发商投保全装修住宅质量保险，强化保险支持，发挥绿色保险产品的风险保障作用。合理开放城镇基础设施投资、建设和运营市场，应用特许经营、政府购买服务等手段吸引社会资本投入。完善差别电价、分时电价和居民阶梯电价政策，加快推进供热计量和按供热量收费。

七、建设绿色城镇、绿色社区

《2030 年前碳达峰行动方案》提出，建设绿色城镇、绿色社区。

《淮河生态经济带发展规划》提出，构建绿色宜居环境，优化城镇生态空间，提升城镇特色品质，创新城镇规划管理。

《绿色社区创建行动方案》提出，建立健全社区人居环境建设和整治机制，推进社区基础设施绿色化，营造社区宜居环境，提高社区信息化智能化水平，培育社区绿色文化，明确了绿色社区 16 项具体创建标准。

《大小兴安岭林区生态保护与经济转型规划（2021—2035 年）》提出，优化城镇绿化美化格局，加快推进拆迁补绿、拆违建绿、拆墙透绿，提升城镇景观效果；积极发展以森林文化、森工文化为主题的自然公园、市民广场、街头绿地、小区游园，注重自然要素与人文要素有机融合，突出差异化和特色化建设，推动城镇森林生态服务均等化进程。

《关于完整准确全面贯彻新发展理念做好碳达峰碳中和工作的意见》提出，加快推进绿色社区建设。

《上海市建设具有全球影响力的科技创新中心"十四五"规划》提出，打造可持续的建筑与基础设施。以建筑—社区—城市基础设施等点面线为载体，构建智慧化的建筑与基础设施信息化运维技术体系，借助数字化手段实现城市运行的精准感知、智能评估、分类响应、快速投放和高效管理，显著提升城市建筑与基础设施的运行质量和使用寿命。

《"十四五"大小兴安岭林区生态保护与经济转型行动方案》提出，建设森林城镇和打造特色林场。优化城镇绿化美化格局，加快推进拆迁补绿、拆违建绿、拆墙透绿，提升城镇景观效果；推动建立生态优良、设施完善、功能齐全、交通顺畅、优美宜居、产业发展的示范林场。

《"十四五"推动长江经济带发展城乡建设行动方案》提出，出台碳普惠总体实施方案，推广上海市低碳发展实践区、低碳社区建设经验，开展绿色社区建设工作。在长三角一体化示范区、国家级新区、绿色生态示范城区，持续推动绿色生态城区创建，探索社区建设碳排放减量化目标、措施和机制，研究完善绿色社区创建标准。到 2025 年，力争 70% 以上的城市社区参与绿色社区创建并达到创建要求。

《"十四五"黄河流域生态保护和高质量发展城乡建设行动方案》提出，推进绿色社区创建，推进居住社区基础设施绿色化改造，到 2022 年沿黄城市绿色社区创建行动取得显著成效，力争 60% 以上的城市社区参与创建行动并达到创建要求。

《"十四五"建筑节能与绿色建筑发展规划》提出，开展绿色低碳城市建设，树立建筑绿色低碳发展标杆。推动开展绿色低碳城区建设，全面提升建筑节能与绿色建筑发展水平。

《长株潭都市圈发展规划》提出，广泛开展绿色社区创建活动，建设碳达峰碳中和培训教育基地。

《城乡建设领域碳达峰实施方案》提出，开展绿色低碳社区建设。推广功能复合的混合街区，倡导居住、商业、无污染产业等混合布局。按照《完整居住社区建设标准（试行）》配建基本公共服务设施、便民商业服务设施、市政配套基础设施和公共活动空间，到 2030 年，地级及以上城市的完整居住社区覆盖率提高到 60% 以上。构建 15 分钟生活圈。推进绿色社区创建行动，60% 的城市社区先行达到创建要求。探索零碳社区建设。鼓励物业服务企业向业主提供居家养老、家政、托幼、健身、购物等生活服务，在步行范围内满足业主基本生活需求。鼓励选用绿色家电产品，减少使用一次性消费品。鼓励"部分空间、部分时间"等绿色低碳用能方式，倡导随手关灯，电视机、空调、电脑等电器不用时关闭插座电源。鼓励选用新能源汽车，推进社区充换电设施建设。

《扩大内需战略规划纲要（2022—2035 年）》提出，推进绿色社区建设。

第二节　加快提升建筑能效水平

一、加快更新相关标准

2021 年 10 月 29 日，《"十四五"全国清洁生产推行方案》提出，持续提高新建建筑节能标准，加快推进超低能耗、近零能耗、低碳建筑规模化发展，推进城镇既有建筑和市政基础设施节能改造。推广可再生能源建筑，推动建筑用能电气化和低碳化。

《"十四五"节能减排综合工作方案》提出，全面提高建筑节能标准，加快发展超低能耗建筑，积极推进既有建筑节能改造、建筑光伏一体化建设。

《成渝地区双城经济圈生态环境保护规划》提出，共建绿色城市标准化技术支撑平台，完善统一的绿色建筑标准及认证体系，推广装配式建筑、钢结构建筑和新型建材，加大对零碳建筑等技术的开发。推进节约型机关、绿色家庭、绿色学校、绿色社区、绿色建筑、绿色酒店、绿色商场等建设。到 2025 年，新建建筑 100% 执行绿色建筑标准。

《关于完善能源绿色低碳转型体制机制和政策措施的意见》提出，提升建筑节能标准，推动超低能耗建筑、低碳建筑规模化发展。

《"十四五"建筑节能与绿色建筑发展规划》提出，加强高品质绿色建筑建设。推进绿色建筑标准实施，加强规划、设计、施工和运行管理。到 2025 年，城镇新建建筑全面执行绿色建筑标准。以《建筑节能与可再生能源利用通用规范》确定的节能指标要求为基线，分阶段、分类型、分气候区提高城镇新建民用建筑节能强制性标准，重点提高建筑门窗等关键部品节能性能要求，实施超低能耗建筑推广工程、高性能门窗推广工程。

《城乡建设领域碳达峰实施方案》提出，全面提高绿色低碳建筑水平。持续开展绿色建筑创建行动，到 2025 年，城镇新建建筑全面执行绿色建筑标准，星级绿色建筑占比达到 30% 以上，新建政府投资公益性公共建筑和大型公共建筑全部达到一星级以上。2030 年前严寒、寒冷地区新建居住建筑本体达到 83% 节能要求，夏热冬冷、夏热冬暖、温和地区新建居住建筑本体达到 75% 节能要求，新建公共建筑本体达到 78% 节能要求。推动低碳建筑规模化发展，鼓励建设零碳建筑和近零能耗建筑。

二、加强节能低碳技术研发和推广

《"十四五"建筑节能与绿色建筑发展规划》提出，聚焦绿色低碳发展需求，构建市场为导向、企业为主体、产学研深度融合的技术创新体系，加强技术攻关，补齐技术短板，注重国际技术合作，促进我国建筑节能与绿色建筑创新发展。

《"十四五"住房和城乡建设科技发展规划》提出，到 2025 年，住房和城乡建设领域科技创新能力大幅提升。城乡建设绿色低碳技术研究，以支撑城乡建设绿色发展和碳达峰碳中和为目标，聚焦能源系统优化、市政基础设施低碳运行、零碳建筑及零碳社区、城市生态空间增汇减碳等重点领域，从城市、县城、乡村、社区、建筑等不同尺度、不同层次加强绿色低碳技术研发，形成绿色、低碳、循环的城乡发展方式和建设模式，重点研发城乡绿色低碳发展理论与测评方法、城市低碳能源系统技术、县域绿色低碳建设技术、市政基础设施低碳运行技术、零碳建筑和零碳社区技术、城市生态空间增汇减碳技术、绿色建造技术、绿色低碳建材、适宜性外墙保温材料。

《"十四五"建筑节能与绿色建筑发展规划》提出，推广成熟可靠的新型绿色建造技术。

《"十四五"工程勘察设计行业发展规划》提出，鼓励绿色低碳关键技术与设备产品研发创新，大力推广超低能耗、近零能耗建筑，发展零碳建筑技术，鼓励绿色建材、低碳技术等在工程建设全生命周期中的应用。

《减污降碳协同增效实施方案》提出，大力发展光伏建筑一体化应用，开展"光储直柔"一体化试点。

《城乡建设领域碳达峰实施方案》提出，推进建筑太阳能光伏一体化建设，到 2025 年，新建公共机构建筑、新建厂房屋顶光伏覆盖率力争达到50％。推动既有公共建筑屋顶加装太阳能光伏系统。加快智能光伏应用推广，在太阳能资源较丰富的地区及有稳定热水需求的建筑中，积极推广太阳能光热建筑应用。因地制宜推进地热能、生物质能应用，推广空气源等各类电动热泵技术。到 2025 年，城镇建筑可再生能源替代率达到 8％。推进城市绿色照明，加强城市照明规划、设计、建设运营全过程管理，控制过度亮化和光污染；到 2030 年，LED 等高效节能灯具使用占比超过 80％，30％以上城市建成照明数字化系统。

三、推进居住建筑和公共建筑节能改造

《关于推动城乡建设绿色发展的意见》提出，建立城市建筑用水、用电、

用气、用热等数据共享机制，提升建筑能耗监测能力，推动区域建筑能效提升，推广合同能源管理、合同节水管理服务模式，降低建筑运行能耗、水耗，大力推动可再生能源应用，鼓励智能光伏与绿色建筑融合创新发展。

《江苏沿海地区发展规划（2021—2025年）》提出，提升新建建筑能效水平，推动既有建筑节能改造。

《"十四五"节能减排综合工作方案》提出，实施绿色高效制冷行动，以建筑中央空调、数据中心、商务产业园区、冷链物流等为重点，更新升级制冷技术、设备，优化负荷供需匹配，大幅提升制冷系统能效水平。实施公共供水管网漏损治理工程。加快公共机构既有建筑围护结构、供热、制冷、照明等设施设备节能改造，鼓励采用能源费用托管等合同能源管理模式。新建和既有停车场要配备电动汽车充电设施或预留充电设施安装条件。推行能耗定额管理，全面开展节约型机关创建行动。

《"十四五"推动长江经济带发展城乡建设行动方案》提出，改善城市能源结构，大力推进太阳能、风能、水能等可再生能源利用，在太阳能资源较丰富的地区及有稳定热水需求的建筑中，积极推广太阳能光热建筑应用，推动新建工业厂房、公共建筑加快应用太阳能，推动城镇既有公共建筑、工业厂房和居住建筑加装太阳能光伏系统，鼓励农房屋顶、院落空地加装太阳能光伏系统，推动建筑用能电气化和低碳化，引导建筑供暖、生活热水、炊事等向电气化发展，开展新建公共建筑全电气化示范，推动智能微电网、"光储直柔"技术应用示范，实现就地生产、就地消纳、余电上网。推进城市绿色照明；全面推动绿色建筑和既有建筑绿色改造，推进既有公共建筑绿色节能改造，鼓励都市圈内的核心城市以及其他有条件的大城市，推广超低能耗、近零能耗建筑，推进新建公共建筑全电气化示范，推动装配式建筑发展，大力发展装配化装修，加大绿色建材应用，推广钢结构住宅。到2025年，城市新建建筑全面执行绿色建筑相关标准，既有公共建筑改造后整体能效水平提升15%以上，长三角、长江中游、成渝、黔中、滇中等城市群装配式建筑占当年城镇新建建筑的比例达到35%以上，其余地区装配式建筑占当年城镇新建建筑的比例达到30%以上；推行工程建设全过程的绿色建造，开展绿色建造示范工程，推广绿色化、工业化、信息化、集约化、产业化建筑方式，建立建筑材料循环利用管理办法，加强建筑全生命周期管理，制订碳减排方案。

《"十四五"黄河流域生态保护和高质量发展城乡建设行动方案》提出，因地制宜推广装配式钢结构等新型建造方式，建设一批现代宜居农房。

《关于完善能源绿色低碳转型体制机制和政策措施的意见》提出，推进和支持既有建筑节能改造。完善建筑可再生能源应用标准，鼓励光伏建筑一体化应用，支持利用太阳能、地热能和生物质能等建设可再生能源建筑供能系统。

《"十四五"建筑节能与绿色建筑发展规划》提出，加强既有建筑节能绿色改造。提高既有居住建筑节能水平，推动既有公共建筑节能绿色化改造。力争到 2025 年，全国完成既有居住建筑节能改造面积超过 1 亿平方米。"十四五"期间，累计完成既有公共建筑节能改造 2.5 亿平方米以上。

《西安都市圈发展规划》提出，推动绿色建筑发展，加快推进既有建筑节能改造，对城镇新建建筑全面执行绿色建筑标准。

《关于促进新时代新能源高质量发展的实施方案》提出，推动太阳能与建筑深度融合发展。完善光伏建筑一体化应用技术体系，壮大光伏电力生产型消费者群体。到 2025 年，公共机构新建建筑屋顶光伏覆盖率力争达到 50%；鼓励公共机构既有建筑等安装光伏或太阳能热利用设施。

《城乡建设领域碳达峰实施方案》提出，加强节能改造鉴定评估，编制改造专项规划，对具备改造价值和条件的居住建筑要应改尽改，改造部分节能水平应达到现行标准规定。持续推进公共建筑能效，提升重点城市建设，到 2030 年，地级以上重点城市全部完成改造任务，改造后实现整体能效提升 20% 以上。推进公共建筑能耗监测和统计分析，逐步实施能耗限额管理。加强空调、照明、电梯等重点用能设备运行调适，提升设备能效，到 2030 年，实现公共建筑机电系统的总体能效在现有水平上提升 10%。

《"十四五"全国城市基础设施建设规划》提出，开展城市韧性电网和智慧电网建设。推进分布式可再生能源和建筑一体化利用，有序推进主动配电网、微电网、交直流混合电网应用，提高分布式电源与配电网协调能力，因地制宜推动城市分布式光伏发展，发展能源互联网。

四、提升城镇建筑和基础设施运行管理智能化水平

《关于推动城乡建设绿色发展的意见》提出，提高城乡基础设施体系化水平。提高基础设施绿色、智能、协同、安全水平。加强公交优先、绿色出行的城市街区建设，合理布局和建设城市公交专用道、公交场站、车船用加气加注站、电动汽车充换电站，加快发展智能网联汽车、新能源汽车、智慧停车及无障碍基础设施，强化城市轨道交通与其他交通方式衔接。

《关于加快推进城镇环境基础设施建设的指导意见》提出，推动环境基础设施体系统筹规划，强化设施协同高效衔接，着力构建一体化城镇环境基础

设施；推进数字化融合，提升绿色底色，推动智能绿色升级。

《"十四五"建筑节能与绿色建筑发展规划》提出，鼓励建设绿色建筑智能化运行管理平台，充分利用现代信息技术，实现建筑能耗和资源消耗、室内空气品质等指标的实时监测与统计分析。

《城乡建设领域碳达峰实施方案》提出，实施 30 年以上老旧供热管网更新改造工程，加强供热管网保温材料更换，推进供热场站、管网智能化改造，到 2030 年，城市供热管网热损失比 2020 年下降 5 个百分点。

第三节 加快优化建筑用能结构

一、深化可再生能源建筑应用

《关于完整准确全面贯彻新发展理念做好碳达峰碳中和工作的意见》提出，深化可再生能源建筑应用，加快推动建筑用能电气化和低碳化。开展建筑屋顶光伏行动，大幅提高建筑采暖、生活热水、炊事等电气化普及率。在北方城镇加快推进热电联产集中供暖，加快工业余热供暖规模化发展，积极稳妥推进核电余热供暖，因地制宜推进热泵、燃气、生物质能、地热能等清洁低碳供暖。

《"十四五"建筑节能与绿色建筑发展规划》提出，推动可再生能源应用。推动太阳能建筑应用，加强地热能等可再生能源的利用，加强可再生能源项目建设管理。积极推广太阳能光伏在城乡建筑及市政公用设施中分布式、一体化应用。

二、推动清洁取暖、集中供暖和工业余热应用

《"十四五"节能减排综合工作方案》提出，因地制宜推动北方地区清洁取暖，加快工业余热、可再生能源等在城镇供热中的规模化应用。

《"十四五"黄河流域生态保护和高质量发展城乡建设行动方案》提出，持续推进城镇清洁取暖改造。扩展黄河流域冬季清洁取暖建设和改造范围。到 2025 年底，沿黄青海、宁夏、陕西、山西、内蒙古、甘肃等上游和中游北方地区城镇清洁取暖率达到 80% 以上，下游地区达到 85% 以上；完善城市供热体系，2025 年，沿黄城市供热管网热损失率较 2020 年降低 2.5%，确保城镇新建建筑节能标准执行率达到 100%。

《"十四五"建筑节能与绿色建筑发展规划》提出，推进区域建筑能源协同。推动建筑用能与能源供应、输配响应互动，提升建筑用能链条整体效率。开展城市低品位余热综合利用试点示范，统筹调配热电联产余热、工业余热、核电余热、城市中垃圾焚烧与再生水余热及数据中心余热等资源，满足城市及周边地区建筑新增供热需求。开展区域建筑虚拟电厂建设试点。

《西安都市圈发展规划》提出，联合推进冬季清洁取暖改造，人口密集区逐步实现集中供暖，农村平原地区生活和冬季取暖散煤逐步实现替代。

《"十四五"国民健康规划》提出，持续推进北方地区城市清洁取暖，加强农村生活和冬季取暖散煤替代。

《科技支撑碳达峰碳中和实施方案（2022—2030年)》提出，建设长距离工业余热低碳集中供热示范工程，在北方沿海地区建设核电余热水热同输供热示范工程。

《城乡建设领域碳达峰实施方案》提出，推动建筑热源端低碳化，综合利用热电联产余热、工业余热、核电余热，根据各地实际情况应用尽用。充分发挥城市热电供热能力，提高城市热电生物质耦合能力。引导寒冷地区达到超低能耗的建筑不再采用市政集中供暖。

《"十四五"全国城市基础设施建设规划》提出，开展城市集中供热系统清洁化建设和改造。加强清洁热源和配套供热管网建设和改造，发展新能源、可再生能源等低碳能源，大力发展热电联产，因地制宜推进工业余热、天然气、电力和可再生能源供暖，支撑城镇供热低碳转型。

《重污染天气消除攻坚行动方案》提出，着力整合供热资源，加快供热区域热网互联互通，充分释放燃煤电厂、工业余热等供热能力。

《关于加强县级地区生活垃圾焚烧处理设施建设的指导意见》提出，加强垃圾焚烧项目与已布局的工业园区供热、市政供暖、农业用热等衔接联动，丰富余热利用途径，降低设施运营成本。有条件的地区要优先利用生活垃圾和农林废弃物替代化石能源供热供暖。

三、采用清洁高效取暖方式

《关于深入打好污染防治攻坚战的意见》提出，有序扩大清洁取暖试点城市范围，稳步提升北方地区清洁取暖水平。

《促进绿色消费实施方案》提出，因地制宜推进清洁取暖设施建设改造。

《财政支持做好碳达峰碳中和工作的意见》提出，扩大北方地区冬季清洁取暖支持范围，鼓励因地制宜采用清洁能源供暖供热。

《减污降碳协同增效实施方案》提出，持续推进北方地区冬季清洁取暖。

《黄河流域生态环境保护规划》提出，扎实稳妥推进冬季清洁取暖改造。实施陕西关中地区散煤治理与清洁能源替代工程、沿黄河地区集中供热工程。依托北方地区清洁采暖工作，深入推进黄河流域城市建筑用能清洁替代和可再生能源在建筑领域的大规模应用。

《减污降碳协同增效实施方案》提出，推动北方地区建筑节能绿色改造与清洁取暖同步实施，优先支持大气污染防治重点区域利用太阳能、地热、生物质能等可再生能源满足建筑供热、制冷及生活热水等用能需求。

《"十四五"新型城镇化实施方案》提出，锚定碳达峰碳中和目标，推动能源清洁低碳安全高效利用，有序引导非化石能源消费和以电代煤、以气代煤，发展屋顶光伏等分布式能源，因地制宜推广热电联产、余热供暖、热泵等多种清洁供暖方式。

《"十四五"全国城市基础设施建设规划》提出，积极推进实现北方地区冬季清洁取暖规划目标，开展清洁取暖绩效评价，加强城市清洁取暖试点经验推广。

《重污染天气消除攻坚行动方案》提出，宜电则电、宜气则气、宜煤则煤、宜热则热，因地制宜稳妥推进北方地区清洁取暖。

四、提高建筑终端电气化水平

《"十四五"建筑节能与绿色建筑发展规划》提出，实施建筑电气化工程。充分发挥电力在建筑终端消费清洁性、可获得性、便利性等优势，建立以电力消费为核心的建筑能源消费体系。开展建筑用能电力替代行动，"十四五"期间积极开展新型建筑电力系统建设试点。

《"十四五"现代能源体系规划》提出，提升终端用能低碳化电气化水平。因地制宜推广空气源热泵、水源热泵、蓄热电锅炉等新型电采暖设备。推广商用电炊具、智能家电等设施，提高餐饮服务业、居民生活等终端用能领域电气化水平。

《城乡建设领域碳达峰实施方案》提出，引导建筑供暖、生活热水、炊事等向电气化发展，到2030年建筑用电占建筑能耗比例超过65%。推动开展新建公共建筑全面电气化，到2030年电气化比例达到20%。推广热泵热水器、高效电炉灶等替代燃气产品，推动高效直流电器与设备应用。推动智能微电网、"光储直柔"、蓄冷蓄热、负荷灵活调节、虚拟电厂等技术应用，优先消纳可再生能源电力，主动参与电力需求侧响应。探索建筑用电设备智能群控技术，在满足用电需求前提下，合理调配用电负荷，实现电力少增容、不增容。根据既有能源基础设施和经济承受能力，因地制宜探索氢燃料电池分布式热电联供。

第四节　推进农村建设和用能低碳转型

一、推进绿色农房建设

《关于完整准确全面贯彻新发展理念做好碳达峰碳中和工作的意见》提出，发展绿色农房。

《关于推动城乡建设绿色发展的意见》提出，提高农房设计和建造水平，建设满足乡村生产生活实际需要的新型农房，完善水、电、气、厕配套附属设施，加强既有农房节能改造，鼓励建设绿色农房。

《"十四五"节能减排综合工作方案》提出，推进农房节能改造和绿色农房建设。

《促进绿色消费实施方案》提出，推进农房节能改造和绿色农房建设。

《"十四五"建筑节能与绿色建筑发展规划》提出，开展绿色农房建设试点。

《财政支持做好碳达峰碳中和工作的意见》提出，支持农房节能改造。

《城乡建设领域碳达峰实施方案》提出，推进绿色低碳农房建设。提升农房绿色低碳设计建造水平，提高农房能效水平，到2030年，建成一批绿色农房，鼓励建设星级绿色农房和零碳农房。按照结构安全、功能完善、节能降碳等要求，制定和完善农房建设相关标准。引导新建农房执行《农村居住建筑节能设计标准》等相关标准，完善农房节能措施，因地制宜推广太阳能暖房等可再生能源利用方式。推广使用高能效照明、灶具等设施设备。鼓励就地取材和利用乡土材料，推广使用绿色建材，鼓励选用装配式钢结构、木结构等建造方式。在北方地区冬季清洁取暖项目中积极推进农房节能改造，提高常住房间舒适性，改造后实现整体能效提升30%以上。

《"十四五"扩大内需战略实施方案》提出，发展安全坚固、功能现代、成本经济、风貌乡土、绿色低碳的新型农房，继续做好农村清洁供暖改造、危房改造，推进绿色建材下乡。

二、推进农村地区清洁取暖

《汉江生态经济带发展规划》提出，全面加强城中村、城乡接合部和农村地区散煤治理。

《关于全面推进乡村振兴加快农业农村现代化的意见》提出，加强煤炭清洁化利用。

《促进绿色消费实施方案》提出，持续推进农村地区清洁取暖，提升农村用能电气化水平，加快生物质能、太阳能等可再生能源在农村生活中的应用。

《"十四五"现代能源体系规划》提出，加强乡村清洁能源保障。坚持因地制宜推进北方地区农村冬季清洁取暖，加大电、气、生物质锅炉等清洁供暖方式推广应用力度，在分散供暖的农村地区，就地取材推广户用生物成型燃料炉具供暖。

《农业农村减排固碳实施方案》提出，推广生物质成型燃料、打捆直燃、热解炭气联产等技术，配套清洁炉具和生物质锅炉，助力农村地区清洁取暖。

《乡村建设行动实施方案》提出，稳妥有序推进北方农村地区清洁取暖，加强煤炭清洁化利用，推进散煤替代，逐步提高清洁能源在农村取暖用能中的比重。

《城乡建设领域碳达峰实施方案》提出，大力推进北方地区农村清洁取暖。

《"十四五"全国城市基础设施建设规划》提出，推动农宅清洁取暖改造。

三、发展节能低碳农业大棚

《"十四五"节能减排综合工作方案》提出，发展节能农业大棚。

《农业农村减排固碳实施方案》提出，推广太阳能热水器、太阳能灯、太阳房，利用农业设施棚顶、鱼塘等发展光伏农业。

四、推广节能环保设备和机械

《减污降碳协同增效实施方案》提出，推进渔船渔机节能减排，加快老旧农机报废更新力度，推广先进适用的低碳节能农机装备。

《农业农村减排固碳实施方案》提出，加快老旧农机报废更新力度，推广先进适用的低碳节能农机装备，降低化石能源消耗和二氧化碳排放；推广新能源技术，优化农机装备结构，加快绿色、智能、复式、高效农机化技术装备普及应用；推进渔业设施和渔船装备节能改造，大力发展水产低碳养殖，推广节能养殖机械；淘汰老旧木质渔船，鼓励建造玻璃钢等新材料渔船，推动渔船节能装备配置和升级换代；以粮食和重要农产品生产所需农机为重点，推进节能减排，实施更为严格的农机排放标准；因地制宜发展复式、高效农机装备和电动农机装备，提供高效便捷的农机作业服务，降低能源消耗；加快侧深施肥、精准施药、节水灌溉、高性能免耕播种等机械装备推广应用，大力示范推广节种节水节能节肥节药的农机化技术；加大能耗高、排放高、损失大、安全性能低的老旧农机淘汰力度。

《"十四五"扩大内需战略实施方案》提出，加强大中型、智能化、复合型农业机械研发应用。

五、加快可再生能源应用

《关于新时代推动中部地区高质量发展的意见》提出，因地制宜发展绿色小水电、分布式光伏发电，支持山西煤层气、鄂西页岩气开发转化，加快农村能源服务体系建设。

《"十四五"可再生能源发展规划》提出，扩大乡村可再生能源综合利用。加快构建以可再生能源为基础的乡村清洁能源利用体系，持续推进农村电网巩固提升，提升乡村可再生能源普遍服务水平。开展乡村能源站行动、农村电网巩固提升行动、村镇新能源微能网示范。

《"十四五"节能减排综合工作方案》提出，加快风能、太阳能、生物质能等可再生能源在农业生产和农村生活中的应用，有序推进农村清洁取暖。

《长江中游城市群发展"十四五"实施方案》提出，促进农村可再生能源充分开发和就地消纳。

《农业农村减排固碳实施方案》提出，以清洁低碳转型为重点，大力推进农村可再生能源开发利用。因地制宜发展农村沼气，鼓励有条件地区建设规模化沼气/生物天然气工程，推进沼气集中供气供热、发电上网，及生物天然气车用或并入燃气管网等应用，替代化石能源。推广生物质成型燃料、打捆直燃、热解炭气联产等技术，配套清洁炉具和生物质锅炉，助力农村地区清洁取暖。推广太阳能热水器、太阳能灯、太阳房，利用农业设施棚顶、鱼塘等发展光伏农业。

《关于促进新时代新能源高质量发展的实施方案》提出，促进新能源开发利用与乡村振兴融合发展。鼓励地方政府加大力度支持农民利用自有建筑屋顶建设户用光伏，积极推进乡村分散式风电开发。培育农村能源合作社等新型市场主体，鼓励村集体依法参与新能源项目开发。鼓励金融机构为农民投资新能源项目提供创新产品和服务。

《城乡建设领域碳达峰实施方案》提出，推广应用可再生能源。推进太阳能、地热能、空气热能、生物质能等可再生能源在乡村供气、供暖、供电等方面的应用。大力推动农房屋顶、院落空地、农业设施加装太阳能光伏系统。推动乡村进一步提高电气化水平，鼓励炊事、供暖、照明、交通、热水等用能电气化。充分利用太阳能光热系统提供生活热水，鼓励使用太阳能灶等设备。

六、提升农村用能电气化水平

《"十四五"推进农业农村现代化规划》提出，实施农村电网巩固提升工程，提高电能在农村能源消费中的比重。因地制宜推动农村地区光伏、风电发展，推进农村生物质能源多元化利用，加快构建以可再生能源为基础的农村清洁能源利用体系。

第八章 交通运输绿色低碳行动

《2030 年前碳达峰行动方案》提出，加快形成绿色低碳运输方式，确保交通运输领域碳排放增长保持在合理区间。通过推动运输工具装备低碳转型、构建绿色高效交通运输体系、加快绿色交通基础设施建设，实施交通运输绿色低碳行动。

第一节 推动运输工具装备低碳转型

一、扩大新能源、清洁能源的应用

《2030 年前碳达峰行动方案》提出，积极扩大电力、氢能、天然气、先进生物液体燃料等新能源、清洁能源在交通运输领域应用。到 2030 年，当年新增新能源、清洁能源动力的交通工具比例达到 40% 左右，营运交通工具单位换算周转量碳排放强度比 2020 年下降 9.5% 左右，国家铁路单位换算周转量综合能耗比 2020 年下降 10%。陆路交通运输石油消费力争 2030 年前达到峰值。

《成渝地区双城经济圈综合交通运输发展规划》提出，加强充电、加气、加氢基础设施建设，加快新能源和清洁能源汽车、船舶推广应用。

《关于完整准确全面贯彻新发展理念做好碳达峰碳中和工作的意见》提出，加快发展新能源和清洁能源车船，推广智能交通，推进铁路电气化改造，推动加氢站建设，促进船舶靠港使用岸电常态化。

《绿色交通"十四五"发展规划》提出，新能源和清洁能源应用比例显著提升，全国城市公交、出租汽车（含网约车）、城市物流配送领域，新能源汽车占比分别为 72%、35%、20%，国际集装箱枢纽海港新能源清洁能源集卡占比为 60%。推进港口、大型工矿企业大宗货物主要采用铁路、水运、封闭式皮带廊道、新能源和清洁能源汽车等绿色运输方式。加快新能源和清洁能源运输装备推广应用，加快推进城市公交、出租、物流配送等领域新能源汽车推广应用，鼓励开展氢燃料电池汽车试点应用，推进新增和更换港口作业机械、港内车辆和拖轮、货运场站作业车辆等优先使用新能源和清洁能源，推动公路服务区、客运枢纽等区域充（换）电设施建设，因地制宜推进公路沿线、服务区等适宜区域合理布局光伏发电设施，深入推进内河 LNG 动力船舶的推广应用，支持沿海及远洋 LNG 动力船舶发展，因地制宜推动纯电动旅游客船应用，积极探索油电混合、氢燃料、氨燃料、甲醇动力船舶应用。开展电动货车和氢燃料电池车辆的推广行动。

《"十四五"全国清洁生产推行方案》提出，加大新能源和清洁能源在交通运输领域的应用力度，加快内河船舶绿色升级，以饮用水水源地周边水域为重点，推动使用液化天然气动力、纯电动等新能源和清洁能源船舶。

《综合运输服务"十四五"发展规划》提出，大力发展清洁化运输装备，促进交通能源动力系统清洁化、低碳化、高效化发展，优化交通能源结构。

《"十四五"节能减排综合工作方案》提出，提高城市公交、出租、物流、环卫清扫等车辆使用新能源汽车的比例。公共机构率先淘汰老旧车，率先采购使用节能和新能源汽车。

《"十四五"重点流域水环境综合治理规划》提出，培育壮大清洁能源产业。

《关于完善能源绿色低碳转型体制机制和政策措施的意见》提出，推进交通运输绿色低碳转型，优化交通运输结构，推行绿色低碳交通设施装备。推行大容量电气化公共交通和电动、氢能、先进生物液体燃料、天然气等清洁能源交通工具，完善充换电、加氢、加气（LNG）站点布局及服务设施，降低交通运输领域清洁能源用能成本。

《成渝地区双城经济圈生态环境保护规划》提出，持续淘汰老旧车辆，加快新能源和清洁能源汽车、船舶的推广应用。

《长株潭都市圈发展规划》提出，加快绿色交通体系建设，推进老旧柴油车淘汰，加快推广清洁能源和新能源汽车。

《柴油货车污染治理攻坚行动方案》提出，推进传统汽车清洁化。

二、大力推广新能源汽车

《2030 年前碳达峰行动方案》提出，大力推广新能源汽车，逐步降低传统燃油汽车在新车产销和汽车保有量中的占比，推动城市公共服务车辆电动化替代，推广电力、氢燃料、液化天然气动力重型货运车辆。

《关于支持海南全面深化改革开放的指导意见》提出，加快推广新能源汽车和节能环保汽车，在海南岛逐步禁止销售燃油汽车。

《绿色出行创建行动方案》提出，新能源和清洁能源车辆规模应用。重点区域新能源和清洁能源公交车占所有公交车比例不低于 60%，其他区域新能源和清洁能源公交车占所有公交车比例不低于 50%。新增和更新公共汽电车中新能源和清洁能源车辆比例分别不低于 80%。空调公交车、无障碍公交车比例稳步提升，依法淘汰高耗能、高排放车辆。

《新能源汽车产业发展规划（2021—2035 年）》提出，提高技术创新能力，通过强化整车集成技术创新，提升产业基础能力，深化"三纵三横"研发布局，加快建设共性技术创新平台，提升行业公共服务能力；构建新型产业生态，支持生态主导型企业发展，通过加快车用操作系统的开发应用推动动力电池全价值链发展，促进关键系统创新应用，提升智能制造水平，通过推进质量品牌建设，健全安全保障体系，强化质量安全保障；推动产业融合发展，通过加强新能源汽车与电网（V2G）能量互动，促进新能源汽车与可再生能源高效协同，推动新能源汽车与能源融合发展，通过发展一体化智慧出行服务，构建智能绿色物流运输体系，推动新能源汽车与交通融合发展，通过推进以数据为纽带的"人—车—路—云"高效协同，打造网络安全保障体系，推动新能源汽车与信息通信融合发展，加强标准对接与数据共享；完善基础设施体系，通过加快充换电基础设施建设，提升充电基础设施服务水平，鼓励商业模式创新，大力推动充换电网络建设，协调推动智能路网设施建设，通过提高氢燃料制储运经济性，推进加氢基础设施建设，有序推进氢燃料供给体系建设。

《江苏沿海地区发展规划（2021—2025 年)》提出，持续优化调整运输结构，深化国家公交都市建设和绿色出行城市创建，优先发展城市公共交通，大力发展城市绿色货运配送，推广新能源汽车应用。

《促进绿色消费实施方案》提出，大力推广新能源汽车。推动国家机关、事业单位、团体组织类公共机构率先采购使用新能源汽车，新建和既有停车场配备电动汽车充电设施或预留充电设施安装条件。

《"十四五"现代能源体系规划》提出，积极推动新能源汽车在城市公交等领域的应用，到 2025 年，新能源汽车新车销量占比达到 20% 左右。优化充电基础设施布局，全面推动车桩协同发展，推进电动汽车与智能电网间的能量和信息双向互动，开展光、储、充、换相结合的新型充换电场站试点示范。

《关于推进共建"一带一路"绿色发展的意见》提出，推广新能源和清洁能源车船等节能低碳型交通工具，推广智能交通中国方案。

《关于进一步释放消费潜力促进消费持续恢复的意见》提出，支持新能源汽车加快发展。

《财政支持做好碳达峰碳中和工作的意见》提出，大力支持发展新能源汽车，完善充换电基础设施支持政策，稳妥推动燃料电池汽车示范应用工作。

《减污降碳协同增效实施方案》提出，加快新能源车发展，逐步推动公共领域用车电动化，有序推动老旧车辆替换为新能源车辆和非道路移动机械使用新能源清洁能源动力，探索开展中重型电动、燃料电池货车示范应用和商业化运营。到 2030 年，大气污染防治重点区域新能源汽车新车销售量达到汽车新车销售量的 50% 左右。

《黄河流域生态环境保护规划》提出，逐步提高城市电动车比例，大气污染防治重点区域的公共领域每年新增或更新公交、出租、物流配送等车辆中新能源汽车比例不低于 80%。

《"十四五"新型城镇化实施方案》提出，推动公共服务车辆电动化替代，到 2025 年城市新能源公交车辆占比提高到 72%。

《工业领域碳达峰实施方案》提出，大力推广节能与新能源汽车，强化整车集成技术创新，提高新能源汽车产业集中度。提高城市公交、出租汽车、邮政快递、环卫、城市物流配送等领域新能源汽车比例，提升新能源汽车个人消费比例。开展电动重卡、氢燃料汽车研发及示范应用。加快充电桩建设及换电模式创新，构建便利高效适度超前的充电网络体系。到 2030 年，当年新增新能源、清洁能源动力的交通工具比例达到 40% 左右，乘用车和商用车新车二氧化碳排放强度分别比 2020 年下降 25% 和 20% 以上。

《柴油货车污染治理攻坚行动方案》提出，加快推动机动车新能源化发展。以公共领域用车为重点推进新能源化，重点区域和国家生态文明试验区新增或更新公交、出租、物流配送、轻型环卫等车辆中新能源汽车比例不低于 80%。推广零排放重型货车，有序开展中重型货车氢燃料等示范和商业化运营，京津冀、长三角、珠三角研究开展零排放货车通道试点。

《"十四五"扩大内需战略实施方案》提出，大力推广新能源汽车，加快推动城市公交、出租、物流、环卫等公共领域车辆和公务用车电动化。

三、提升铁路系统电气化水平

《2030 年前碳达峰行动方案》提出，提升铁路系统电气化水平。

《黄河流域生态环境保护规划》提出，推进铁路的电气化水平。

《"十四五"节能减排综合工作方案》提出，提升铁路电气化水平，推广低能耗运输装备，推动实施铁路内燃机车国一排放标准。

四、加快老旧船舶更新改造

《2030年前碳达峰行动方案》提出，加快老旧船舶更新改造，发展电动、液化天然气动力船舶，深入推进船舶靠港使用岸电，因地制宜开展沿海、内河绿色智能船舶示范应用。

《成渝地区双城经济圈综合交通运输发展规划》《成渝地区双城经济圈生态环境保护规划》提出，加快推进船舶靠港使用岸电。

《绿色交通"十四五"发展规划》提出，到2025年，长江经济带港口和水上服务区当年使用岸电电量较2020年增长100%。促进岸电设施常态化使用。

《江苏沿海地区发展规划（2021—2025年)》提出，推进船舶靠港使用岸电。

《"十四五"节能减排综合工作方案》提出，加强船舶清洁能源动力推广应用，推动船舶岸电受电设施改造。

《长江中游城市群发展"十四五"实施方案》提出，加快推进船舶靠港使用岸电，推动新能源清洁能源动力船舶发展。

《"十四五"时期深化价格机制改革行动方案》提出，实施支持性电价政策，降低岸电使用服务费，推动长江经济带沿线港口全面使用岸电。

《减污降碳协同增效实施方案》提出，加快淘汰老旧船舶，推动新能源、清洁能源动力船舶应用，加快港口供电设施建设，推动船舶靠港使用岸电。

《黄河流域生态环境保护规划》提出，推进航运的电气化水平。

《工业领域碳达峰实施方案》提出，大力发展绿色智能船舶，加强船用混合动力、LNG动力、电池动力、氨燃料、氢燃料等低碳清洁能源装备研发，推动内河、沿海老旧船舶更新改造，加快新一代绿色智能船舶研制及示范应用。

《深入打好长江保护修复攻坚战行动方案》提出，加快船舶受电设施改造，同步推进码头岸电设施改造，提高港船岸电设施匹配度，进一步降低岸电使用成本，稳步提高船舶靠港岸电使用量。

《关于加快内河船舶绿色智能发展的实施意见》提出，积极稳妥发展LNG动力船舶，加快发展电池动力船舶，推动甲醇和氢等动力技术应用，优先发展绿色动力技术；加快先进适用安全环保智能技术应用，推动新一代智能航行船舶技术研发应用，加快推进智能技术研发应用；加强绿色智能船舶标准化设计，推动内河船舶制造转型升级，构建绿色智能船舶新型产业链，提升绿色智能船舶产业水平；完善绿色智能船舶运营配套设施，推动绿色智能船舶商业模式创新，加强和改进船舶运营管理，强化安全质量管理，建立健全绿色智能船舶产业生态。到 2025 年，内河船舶绿色化、智能化、标准化发展取得显著成效，建立较为完善的产业链供应链；到 2030 年，内河船舶绿色智能技术全面推广应用，初步建立内河船舶现代产业体系。

《柴油货车污染治理攻坚行动方案》提出，推动港口船舶绿色发展。提高轮渡船、短途旅游船、港作船等使用新能源和清洁能源的比例，研究推动长江干线船舶电动化示范。依法淘汰高耗能高排放老旧船舶，鼓励具备条件的可采用对发动机升级改造（包括更换）或加装船舶尾气处理装置等方式进行深度治理。协同推进船舶受电设施和港口岸电设施改造，提高船舶靠港岸电使用率。

《"十四五"扩大内需战略实施方案》提出，大力推广新能源、清洁能源船舶，加快沿海、内河老旧船舶更新改造。

五、提升机场运行电动化智能化水平

《2030 年前碳达峰行动方案》提出，提升机场运行电动化智能化水平，发展新能源航空器。

《成渝地区双城经济圈综合交通运输发展规划》提出，加快推动机场场内通勤、摆渡、牵引等地勤电动车更新替代，全面建成辅助动力装置（APU）岸电替代。

《"十四五"民航绿色发展专项规划》提出，加强机场用电精细化管理，支持采用先进光伏、储能等新技术建设机场区域智能微电网，提高电力柔性负荷，稳步提升机场清洁能源自给、存储和消纳能力。加强人工智能、5G 等新技术应用，促进无纸化出行效率和便捷度提升，减少资源能源消耗。

《成渝地区双城经济圈生态环境保护规划》提出，加快机场场内新能源车辆替代。

第二节　构建绿色高效交通运输体系

一、发展智能交通

《2030 年前碳达峰行动方案》提出，发展智能交通，推动不同运输方式合理分工、有效衔接，降低空载率和不合理客货运周转量。

《交通强国建设纲要》提出，推动大数据、互联网、人工智能、区块链、超级计算等新技术与交通行业深度融合。推进数据资源赋能交通发展，加速交通基础设施网、运输服务网、能源网与信息网络融合发展，构建泛在先进的交通信息基础设施。构建综合交通大数据中心体系，深化交通公共服务和电子政务发展。推进北斗卫星导航系统应用。

《国家综合立体交通网规划纲要》提出，推进智慧发展。提升智慧发展水平，加快提升交通运输科技创新能力，推进交通基础设施数字化、网联化。加快既有设施智能化，利用新技术赋能交通基础设施发展，加强既有交通基础设施提质升级。

《长江三角洲地区多层次轨道交通规划》提出，加快智能化变革。加强新一代信息技术在轨道交通领域应用推广，加快5G、物联网、云计算、人工智能、区块链、大数据、北斗通信等技术与轨道交通深度融合发展，推动基础设施与运输工具的数字化、网络化，提升运营调度、运行控制智能化水平。实施既有轨道交通基础设施、管理控制系统的智能化升级，拓展手机等终端应用，推动运输组织方式和服务模式创新。

《成渝地区双城经济圈综合交通运输发展规划》提出，打造全国智能交通发展高地。构建基于北斗、物联网等先进技术的智能交通系统，推动智慧城市基础设施和智能网联汽车协同发展，推进车联网和车路协同技术创新应用。

《物联网新型基础设施建设三年行动计划（2021—2023年）》提出，发展智能交通。加快智能传感器、电子标签、电子站牌、交通信息控制设备等在城市交通基础设施中的应用部署，加强北斗定位技术在电动自行车方面的规模化应用。开展智能化网络化城市轨道交通综合调度指挥和运维系统建设，推广城市道路智能管理、交通信号联动、公交优先通行控制、道路危险识别，提高城市交通运行管理效能，保障交通安全。打造车联网（智能网联汽车）协同服务综合监测平台，加快智慧停车管理、自动驾驶等应用场景建设，推动城市交通基础设施、交通载运工具、环境网联化和协同化发展。推进智慧港口建设，提升船舶自动感知与识别、信息交互、控制调度等能力，构建智能船舶船岸一体化信息系统。开展低空智联网演示验证，推动构建空天地一体的无人机应用及安全监测平台。

《上海市建设具有全球影响力的科技创新中心"十四五"规划》提出，建设自主协同的智能交通系统。围绕未来先进技术与交通运输系统的深度融合，打造高品质交通基础设施、高效能运输服务、智能化指挥控制体系与自动驾驶车路协同系统，建立超大城市自主协同的弹性交通系统。

《交通运输标准化"十四五"发展规划》提出，以促进新型基础设施建设、新一代信息通信技术应用，构建智慧交通创新体系为着力点，加快智慧交通技术、数据资源融合、北斗导航系统应用等方面关键技术和共性基础标准制修订，提升交通运输信息化水平。

《"十四五"全国清洁生产推行方案》提出，推进智慧交通发展，推广低碳出行方式。

《"十四五"现代综合交通运输体系发展规划》提出，加快智能技术深度推广应用，构建泛在互联、柔性协同、具有全球竞争力的智能交通系统。通过完善设施数字化感知系统，构建设施设备信息交互网络，整合优化综合交通运输信息平台，推进基础设施智能化升级；通过促进北斗系统推广应用，推广先进适用运输装备，提高装备标准化水平，推动先进交通装备应用，创新运营管理模式；通过推动交通科技自立自强，培育交通科技创新生态圈，强化数据开放，共享夯实创新发展基础。

《"十四五"节能减排综合工作方案》提出，大力发展智能交通，积极运用大数据优化运输组织模式。

二、发展多式联运

《2030 年前碳达峰行动方案》提出，大力发展以铁路、水路为骨干的多式联运，推进工矿企业、港口、物流园区等铁路专用线建设，加快内河高等级航道网建设，加快大宗货物和中长距离货物运输"公转铁""公转水"。"十四五"期间，集装箱铁水联运量年均增长 15% 以上。

《西部陆海新通道总体规划》提出，提升多式联运效率和质量。培育壮大多式联运经营人，发挥大型企业骨干作用，加快推进多式联运"一单制"，健全运输技术标准规范体系。

《交通强国建设纲要》提出，优化运输结构，加快推进港口集疏运铁路、物流园区及大型工矿企业铁路专用线等"公转铁"重点项目建设，推进大宗货物及中长距离货物运输向铁路和水运有序转移。推动"铁水""公铁""公水""空陆"等联运发展，推广跨方式快速换装转运标准化设施设备，形成统一的多式联运标准和规则。

《国家综合立体交通网规划纲要》提出，优化调整运输结构，推进多式联运型物流园区、铁路专用线建设，形成以铁路、水运为主的大宗货物和集装箱中长距离运输格局。

《长江三角洲地区多层次轨道交通规划》提出，大力发展多式联运和铁路现代物流。

《成渝地区双城经济圈综合交通运输发展规划》提出，提升多式联运水平。实施多式联运示范工程，建设一批多式联运物流园区，加快发展"铁水""公铁"联运和"一单制"联运服务，加强"陆水""港航"联动，完善多式联运枢纽集疏运体系，推进铁路专用线、公路连接线建设，积极推进长江上游船型标准化，积极培育多式联运承运人，支持高铁快运、电商快递班列、多式联运班列发展。

《关于完整准确全面贯彻新发展理念做好碳达峰碳中和工作的意见》提出，大力发展多式联运，提高铁路、水路在综合运输中的承运比重，持续降低运输能耗和二氧化碳排放强度。

《数字交通"十四五"发展规划》提出，建设多式联运的智慧物流网络。

《绿色交通"十四五"发展规划》提出，到2025年，集装箱"铁水"联运量年均增长率达25%。加快推进港口集疏运铁路、物流园区及大型工矿企业铁路专用线建设，推动大宗货物及中长距离货物运输"公转铁""公转水"。深入推进多式联运发展，推进综合货运枢纽建设，推动"铁水""公铁""公水""空陆"等联运发展。

《"十四五"全国清洁生产推行方案》提出，持续优化运输结构，加快建设综合立体交通网，提高铁路、水路在综合运输中的承运比重，持续降低运输能耗和二氧化碳排放强度。大力发展多式联运、甩挂运输和共同配送等高效运输组织模式，提升交通运输运行效率。

《综合运输服务"十四五"发展规划》提出，深入推进多式联运发展。推动"铁水""公铁""空陆"等联运发展，创新"干线多式联运＋区域分拨"发展模式，深入推进多式联运示范工程建设，构建空中、水上、地面与地下融合协同的多式联运网络。有序推进内陆集装箱多式联运体系建设。加快全国多式联运公共信息互联互通。

《"十四五"现代综合交通运输体系发展规划》提出，大力发展货物多式联运。推进大宗货物和集装箱"铁水"联运系统建设，扩大"铁水"联运规模。以长江干线、西江航运干线为重点，提升江海联运组织水平。加快推进多式联运"一单制"，创新运单互认标准与规范，推动国际货运单证信息交换，探索国际铁路电子提单，逐步普及集装箱多式联运电子运单。加快多式联运信息共享，强化不同运输方式标准和规则的衔接。深入推广甩挂运输，创新货车租赁、挂车共享、定制化服务等模式。推动集装箱、标准化托盘、周转箱（筐）等在不同运输方式间共享共用，提高多式联运换装效率，发展单元化物流。鼓励铁路、港航、道路运输等企业成为多式联运经营人。

《关于促进制造业有序转移的指导意见》提出，积极发展多式联运，推动完善港口、物流园区集疏运铁路、公路，提高物流运行效率，降低物流成本。

《"十四五"节能减排综合工作方案》提出，加快大宗货物和中长途货物运输"公转铁""公转水"，大力发展"铁水""公铁""公水"等多式联运。

《"十四五"现代流通体系建设规划》提出，拓展物流服务新领域新模式。加快发展多种形式铁路快运，推进物流与相关产业融合创新发展，推广集约智慧绿色物流发展新模式。大力发展多式联运。依托重要物流枢纽，发挥不同运输方式比较优势，提升组合效能，发展规模化、网络化多式联运。推动联运转运设施、场站合理布局建设，强化设施、设备、管理等标准对接，加强铁路、公路、水运、民航、邮政等各种交通运输信息的开放共享。深入推进集装箱多式联运，积极推广多种形式甩挂运输，优化业务和操作流程，提高联运组织效率。培育多式联运经营主体，以"铁水"联运、江海联运、江海直达、国际铁路联运等为重点，积极推进"一单制"，丰富"门到门"一体化联运服务产品，打造多式联运品牌。

《公路"十四五"发展规划》提出，持续推进多式联运发展。推动"公铁""公水""公空"等联运发展，深入推进多式联运示范工程建设，提升多式联运服务效率，积极推进多式联运"一单制"。

《水运"十四五"发展规划》提出，推进港口枢纽一体化规划建设，完善集疏运体系，大力发展"铁水"联运、"水水"中转，推动联程运输高质量发展。

《长江中游城市群发展"十四五"实施方案》提出，支持江海联运、"铁水"联运、"水水"中转等模式发展，加快集疏运体系建设。加快大宗货物和中长途货物运输"公转铁""公转水"。

《关于推进共建"一带一路"绿色发展的意见》提出，发展多式联运和绿色物流。

《减污降碳协同增效实施方案》提出，加快推进"公转铁""公转水"，提高铁路、水运在综合运输中的承运比例。

《黄河流域生态环境保护规划》提出，构建绿色交通运输体系，持续优化调整运输结构，以煤炭等大宗货物产地为重点，加快大宗货物和中长途货物运输"公转铁"。

《柴油货车污染治理攻坚行动方案》提出，推进"公转铁""公转水"

行动。

《"十四五"扩大内需战略实施方案》提出，推动联运转运设施、场站合理布局建设，积极发展"公铁水"联运、江海联运和铁路快运。

三、加快先进适用技术应用

《2030 年前碳达峰行动方案》提出，加快先进适用技术应用，提升民航运行管理效率，引导航空企业加强智慧运行，实现系统化节能降碳。

《绿色交通"十四五"发展规划》提出，推进绿色交通科技创新。构建市场导向的绿色技术创新体系，支持新能源运输装备和设施设备、氢燃料动力车辆及船舶、LNG 和生物质燃料船舶等应用研究；加快新能源汽车性能监控与保障技术、交通能源互联网技术、基础设施分布式光伏发电设备及并网技术研究。深化交通污染综合防治等关键技术研究，重点推进船舶大气污染和碳排放协同治理、港口与船舶水污染深度治理、交通能耗与污染排放监测监管等新技术、新工艺和新装备研发。推进交通廊道与基础设施生态优化、路域生态连通与生态重建、绿色建筑材料和技术等领域的研究。推进绿色交通与智能交通融合发展。推进交通运输行业重点实验室等建设，积极培育国家级绿色交通科研平台。鼓励行业各类绿色交通创新主体建立创新联盟，建立绿色交通关键核心技术攻关机制。加快节能环保关键技术推广应用。加大已发布的交通运输行业重点节能低碳技术推广应用力度，持续制定发布交通运输行业重点节能低碳技术目录，重点遴选一批减排潜力大、适用范围广的节能低碳技术，强化技术宣传、交流、培训和推广应用。依托交通运输科技示范工程强化节能环保技术集成应用示范与成果转化。在节能降碳方面，制修订营运车船和港口机械装备能耗限值准入、新能源和燃料电池营运车辆技术要求、城市轨道交通绿色运营等标准。

《"十四五"铁路科技创新规划》提出，贯彻落实国家碳达峰碳中和部署要求，充分发挥铁路绿色发展优势，把绿色科技贯穿铁路技术装备、工程建造、生产运营全过程，着力降低铁路综合能耗，强化生态保护修复、降低污染物排放等各方面关键技术的研发与应用，提高监管水平，打造更高水平绿色生态铁路。深化能效提升及能源供给技术研发，加强生态环保与修复技术研发，提升污染综合防治技术水平，开展绿色低碳领域重点工程。

《"十四五"民用航空发展规划》提出，加强科技支撑。推动民航安全科技创新和应用示范，推动民航安全科研能力建设。着力突破关键核心技术，推动重大科技成果应用，加快国产技术装备应用，强化民航科技创新力量，完善科技创新保障体系。

《"十四五"民航绿色发展专项规划》提出，加快推广绿色低碳技术。积极推动民航低碳技术应用，加快推进民航零碳、负碳技术研发与储备。

《"十四五"铁路标准化发展规划》提出，开展铁路工程建设和装备节能降碳技术研究，推动铁路领域绿色健康可持续发展。

《"十四五"现代流通体系建设规划》提出，加强交通运输智能技术应用。推进运输企业加快数字化、自动化终端设备的普及应用，提升订单、运输、仓储、配送全流程智能化水平，逐步实现产业园区、港口、机场、铁路场站和高速公路出入口等重要节点货物运输全程感知。深化基于区块链的全球航运服务网络建设。加快北斗卫星导航系统推广，提高车路协同信息服务能力，探索发展自动驾驶货运服务。

《交通领域科技创新中长期发展规划纲要（2021—2035年）》提出，构建全寿命周期绿色交通技术体系。围绕落实国家关于碳达峰碳中和的部署要求和绿色交通发展需要，深化交通基础设施全寿命周期绿色环保技术研发与应用，加快新能源、清洁能源、新型环保材料在交通运输领域的应用，全面提升交通运输可持续发展水平。加强基础设施绿色建养技术研究与应用，推动运输服务绿色环保技术研发应用，加快低碳交通技术研发应用。

《"十四五"交通领域科技创新规划》提出，聚焦国家碳达峰碳中和与绿色交通发展要求，突破新能源与清洁能源创新应用、生态环境保护与修复、交通污染综合防治等领域的关键技术，加快低（零）碳技术攻坚，大力发展新能源与清洁能源创新应用关键技术、交通生态环境保护与修复关键技术、交通污染综合防治关键技术，围绕碳达峰碳中和目标开展交通运输低（零）碳技术攻坚工程。

四、加快城乡物流配送体系建设

《2030年前碳达峰行动方案》提出，加快城乡物流配送体系建设，创新绿色低碳、集约高效的配送模式。

《全国乡村产业发展规划（2020—2025年）》提出，实施"互联网＋"农产品出村进城工程，完善适应农产品网络销售的供应链体系、运营服务体系和支撑保障体系。培育农村电子商务主体，扩大农村电子商务应用，改善农村电子商务环境。

《关于全面推进乡村振兴加快农业农村现代化的意见》提出，加快完善县乡村三级农村物流体系，改造提升农村寄递物流基础设施，深入推进电子商务进农村和农产品出村进城，推动城乡生产与消费有效对接。

《成渝地区双城经济圈综合交通运输发展规划》提出，推进城市绿色货运配送示范工程，加快构建以综合物流中心、公共配送中心、末端配送网点为支撑的城市配送网络，鼓励发展共同配送、统一配送、即时递送等组织模式。完善农村寄递物流网络，推动具备条件的行政村实现农村物流快递服务全面覆盖。

《关于完整准确全面贯彻新发展理念做好碳达峰碳中和工作的意见》提出，加快发展绿色物流，整合运输资源，提高利用效率。

《绿色交通"十四五"发展规划》提出，继续开展城市绿色货运配送示范工程建设，鼓励共同配送、集中配送、分时配送等集约化配送模式发展。引导网络平台道路货物运输规范发展，有效降低空驶率。深入开展城市绿色货运配送示范工程创建工作，到2025年，有序建设100个左右城市绿色货运配送示范工程。

《粮食节约行动方案》提出，开展物流标准化示范。发展规范化、标准化、信息化散粮运输服务体系，探索应用粮食高效减损物流模式，推动散粮运输设备无缝对接。在"北粮南运"重点线路、关键节点，开展多式联运高效物流衔接技术示范。

《综合运输服务"十四五"发展规划》提出，完善农村物流网络，创新农村物流服务模式，推动建立"种植基地＋生产加工＋商贸流通＋物流运输＋邮政金融服务"一体化农村物流服务体系。深入推进城市绿色货运配送示范创建，加快推进城市货运配送绿色化、集约化转型。

《"十四五"现代综合交通运输体系发展规划》提出，推动农村物流融入现代流通体系，加快贯通县乡村电子商务体系和快递物流配送体系，建设便捷高效的工业品下乡、农产品出村双向渠道，打造农村物流服务品牌。建设多元化、智能化末端服务网络，推进城乡快递服务站、智能收投终端和末端服务平台等布局建设和资源共享。推动城市居住社区配建邮政快递服务场所和设施。建设集邮政、快递、电商、商贸等功能于一体的寄递物流综合服务站。推广无人车、无人机运输投递，稳步发展无接触递送服务。支持即时寄递、仓递一体化等新业态新模式发展。

《"十四五"节能减排综合工作方案》提出，加快绿色仓储建设，鼓励建设绿色物流园区。加快标准化物流周转箱推广应用。全面推广绿色快递包装，引导电商企业、邮政快递企业选购使用获得绿色认证的快递包装产品。

《"十四五"现代流通体系建设规划》提出，依托商贸、供销、交通、邮政快递等城乡网点资源，完善县乡村快递物流配送体系，提升末端网络服务能力。

《促进绿色消费实施方案》提出，加快城乡物流配送体系和快递公共末端设施建设，完善农村配送网络，创新绿色低碳、集约高效的配送模式，大力发展集中配送、共同配送、夜间配送。

《长江中游城市群发展"十四五"实施方案》提出，健全县乡村三级物流配送体系，推进农村客运、农村物流、邮政快递融合发展。

《"十四五"全国农业农村信息化发展规划》提出，完善农产品现代流通体系，构建工业品下乡和农产品进城双向流通格局。鼓励多样化多层次的农产品网络销售模式创新，发展直播电商、社交电商、县域电商等新模式，综合利用线上线下渠道促进农产品销售。

《"十四五"现代物流发展规划》提出，推动绿色物流发展。深入推进物流领域节能减排，加快健全逆向物流服务体系，实施绿色低碳物流创新工程。

《乡村建设行动实施方案》提出，健全县乡村三级物流配送体系，引导利用村内现有设施，建设村级寄递物流综合服务站，发展专业化农产品寄递服务。宣传推广农村物流服务品牌，深化交通运输与邮政快递融合发展，提高农村物流配送效率。

《减污降碳协同增效实施方案》提出，发展城市绿色配送体系。

《"十四五"扩大内需战略实施方案》提出，发展现代物流体系。加快构建以国家物流枢纽为核心的骨干运行网络，完善区域分拨配送服务网络，优化城市物流配送网络，发展城乡高效配送。加快补齐农村物流发展短板，促进交通、邮政、商贸、供销、快递等存量农村物流资源融合和集约利用，打造一批公用型、共配型物流基础设施，提升农村物流服务效能。

五、打造绿色公共交通服务体系

《2030年前碳达峰行动方案》提出，打造高效衔接、快捷舒适的公共交通服务体系，积极引导公众选择绿色低碳交通方式。到2030年，城区常住人口100万以上的城市绿色出行比例不低于70%。

《绿色出行创建行动方案》提出，绿色出行成效显著，创建标准为绿色出行比例达到70%以上，绿色出行服务满意率不低于80%；公共交通优先发展，超大、特大城市公共交通机动化出行分担率不低于50%，大城市不低于40%，中小城市不低于30%，公交专用道及优先车道设置明显提升。

《绿色交通"十四五"发展规划》提出，加快构建绿色出行体系。因地制宜构建以城市轨道交通和快速公交为骨干、常规公交为主体的公共交通出行体系，强化"轨道＋公交＋慢行"网络融合发展，提升城市轨道交通服务水平，开展绿色出行创建行动，完善城市慢行交通系统。到 2025 年，力争 60% 以上的创建城市绿色出行比例达到 70%。

《关于支持浦东新区高水平改革开放打造社会主义现代化建设引领区的意见》提出，推动绿色低碳出行，发展以网络化轨道交通为主体的公共交通体系。

《"十四五"推动长江经济带发展城乡建设行动方案》提出，提升绿色出行品质。完善公共交通网络体系，完善城市道路交通系统，建设绿色慢行交通体系。

《"十四五"黄河流域生态保护和高质量发展城乡建设行动方案》提出，推进绿色交通基础设施建设。在沿黄城市加快规划建设快速干线交通、生活性集散交通和绿色慢行交通三大体系，加快补齐沿黄大中城市公交枢纽、停车场等设施短板，开展绿色出行创建行动，优化交通出行结构，稳步提高沿黄大中城市绿色交通出行比例。

《促进绿色消费实施方案》提出，大力推动公共领域车辆电动化。深入开展公交都市建设，打造高效衔接、快捷舒适的公共交通服务体系，进一步提高城市公共汽电车、轨道交通出行占比。鼓励建设行人友好型城市，加强行人步道和自行车专用道等城市慢行系统建设。鼓励共享单车规范发展。

《长江中游城市群发展"十四五"实施方案》提出，提高公共交通出行比例，推动城市公交和物流配送车辆电动化。

《减污降碳协同增效实施方案》提出，加强城市慢行交通系统建设。

《关中平原城市群建设"十四五"实施方案》提出，深化国家公交都市建设，优先发展城市公共交通，推广使用新能源车，提升绿色出行比例。

《城乡建设领域碳达峰实施方案》提出，开展人行道净化和自行车专用道建设专项行动，完善城市轨道交通站点与周边建筑连廊或地下通道等配套接驳设施，加大城市公交专用道建设力度，提升城市公共交通运行效率和服务水平，城市绿色交通出行比例稳步提升。

《扩大内需战略规划纲要（2022—2035 年）》提出，倡导绿色低碳出行，发展城市公共交通，完善城市慢行交通系统。

《"十四五"扩大内需战略实施方案》提出，发展城市公共交通，完善城市慢行交通系统，大力提升公共汽电车、轨道交通在机动化出行中的占比。

第三节 加快绿色交通基础设施建设

一、降低全生命周期能耗和碳排放

《2030 年前碳达峰行动方案》提出，将绿色低碳理念贯穿于交通基础设施规划、建设、运营和维护全过程，降低全生命周期能耗和碳排放。

《交通强国建设纲要》提出，绿色发展节约集约、低碳环保。促进资源节约集约利用，强化节能减排和污染防治，强化交通生态环境保护修复。

《国家综合立体交通网规划纲要》提出，加快推进绿色低碳发展，交通领域二氧化碳排放尽早达峰，降低污染物及温室气体排放强度，注重生态环境保护修复，促进交通与自然和谐发展。

《交通运输标准化"十四五"发展规划》提出，以推进绿色集约循环发展，建设绿色交通，落实"碳达峰"目标任务为着力点，严格执行国家节能环保强制性标准，着力推进与绿色交通发展有关的新技术、新设备、新材料、新工艺标准的制修订，促进资源节约集约利用，强化节能减排、污染防治和生态环境保护修复。

《绿色交通"十四五"发展规划》提出，到 2025 年，营运车辆及船舶能耗和碳排放强度进一步下降，营运车辆单位运输周转量二氧化碳排放较 2020 年下降 5%，营运船舶单位运输周转量二氧化碳排放较 2020 年下降 3.5%，营运船舶氮氧化物排放总量较 2020 年下降 7%。

《综合运输服务"十四五"发展规划》提出，落实碳达峰、碳中和目标愿景，降低运输服务过程污染物及温室气体排放强度。以碳达峰目标和碳中和愿景为引领，以深度降碳为目标，统筹发展与减排、整体与局部、短期与中长期，促进运输服务全面绿色转型，加快构建绿色运输发展体系。完善运输服务领域能耗和碳排放监测、报告和核查体系，建立运输行业碳减排评估考核制度和管理绩效激励制度，推动重点运输企业碳排放核查和低碳运输企业认证。

《"十四五"现代综合交通运输体系发展规划》提出，全面推进绿色低碳转型。全面推动交通运输规划、设计、建设、运营、养护全生命周期绿色低碳转型，协同推进减污降碳，形成绿色低碳发展长效机制，让交通更加环保、出行更加低碳。优化调整运输结构，推广低碳设施设备，加强重点领域污染防治，全面提高资源利用效率，完善碳排放控制政策。研究制定交通运输领域碳排放统计方法和核算规则，加强碳排放基础统计核算，建立交通运输碳排放监测平台，推动近零碳交通示范区建设。建立绿色低碳交通激励约束机制，分类完善通行管理、停车管理等措施。

《"十四五"民用航空发展规划》提出，按照国家碳达峰、碳中和总体要求，加快形成民航全领域、全主体、全要素、全周期的绿色低碳循环发展模式。健全行业绿色发展政策管理体系，完善民航绿色发展能力支撑体系，提高航空公司能效水平，推进绿色机场建设，加快空管绿色发展，加强多方运行协同，完善航空碳减排管理制度和积极参与全球航空碳排放治理，促进机场与周边生态环境和谐共生。

《"十四五"民航绿色发展专项规划》提出，加快完善绿色民航治理体系，深入实施低碳发展战略，深入开展民航污染防治，全面提升绿色民航科技创新能力。大力推动行业脱碳，不断降低碳排放强度。机场规划设计运行维护实施全过程碳排放管理，强化机场固定资产投资项目用能和碳排放综合评价，从源头推进节能降碳。到 2025 年，行业碳排放强度持续下降，低碳能源消费占比不断提升；到 2035 年，运输航空实现碳中性增长，机场二氧化碳排放逐步进入峰值平台期。

《公路"十四五"发展规划》提出，推进公路绿色发展。加强节能减排和生态功能恢复，促进公路交通与自然和谐共生。资源集约节约利用水平明显提升，先进适用的新能源和清洁能源装备全面推广，公路交通运输领域碳排放强度和污染物排放强度明显下降。切实加强生态保护，积极开展生态修复，统筹利用通道线位资源，强化资源材料循环利用，强化碳排放控制，推进结构性减排，推进营运车辆污染治理。

《水运"十四五"发展规划》提出，加强资源集约节约利用与生态修复，持续深入推进港口船舶污染防治，构建清洁低碳的港口船舶能源体系，推进水运绿色发展。

二、开展交通基础设施绿色化提升改造

《2030 年前碳达峰行动方案》提出，开展交通基础设施绿色化提升改造，统筹利用综合运输通道线位、土地、空域等资源，加大岸线、锚地等资源整合力度，提高利用效率。

《国家综合立体交通网规划纲要》提出，推进绿色低碳发展。促进交通基础设施与生态空间协调，最大限度地保护重要生态功能区、避让生态环境敏

感区，加强永久基本农田保护。实施交通生态修复提升工程，构建生态化交通网络。加强科研攻关，改进施工工艺，从源头减少交通噪声、污染物、二氧化碳等排放。加大交通污染监测和综合治理力度，加强交通环境风险防控，落实生态补偿机制。加强可再生能源、新能源、清洁能源装备设施更新利用和废旧建材再生利用，促进交通能源动力系统清洁化、低碳化、高效化发展，推进快递包装绿色化、减量化、可循环。

《成渝地区双城经济圈建设规划纲要》提出，推动可再生能源利用，支持能源互联网创新，统筹布局电动汽车充换电配套设施。

《绿色交通"十四五"发展规划》提出，开展近零碳枢纽场站建设行动。以重要港区、货运场站为主，推进内部作业机械、供暖制冷设施设备等加快应用新能源和可再生能源，实现近零碳排放，创建近零碳码头、近零碳货运场站。

《关于推进中央企业高质量发展做好碳达峰碳中和工作的指导意见》提出，打造绿色低碳综合交通运输体系，调整优化运输结构，积极推动大宗货物和中长距离货物运输"公转铁""公转水"，推动交通领域电气化、智能化，推广节能和新能源载运工具及配套设施设备。

《"十四五"民航绿色发展专项规划》提出，鼓励新建机场全面执行绿色智能建筑标准，既有机场建筑设施积极选用先进高效技术设备，加快实施节能降碳改造。

《"十四五"现代流通体系建设规划》提出，大力推动交通运输绿色低碳转型。持续推进交通运输领域清洁替代，加快布局充换电基础设施，促进电动汽车在短途物流、港口和机场等领域推广，积极推进船舶与港口、机场廊桥岸电改造和使用，开展氢燃料电池在汽车等领域的应用试点，降低交通运输领域能耗和排放水平。

《支持贵州在新时代西部大开发上闯新路的意见》提出，积极发展新能源，扩大新能源在交通运输、数据中心等领域的应用。

《关于完善能源绿色低碳转型体制机制和政策措施的意见》提出，开展多能融合交通供能场站建设，推进新能源汽车与电网能量互动试点示范，推动车桩、船岸协同发展。

《"十四五"航空物流发展专项规划》提出，推动基础设施绿色升级。提升设施绿色发展水平，鼓励机场货站、仓库、物流园区等广泛应用绿色建筑材料、主动式节能技术以及清洁能源装备设施，支持节能环保型立体仓储设施及分拣装置的示范应用，降低物流仓储环节消耗。强化资源集约节约利用，鼓励航空物流企业使用可循环、可折叠、可降解的新型物流设备和材料，支持航空集装器、专用设备等共享共用，提高托盘等标准化器具和包装物的循环利用水平。推进航空脱碳技术应用，提升燃油效率。

《关于扎实推动"十四五"规划交通运输重大工程项目实施的工作方案》提出，以推动交通运输高质量发展为主题，以数字化、网络化、智能化为主线，推动感知、传输、计算等设施与交通运输基础设施协同高效建设，实施交通运输新基建赋能工程。围绕营运交通工具碳排放强度下降总目标，实施绿色低碳交通可持续发展工程。"十四五"时期，以营运交通工具动力革命和低碳基础设施建设运营为重点，强化交通基础设施对低碳发展有效支撑，在高速公路和水上服务区、港口码头、枢纽场站等场景建成一批"分布式新能源＋储能＋微电网"智慧能源系统工程项目；支持新能源清洁能源营运车船规模应用；加快船舶受电设施改造、协同推进码头岸电设施改造；鼓励高耗能船舶进行节能技术改造，提高营运车船能效水平。

《"十四五"全国城市基础设施建设规划》提出，实施城市交通设施体系化与绿色化提升行动，开展城市道路体系化人性化补短板，推进轨道交通与地面公交系统化建设，提升绿色交通出行品质，强化停车设施建设改造。

三、有序推进基础设施建设

《2030年前碳达峰行动方案》提出，有序推进充电桩、配套电网、加注（气）站、加氢站等基础设施建设，提升城市公共交通基础设施水平。到2030年，民用运输机场场内车辆装备等力争全面实现电动化。

《西部陆海新通道总体规划》提出，加快运输通道建设。统筹各种运输方式，围绕建设大能力主通道和衔接国际运输通道，进一步强化铁路、公路等交通基础设施，提升沿海港口功能，着力构建完善的交通走廊。通过加快推进铁路建设、完善公路运输网络，提高干线运输能力；通过完善广西北部湾港功能、发挥海南洋浦港作用、加强港航设施建设，加强港口分工协作；通过完善运输场站设施、加强集疏运体系建设，提升综合交通枢纽功能；通过加强连接口岸交通建设、推动与境外交通设施互联互通，加强与周边国家设施联通。

《长江三角洲地区多层次轨道交通规划》提出，强化轨道交通对区域城镇空间有序拓展、人口合理分布、产业布局优化等方面的基础支撑和先行引领，加强轨道交通沿线及站点土地综合开发。优化配置、高效合理利用轨道交通站点枢纽、停车场、车辆段的地上地下空间，统一规划、统筹建设、协同管理，打造轨道交通站城综合体，拓展轨道交通综合服务功能，推动站、城、产、人、文融合发展，提高整体效率和综合效益。鼓励地方和铁路企业依托轨道交通沿线和站点，打造一批具有特色的轨道交通街道、轨道交通微中心和轨道交通社区，合理疏解超、特大城市非核心功能，打造内涵式轨道上的长三角。

《成渝地区双城经济圈综合交通运输发展规划》提出，集约节约利用通道、线位、土地等资源，统筹建设基础设施网络。

《辽宁沿海经济带高质量发展规划》提出，完善基础设施网络建设。构建便捷通达的区域交通网络，加快水利设施建设，布局建设新型基础设施，完善现代化能源输配网络。

《黄河流域生态保护和高质量发展规划纲要》提出，构建便捷智能绿色安全综合交通网络。优化提升既有普速铁路、高速铁路、高速公路、干支线机场功能，谋划新建一批重大项目，加快形成以"一字型""几字型"和"十字型"为主骨架的黄河流域现代化交通网络，填补缺失线路、畅通瓶颈路段，实现城乡区域高效连通。

《成渝地区双城经济圈建设规划纲要》提出，合力建设现代基础设施网络。以提升内联外通水平为导向，强化门户枢纽功能，加快完善传统和新型基础设施，构建互联互通、管理协同、安全高效的基础设施网络。构建一体化综合交通运输体系，强化能源保障，加强水利基础设施建设。

《绿色交通"十四五"发展规划》提出，建设绿色交通基础设施。优化交通基础设施空间布局，深化绿色公路建设，深入推进绿色港口和绿色航道建设，推进交通资源循环利用。绿色交通基础设施建设行动包括绿色公路建设、公路路面材料循环利用、工业固废和隧道弃渣循环利用。

《"十四五"民用航空发展规划》提出，完善国家综合机场体，加快机场基础设施建设，打造机场综合交通枢纽，提升机场建设运营水平；加快新型基础设施建设，全面开启智慧民航新征程，加快释放高质量发展新动能，部署信息基础设施建设，加强智慧服务场景应用，提升行业智慧运行能力，培育壮大数字民航新生态。

《"十四五"节能减排综合工作方案》提出，推动绿色铁路、绿色公路、绿色港口、绿色航道、绿色机场建设，有序推进充换电、加注（气）、加氢、港口机场岸电等基础设施建设。

《"十四五"推动长江经济带发展城乡建设行动方案》提出，推进低碳交通发展。促进城市交通能源结构调整，推动交通可再生能源、清洁能源利用，加强建设新能源汽车充换电桩（站）、加气站、加氢站、分布式能源站等设施，加快形成快充为主的城市公共充电网络。

《"十四五"黄河流域生态保护和高质量发展城乡建设行动方案》提出，推进新型城市基础设施建设。建立城市基础设施智能化管理平台与智能化监管体系，大力推进新能源汽车设施建设，推进智慧道路基础设施建设，开展城市智能网联汽车应用试点。到2025年，沿黄省区省会城市和计划单列市市政管网管线智能化监测管理率达到30%以上，地级城市达到15%以上，沿黄城市使用智慧多功能灯杆的新改扩建道路比例大于90%。

《"十四五"现代流通体系建设规划》提出，加快交通基础设施智能化升级。推进交通基础设施移动通信网络覆盖，加快铁路、公路、港航、机场等交通基础设施数字化改造和网联化发展。有序推进智慧公路、智能铁路建设，在具备条件的地区研究推进城市地下货运系统建设。全面推动智能航运建设，打造智慧港口，提升港口装卸、转场、调度等作业效率。推进智慧机场建设，在有条件的地区开展航空电子货运试点，研究部署服务区域流通的大型无人机起降点。推进综合交通运输信息平台建设。

《促进绿色消费实施方案》提出，加强充换电、新型储能、加氢等配套基础设施建设，积极推进车船用LNG发展。

《国家公路网规划》提出，坚持生态优先，节约集约利用资源，减少对生态环境的破坏和影响，降低能源消耗及碳排放，促进公路与自然和谐发展。国家公路网有效避让生态保护区域、环境敏感区域，对国土空间利用效率明显提高，基本实现建设全过程、全周期绿色化。节约集约利用资源，协同推进综合运输通道的一体化建设，挖掘存量资源潜力，节约土地资源，严格保护耕地和永久基本农田，推进废旧材料、设施设备、水资源循环利用和隧道洞渣资源化利用；推进绿色低碳发展，降低全寿命周期资源能源消耗和碳排放，注重生态保护修复、资源循环利用、碳减排，加强大气、水及噪声污染防治，因地制宜建设绿色公路；协同促进碳减排与大气污染防治，加强与其他运输方式衔接，为推动多式联运发展和推广使用新能源汽车创造良好环境，探索提高国家公路通道碳汇能力。

《关于加快邮轮游艇装备及产业发展的实施意见》提出，推进基础设施建设，完善邮轮港口综合服务功能，优化完善集疏运系统，实现邮轮靠港后按规定使用岸电。

《关于加快推进充电基础设施建设　更好支持新能源汽车下乡和乡村振兴的实施意见》提出，加强公共充电基础设施布局建设，推进社区充电基础设施建设共享，加大充电网络建设运营支持力度，推广智能有序充电等新模式，提升充电基础设施运维服务体验，创新农村地区充电基础设施建设运营维护模式；丰富新能源汽车供应，加快公共领域的新能源汽车的应用和推广，提供多元化购买支持政策，支持农村地区购买使用新能源汽车；加大宣传引导力度，强化销售服务网络，加强安全监管，强化农村地区新能源汽车的宣传服务管理。

第九章　循环经济助力降碳行动

《2030 年前碳达峰行动方案》提出，抓住资源利用这个源头，大力发展循环经济，全面提高资源利用效率，充分发挥减少资源消耗和降碳的协同作用。通过推进产业园区循环化发展、加强大宗固废综合利用、健全资源循环利用体系、大力推进生活垃圾减量化资源化，实施循环经济助力降碳行动。

第一节　推进产业园区循环化发展

一、开展园区循环化改造

《2030 年前碳达峰行动方案》提出，以提升资源产出率和循环利用率为目标，优化园区空间布局，开展园区循环化改造。到 2030 年，省级以上重点产业园区全部实施循环化改造。

《国家高新区绿色发展专项行动实施方案》提出，降低园区污染物产生量，降低园区化石能源消耗，构建绿色发展新模式，推动国家高新区节能减排，优化绿色生态环境；加强绿色技术研发攻关，构建绿色技术标准及服务体系，实施绿色制造试点示范，引导国家高新区加强绿色技术供给，构建绿色技术创新体系；进一步优化产业结构、完善产业布局，建立绿色产业专业孵化与服务机构，举办绿色产业专业赛事，搭建绿色产业创新联盟，构建绿色产业发展促进长效机制，健全绿色产业金融体系，支持国家高新区发展绿色产业，构建绿色产业体系。在国家高新区率先实现联合国 2030 年可持续发展议程、工业废水近零排放、碳达峰、园区绿色发展治理能力现代化等目标，部分高新区率先实现碳中和。到 2025 年，国家高新区单位工业增加值综合能耗降至 0.4 吨标准煤/万元以下，其中 50% 的国家高新区单位工业增加值综合能耗低于 0.3 吨标准煤/万元；单位工业增加值二氧化碳排放量年均削减率 4% 以上，部分高新区实现碳达峰。

《"十四五"循环经济发展规划》提出，推进园区循环化发展，鼓励创建国家生态工业示范园区。开展园区循环化发展工程，按照"一园一策"原则逐个制订循环化改造方案，组织园区企业实施清洁生产改造，推动能源梯级利用，加强污水处理和循环再利用，促进企业废物资源综合利用，建设园区公共信息服务平台，加强园区物质流管理。

《关于新时代推动中部地区高质量发展的意见》提出，加大园区循环化改造力度，推进资源循环利用基地建设，支持新建一批循环经济示范城市、示范园区。

《"十四五"全国农业绿色发展规划》提出，推动农业园区低碳循环，推动现代农业产业园区和产业集群循环化改造，建设一批具有引领作用的循环经济园区和基地，完善园区循环农业产业链条，实现资源循环利用、废弃物集中安全处置、垃圾污水减量排放，形成种养加销一体、农林牧渔结合、一二三产业联动发展的现代复合型循环经济产业体系。

《推进资源型地区高质量发展"十四五"实施方案》提出，提高资源能源利用水平。提高重要矿产资源开采回采率、选矿回收率和综合利用水平，建立科学合理的循环利用模式。

《"十四五"支持老工业城市和资源型城市产业转型升级示范区高质量发展实施方案》提出，具备条件的省级以上园区 2025 年底前全部实施循环化改造。

《"十四五"特殊类型地区振兴发展规划》提出，探索循环经济发展新模式，实施园区循环化改造，促进生产系统资源高效利用。开展城市静脉产业基地建设，推动城市典型废弃物的集聚化、协同化处理。

《黄河流域水资源节约集约利用实施方案》提出，推广园区集约用水。鼓励工业园区内企业间分质串联用水，梯级用水。推广产城融合废水高效循环利用模式。兰州—西宁城市群、宁夏沿黄城市群、呼包鄂榆城市群、关中平原城市群、山西中部城市群等地区，新建园区应统筹供排水及循环利用设施建设，实现工业废水循环利用和分级回用。

《关于做好"十四五"园区循环化改造工作有关事项的通知》提出，优化产业空间布局，促进产业循环链接，推动节能降碳，推进资源高效利用、综合利用，加强污染集中治理。到 2025 年底，具备条件的省级以上园区全部实施循环化改造，显著提升园区绿色低碳循环发展水平。通过循环化改造，实现园区的能源、水、土地等资源利用效率大幅提升，二氧化碳、固体废物、废水、主要大气污染物排放量大幅降低。

《"十四五"原材料工业发展规划》提出，发展提升资源综合利用效率的建材联产系统。推动石化化工、钢铁等行业废水深度处理与循环利用，创建一批工业废水循环利用示范企业、园区。鼓励有条件的地区推进石化化工、钢铁、有色金属、建材、电力等产业耦合发展，建立原材料工业耦合发展园区，实现能源资源梯级利用和产业循环衔接。

《"十四五"水安全保障规划》提出，加快现有企业和园区开展以节水为重点内容的水资源循环利用改造，加快节水及水循环利用设施建设，推动企业间串联用水、分质用水、一水多用和循环利用，推动企业间的用水系统集成优化，探索建立"近零排放"工业园区。

《长江中游城市群发展"十四五"实施方案》提出，推进园区循环化改造。

《广州南沙深化面向世界的粤港澳全面合作总体方案》提出，深入推进节能降耗和资源循环利用，加强固体废物污染控制，构建低碳环保园区。

《"十四五"新型城镇化实施方案》提出，推进产业园区循环化改造。

《"十四五"国家高新技术产业开发区发展规划》提出，建设低碳产业专业园，围绕低碳产业集群发展、能源转型等导向，联合龙头企业，通过新建、整合、改造等方式集中规划专门区域建设低碳产业专业园，以点带面示范带动园区绿色发展。

《关于深入推进黄河流域工业绿色发展的指导意见》提出，推动黄河流域各省、区创建一批废水循环利用示范企业、园区，提升水重复利用水平，加强工业水效示范引领，优化工业用水结构，创建一批产城融合废水高效循环利用创新试点。

二、推动循环式生产、产业循环式组合

《2030年前碳达峰行动方案》提出，推动园区企业循环式生产、产业循环式组合，组织企业实施清洁生产改造，促进废物综合利用、能量梯级利用、水资源循环利用，推进工业余压余热、废气废液废渣资源化利用，积极推广集中供气供热。

《"十四五"循环经济发展规划》提出，推动企业循环式生产、产业循环式组合，促进废物综合利用、能量梯级利用、水资源循环使用，推进工业余压余热、废水废气废液的资源化利用，实现绿色低碳循环发展，积极推广集中供气供热。鼓励园区推进绿色工厂建设，实现厂房集约化、原料无害化、生产洁净化、废物资源化、能源低碳化、建材绿色化。制定园区循环化发展

指南，推广钢铁、有色、冶金、石化、装备制造、轻工业等重点行业循环经济发展典型模式。

《"十四五"全国农业绿色发展规划》提出，推动企业循环式生产、产业循环式组合，加快培育产业链融合共生、资源能源高效利用的绿色低碳循环产业体系，形成新的经济增长源。

《上海市建设具有全球影响力的科技创新中心"十四五"规划》提出，支撑循环型产业发展，推进高新技术产业开发区工业污水近零排放、固废资源化利用和区域大气污染联防联控科技创新。

《成渝地区双城经济圈建设规划纲要》提出，推行企业循环式生产、产业循环式组合、园区循环化改造。

《关于推进中央企业高质量发展做好碳达峰碳中和工作的指导意见》提出，中央企业要以减量化、再利用、资源化为重点，着力构建资源循环型产业体系。推动企业循环式生产、产业循环式组合，促进废物综合利用、能源梯级利用、余热余压余能利用、水资源循环使用，重点拓宽大宗工业固体废物、建筑垃圾等的综合利用渠道和利用规模，开展示范工程建设。

《"十四五"时期"无废城市"建设工作方案》提出，加快绿色园区建设，推动园区内企业内、企业间和产业间物料闭路循环，实现固体废物循环利用，推动利用水泥窑、燃煤锅炉等协同处置固体废物。

《关于加快推进城镇环境基础设施建设的指导意见》提出，鼓励建设污水、垃圾、固体废物、危险废物、医疗废物处理处置及资源化利用"多位一体"的综合处置基地，推广静脉产业园建设模式，推进再生资源加工利用基地（园区）建设，加强基地（园区）产业循环链接。

《关于加快推动工业资源综合利用的实施方案》提出，推动固废在地区内、园区内、厂区内的协同循环利用，提高固废就地资源化效率。

《关于"十四五"推动石化化工行业高质量发展的指导意见》提出，引导园区内企业循环生产、产业耦合发展，鼓励化工园区间错位、差异化发展，与冶金、建材、纺织、电子等行业协同布局。

《减污降碳协同增效实施方案》提出，提高工业用水效率，推进产业园区用水系统集成优化，实现串联用水、分质用水、一水多用、梯级利用和再生利用。

《太湖流域水环境综合治理总体方案》提出，大力推行企业和园区水循环梯级利用。

《"十四五"国家高新技术产业开发区发展规划》提出，支持国家高新区绿色低碳循环化发展，严格控制高能耗、高排放、低水平企业入驻。鼓励园区倡导全面节能降耗，加大对工业污染物排放的全过程防控和治理，降低污染物产生量。支持园区加大清洁能源使用，推进能源梯级利用，降低化石能源消耗。

三、搭建基础设施和公共服务共享平台

《2030 年前碳达峰行动方案》提出，搭建基础设施和公共服务共享平台，加强园区物质流管理。

《关于进一步深化生态环境监管服务推动经济高质量发展的意见》提出，大力推进环境基础设施建设。重点提升工业园区环境基础设施供给和规范化水平，推广集中供气供热或建设清洁低碳能源中心等，提高工业园区和产业集群监测监控能力，在企业污水预处理达标的基础上实现工业园区污水管网全覆盖和稳定达标排放，推进工业园区再生水循环利用基础设施建设，引导和规范工业园区危险废物综合利用和安全处置，实现工业园区废水和固体废物的减量化、再利用、资源化，推进生态工业园区建设。

《"十四五"国家高新技术产业开发区发展规划》提出，引导国家高新区推动数字技术和制造业、服务业深度融合，催生新产业新业态新模式。支持园区建设数字基础设施、数字技术创新体系，培育一批数字化车间和智能工厂，部署一批具有国际水准的工业互联网平台、数字化转型促进中心；开展应用场景建设行动，围绕前沿科技和未来产业发展、消费升级、园区治理等需求，支持国家高新区实施应用场景建设行动，促进新技术新产品落地应用；提升创业孵化服务专业化水平，支持园区推动众创空间、孵化器等载体专业化、市场化、链条化发展，依托龙头企业、高校院所立足优势细分领域，建设专业化众创空间；加强科技成果转移转化，支持园区建设专业化技术转移机构、技术成果交易平台、科技成果中试工程化服务平台、概念验证中心、质量基础设施服务平台等；鼓励国家高新区布局建设绿色低碳的数字化智能化设施和平台，支持符合条件的各类社会主体在园区投资建设高速信息通信网络、工业互联网、算力中心、数据中心等新型信息基础设施，支持园区推进管理和服务的数字化智能化，建设产业和创新创业大数据平台，提升园区管理运营服务效能，支持园区建设智慧社区，推进教育、医疗、养老等数字化服务普惠应用，促进消费、生活、休闲、交通出行等各类场景数字化；优化配套服务功能，完善教育、医疗、养老、托育、商务、文化、娱乐、体育等公共服务设施，建立健全主体多元化、方式多样化的公共服务制度体系，

建设创新资源集聚、双创服务完善、科技人才密集的产业社区、创新社区、国际科创社区等。

四、推进工业废水循环利用

《黄河流域水资源节约集约利用实施方案》提出，推广应用高效冷却、无水清洗、循环用水、废水资源化利用等技术工艺，提高用水重复利用率。

《工业废水循环利用实施方案》提出，聚焦重点行业实施废水循环利用提升行动，坚持创新驱动攻关一批关键核心装备技术工艺，实施分类推广分业分区提升先进适用装备技术工艺应用水平，突出标准引领推进重点行业水效对标达标，强化示范带动打造废水循环利用典型标杆，加强服务支撑培育壮大废水循环利用专业力量，推进综合施策提升废水循环利用管理水平。实施重点行业废水循环利用提升行动。到2025年，力争规模以上工业用水重复利用率达到94%左右，钢铁、石化化工、有色等行业规模以上工业用水重复利用率进一步提升，纺织、造纸、食品等行业规模以上工业用水重复利用率较2020年提升5个百分点以上，工业用市政再生水量大幅提高，万元工业增加值用水量较2020年下降16%，基本形成主要用水行业废水高效循环利用新格局。到2025年，石化化工行业规模以上工业用水重复利用率大于94%，钢铁行业规模以上工业用水重复利用率大于97%，有色行业规模以上工业用水重复利用率大于94%，纺织行业规模以上工业用水重复利用率大于78%，造纸行业规模以上工业用水重复利用率大于87%，食品行业规模以上工业用水重复利用率大于65%。

《工业水效提升行动计划》提出，加强关键核心技术攻关和转化，着力突破高浓度有机废水和高盐废水处理与循环利用、高性能膜材料、高效催化剂、绿色药剂、智能监测与优化控制等节水关键共性技术；推动节水降碳协同改造，支持企业优先开展厌氧氨氧化脱氮、新能源耦合海水淡化等节水降碳技术改造，探索建立上下游企业节水降碳合作新模式，推动上游企业将有机物浓度高、可生化性好、无有毒有害物质的废水作为下游污水处理厂碳源补充，减少外购碳源；推进工业废水循环利用，提升水重复利用率，扩大工业利用海水、矿井水、雨水规模。到2025年，工业废水循环利用水平进一步提高，力争全国规模以上工业用水重复利用率达到94%左右。

《深入打好城市黑臭水体治理攻坚战实施方案》提出，工业企业应加强节水技术改造，开展水效对标达标，提升废水循环利用水平。

《太湖流域水环境综合治理总体方案》提出，推进企业内部工业用水循环利用、园区内企业间用水系统集成优化，推动工业废水资源化利用。引导工业园区、开发区尤其是耗水量大的企业新建中水回用设施和环保循环设施，推行尾水循环再生利用。开展造纸、印染等高耗水行业工业废水循环利用示范，率先在纺织印染、化工材料等工业园区探索建设"污水零直排区"。

第二节　加强大宗固废综合利用

一、提高开发利用水平和综合利用率

《2030 年前碳达峰行动方案》提出，提高矿产资源综合开发利用水平和综合利用率，以煤矸石、粉煤灰、尾矿、共伴生矿、冶炼渣、工业副产石膏、建筑垃圾、农作物秸秆等大宗固废为重点，支持大掺量、规模化、高值化利用，鼓励应用于替代原生非金属矿、砂石等资源。到 2025 年，大宗固废年利用量达到 40 亿吨左右；到 2030 年，年利用量达到 45 亿吨左右。

《关于加快推进水产养殖业绿色发展的若干意见》提出，加强养殖废弃物治理。推进贝壳、网衣、浮球等养殖生产副产物及废弃物集中收置和资源化利用。

《全国乡村产业发展规划（2020—2025 年）》提出，鼓励大型农业企业和农产品加工园区推进加工副产物循环利用、全值利用、梯次利用，实现变废为宝、化害为利。

《关于"十四五"大宗固体废弃物综合利用的指导意见》提出，提高煤矸石和粉煤灰、尾矿（共伴生矿）、尾矿（共伴生矿）等大宗固废资源利用效率。持续提高煤矸石和粉煤灰综合利用水平，推进煤矸石和粉煤灰在工程建设、塌陷区治理、矿井充填以及盐碱地、沙漠化土地生态修复等领域的利用，有序引导利用煤矸石、粉煤灰生产新型墙体材料、装饰装修材料等绿色建材，在风险可控前提下深入推动农业领域应用和有价组分提取，加强大掺量和高附加值产品的应用推广；稳步推进金属尾矿有价组分高效提取及整体利用，推动采矿废石制备砂石骨料、陶粒、干混砂浆等砂源替代材料和胶凝回填利用，探索尾矿在生态环境治理领域的利用，加快推进黑色金属、有色金属、稀贵金属等共伴生矿产资源综合开发利用和有价组分梯级回收，推动有价金属提取后剩余废渣的规模化利用，依法依规推动已闭库尾矿库生态修复，未经批准不得擅自回采尾矿；加强产业协同利用，扩大赤泥和钢渣利用规模，提高赤泥在道路材料中的掺用比例，扩大钢渣微粉作混凝土掺合料在建设工程等领域的利用，不断探索赤泥和钢渣的其他规模化利用渠道，鼓励从赤泥中回收铁、碱、氧化铝，从冶炼渣中回收稀有稀散金属和稀贵金属等有价组分，提高矿产资源利用效率，保障国家资源安全，逐步提高冶炼渣的综合利用率。

《关于"十四五"大宗固体废弃物综合利用的指导意见》提出：①推进大宗固废综合利用绿色发展。一是推进产废行业绿色转型，实现源头减量。开展产废行业绿色设计，在生产过程中充分考虑后续综合利用环节，切实从源头削减大宗固废。大力发展绿色矿业，推广应用矸石不出井模式，鼓励采矿企业利用尾矿、共伴生矿填充采空区、治理塌陷区，推动实现尾矿就地消纳。开展能源、冶金、化工等重点行业绿色化改造，不断优化工艺流程、改进技术装备，降低大宗固废产生强度。推动煤矸石、尾矿、钢铁渣等大宗固废产生过程的自消纳，推动提升磷石膏、赤泥等复杂难用的大宗固废净化处理水平，为综合利用创造条件。在工程建设领域推行绿色施工，推广废弃路面材料和拆除垃圾原地再生利用，实施建筑垃圾分类管理、源头减量和资源化利用。二是推动利废行业绿色生产，强化过程控制。持续提升利废企业技术装备水平，加大小散乱污企业的整治力度。强化大宗固废综合利用全流程管理，严格落实全过程环境污染防治责任。推行大宗固废绿色运输，鼓励使用专用运输设备和车辆，加强大宗固废运输过程管理。鼓励利废企业开展清洁生产审核，严格执行污染物排放标准，完善环境保护措施，防止二次污染。三是强化大宗固废规范处置，守住环境底线。加强大宗固废贮存及处置管理，强化主体责任，推动建设符合有关国家标准的贮存设施，实现安全分类存放，杜绝混排混堆。统筹兼顾大宗固废增量消纳和存量治理，加大重点流域和重点区域大宗固废的综合整治力度，健全环保长效监督管理制度。②推动大宗固废综合利用创新发展。一是创新大宗固废综合利用模式。在煤炭行业推广"煤矸石井下充填＋地面回填"，促进矸石减量；在矿山行业建立"梯级回收＋生态修复＋封存保护"体系，推动绿色矿山建设；在钢铁冶金行业推广"固废不出厂"，加强全量化利用；在建筑建造行业推动建筑垃圾"原地再生＋异地处理"，提高利用效率；在农业领域开展"工农复合"，推动产业协同；针对退役光伏组件、风电机组叶片等新兴产业固废，探索规范回收以及可循环、高值化的再生利用途径；在重点区域推广大宗固废"公铁水联运"的区域协同模式，强化资源配置。因地制宜推动大宗固废多产业、多品种协同利用，形成可复制、可推广的大宗固废综合利用发展新模式。二是创新大宗固废综合利用关键技术。鼓励企业建立技术研发平台，加大关键技术研发投入力度，重点突破源头减量减害与高质综合利用关键核心技术和装备，推动大宗固废利用过程风险控制的关键技术研发。依托国家级创新平台，支持产学研用有机融合，鼓励建设产业技术创新联盟等基础研发平台。加大科技支撑力度，将大宗固废综合利用关键技术、大规模高质综合利用技术研发等纳入国家重点研发计划。适时修订资源综合利用技术政策大纲，强化先进适用技术推广应用与集成示范。三是创新大宗固废协同利用机制。鼓励多产业协同利用，推进大宗固废综合利用产业与上游煤电、钢铁、有色、化工等产业协同发展，与下游建筑、建材、市政、交通、环境治理等产品应用领域深度融合，打通部门间、行业间堵点和痛点。推动跨区域协同利用，建立跨区域、跨部门联动协调机制，推动京津冀协同发展、长江经济带发展、粤港澳大湾区建设、长三角一体化发展、黄河流域生态保护和高质量发展等国家重大战略区域的大宗固废协同处置利用。四是创新大宗固废管理方式。充分利用大数据、互联网等现代化信息技术手段，推动大宗固废产生量大的行业、地区和产业园区建立"互联网＋大宗固废"综合利用信息管理系统，提高大宗固废综合利用信息化管理水平。充分依托已有资源，鼓励社会力量开展大宗固废综合利用交易信息服务，为产废和利废企业提供信息服务，分品种及时发布大宗固废产生单位、产生量、品质及利用情况等，提高资源配置效率，促进大宗固废综合利用率整体提升。

《"十四五"循环经济发展规划》提出，加强资源综合利用。加强对低品位矿、共伴生矿、难选冶矿、尾矿等的综合利用，推进有价组分高效提取利用。进一步拓宽粉煤灰、煤矸石、冶金渣、工业副产石膏、建筑垃圾等大宗固废综合利用渠道，扩大在生态修复、绿色开采、绿色建材、交通工程等领域的利用规模。加强赤泥、磷石膏、电解锰渣、钢渣等复杂难用工业固废规模化利用技术研发。推动矿井水用于矿区补充水源和周边地区生产、生态用水。加强航道疏浚土、疏浚砂的综合利用。

《限期淘汰产生严重污染环境的工业固体废物的落后生产工艺设备名录》明确了石化化工、钢铁、有色金属、黄金、医药、机械、船舶、轻工八大类38项限期淘汰的落后生产工艺设备。

《推进资源型地区高质量发展"十四五"实施方案》提出，鼓励废弃物减量、资源化利用和无害化处置。

《"十四五"工业绿色发展规划》提出，推进工业固废规模化综合利用。推进尾矿、粉煤灰、煤矸石、冶炼渣、工业副产石膏、赤泥、化工渣等大宗工业固废规模化综合利用。推动钢铁窑炉、水泥窑、化工装置等协同处置固废。以工业资源综合利用基地为依托，在固废集中产生区、煤炭主产区、基础原材料产业集聚区探索建立基于区域特点的工业固废综合利用产业发展模式。鼓励有条件的园区和企业加强资源耦合和循环利用，创建"无废园区"和"无废企业"。实施工业固体废物资源综合利用评价，通过以评促用，推动有条件的地区率先实现新增工业固废能用尽用、存量工业固废有序减少。

《"十四五"时期"无废城市"建设工作方案》提出了"无废城市"建设指标体系（2021 年版），包括固体废物源头减量、资源化利用、最终处置、保障能力、群众获得感 5 个一级指标、17 个二级指标、58 个三级指标，为如何建设"无废城市"提出了指引要求。

《"十四五"原材料工业发展规划》提出，提升资源综合利用水平。支持资源高效利用，持续提升关键工艺和过程管理水平，提高一次资源利用效率，从源头上减少资源能源消耗。全面推进原材料工业固废综合利用，重点围绕尾矿、废石、粉煤灰、赤泥、冶炼渣、电解锰渣、工业副产石膏、化工废渣、废弃纤维及复合材料等，建设一批工业资源综合利用基地，在重点地区建设尾矿废渣、磷石膏、电解锰渣等综合利用和钢铁有色协同处置含锌二次资源项目，以及煤气化炉、水泥窑、大型烧结砖隧道窑协同处置废弃物等示范线，加快实现无害化、减量化、资源化处置。鼓励在全国范围内实施磷石膏"以渣定产"。推进原材料工业生产过程中优先使用再生水、海水等非常规水，减少新水取用量。

《江苏沿海地区发展规划（2021—2025 年）》提出，全面推行循环经济理念，构建多层次资源高效循环利用体系，推进废弃物循环利用，支持建设"无废城市"。

《"十四五"推动长江经济带发展城乡建设行动方案》提出，构建区域一体化的固废管理系统。推进区域固废联防联治。长三角、长江中游、成渝、黔中、滇中等城市群会同相关部门协同推进高标准大型固废循环园区建设，建设区域性大宗废弃物综合利用技术平台，推动城市资源循环基地建设。

《关于加快推动工业资源综合利用的实施方案》提出，推动技术升级降低固废产生强度，加快工业固废规模化高效利用，提升复杂难用固废综合利用能力，推动磷石膏综合利用量效齐增，提高赤泥综合利用水平，优化产业结构推动固废源头减量，实施工业固废综合利用提质增效工程；推进再生资源规范化利用，提升再生资源利用价值，完善废旧动力电池回收利用体系，深化废塑料循环利用，探索新兴固废综合利用路径，实施再生资源高效循环利用工程；强化跨产业协同利用，加强跨区域协同利用，推动工业装置协同处理城镇固废，加强数字化赋能，推进关键技术研发示范推广，强化行业标杆引领，实施工业资源综合利用能力提升工程。到 2025 年，钢铁、有色、化工等重点行业工业固废产生强度下降，大宗工业固废的综合利用水平显著提升，再生资源行业持续健康发展，工业资源综合利用效率明显提升。力争大宗工业固废综合利用率达到 57%，其中冶炼渣达到 73%，工业副产石膏达到 73%，赤泥综合利用水平大幅提高。主要再生资源品种利用量超过 4.8 亿吨，其中废钢铁 3.2 亿吨，废有色金属 2000 万吨，废纸 6000 万吨。

《北部湾城市群建设"十四五"实施方案》提出，推动沿海城市固体废弃物综合利用，稳步推进"无废城市"建设。

《黄河流域生态环境保护规划》提出，有序推进"无废城市"建设，加强固体废物源头减量和资源化利用。提升工业固体废物减量化与资源化利用水平，建设一批"新型功能性、高附加值型、规模化综合利用"工业固体废物综合利用示范基地，推动工业固体废物集中利用处置能力跨区域共享。支持开展冶炼废渣和尾矿生产矿物微粉、煤矸石直燃发电、粉煤灰高附加值绿色建材利用等项目建设。

《"十四五"新型城镇化实施方案》提出，健全危险废弃物和医疗废弃物集中处理设施、大宗固体废弃物综合利用体系。

《工业领域碳达峰实施方案》提出，大力发展循环经济。到 2025 年，大宗工业固废综合利用率达到 57%，2030 年进一步提升至 62%。

《关于推进花卉业高质量发展的指导意见》提出，推进产业绿色发展，推进花卉业低碳环保可持续发展，提高生产废弃物资源化利用水平，实现产地环境明显改善。

二、探索磷石膏的安全环保应用

《2030 年前碳达峰行动方案》提出，在确保安全环保前提下，探索将磷石膏应用于土壤改良、井下充填、路基修筑等。

《关于"十四五"大宗固体废弃物综合利用的指导意见》提出，拓宽磷石膏利用途径，继续推广磷石膏在生产水泥和新型建筑材料等领域的利用，在确保环境安全的前提下，探索磷石膏在土壤改良、井下充填、路基材料等领域的应用。支持利用脱硫石膏、柠檬酸石膏制备绿色建材、石膏晶须等新产品新材料，扩大工业副产石膏高值化利用规模。积极探索钛石膏、氟石膏等复杂难用工业副产石膏的资源化利用途径。

《支持贵州在新时代西部大开发上闯新路的意见》提出，推动磷石膏、锰渣等无害化资源化利用技术攻关和工程应用示范。

《关于加快推动工业资源综合利用的实施方案》提出，推动磷肥生产企业强化过程管理，从源头提高磷石膏可资源化品质。突破磷石膏无害化处理瓶颈，因地制宜制订磷石膏无害化处理方案。加快磷石膏在制硫酸联产水泥和碱性肥料、生产高强石膏粉及其制品等领域的应用。在保证安全环保的前提下，探索磷石膏用于地下采空区充填、道路材料等方面的应用。

《深入打好长江保护修复攻坚战行动方案》提出，深化长江"三磷"排查整治工作，强化重点区域重点行业监管，推动磷矿、磷化工企业稳定达标排放，加强磷石膏综合利用。

三、推动建筑垃圾资源化利用

《2030 年前碳达峰行动方案》提出，推动建筑垃圾资源化利用，推广废弃路面材料原地再生利用。

《关于"十四五"大宗固体废弃物综合利用的指导意见》提出，加强建筑垃圾分类处理和回收利用，规范建筑垃圾堆存、中转和资源化利用场所建设和运营，推动建筑垃圾综合利用产品应用。鼓励建筑垃圾再生骨料及制品在建筑工程和道路工程中的应用，以及将建筑垃圾用于土方平衡、林业用土、环境治理、烧结制品及回填等，不断提高利用质量、扩大资源化利用规模。

《"十四五"循环经济发展规划》提出，建筑垃圾资源化利用示范工程。建设 50 个建筑垃圾资源化利用示范城市。推行建筑垃圾源头减量，建立建筑垃圾分类管理制度，规范建筑垃圾堆放、中转和资源化利用场所建设和运营管理。完善建筑垃圾回收利用政策和再生产品认证标准体系，推进工程渣土、工程泥浆、拆除垃圾、工程垃圾、装修垃圾等资源化利用，提升再生产品的市场使用规模。培育建筑垃圾资源化利用行业骨干企业，加快建筑垃圾资源化利用新技术、新工艺、新装备的开发、应用与集成。

《农村人居环境整治提升五年行动方案（2021—2025 年）》提出，积极探索农村建筑垃圾等就地就近消纳方式，鼓励用于村内道路、入户路、景观等建设。

《"十四五"时期"无废城市"建设工作方案》提出，推进建筑垃圾综合利用。各地制定完善施工现场建筑垃圾分类、收集、统计、处置和再生利用等相关标准，鼓励建筑垃圾再生骨料及制品在建筑工程和道路工程中应用，推动在土方平衡、林业用土、环境治理、烧结制品及回填等领域大量利用经处理后的建筑垃圾。开展存量建筑垃圾治理，对堆放量较大、较集中的堆放点，经治理、评估后达到安全稳定要求，进行生态修复。

《"十四五"推动长江经济带发展城乡建设行动方案》提出，全面提升城市建筑垃圾全过程管理水平。充分考虑通过挖填平衡、推广装配式建筑和全装修房等方式，推动建筑垃圾源头减量，鼓励就地就近回用。严格规范建筑垃圾跨境运输，强化建筑垃圾再生利用。重点推进存量建筑垃圾治理，鼓励因地制宜改造成公园、人工湿地等公共空间。到 2025 年，地级及以上城市基本消除存量建筑垃圾大型堆放点。

《"十四五"黄河流域生态保护和高质量发展城乡建设行动方案》提出，持续推进城市建筑垃圾综合治理。引导施工现场建筑垃圾再利用，减少施工现场建筑垃圾排放。到 2025 年，实现新建建筑和装配式建筑施工现场建筑垃圾（不包括工程渣土、工程泥浆）排放量每万平方米分别不高于 300 吨和 200 吨。充分利用采石坑等，建设建筑垃圾处理设施，加快提升消纳处理能力。

《成渝地区双城经济圈生态环境保护规划》提出，提升建筑垃圾资源化利用水平，加强建筑垃圾再生产品在建筑、市政及道路工程中的应用。

《减污降碳协同增效实施方案》提出，鼓励小规模、渐进式更新和微改造，推进建筑废弃物再生利用。

《城乡建设领域碳达峰实施方案》提出，推进建筑垃圾集中处理、分级利用，到 2030 年建筑垃圾资源化利用率达到 55%。

《"十四五"全国城市基础设施建设规划》提出，建立健全建筑垃圾治理和综合利用体系。建立建筑垃圾分类全过程管理制度，加强建筑垃圾产生、转运、调配、消纳处置以及资源化利用全过程管理，实现工程渣土（弃土）、工程泥浆、工程垃圾、拆除垃圾、装修垃圾等不同类别的建筑垃圾分类收集、分类运输、分类处理与资源化利用。"十四五"期末，地级及以上城市初步建立全过程管理的建筑垃圾综合治理体系，基本形成建筑垃圾减量化、无害化、资源化利用和产业发展体系。

四、推进秸秆高值化利用

《2030 年前碳达峰行动方案》提出，加快推进秸秆高值化利用，完善收储运体系，严格禁烧管控。

《农业面源污染治理与监督指导实施方案（试行）》提出，深入实施秸秆综合利用行动，以肥料化、饲料化、燃料化利用为主攻方向，建立一批秸秆综合利用重点县，打造产业化利用典型模式。

《关于"十四五"大宗固体废弃物综合利用的指导意见》提出，大力推进秸秆综合利用，推动秸秆综合利用产业提质增效。坚持农用优先，持续推进秸秆肥料化、饲料化和基料化利用，发挥好秸秆耕地保育和种养结合功能。扩大秸秆清洁能源利用规模，鼓励利用秸秆等生物质能供热供气供暖，优化农村用能结构，推进生物质天然气在工业领域应用。不断拓宽秸秆原料化利用途径，鼓励利用秸秆生产环保板材、炭基产品、聚乳酸、纸浆等，推动秸秆资源转化为高附加值的绿色产品。建立健全秸秆收储运体系，开展专业化、精细化的运管服务，打通秸秆产业发展的"最初一公里"。

《"十四五"循环经济发展规划》提出，加强农作物秸秆综合利用，坚持农用优先，加大秸秆还田力度，发挥耕地保育功能，鼓励秸秆离田产业化利用，开发新材料新产品，提高秸秆饲料、燃料、原料等附加值。

《"十四五"全国农业绿色发展规划》提出，推进秸秆综合利用。促进秸秆肥料化，集成推广秸秆还田技术，在东北平原、华北平原、长江中下游地区等粮食主产区系统性推进秸秆粉碎还田，鼓励养殖场和饲料企业利用秸秆发展优质饲料，有序发展以秸秆为原料的生物质能，因地制宜发展秸秆固化、生物炭等燃料化产业，推进粮食烘干、大棚保温等农用散煤清洁能源替代，促进秸秆基料化和原料化，发展食用菌生产等秸秆基料，引导开发人造板材、包装材料等秸秆原料产品，构建秸秆收储和供应网络。

《"十四五"全国清洁生产推行方案》提出，完善秸秆收储运服务体系，积极推动秸秆综合利用。坚持整县推进、农用优先，发挥秸秆还田耕地保育功能、秸秆饲料种养结合功能、秸秆燃料节能减排功能。

《"十四五"节能减排综合工作方案》提出，推进秸秆综合利用。到2025年，秸秆综合利用率稳定在86%以上。

《关于做好2022年全面推进乡村振兴重点工作的意见》提出，支持秸秆综合利用。

《长株潭都市圈发展规划》提出，推进秸秆资源化利用，禁止露天焚烧秸秆，加强扬尘污染治理。

《农业农村减排固碳实施方案》提出，实施秸秆综合利用行动。坚持农用优先、就地就近，以秸秆集约化、产业化、高值化为重点，推进秸秆综合利用。持续推进秸秆肥料化、饲料化和基料化利用，发挥好秸秆耕地保育和种养结合功能。推进秸秆能源化利用，因地制宜发展秸秆生物质能供气供热供电。拓宽秸秆原料化利用途径，支持秸秆浆替代木浆造纸，推动秸秆资源转化为环保板材、炭基产品等。健全秸秆收储运体系，完善秸秆资源台账。

《"十四五"生物经济发展规划》提出，推动提高秸秆综合利用水平。

《财政支持做好碳达峰碳中和工作的意见》提出，推动农作物秸秆资源化利用。

《减污降碳协同增效实施方案》提出，提升秸秆综合利用水平，强化秸秆焚烧管控。

《黄河流域生态环境保护规划》提出，因地制宜推广秸秆综合利用模式，着力提升秸秆收储运专业化水平。到2030年，黄河流域秸秆综合利用率达到90%以上。

《建设国家农业绿色发展先行区　促进农业现代化示范区全面绿色转型实施方案》提出，促进农作物秸秆综合利用。在秸秆资源丰富的县（市、区、旗）全域开展秸秆综合利用行动，以肥料化、饲料化、能源化为主攻方向，确保秸秆综合利用率达到90%以上。因地制宜推广秸秆深翻粉碎还田、腐熟有机肥还田等技术，加快秸秆腐熟菌剂和复合菌剂等配套产品开发应用。鼓励养殖场和企业利用秸秆青贮、黄贮、微贮等饲料化利用技术，打捆直燃、成型燃料等能源化利用技术，食用菌基质、栽培基质等基料化利用技术，以及纸浆、人造板材、可降解器具等原料化利用技术，促进秸秆产业化、高值化利用。建设一批秸秆综合利用展示基地，推广应用可操作可落地的秸秆利用模式。

《加快非粮生物基材料创新发展三年行动方案》提出，引导基于大宗农作物秸秆及剩余物等非粮生物质的生物基材料产业创新发展。突破非粮生物质高效利用关键技术，推进技术放大和应用示范，强化渗透能力拓展应用领域，培育龙头企业和特色产业基地方面，强化产业支撑体系建设。到2025年，非粮生物基材料产业基本形成自主创新能力强、产品体系不断丰富、绿色循环低碳的创新发展生态；高质量、可持续的供给和消费体系初步建立。形成5家左右具有核心竞争力、特色鲜明、发展优势突出的骨干企业，建成3~5个生物基材料产业集群，产业发展生态不断优化。

《国家农业绿色发展先行区整建制全要素全链条推进农业面源污染综合防治实施方案》提出，加强秸秆综合利用。到2025年，秸秆综合利用率达到88%以上。

五、加快大宗固废综合利用示范建设

《2030年前碳达峰行动方案》提出，加快大宗固废综合利用示范建设。

《关于"十四五"大宗固体废弃物综合利用的指导意见》提出，实施资源高效利用行动。一是骨干企业示范引领行动。在煤矸石、粉煤灰、尾矿（共伴生矿）、冶炼渣、工业副产石膏、建筑垃圾、农作物秸秆等大宗固废综合利用领域，培育50家具有较强上下游产业带动能力、掌握核心技术、市场占有率高的综合利用骨干企业。支持骨干企业开展高效、高质、高值大宗固废综合利用示范项目建设，形成可复制、可推广的实施范例，发挥带动引领作用。二是综合利用基地建设行动。聚焦煤炭、电力、冶金、化工等重点产废行业，围绕国家重大战略实施，建设50个大宗固废综合利用基地和50个工业资源综合利用基地，推广一批大宗固废综合利用先进适用技术装备，不断促进资源利用效率提升。在粮棉主产区，以农业废弃物为重点，建设50个工农复合型循环经济示范园区，不断提升农林废弃物综合利用水平。三是资源综合利用产品推广行动。将推广使用资源综合利用产品纳入节约型机关、绿色学校等绿色生活创建行动。加大政府绿色采购力度，鼓励党政机关和学校、医院等公共机构优先采购秸秆环保板材等资源综合利用产品，发挥公共机构示范作用。鼓励绿色建筑使用以煤矸石、粉煤灰、工业副产石膏、建筑垃圾等大宗固废为原料的新型墙体材料、装饰装修材料。结合乡村建设行动，引导在乡村公共基础设施建设中使用新型墙体材料。四是大宗固废系统治理能力提升行动。加快完善大宗固废综合利用标准体系，推动上下游产业间标准衔接。加强大宗固废综合利用行业统计能力建设，明确统计口径、统计标准和统计方法，提高统计的及时性和准确性。鼓励企业积极开展工业固体废物资源综合利用评价，不断健全评价机制，加强评价机构能力建设，规范评价机构运行管理，积极推动评价结果采信，引导企业提高资源综合利用产品质量。

《"十四五"循环经济发展规划》提出，开展大宗固废综合利用示范工程。聚焦粉煤灰、煤矸石、冶金渣、工业副产石膏、尾矿、共伴生矿、农作物秸秆、林业三剩物等重点品种，推广大宗固废综合利用先进技术、装备，实施具有示范作用的重点项目，大力推广使用资源综合利用产品，建设50个大宗固废综合利用基地和50个工业资源综合利用基地。

《成渝地区双城经济圈建设规划纲要》提出，完善对汽车等的强制报废配套政策，统筹布局再生资源分拣中心，建设城市废弃资源循环利用基地。

《"十四五"时期"无废城市"建设工作方案》提出，推动大宗工业固体废物在提取有价组分、生产建材、筑路、生态修复、土壤治理等领域的规模化利用。支持金属冶炼、造纸、汽车制造等龙头企业与再生资源回收加工企业合作，建设一体化废钢铁、废有色金属、废纸等绿色分拣加工配送中心和废旧动力电池回收中心。

《关于加快推进城镇环境基础设施建设的指导意见》提出，持续推进固体废物处置设施建设。推进工业园区工业固体废物处置及综合利用设施建设，提升处置及综合利用能力。加强建筑垃圾精细化分类及资源化利用，提高建筑垃圾资源化再生利用产品质量，扩大使用范围，规范建筑垃圾收集、贮存、运输、利用、处置行为。健全区域性再生资源回收利用体系，推进废钢铁、废有色金属、报废机动车、退役光伏组件和风电机组叶片、废旧家电、废旧电池、废旧轮胎、废旧木制品、废旧纺织品、废塑料、废纸、废玻璃等废弃物分类利用和集中处置。开展100个大宗固体废弃物综合利用示范。

《支持贵州在新时代西部大开发上闯新路的意见》提出，推进工业资源综合利用基地建设，推动工业固体废物和再生资源规模化、高值化利用。

《成渝地区双城经济圈生态环境保护规划》提出，提高工业固体废物源头减量和资源化利用水平。重点推动大型园区循环化改造和企业清洁化改造，提高可再生资源回收利用水平，统筹布局区域工业固体废物资源回收和综合利用基地，推动工业固体废物综合利用示范，到2025年，新增大宗工业固体废物综合利用率不低于60%，存量大宗工业固废有序减少。

《"十四五"公路养护管理发展纲要》提出，大力推动废旧路面材料、工业废弃物等再生利用，提升资源利用效率。

《减污降碳协同增效实施方案》提出，强化资源回收和综合利用，加强"无废城市"建设。推动煤矸石、粉煤灰、尾矿、冶炼渣等工业固废资源利用或替代建材生产原料。到2025年，新增大宗固废综合利用率达到60%，存量大宗固废有序减少。

《工业领域碳达峰实施方案》提出，推动低碳原料替代，推广高固废掺量的低碳水泥生产技术，引导水泥企业通过磷石膏、钛石膏、氟石膏、矿渣、电石渣、钢渣、镁渣、粉煤灰等非碳酸盐原料制水泥，推进水泥窑协同处置垃圾衍生可燃物，鼓励有条件的地区利用可再生能源制氢，支持发展生物质化工，推动石化原料多元化，鼓励依法依规进口再生原料；强化工业固废综合利用，鼓励地方开展资源利用评价，支持尾矿、粉煤灰、煤矸石等工业固废规模化高值化利用，加快全固废胶凝材料、全固废绿色混凝土等技术研发推广，深入推动工业资源综合利用基地建设。

《深入打好长江保护修复攻坚战行动方案》提出，深入推进工业资源综合利用基地建设，探索建立工业固体废物综合利用集聚化发展模式。

《关于深入推进黄河流域工业绿色发展的指导意见》提出，推进黄河流域尾矿、粉煤灰、煤矸石、冶炼渣、赤泥、化工渣等工业固体废物综合利用，积极推进大宗固废综合利用示范基地和骨干企业建设，拓展固废综合利用渠道。探索建立基于区域特点的工业固废综合利用产业发展模式，建设一批工业资源综合利用基地。

《"十四五"扩大内需战略实施方案》提出，建设一批大宗固体废弃物综合利用示范基地。

第三节 健全资源循环利用体系

一、完善废旧物资回收网络

《2030 年前碳达峰行动方案》提出，完善废旧物资回收网络，推行"互联网＋"回收模式，实现再生资源应收尽收。到 2025 年，废钢铁、废铜、废铝、废铅、废锌、废纸、废塑料、废橡胶、废玻璃 9 种主要再生资源循环利用量达到 4.5 亿吨，到 2030 年达到 5.1 亿吨。

《"十四五"循环经济发展规划》提出，完善废旧物资回收网络。将废旧物资回收相关设施纳入国土空间总体规划，保障用地需求，合理布局、规范建设回收网络体系，统筹推进废旧物资回收网点与生活垃圾分类网点"两网融合"。放宽废旧物资回收车辆进城、进小区限制并规范管理，保障合理路权。积极推行"互联网＋"回收模式，实现线上线下协同，提高规范化回收企业对个体经营者的整合能力，进一步提高居民交投废旧物资便利化水平。规范废旧物资回收行业经营秩序，提升行业整体形象与经营管理水平。因地制宜完善乡村回收网络，推动城乡废旧物资回收处理体系一体化发展。支持供销合作社系统依托销售服务网络，开展废旧物资回收。开展城市废旧物资循环利用体系建设工程，以直辖市、省会城市、计划单列市及人口较多的城市为重点，选择约 60 个城市开展废旧物资循环利用体系建设。

《"十四五"商务发展规划》提出，建立新型再生资源回收体系，加强废旧物资回收网点布局，提高废旧物资回收、分拣、集散能力。

《"十四五"电子商务发展规划》提出，促进资源循环利用。建立覆盖设计、生产、销售、使用、回收和循环利用各环节的绿色包装标准体系，加快实施快递包装绿色产品认证制度。

《"十四五"支持老工业城市和资源型城市产业转型升级示范区高质量发

展实施方案》提出，支持示范区城市完善废旧物资回收网络，提升再生资源加工利用水平，促进再生资源产业集聚发展。

《关于加快废旧物资循环利用体系建设的指导意见》提出，完善废旧物资回收网络。合理布局废旧物资回收站点，合理布局回收交投点和中转站，因地制宜规划建设废旧家具等大件垃圾规范回收处理站点，深入推进生活垃圾分类网点与废旧物资回收网点"两网融合"，形成扎根社区、服务居民的基础网络，提高废旧物资回收管理效率，扩大回收网络覆盖面；加强废旧物资分拣中心规范建设，合理布局分拣中心，因地制宜新建和改造提升绿色分拣中心，分类推进综合型分拣中心和专业型分拣中心建设；推动废旧物资回收专业化，授权专业化企业开展废旧物资回收业务，引导回收企业提升废旧物资回收环节预处理能力，鼓励各类市场主体积极参与废旧物资回收体系建设，形成规范有序的回收利用产业链条，鼓励生产企业发展回收、加工、利用一体化模式；提升废旧物资回收行业信息化水平，推行"互联网＋"回收模式，支持回收企业运用互联网、物联网、大数据和云计算等现代信息技术，构建全链条业务信息平台和回收追溯系统。

《促进绿色消费实施方案》提出，构建废旧物资循环利用体系。将废旧物资回收设施、报废机动车回收拆解经营场地等纳入相关规划，统筹推进废旧物资回收网点与生活垃圾分类网点"两网融合"，合理布局，规范建设回收网络体系，积极推行"互联网＋"回收模式，加强废旧家电、消费电子等耐用消费品回收处理，鼓励家电生产企业开展回收目标责任制行动，因地制宜完善乡村回收网络，推动城乡废旧物资循环利用体系一体化发展，推动再生资源规模化、规范化、清洁化利用，促进再生资源产业集聚发展，加强废弃电器电子产品、报废机动车、报废船舶、废铅蓄电池等拆解利用企业规范管理和环境监管，稳步推进"无废城市"建设。

《"十四五"全国农药产业发展规划》提出，推进农药包装废弃物回收利用。制定农药包装废弃物回收和资源化利用规范，逐步建立农药包装废弃物回收处理体系。到2025年，力争农药包装废弃物回收率达80％以上。

《关于加快推进废旧纺织品循环利用的实施意见》提出，完善废旧纺织品回收体系。完善回收网络，拓宽回收渠道，强化回收管理。

《关于进一步释放消费潜力促进消费持续恢复的意见》提出，加快构建废旧物资循环利用体系，推动汽车、家电、家具、电池、电子产品等回收利用。

《财政支持做好碳达峰碳中和工作的意见》提出，发展循环经济，推动资源综合利用，加强城乡垃圾和农村废弃物资源利用。完善废旧物资循环利用体系，促进再生资源回收利用提质增效。

《"十四五"新型城镇化实施方案》提出，在60个左右大中城市率先建设完善的废旧物资循环利用体系。

《关于进一步加强商品过度包装治理的通知》提出，进一步完善再生资源回收体系，鼓励各地区以市场化招商等方式引进专业化回收企业，提高包装废弃物回收水平。

《关于加强县级地区生活垃圾焚烧处理设施建设的指导意见》提出，健全资源回收利用体系。鼓励有条件的县级地区根据生活垃圾分类后可回收物数量、种类等情况，统筹规划建设可回收物集散场地和再生资源回收分拣中心，推动建设一批技术水平高、示范性强的资源化利用项目。

《"十四五"扩大内需战略实施方案》提出，健全强制报废制度和废旧家电等耐用消费品回收处理体系，加快构建废旧物资循环利用体系，加强废纸、废塑料、废旧轮胎、废金属、废玻璃、废旧农膜等再生资源回收利用，提升资源产出率。

《关于统筹节能降碳和回收利用　加快重点领域产品设备更新改造的指导意见》提出，完善废旧产品设备回收利用体系。畅通废旧产品设备回收处置，推动再生资源高水平循环利用，规范废旧产品设备再制造。

二、加强再生资源综合利用行业规范管理

《2030年前碳达峰行动方案》提出，加强再生资源综合利用行业规范管理，促进产业集聚发展。

《"十四五"推动高质量发展的国家标准体系建设规划》提出，研制取（用）水定额、产品水效、节水技术与产品、非常规水源利用等节水标准，开展工业固废、建筑垃圾、厨余垃圾、再生资源回收及综合利用、环境管理体系、新能源汽车动力蓄电池回收利用等标准研制，健全资源循环利用体系标准，推动绿色产品评价标准制定，完善绿色产品评价标准体系。

《"十四五"循环经济发展规划》提出，实施废钢铁、废有色金属、废塑料、废纸、废旧轮胎、废旧手机、废旧动力电池等再生资源回收利用行业规范管理，提升行业规范化水平，促进资源向优势企业集聚。加强废弃电器电子产品、报废机动车、报废船舶、废铅蓄电池等拆解利用企业规范管理和环境监管，加大对违法违规企业整治力度，营造公平的市场竞争环境。加快建立再生原材料推广使用制度，拓展再生原材料市场应用渠道，强化再生资源对战略性矿产资源供给保障能力。完善二手商品流通法规，鼓励"互联网＋

二手"模式发展，强化互联网交易平台管理责任，加强交易行为监管，推动线下实体二手市场规范建设和运营，鼓励建设集中规范的"跳蚤市场"。强化行业监管，加强对报废机动车、废弃电器电子产品、废旧电池回收利用企业的规范化管理，严厉打击非法改装拼装、拆解处理等行为，加大查处和惩罚力度，加强废旧物资回收、利用、处置等环节的环境监管。

《关于加快废旧物资循环利用体系建设的指导意见》提出，完善再生资源类固体废物跨地区运输备案机制，提升再生资源跨区转运效率；丰富二手商品交易渠道，鼓励"互联网＋二手"模式发展，促进二手商品网络交易平台规范发展，支持线下实体二手市场规范建设和运营，鼓励建设集中规范的"跳蚤市场"，有条件的地区可建设集中规范的车辆、家电、手机、家具、服装等二手商品交易市场和交易专区，鼓励社区建设二手商品寄卖店、寄卖点，定期组织二手商品交易活动，鼓励各级学校设置旧书分享角、分享日；完善二手商品交易管理制度，建立健全二手商品交易规则，推动二手商品交易诚信体系建设，分品类完善二手商品鉴定、评估、分级等标准体系，完善二手商品评估鉴定行业人才培养和管理机制，培育权威的第三方鉴定评估机构，完善计算机类、通信类和消费类电子产品信息清除标准规范，推动落实取消二手车限迁政策，研究解决二手商品转售、翻新等服务涉及的知识产权问题；各地区要将交投点、中转站、分拣中心等废旧物资回收网络相关建设用地纳入相关规划，并将其作为城市配套的基础设施用地；加大投资财税金融政策支持，加强对废旧物资循环利用体系建设重点项目的支持；加强行业监督管理，实施废旧物资回收加工利用行业规范管理，加强对再生资源回收加工利用行业的环境监管，依法打击非法拆解处理报废汽车、废弃电器电子产品等行为，严厉打击再生资源回收、二手商品交易中的违法违规行为，加强计算机类、通信类和消费类电子产品二手交易的信息安全监管；健全废旧物资循环利用统计制度，完善统计核算方法。

《财政支持做好碳达峰碳中和工作的意见》提出，建立健全汽车、电器电子产品的生产者责任延伸制度，促进再生资源回收行业健康发展。

《工业领域碳达峰实施方案》提出，实施废钢铁、废有色金属、废纸、废塑料、废旧轮胎等再生资源回收利用行业规范管理，鼓励符合规范条件的企业公布碳足迹，促进钢铁、铜、铝、铅、锌、镍、钴、锂、钨等高效再生循环利用。

《扩大内需战略规划纲要（2022—2035年）》提出，加快构建废旧物资循环利用体系，规范发展汽车、动力电池、家电、电子产品回收利用行业。

三、高水平建设现代化"城市矿产"基地

《2030 年前碳达峰行动方案》提出，高水平建设现代化"城市矿产"基地，推动再生资源规范化、规模化、清洁化利用。

《"十四五"循环经济发展规划》提出，推动再生资源规模化、规范化、清洁化利用，促进再生资源产业集聚发展，高水平建设现代化"城市矿产"基地。

《"十四五"支持老工业城市和资源型城市产业转型升级示范区高质量发展实施方案》提出，推行生产企业"逆向回收"等模式，健全生产者责任延伸制度，畅通汽车、纺织、家电等产业生产、消费、回收、处理、再利用全链条，支持打造家电销售和废旧家电回收处理产业链，开展城市静脉产业基地建设，推动城市典型废弃物的集聚化、协同化处理。高水平建设现代化"城市矿产"基地。

《关于加快废旧物资循环利用体系建设的指导意见》提出，提升再生资源加工利用水平。推动再生资源加工利用产业集聚化发展，依托现有"城市矿产"示范基地、资源循环利用基地、工业资源综合利用基地，统筹规划布局再生资源加工利用基地和区域交易中心，促进再生资源产业集聚发展，推动再生资源规模化、规范化、清洁化利用，鼓励京津冀、长三角、珠三角、成渝、中原、兰西等重点城市群建设区域性再生资源加工利用产业基地；提高再生资源加工利用技术水平，加大再生资源先进加工利用技术装备推广应用力度，推动现有再生资源加工利用项目提质改造，开展技术升级和设备更新，提高机械化、信息化和智能化水平，支持企业加强技术装备研发，突破一批共性关键技术和大型成套装备。

四、推进新兴产业废物循环利用

《2030 年前碳达峰行动方案》提出，推进退役动力电池、光伏组件、风电机组叶片等新兴产业废物循环利用。

《"十四五"循环经济发展规划》提出，开展废旧动力电池循环利用行动。加强新能源汽车动力电池溯源管理平台建设，完善新能源汽车动力电池回收利用溯源管理体系，建设规范化回收服务网点，推进动力电池规范化梯次利用，加强废旧动力电池再生利用与梯次利用成套化先进技术装备推广应用，完善动力电池回收利用标准体系，培育废旧动力电池综合利用骨干企业。

《新能源汽车动力蓄电池梯次利用管理办法》提出，鼓励梯次利用企业与

新能源汽车生产、动力蓄电池生产及报废机动车回收拆解等企业协议合作，加强信息共享，利用已有回收渠道，高效回收废旧动力蓄电池用于梯次利用，鼓励动力蓄电池生产企业参与废旧动力蓄电池回收及梯次利用。具体规定了梯次利用企业要求、梯次产品要求、回收利用要求和监督管理。

《"十四五"工业绿色发展规划》提出，统筹布局退役光伏、风力发电装置、海洋工程装备等新兴固废综合利用。

《关于加快推动工业资源综合利用的实施方案》提出，研究制订船舶安全与环境无害化循环利用方案，加强船舶设计、建造、配套、检验、营运以及维修、改造、拆解、利用等全生命周期管理，促进相关企业与机构信息共享，促进船舶废旧材料再生利用。推动废旧光伏组件、风电叶片等新兴固废综合利用技术研发及产业化应用，加大综合利用成套技术设备研发推广力度，探索新兴固废综合利用技术路线。

《减污降碳协同增效实施方案》提出，推进退役动力电池、光伏组件、风电机组叶片等新型废弃物回收利用。

《工业领域碳达峰实施方案》提出，研究退役光伏组件、废弃风电叶片等资源化利用的技术路线和实施路径，围绕电器电子、汽车等产品推行生产者责任延伸制度，推动新能源汽车动力电池回收利用体系建设。

《关于深入推进黄河流域工业绿色发展的指导意见》提出，强化新能源汽车动力蓄电池溯源管理，积极推进废旧动力电池循环利用项目建设。提前布局退役光伏、风力发电装置等新兴固废综合利用。

五、促进再制造产业高质量发展

《2030年前碳达峰行动方案》提出，促进汽车零部件、工程机械、文办设备等再制造产业高质量发展。

《汽车零部件再制造规范管理暂行办法》提出，进一步完善我国循环经济制度体系，从再制造企业规范条件、旧件回收管理、再制造生产管理、再制造产品管理、再制造市场管理和监督管理六大方面系统提出了规范管理要求。

《"十四五"循环经济发展规划》提出，促进再制造产业高质量发展。提升汽车零部件、工程机械、机床、文办设备等再制造水平，推动盾构机、航空发动机、工业机器人等新兴领域再制造产业发展，推广应用无损检测、增材制造、柔性加工等再制造共性关键技术。培育专业化再制造旧件回收企业。支持建设再制造产品交易平台。鼓励企业在售后服务体系中应用再制造产品并履行告知义务。推动再制造技术与装备数字化转型结合，为大型机电装备提供定制化再制造服务。在监管部门信息共享、风险可控的前提下，在自贸试验区支持探索开展航空、数控机床、通信设备等保税维修和再制造复出口业务。加强再制造产品评定和推广。实施循环经济关键技术与装备创新工程，深入实施循环经济关键技术与装备重点专项，突破一批绿色循环关键共性技术及重大装备，开展循环经济绿色技术体系集成示范。实施再制造产业高质量发展行动，大力推广工业装备再制造，广泛使用再制造产品和服务，壮大再制造产业规模，引导形成10个左右再制造产业集聚区。

《关于加快废旧物资循环利用体系建设的指导意见》提出，推进再制造产业高质量发展。提升汽车零部件、工程机械、机床、文办设备等再制造水平，推动盾构机、航空发动机、工业机器人等新兴领域再制造产业发展，推广应用无损检测、增材制造、柔性加工等再制造共性关键技术。结合工业智能化改造和数字化转型，大力推广工业装备再制造。支持隧道掘进、煤炭采掘、石油开采等领域的企业广泛使用再制造产品和服务。在售后维修、保险、租赁等领域推广再制造汽车零部件、再制造文办设备等。

《关于促进钢铁工业高质量发展的指导意见》提出，推进废钢资源高质高效利用，有序引导电炉炼钢发展，推进废钢回收、拆解、加工、分类、配送一体化发展，进一步完善废钢加工配送体系建设。

《工业领域碳达峰实施方案》提出，推进机电产品再制造。围绕航空发动机、盾构机、工业机器人、服务器等高值关键件再制造，打造再制造创新载体，加快增材制造、柔性成型、特种材料、无损检测等关键再制造技术创新与产业化应用，培育50家再制造解决方案供应商实施智能升级改造，加强再制造产品认定。

六、加强资源再生产品和再制造产品推广应用

《2030年前碳达峰行动方案》提出，加强资源再生产品和再制造产品推广应用。

《"十四五"工业绿色发展规划》提出，推进再生资源高值化循环利用。培育废钢铁、废有色金属、废塑料、废旧轮胎、废纸、废弃电器电子产品、废旧动力电池、废油、废旧纺织品等主要再生资源循环利用龙头骨干企业，推动资源要素向优势企业集聚，依托优势企业技术装备，推动再生资源高值化利用。统筹用好国内国际两种资源，依托互联网、区块链、大数据等信息化技术，构建国内国际双轨、线上线下并行的再生资源供应链。鼓励建设再

生资源高值化利用产业园区，推动企业聚集化、资源循环化、产业高端化发展。积极推广再制造产品，大力发展高端智能再制造。

《关于推进中央企业高质量发展做好碳达峰碳中和工作的指导意见》提出，推动再制造产业高质量发展，提升汽车零部件、工程机械、机床等再制造水平，鼓励企业广泛推广应用再制造产品和服务。提升再生资源加工利用水平，推动废钢铁、废有色金属、废塑料、废旧动力电池等再生资源规模化、规范化、清洁化利用。

《关于加快推进废旧纺织品循环利用的实施意见》提出，鼓励使用绿色纤维。鼓励纺织企业优先使用绿色纤维原料，引导支持纺织企业特别是品牌企业使用再生纤维及制品，提高再生纤维的替代使用比例，促进废旧纺织品高值化利用。提高纤维材料资源化利用水平。引导有关机构和企业研究制定废旧纺织品循环利用目标及路线图，积极推进废旧纺织品循环利用。支持有关机构和企业研究废旧纺织品资源价值核算方法和评价指标，逐步构建支撑再生纺织品生态价值的市场机制。促进废旧纺织品综合利用，规范开展再利用，促进再生利用产业发展，实施制式服装重点突破。完善废旧纺织品回收、消毒、分拣和综合利用等系列标准，建立健全废旧纺织品循环利用标准体系，修订《再加工纤维质量行为规范》等标准规范文件，推动落实《循环再利用化学纤维（涤纶）行业规范条件》，提高以废旧纺织品为原料的再生涤纶产量，促进循环再利用涤纶行业高质量发展。

《关于化纤工业高质量发展的指导意见》提出，提高循环利用水平。实现化学法再生涤纶规模化、低成本生产，推进再生锦纶、再生丙纶、再生氨纶、再生腈纶、再生黏胶纤维、再生高性能纤维等品种的关键技术研发和产业化。推动废旧纺织品高值化利用的关键技术突破和产业化发展，鼓励相关生产企业建立回收利用体系。

《关于产业用纺织品行业高质量发展的指导意见》提出，发展环境友好产品，提高天然纤维、再生纤维素纤维、木浆、聚乳酸、低（无）VOCs 含量胶黏剂的应用比例；加强废旧纺织品循环利用，提高循环再利用纤维在土工建筑、交通工具、包装、农业等领域的应用比例，推广滤袋、绳网等产品回收利用技术，扩大产业用纺织品回收利用量。

《关中平原城市群建设"十四五"实施方案》提出，提高再生水利用和雨水资源化利用水平，缺水城市再生水利用率达到 25% 以上。

《质量强国建设纲要》提出，优化资源循环利用技术标准，实现资源绿色、高效再利用。

第四节 大力推进生活垃圾减量化资源化

一、建立生活垃圾收运处置体系

《2030年前碳达峰行动方案》提出，扎实推进生活垃圾分类，加快建立覆盖全社会的生活垃圾收运处置体系，全面实现分类投放、分类收集、分类运输、分类处理。到2025年，城市生活垃圾分类体系基本健全，生活垃圾资源化利用比例提升至60%左右。到2030年，城市生活垃圾分类实现全覆盖，生活垃圾资源化利用比例提升至65%。

《关于支持长江经济带农业农村绿色发展的实施意见》提出，推进农村生活垃圾治理。做好非正规垃圾堆放点排查和整治工作，建立农村生活垃圾集运处置体系，鼓励具备条件的地方实行村收集、镇转运、县处理。有条件的地区要推行适合农村特点的垃圾就地分类和资源化利用方式。

《关于推动农村人居环境标准体系建设的指导意见》提出，加强农村生活垃圾分类收集、收运转运、处理处置、监测评价标准和农村生活污水设施设备、建设验收、管理管护标准的研制。

《关于全面推进乡村振兴加快农业农村现代化的意见》提出，健全农村生活垃圾收运处置体系，推进源头分类减量、资源化处理利用，建设一批有机废弃物综合处置利用设施。

《"十四五"城镇生活垃圾分类和处理设施发展规划》提出：①加快完善垃圾分类设施体系。规范垃圾分类投放方式，进一步健全分类收集设施，加快完善分类转运设施。②有序开展厨余垃圾处理设施建设。科学选择处理技术路线，有序推进厨余垃圾处理设施建设，积极探索多元化可持续运营模式。③规范垃圾填埋处理设施建设。开展库容已满填埋设施封场治理，提升既有填埋设施运营管理水平，适度规划建设兜底保障填埋设施。④健全可回收物资源化利用设施。统筹规划分拣处理中，推动可回收物资源化利用设施建设，进一步规范可回收物利用产业链。⑤加强有害垃圾分类和处理。完善有害垃圾收运系统，规范有害垃圾处置。⑥强化设施二次环境污染防治能力建设。补齐焚烧飞灰处置设施短板，完善垃圾渗滤液处理设施，积极推动沼渣处置利用。⑦开展关键技术研发攻关和试点示范。开展小型焚烧设施试点示范，飞灰处置技术试点示范，渗滤液及浓缩液处理技术试点示范，焚烧炉渣资源化试点示范。⑧鼓励生活垃圾协同处置。鼓励统筹规划固体废物综合处置基地，推动建设区域协同生活垃圾处理设施。⑨完善全过程监测监管能力建设。健全监测监管网络体系，加快建设全过程管理信息共享平台。

《关于新时代推动中部地区高质量发展的意见》提出，推动地级及以上城市加快建立生活垃圾分类投放、分类收集、分类运输、分类处理系统。加快农村公共基础设施建设，因地制宜推进农村改厕、生活垃圾处理和污水治理。

《"十四五"黄河流域城镇污水垃圾处理实施方案》提出，完善城镇垃圾处理体系。健全垃圾分类收运体系，补齐生活垃圾处理能力缺口。

《黄河流域生态保护和高质量发展规划纲要》提出，在沿黄城市和县、镇，积极推广垃圾分类，建设垃圾焚烧等无害化处理设施，完善与之衔接配套的垃圾收运系统。建立健全农村垃圾收运处置体系，因地制宜开展阳光堆肥房等生活垃圾资源化处理设施建设。

《关于推动城乡建设绿色发展的意见》提出，持续推进农村生活垃圾、污水、厕所粪污、畜禽养殖粪污治理。

《成渝地区双城经济圈建设规划纲要》提出，加快推进垃圾分类，共建区域一体化垃圾分类回收网络体系。

《粮食节约行动方案》提出，推进厨余垃圾资源化利用。指导地方建立厨余垃圾收集、投放、运输、处理体系，推动源头减量，支持厨余垃圾资源化利用和无害化处理，引导社会资本积极参与，做好厨余垃圾分类收集，探索推进餐桌剩余食物饲料化利用。

《关于深入打好污染防治攻坚战的意见》提出，因地制宜推行垃圾分类制度，加快快递包装绿色转型。

《农村人居环境整治提升五年行动方案（2021—2025年）》提出，全面提升农村生活垃圾治理水平。健全生活垃圾收运处置体系，完善农村生活垃圾收集、转运、处置设施和模式，因地制宜采用小型化、分散化的无害化处理方式；推进农村生活垃圾分类减量与利用，加快推进农村生活垃圾源头分类减量，积极探索符合农村特点和农民习惯、简便易行的分类处理模式，减少垃圾出村处理量，有条件的地区基本实现农村可回收垃圾资源化利用、易腐烂垃圾和煤渣灰土就地就近消纳、有毒有害垃圾单独收集贮存和处置、其他垃圾无害化处理，协同推进农村有机生活垃圾、厕所粪污、农业生产有机废弃物资源化处理利用，以乡镇或行政村为单位建设一批区域农村有机废弃物综合处置利用设施，积极推动再生资源回收利用网络与环卫清运网络合作融合。

《农村人居环境整治提升五年行动方案（2021—2025年）》提出，协同推进废旧农膜、农药肥料包装废弃物回收处理。

《"十四五"时期"无废城市"建设工作方案》提出，促进生活源固体废物减量化、资源化。积极发展共享经济，推动二手商品交易和流通。深入推进生活垃圾分类工作，建立完善分类投放、分类收集、分类运输、分类处理系统。构建城乡融合的农村生活垃圾治理体系，推动城乡环卫制度并轨。加快构建废旧物质循环利用体系，推进垃圾分类收运与再生资源回收"两网融合"，促进玻璃等低值可回收物回收利用。完善废旧家电回收处理管理制度和支持政策，畅通家电生产消费回收处理全产业链条。提升城市垃圾中转站建设水平，建设环保达标的垃圾中转站。提升厨余垃圾资源化利用能力，着力解决好堆肥、沼液、沼渣等产品的"梗阻"问题，加强餐厨垃圾收运处置监管。推进市政污泥源头减量，压减填埋规模，推进资源化利用。

《"十四五"全国农业农村科技发展规划》提出，因地制宜研发集成和熟化推广农村生物质能源综合利用、生活垃圾与生活污水处理、农村新模式新业态融合等关键技术与模式，引领支撑农村人居环境持续改善。

《"十四五"节能减排综合工作方案》提出，建设分类投放、分类收集、分类运输、分类处理的生活垃圾处理系统。

《"十四五"重点流域水环境综合治理规划》提出，加快建立完善的生活垃圾分类运输系统，统筹规划布局中转站点，提高分类收集转运效率。

《"十四五"推动长江经济带发展城乡建设行动方案》提出，基本建成生活垃圾分类和处理系统。到2025年，地级及以上城市基本建成生活垃圾分类和处理系统，城市生活垃圾资源化利用率不低于60%。

《"十四五"黄河流域生态保护和高质量发展城乡建设行动方案》提出，加快垃圾分类收运设施建设，2025年沿黄省区地级及以上城市生活垃圾分类收运能力基本满足生活垃圾分类收集、转运和处理需求；有序推进厨余垃圾处理设施建设；规范垃圾填埋处理设施建设。县城生活垃圾无害化处理率≥99%。健全农村生活垃圾收运处置体系。

《关于加快推进城镇环境基础设施建设的指导意见》提出，逐步提升生活垃圾分类和处理能力。建设分类投放、分类收集、分类运输、分类处理的生活垃圾处理系统。合理布局生活垃圾分类收集站点，完善分类运输系统，加快补齐分类收集转运设施能力短板。城市建成区生活垃圾日清运量超过300吨的地区要加快建设垃圾焚烧处理设施。不具备建设规模化垃圾焚烧处理设施条件的地区，鼓励通过跨区域共建共享方式建设。按照科学评估、适度超前的原则，稳妥有序推进厨余垃圾处理设施建设。加强可回收物回收、分拣、处置设施建设，提高可回收物再生利用和资源化水平。

《农业农村污染治理攻坚战行动方案（2021—2025年）》提出，健全农村生活垃圾收运处置体系，在不便于集中收集处置农村生活垃圾的地区，因地制宜采用小型化、分散化的无害化处理方式，到2025年进一步健全农村生活垃圾收运处置体系；推行农村生活垃圾分类减量与利用，加快推进农村生活垃圾分类，减少垃圾出村处理量，协同推进农村有机生活垃圾、厕所粪污、农业生产有机废弃物资源化处理利用，以乡镇或行政村为单位建设一批区域农村有机废弃物综合处置利用设施。

《成渝地区双城经济圈生态环境保护规划》提出，推进生活垃圾分类和资源循环利用。以重庆中心城区和成都都市圈为引领，逐步扩大垃圾分类覆盖城市，建立健全农村生活垃圾收运处置体系，推动相邻区域共建共享生活垃圾焚烧处理设施。统筹布局区域再生资源分拣中心，共同完善再生资源回收体系，合作推进生活垃圾分类与再生资源回收"两网融合"。

《西安都市圈发展规划》提出，全面建立分类投放、分类收集、分类运输、分类处理的城乡生活垃圾分类处理体系，加强危险废物等处理处置设施共建共享，提高无害化处置和综合利用水平，探索建立跨区域固废危废处置补偿机制。加强农村畜禽养殖废弃物资源化利用和生活垃圾污染防治。

《"十四五"国民健康规划》提出，加强城市垃圾和污水处理设施建设，推进城市生活垃圾分类和资源回收利用。推行县域生活垃圾和污水统筹治理，持续开展村庄清洁行动，建立健全农村村庄保洁机制和垃圾收运处置体系，选择符合农村实际的生活污水处理技术，推进农村有机废弃物资源化利用。

《关于推进以县城为重要载体的城镇化建设的意见》提出，完善垃圾收集处理体系。因地制宜建设生活垃圾分类处理系统，配备满足分类清运需求、密封性好、压缩式的收运车辆，改造垃圾房和转运站，建设与清运量相适应的垃圾焚烧设施，做好全流程恶臭防治。合理布局危险废弃物收集和集中利用处置设施。健全县域医疗废弃物收集转运处置体系。推进大宗固体废弃物综合利用。

《关于进一步加强农村生活垃圾收运处置体系建设管理的通知》提出，明确农村生活垃圾收运处置体系建设管理工作目标，统筹谋划农村生活垃圾收运处置体系建设和运行管理，推动农村生活垃圾源头分类和资源化利用，完善农村生活垃圾收运处置设施，提高农村生活垃圾收运处置体系运行管理水平，建立共建共治共享工作机制，形成农村生活垃圾收运处置体系建设管理工作合力。

《乡村建设行动实施方案》提出，健全农村生活垃圾收运处置体系，完善县乡村三级设施和服务，推动农村生活垃圾分类减量与资源化处理利用，建设一批区域农村有机废弃物综合处置利用设施。

《减污降碳协同增效实施方案》提出，加强生活垃圾减量化、资源化和无害化处理，大力推进垃圾分类，优化生活垃圾处理处置方式，加强可回收物和厨余垃圾资源化利用。减少有机垃圾填埋，加强生活垃圾填埋场垃圾渗滤液、恶臭和温室气体协同控制，推动垃圾填埋场填埋气收集和利用设施建设。

《黄河流域生态环境保护规划》提出，统筹规划城乡垃圾处理设施空间布局，逐步建立农村生活垃圾就地分类和资源化利用体系。

《"十四五"新型城镇化实施方案》提出，地级及以上城市因地制宜基本建立分类投放、收集、运输、处理的生活垃圾分类和处理系统。

《太湖流域水环境综合治理总体方案》提出，全面构建因地制宜的垃圾分类标准体系，推进城镇生活垃圾分类和处理系统建设。推行分类减量先行的治理模式，建设一批农村生活垃圾减量化资源化处理试点村。

《关中平原城市群建设"十四五"实施方案》提出，深入推进生活垃圾分类，加快建立分类投放、收集、运输、处理系统，倡导绿色生活方式。

《城乡建设领域碳达峰实施方案》提出，全面推行垃圾分类和减量化、资源化，完善生活垃圾分类投放、分类收集、分类运输、分类处理系统，到2030年，城市生活垃圾资源化利用率达到65%。推动农村生活垃圾分类处理，倡导农村生活垃圾资源化利用，从源头减少农村生活垃圾产生量。

《"十四五"全国城市基础设施建设规划》提出，建立生活垃圾分类管理系统，建立分类投放、分类收集、分类运输、分类处理的生活垃圾管理系统，推动形成绿色发展方式和生活方式；完善城市生活垃圾资源回收利用体系，统筹推进生活垃圾分类网点与废旧物资回收网点"两网融合"，推动回收利用行业转型升级，推动废玻璃等低值可回收物的回收和再生利用。

《黄河生态保护治理攻坚战行动方案》提出，健全生活垃圾收运处置体系，结合实际统筹县乡村三级设施建设和服务，完善农村生活垃圾收集、转运、处置设施和模式，因地制宜采用小型化、分散化的无害化处理方式。

《深入打好长江保护修复攻坚战行动方案》提出，推进垃圾分类投放、收集、运输和处理系统建设，加强垃圾无害化资源化处理，推进污泥资源化利用，推动实现垃圾渗滤液全收集全处理。到2025年年底，推动长江经济带地级及以上城市因地制宜基本建立生活垃圾分类投放、分类收集、分类运输、分类处理系统。

《关于进一步加强商品过度包装治理的通知》提出，进一步完善生活垃圾清运体系，持续推进生活垃圾分类工作，健全与生活垃圾源头分类投放相匹配的分类收集、分类运输体系，加快分类收集设施建设，配齐分类运输设备，提高垃圾清运水平。

《关于推进建制镇生活污水垃圾处理设施建设和管理的实施方案》提出，建立健全分类收集设施，加快完善分类转运设施，强化处理设施共建共享，加强生活垃圾资源化利用。到 2025 年，建制镇建成区基本实现生活垃圾收集、转运、处理能力全覆盖；到 2035 年，基本实现建制镇建成区生活垃圾全收集、全处理。

二、加强塑料污染全链条治理

《2030 年前碳达峰行动方案》提出，加强塑料污染全链条治理，整治过度包装，推动生活垃圾源头减量。

《关于支持海南全面深化改革开放的指导意见》提出，全面禁止在海南生产、销售和使用一次性不可降解塑料袋、塑料餐具，加快推进快递业绿色包装应用。

《关于进一步加强塑料污染治理的意见》提出，禁止、限制部分塑料制品的生产、销售和使用，禁止、限制使用不可降解塑料袋、一次性塑料餐具、宾馆（酒店）一次性塑料用品、快递塑料包装等塑料制品，推广应用替代产品，培育优化新业态新模式，增加绿色产品供给。通过加强塑料废弃物回收和清运，推进资源化能源化利用，开展塑料垃圾专项清理来规范塑料废弃物回收利用和处置；通过建立健全法规制度和标准，完善相关支持政策，强化科技支撑，严格执法监督来完善支撑保障体系。到 2022 年，一次性塑料制品消费量明显减少，替代产品得到推广，塑料废弃物资源化能源化利用比例大幅提升；在塑料污染问题突出领域和电商、快递、外卖等新兴领域，形成一批可复制、可推广的塑料减量和绿色物流模式。到 2025 年，塑料制品生产、流通、消费和回收处置等环节的管理制度基本建立，多元共治体系基本形成，替代产品开发应用水平进一步提升，重点城市塑料垃圾填埋量大幅降低，塑料污染得到有效控制。

《"十四五"循环经济发展规划》提出，开展塑料污染全链条治理专项行动。科学合理推进塑料源头减量，严格禁止生产超薄农用地膜、含塑料微珠日化产品等危害环境和人体健康的产品，鼓励公众减少使用一次性塑料制品。

深入评估各类塑料替代品全生命周期资源环境影响。因地制宜、积极稳妥推广可降解塑料，健全标准体系，提升检验检测能力，规范应用和处置。推进标准地膜应用，提高废旧农膜回收利用水平。加强塑料垃圾分类回收和再生利用，加快生活垃圾焚烧处理设施建设，减少塑料垃圾填埋量。开展江河、湖泊、海岸线塑料垃圾清理，实施海洋垃圾清理专项行动。加强政策解读和宣传引导，营造良好社会氛围。强化市场监管，严厉打击违规生产销售国家明令禁止的塑料制品，严格查处可降解塑料虚标、伪标等行为。

《"十四五"塑料污染治理行动方案》提出，积极推行塑料制品绿色设计，持续推进一次性塑料制品使用减量，科学稳妥推广塑料替代产品，积极推动塑料生产和使用源头减量；加强塑料废弃物规范回收和清运，建立完善农村塑料废弃物收运处置体系，加大塑料废弃物再生利用，提升塑料垃圾无害化处置水平，加快推进塑料废弃物规范回收利用和处置；加强江河湖海塑料垃圾清理整治，深化旅游景区塑料垃圾清理整治，深入开展农村塑料垃圾清理整治，大力开展重点区域塑料垃圾清理整治。到 2025 年，塑料污染治理机制运行更加有效，地方、部门和企业责任有效落实，塑料制品生产、流通、消费、回收利用、末端处置全链条治理成效更加显著，白色污染得到有效遏制。

《关于深入打好污染防治攻坚战的意见》提出，加强塑料污染全链条防治。

《"十四五"时期"无废城市"建设工作方案》提出，推进塑料污染全链条治理，大幅减少一次性塑料制品使用，推动可降解替代产品应用，加强废弃塑料制品回收利用。加快快递包装绿色转型，推广可循环绿色包装应用。开展海洋塑料垃圾清理整治。

《"十四五"原材料工业发展规划》提出，加快塑料污染治理和塑料循环利用，推进生物降解塑料的产业化与应用。

《促进绿色消费实施方案》提出，建立健全一次性塑料制品使用、回收情况报告制度，督促指导商品零售场所开办单位、电子商务平台企业、快递企业和外卖企业等落实主体责任。

《关于加快推动工业资源综合利用的实施方案》提出，加快废弃饮料瓶、塑料快递包装等产生量大的主要废塑料品种回收利用，培育一批龙头骨干企业，提高产业集中度。推动废塑料高附加值利用。鼓励企业开展废塑料综合利用产品绿色设计认证，提高再生塑料在汽车、电器电子、建筑、纺织等领域的使用比例。科学稳妥地推进塑料替代制品应用推广，助力塑料污染治理。

《成渝地区双城经济圈生态环境保护规划》提出，加强塑料污染治理，积极推动塑料生产和使用源头减量，在重庆中心城区和成都都市圈等重点区域以及电商、外卖、快递、旅游等重点领域，探索可复制推广的塑料减量模式。

《黄河流域生态环境保护规划》提出，加强塑料污染治理。全面禁止生产和销售超薄塑料购物袋和非标聚乙烯农用地膜，加强对禁止生产销售使用塑料制品的监督检查。积极推广一次性塑料制品的替代产品使用，加快推进快递包装绿色转型。联合开展塑料污染治理专项行动，常态化开展黄河河道岸滩塑料垃圾清理，持续推进废塑料加工利用行业整治。

《"十四五"新型城镇化实施方案》提出，加强塑料污染治理。

《深入打好长江保护修复攻坚战行动方案》提出，加强塑料污染治理。开展水面漂浮塑料垃圾专项清理整治，加强三峡大坝等漂浮垃圾集聚区管理。强化沿江岸线塑料垃圾清理。严查塑料垃圾非法倾倒岸线行为。

三、推进生活垃圾焚烧处理

《2030 年前碳达峰行动方案》提出，推进生活垃圾焚烧处理，降低填埋比例，探索适合我国厨余垃圾特性的资源化利用技术。

《辽宁沿海经济带高质量发展规划》提出，加快建设生活垃圾焚烧处理设施，推动城区原生生活垃圾实现"零填埋"。

《"十四五"城镇生活垃圾分类和处理设施发展规划》提出，全面推进生活垃圾焚烧设施建设，加强垃圾焚烧设施规划布局，持续推进焚烧处理能力建设，开展既有焚烧设施提标改造。

《"十四五"黄河流域城镇污水垃圾处理实施方案》提出，推广生活垃圾焚烧处理。"十四五"期间，黄河流域新增生活垃圾焚烧处理能力约 2.8 万吨/日，改造存量生活垃圾处理设施不少于 70 个。

《"十四五"时期"无废城市"建设工作方案》提出，提高生活垃圾焚烧能力，大幅减少生活垃圾填埋处置，规范生活垃圾填埋场管理，减少甲烷等温室气体排放。

《"十四五"土壤、地下水和农村生态环境保护规划》提出，推进农村生活垃圾就地分类和资源化利用。

《"十四五"重点流域水环境综合治理规划》提出，统筹生活垃圾分类网点和废旧物品交投网点建设，提高城镇生活垃圾中低值可回收物的回收和再利用。持续推进生活垃圾焚烧和厨余垃圾处理设施建设，开展分类处理设施提标改造，加快补齐处理设施短板。

《"十四五"推动长江经济带发展城乡建设行动方案》提出，全面推进生活垃圾焚烧处置。推广生态节地的垃圾处理技术，减少填埋，推广回收利用、焚烧、生化等资源化处置方式。适度超前建设与生活垃圾清运量增长相适应的焚烧处理设施。到2025年，城市生活垃圾焚烧处理能力占比在中下游地区达到65%，上游地区不低于40%，其中成渝地区双城经济圈达到60%；"十四五"期间，地级及以上城市和具备焚烧处理能力或建设条件的县城，不再规划和新建原生垃圾填埋设施。

《"十四五"黄河流域生态保护和高质量发展城乡建设行动方案》提出，持续推进生活垃圾焚烧设施建设。以建成区生活垃圾日清运量超过300吨的城市及县城为重点，推进沿黄市县生活垃圾焚烧设施建设。加快发展以焚烧为主的垃圾处理方式，适度超前建设与生活垃圾清运量增长相适应的焚烧处理设施。到2025年，沿黄下游城市生活垃圾焚烧处理能力占比达到65%以上，中游城市和上游大城市达到60%以上，上游其他地区不低于40%。

《支持贵州在新时代西部大开发上闯新路的意见》提出，实施生活垃圾焚烧发电示范工程。

《减污降碳协同增效实施方案》提出，持续推进生活垃圾焚烧处理能力建设。

《"十四五"新型城镇化实施方案》提出，到2025年，城镇生活垃圾焚烧处理能力达到80万吨/日左右。

《污泥无害化处理和资源化利用实施方案》提出，有序推进污泥焚烧处理。

《关于加强县级地区生活垃圾焚烧处理设施建设的指导意见》提出，开展现状评估、加强项目论证、强化规划约束，强化设施规划布局；科学配置分类投放设施、因地制宜健全收运体系、健全资源回收利用体系，加快健全收运和回收利用体系；充分发挥存量焚烧处理设施能力，加快推进规模化生活垃圾焚烧处理设施建设，有序推进生活垃圾焚烧处理设施共建共享，合理规范建设高标准填埋处理设施，分类施策加快提升焚烧处理设施能力；推动技术研发攻关，选择适宜地区开展试点，健全标准体系，积极开展小型焚烧试点；提升既有设施运行水平，加强新上项目建设管理，强化设施运行监管，加强设施建设运行监管；科学开展固废综合协同处置，推广市场化建设运营模式，探索余热多元化利用，探索提升设施可持续运营能力。到2025年，全国县级地区基本形成与经济社会发展相适应的生活垃圾分类和处理体系，京津冀及周边、长三角、粤港澳大湾区、国家生态文明试验区具备条件的县级地区基本实现生活垃圾焚烧处理能力全覆盖。长江经济带、黄河流域、生活垃圾分类重点城市、"无废城市"建设地区以及其他地区具备条件的县级地区，应建尽建生活垃圾焚烧处理设施。不具备建设焚烧处理设施条件的县级地区，通过填埋等手段实现生活垃圾无害化处理。到2030年，全国县级地区生活垃圾分类和处理设施供给能力和水平进一步提高，小型生活垃圾焚烧处理设施技术、商业模式进一步成熟，除少数不具备条件的特殊区域外，全国县级地区生活垃圾焚烧处理能力基本满足处理需求。

《加快补齐县级地区生活垃圾焚烧处理设施短板弱项的实施方案》提出，全面开展摸底评估，分类施策谋划项目，提升收集转运能力，加快推进项目建设，拓展余热利用途径，创新建设运营模式，积极推进小型焚烧试点，规范建设填埋设施。到2025年，全国县级地区生活垃圾收运体系进一步健全，收运能力进一步提升，京津冀及周边、长三角、粤港澳大湾区、国家生态文明试验区具备条件的县级地区基本实现生活垃圾焚烧处理能力全覆盖。长江经济带、黄河流域、生活垃圾分类重点城市、"无废城市"建设地区以及其他地区具备条件的县级地区，应建尽建生活垃圾焚烧处理设施。不具备建设焚烧处理设施条件的县级地区，通过填埋等手段实现生活垃圾无害化处理。

四、推进污水资源化利用

《2030年前碳达峰行动方案》提出，推进污水资源化利用。

《关于推进污水资源化利用的指导意见》提出，推动我国污水资源化利用实现高质量发展。①着力推进重点领域污水资源化利用。一是加快推动城镇生活污水资源化利用。合理布局再生水利用基础设施。丰水地区科学合理确定污水处理厂排放限值，以稳定达标排放为主，实施差别化分区提标改造和精准治污。缺水地区特别是水质型缺水地区，在确保污水稳定达标排放前提下，优先将达标排放水转化为可利用的水资源，就近回补自然水体，推进区域污水资源化循环利用。资源型缺水地区实施以需定供、分质用水，合理安排污水处理厂网布局和建设，在推广再生水用于工业生产和市政杂用的同时，严格执行国家规定水质标准，通过逐段补水的方式将再生水作为河湖湿地生态补水。具备条件的缺水地区可以采用分散式、小型化的处理回用设施，对市政管网未覆盖的住宅小区、学校、企事业单位的生活污水进行达标处理后实现就近回用。火电、石化、钢铁、有色、造纸、印染等高耗水行业项目具备使用再生水条件但未有效利用的，要严格控制新增取水许可。二是积极推动工业废水资源化利用。开展企业用水审计、水效对标和节水改造，推进企业内部工业用水循环利用，提高重复利用率。推进园区内企业间用水系统集成优化，实现串联用水、分质用水、一水多用和梯级利用。完善工业企业、园区污水处理设施建设。开展工业废水再生利用水质监测评价和用水管理，推动地方和重点用水企业搭建工业废水循环利用智慧管理平台。三是稳妥推进农业农村污水资源化利用。积极探索符合农村实际、低成本的农村生活污水治理技术和模式。推广工程和生态相结合的模块化工艺技术，推动农村生活污水就近就地资源化利用。推广种养结合、以用促治方式，采用经济适用的肥料化、能源化处理工艺技术促进畜禽粪污资源化利用，鼓励渔业养殖尾水循环利用。②实施污水资源化利用重点工程。一是实施污水收集及资源化利用设施建设工程。推进城镇污水管网全覆盖，加大城镇污水收集管网建设力度，消除收集管网空白区，持续提高污水收集效能。加快推进城中村、老旧城区等区域污水收集支线管网和出户管连接建设。重点推进城镇污水管网破损修复、老旧管网更新和混接错接改造，循序推进雨污分流改造。重点流域、缺水地区和水环境敏感地区实施现有污水处理设施提标升级扩能改造，根据实际需要建设污水资源化利用设施。缺水城市新建城区要因地制宜提前规划布局再生水管网，有序开展相关建设。积极推进污泥无害化资源化利用设施建设。二是实施区域再生水循环利用工程。在重点排污口下游、河流入湖（海）口、支流入干流处等关键节点因地制宜建设人工湿地水质净化等工程设施，对处理达标后的排水和微污染河水进一步净化改善后，纳入区域水资源调配管理体系，可用于区域内生态补水、工业生产和市政杂用。选择缺水地区积极开展区域再生水循环利用试点示范。三是实施工业废水循环利用工程。缺水地区将市政再生水作为园区工业生产用水的重要来源。推动工业园区与市政再生水生产运营单位合作，规划配备管网设施。选择严重缺水地区创建产城融合废水高效循环利用创新试点。有条件的工业园区统筹废水综合治理与资源化利用，建立企业间点对点用水系统，实现工业废水循环利用和分级回用。重点围绕火电、石化、钢铁、有色、造纸、印染等高耗水行业，组织开展企业内部废水利用，创建一批工业废水循环利用示范企业、园区，通过典型示范带动企业用水效率提升。四是实施农业农村污水以用促治工程。逐步建设完善农业污水收集处理再利用设施，处理达标后实现就近灌溉回用。开展畜禽粪污资源化利用，促进种养结合农牧循环发展，到 2025 年全国畜禽粪污综合利用率达到 80% 以上。在长江经济带、京津冀、珠三角等有条件的地区开展渔业养殖尾水的资源化利用，以池塘养殖为重点，开展水产养殖尾水治理，实现循环利用、达标排放。五是实施污水近零排放科技创新试点工程。研发集成低成本、高性能工业废水处理技术和装备，打造污水资源化技术、工程与服务、管理、政策等协同发力的示范样板。在长三角地区遴选电子信息、纺织印染、化工材料等国家高新区率先示范，到2025年建成若干国家高新区工业废水近零排放科技创新试点工程。六是综合开展污水资源化利用试点示范。因地制宜开展再生水利用、污泥资源化利用、回灌地下水以及氮磷等物质提取和能量资源回收等试点示范，在黄河流域地级及以上城市建设污水资源化利用示范城市，规划建设配套基础设施，实现再生水规模化利用。选择典型地区开展再生水利用配置试点工作。通过试点示范总结成功经验，形成可复制可推广的污水资源化利用模式。创新污水资源化利用服务模式，鼓励第三方服务企业提供整体解决方案。建设资源能源标杆水厂，开展污水中能量物质回收试点。到2025年，全国污水收集效能显著提升，县城及城市污水处理能力基本满足当地经济社会发展需要，水环境敏感地区污水处理基本实现提标升级；全国地级及以上缺水城市再生水利用率达到25%以上，京津冀地区达到35%以上；工业用水重复利用、畜禽粪污和渔业养殖尾水资源化利用水平显著提升；污水资源化利用政策体系和市场机制基本建立。到2035年，形成系统、安全、环保、经济的污水资源化利用格局。

《"十四五"城镇污水处理及资源化利用发展规划》提出，加强再生利用设施建设，推进污水资源化利用。结合现有污水处理设施提标升级扩能改造，系统规划城镇污水再生利用设施，合理确定再生水利用方向，推动实现分质、分对象供水，优水优用。在重点排污口下游、河流入湖口、支流入干流处，因地制宜实施区域再生水循环利用工程。缺水城市新城区要提前规划布局再生水管网，有序开展建设。以黄河流域地级及以上城市为重点，在京津冀、长江经济带、黄河流域、南水北调工程沿线、西北干旱地区、沿海缺水地区建设污水资源化利用示范城市，规划建设配套基础设施，实现再生水规模化利用。建设资源能源标杆再生水厂。鼓励从污水中提取氮磷等物质。"十四五"期间，新建、改建和扩建再生水生产能力不少于1500万立方米/日。水质型缺水地区优先将达标排放水转化为可利用的水资源就近回补自然水体。资源型缺水地区推广再生水用于工业用水和市政杂用的同时，鼓励将再生水用于河湖湿地生态补水。有条件的地区结合本地水资源利用、水环境提升、水生态改善需求，因地制宜通过人工湿地、深度净化工程等措施，优化城镇污水处理厂出水水质，提升城镇污水资源化利用水平。推进工业生产、园林绿化、道路清洗、车辆冲洗、建筑施工等领域优先使用再生水。鼓励工业园区与市政再生水生产运营单位合作，推广点对点供水。破解污泥处置难点，实现无害化推进资源化。污泥处置设施应纳入本地污水处理设施建设规划。现有污泥处置能力不能满足需求的城市和县城，要加快补齐缺口，建制镇与县城污泥处置应统筹考虑。东部地区城市、中西部地区大中型城市以及其他地区有条件的城市，加快压减污泥填埋规模，积极推进污泥资源化利用。"十四五"期间，新增污泥（含水率80%的湿污泥）无害化处置设施规模不少于2万吨/日。在实现污泥稳定化、无害化处置的前提下，稳步推进资源化利用。污泥无害化处理满足相关标准后，可用于土地改良、荒地造林、苗木抚育、园林绿化和农业利用。鼓励污泥能量资源回收利用，土地资源紧缺的大中型城市推广采用"生物质利用＋焚烧""干化＋土地利用"等模式。推广将污泥焚烧灰渣建材化利用。

《"十四五"黄河流域城镇污水垃圾处理实施方案》提出，提高城镇污水收集处理能力，补齐污水收集管网短板，强化污水处理设施弱项，推行污泥无害化处理。加强资源化利用，推进污水资源化利用，推动污泥资源化利用，加强生活垃圾资源化利用，"十四五"期间，黄河流域新建、改建和扩建再生水生产能力约300万立方米/日，新建生活垃圾资源化利用项目50个。

《黄河流域生态保护和高质量发展规划纲要》提出，在有条件的城镇污水处理厂排污口下游建设人工湿地等生态设施，在上游高海拔地区采取适用的污水、污泥处理工艺和模式，因地制宜实施污水、污泥资源化利用。

《关于深入打好污染防治攻坚战的意见》提出，推进污水资源化利用和海水淡化规模化利用。

《关于加强城市节水工作的指导意见》提出，推动再生水就近利用、生态利用、循环利用。科学统筹规划城镇污水处理及再生水利用设施，以现有污水处理厂为基础，合理布局再生水利用基础设施。结合城市组团式发展，合理设置分布式、小型化、智能化市政生活污水处理及再生利用设施，并统一纳入市政污水收集、处理及再生利用体系。将再生水用于生态景观、工业生产、城市绿化、道路清扫、车辆冲洗、建筑施工、城市杂用等领域，减少城市新鲜水取用量和污水外排量。缺水城市特别是水质型缺水城市，积极推进区域再生水循环利用。高尔夫球场、人工滑雪场等特种行业推广使用循环用水技术、设备和工艺，优先利用再生水、雨水等非常规水源。加大工业利用废水、再生水、雨水、海水等非常规水资源力度，京津冀、黄河流域的缺水城市要推动市政污水处理及再生利用设施运营单位与重点用水企业、园区合作，将市政污水、再生水作为工业用重要水源，减少企业新水取用量，形成产城融合废水高效循环利用新模式。

　　《农村人居环境整治提升五年行动方案（2021—2025 年）》提出，加强厕所粪污无害化处理与资源化利用。加强农村厕所革命与生活污水治理有机衔接，因地制宜推进厕所粪污分散处理、集中处理与纳入污水管网统一处理，鼓励联户、联村、村镇一体处理。鼓励有条件的地区积极推动卫生厕所改造与生活污水治理一体化建设，暂时无法同步建设的应为后期建设预留空间。积极推进农村厕所粪污资源化利用，统筹使用畜禽粪污资源化利用设施设备，逐步推动厕所粪污就地就农消纳、综合利用。以资源化利用、可持续治理为导向，选择符合农村实际的生活污水治理技术，优先推广运行费用低、管护简便的治理技术，鼓励居住分散地区探索采用人工湿地、土壤渗滤等生态处理技术，积极推进农村生活污水资源化利用。

　　《黄河流域水资源节约集约利用实施方案》提出，强化再生水利用。以现有污水处理厂为基础，合理布局污水再生利用设施，推广再生水用于工业生产、市政杂用和生态补水等。鼓励结合组团式城市发展，建设分布式污水处理及再生利用设施。推进区域污水资源化利用。开展污水资源化利用示范城市建设。高尔夫球场、人工滑雪场、洗车等特种行业优先使用再生水。鼓励工业园区与市政再生水生产运营单位合作，实施点对点供水。

　　《区域再生水循环利用试点实施方案》提出，合理规划布局，强化污水处理厂运行管理，因地制宜建设人工湿地水质净化工程，完善再生水调配体系，拓宽再生水利用渠道，加强监测监管。以京津冀地区、黄河流域等缺水地区为重点，选择再生水需求量大、再生水利用具备一定基础且工作积极性高的地级及以上城市开展试点。到 2025 年，在区域再生水循环利用的建设、运营、管理等方面形成一批效果好、能持续、可复制，具备全国推广价值的优秀案例。

　　《"十四五"节能减排综合工作方案》提出，深入推进规模养殖场污染治理，整县推进畜禽粪污资源化利用。推行污水资源化利用和污泥无害化处置。

　　《"十四五"土壤、地下水和农村生态环境保护规划》提出，积极推进污水资源化利用，因地制宜纳入城镇管网、集中或分散处理。

　　《"十四五"重点流域水环境综合治理规划》提出，加强再生水利用、污水资源化等工程建设，提高水资源利用水平和效率。

　　《"十四五"推动长江经济带发展城乡建设行动方案》提出，补齐城镇污水管网短板。到 2025 年，城市生活污水集中收集率不低于 70%，或较 2020年提高 5 个百分点以上；强化城镇污水处理设施建设，到 2025 年，城市污泥无害化处置率达到 90% 以上，其中地级及以上城市达到 95% 以上；推动污水和污泥处理设施的资源和能源回收利用。健全农村生活垃圾收运处置体系，提高运行管理水平，持续推进农村生活垃圾分类和资源化利用示范县、农村生活污水治理示范县建设。

《"十四五"黄河流域生态保护和高质量发展城乡建设行动方案》提出，补齐城镇污水管网短板，提升污水收集效能。到 2025 年，沿黄省区省会城市率先实现污水管网全覆盖，黄河流域地级及以上城市生活污水集中收集率达到 70% 以上，或较 2020 年提高 5 个百分点以上；强化城镇污水处理设施建设，提升污水处理能力；健全污水收集处理设施运行维护管理制度。加大再生水利用，推进黄河流域污水资源化利用，建立黄河流域再生水循环利用试点，合理布局再生水利用基础设施，力争再生水利用率达到 30% 以上，工业园区应当规划建设集中式污水处理和再生水利用系统；黄河上游地级及以上城市在确保污水稳定达标排放前提下，优先将达标排放水转化为可利用的水资源，就近回补自然水体，推进区域再生水循环利用；中下游地级及以上缺水城市，实施以需定供、优水优用、分质用水，基本实现再生水规模化利用；下游城市和县城充分利用湿地、滩涂等自然生态设施和人工设施，进一步净化改善处理后达标排水和微污染水体，用于区域内生态补水、工业生产和市政杂用。加强雨水资源化利用，鼓励因地制宜建设雨水集蓄工程，收集雨水统筹用于农业灌溉、生态补水、工业用水、生活和市政杂用等；在城市新建改建建筑、居住区、道路、绿地、广场等项目中，因地制宜建设配套雨水集蓄利用设施；推进机关、学校、医院、宾馆、居民小区等雨水一体化利用。因地制宜推进苦咸水和矿井水利用，鼓励黄河中上游苦咸水分布地区积极研究应用苦咸水淡化技术设备和装备供水，作为城乡供水的补充水源，解决部分工业生产、畜牧业和水产养殖的用水需求；在重要采矿区、重大涌水矿区建设矿井水处理利用设施，矿区生产必须充分使用矿井水，矿井水处理达到生活用水水质标准后可用于矿区生活，矿区生态环境用水优先使用矿井水，有条件的向周边工业企业和城镇居民供水。

《关于加快推进城镇环境基础设施建设的指导意见》提出，健全污水收集处理及资源化利用设施。推进城镇污水管网全覆盖，推动生活污水收集处理设施"厂网一体化"。加快建设完善城中村、老旧城区、城乡接合部、建制镇和易地扶贫搬迁安置区生活污水收集管网。加大污水管网排查力度，推动老旧管网修复更新。长江干流沿线地级及以上城市基本解决市政污水管网混错接问题，黄河干流沿线城市建成区大力推进管网混错接改造，基本消除污水直排。统筹优化污水处理设施布局和规模，大中型城市可按照适度超前的原则推进建设，建制镇适当预留发展空间。京津冀、长三角、粤港澳大湾区、南水北调东线工程沿线、海南自由贸易港、长江经济带城市和县城、黄河干流沿线城市实现生活污水集中处理能力全覆盖。因地制宜稳步推进雨污分流改造。加快推进污水资源化利用，结合现有污水处理设施提标升级、扩能改造，系统规划建设污水再生利用设施。

《农业农村污染治理攻坚战行动方案（2021—2025 年）》提出，分区分类治理生活污水。推动县域农村生活污水治理统筹规划、建设和运行，重点治理水源保护区和城乡接合部、乡镇政府驻地、中心村、旅游风景区等人口居住集中区域农村生活污水，科学合理建设农村生活污水收集和处理设施，在生态环境敏感的地区可采用污水处理标准严格的高级治理模式，在居住较为集中、环境要求较高的地区可采用集中处理为主的常规治理模式，在居住分散、干旱缺水的非环境敏感地区可采用分散处理为主的简单治理模式，鼓励居住分散地区采用生态处理技术，可通过黑灰水分类收集处理、与畜禽粪污协同治理、建设人工湿地等方式处理污水，达到资源化利用要求后，用于庭院美化、村庄绿化等，有序完成现有农村生活污水收集处理设施整改；到2025 年，东部地区、中西部城市近郊区等有基础、有条件的地区农村生活污水治理率达到 55% 左右，中西部有较好基础、基本具备条件的地区，农村生活污水治理率达到 25% 左右，地处偏远、经济欠发达地区农村生活污水治理水平有新提升。加强农村改厕与生活污水治理衔接。科学选择改厕技术模式，在水冲式厕所改造中积极推广节水型、少水型水冲设施，因地制宜推进厕所粪污分散处理、集中处理与纳入污水管网统一处理，已完成水冲式厕所改造的地区具备污水收集处理条件的优先将厕所粪污纳入生活污水收集和处理系统，暂时无法纳入污水收集处理系统的建立厕所粪污收集、储存、资源化利用体系，计划开展水冲式厕所改造的地区鼓励将改厕与生活污水治理同步设计、同步建设、同步运营，暂时无法同步建设的预留后续污水治理空间；推行畜禽粪污资源化利用。完善畜禽粪污资源化利用管理制度，推动畜禽规模养殖场粪污处理设施装备提档升级，整县推进畜禽粪污资源化利用，建立畜禽规模养殖场碳排放核算、报告、核查等标准，探索制定重点畜产品全生命周期碳足迹标准，引导畜禽养殖环节温室气体减排，指导各地安全合理施用粪肥。到 2025 年，畜禽规模养殖场建立粪污资源化利用计划和台账，粪污处理设施装备配套率稳定在 97% 以上。

《重点海域综合治理攻坚战行动方案》提出，推进污水处理设施高质量建设和运维，到 2025 年，沿海城市生活污水集中收集率达到 70% 以上、县城污水处理率达到95%以上。推动畜禽粪污资源化利用，推进种养结合，提升农村生活垃圾和污水治理水平。

《成渝地区双城经济圈生态环境保护规划》提出，推动城镇污水处理厂污泥多元化利用处置。

《长江中游城市群发展"十四五"实施方案》提出，完善城乡污水垃圾收集处理设施，到2025年，城市生活污水集中收集率达到70%以上，加快推进工业园区污水集中处理设施建设。

《北部湾城市群建设"十四五"实施方案》提出，提高城镇污水垃圾收集处理能力，推进污水垃圾资源化利用。

《关于推进以县城为重要载体的城镇化建设的意见》提出，增强污水收集处理能力。完善老城区及城中村等重点区域污水收集管网，更新修复混错接、漏接、老旧破损管网，推进雨污分流改造。在缺水地区和水环境敏感地区推进污水资源化利用。推进污泥无害化资源化处置，逐步压减污泥填埋规模。

《减污降碳协同增效实施方案》提出，提高畜禽粪污资源化利用水平，适度发展稻渔综合种养、渔光一体、鱼菜共生等多层次综合水产养殖模式。大力推进污水资源化利用。构建区域再生水循环利用体系，因地制宜建设人工湿地水质净化工程及再生水调蓄设施。探索推广污水社区化分类处理和就地回用。建设资源能源标杆再生水厂。以资源化、生态化和可持续化为导向，因地制宜推进农村生活污水集中或分散式治理及就近回用。

《黄河流域生态环境保护规划》提出，推进污水资源化利用，以青海、甘肃、宁夏、陕西、山东等省区为重点，开展地级及以上城市污水资源化利用示范城市建设，规划建设配套基础设施，实现再生水规模化利用；完善城镇生活污水污泥收集处理设施，合理布局污水处理设施，着力提升污水处理厂超负荷运行地区的污水处理能力；推进农村生活污水治理。

《"十四五"新型城镇化实施方案》提出，推进生活污水治理厂网配套、泥水并重，推广污泥集中焚烧无害化处理，推进污水污泥资源化利用。

《太湖流域水环境综合治理总体方案》提出，加强城中村、老旧城区、新建小区、城乡接合部污水收集管网建设，加强洗车、洗衣等服务行业污水收集，加快补齐城镇污水收集管网短板；推进城镇区域水污染物平衡管理，提升综合处理效能；加强畜禽养殖废弃物资源化利用，全面推进池塘养殖尾水达标排放或循环利用，加强厕所粪污无害化处理和资源化利用。

《城乡建设领域碳达峰实施方案》提出，实施污水收集处理设施改造和城镇污水资源化利用行动，到2030年，全国城市平均再生水利用率达到30%。

推进农村污水处理，合理确定排放标准，推动农村生活污水就近就地资源化利用。因地制宜推广小型化、生态化、分散化的污水处理工艺，推行微动力、低能耗、低成本的运行方式。

《"十四五"全国城市基础设施建设规划》提出，推进城市污水处理提质增效。推进城镇污水管网全覆盖，推动污水处理能力提升，提升污泥无害化处置和资源化利用水平。

《黄河生态保护治理攻坚战行动方案》提出，推进污水资源化利用。在重点排污口下游、河流入湖口、支流入干流处等关键节点因地制宜建设人工湿地水质净化等工程设施，将净化改善后的再生水纳入区域水资源调配管理体系。选择缺水地区积极开展区域再生水循环利用试点示范。在地级及以上城市建设污水资源化利用示范城市，选择典型地区开展再生水利用配置试点，推广再生水用于生态补水、工业生产和市政杂用。创建一批煤炭、钢铁、石化、有色金属、造纸、印染等行业工业废水循环利用示范企业和生态工业示范园区。在居住分散、干旱缺水的农村积极推进污水就近就地资源化利用。到2025年，上游地级及以上缺水城市再生水利用率达到25%以上，中下游力争达到30%。加强污水污泥处理处置。全面推进县级及以上城市污泥处置设施建设，在实现污泥稳定化、无害化处置前提下，稳步推进资源化利用。推进养殖废弃物资源化利用，规范养殖户粪污贮存和还田利用，鼓励采用截污建池、收运还田等模式处理利用畜禽粪污，到2025年，畜禽粪污综合利用率达到80%以上。

《深入打好长江保护修复攻坚战行动方案》提出，坚持集中与分布相结合，合理规划城镇污水处理设施布局，有力有序推进建制镇污水处理设施建设。鼓励有条件地区建设节能低碳的资源能源标杆再生水厂。

《污泥无害化处理和资源化利用实施方案》提出，积极推广污泥土地利用，推广能量和物质回收利用，加大污泥能源资源回收利用。到2025年，基本形成设施完备、运行安全、绿色低碳、监管有效的污泥无害化资源化处理体系，县城和建制镇污泥无害化处理和资源化利用水平显著提升。

《关于推进建制镇生活污水垃圾处理设施建设和管理的实施方案》提出，合理选择污水收集处理模式，科学确定污水处理标准规范，高质量推进厂网建设，推进污水资源化利用。到2025年，镇区常住人口5万以上的建制镇建成区基本消除收集管网空白区，镇区常住人口1万以上的建制镇建成区和京津冀地区、长三角地区、粤港澳大湾区建制镇建成区基本实现生活污水处理能力全覆盖；到2035年，基本实现建制镇建成区生活污水收集处理能力全覆盖。

第五节　循环经济助力降碳行动的进展

一、循环经济发展制度体系

2022 年年底，国家发改委总结了 7 个方面的"碳达峰十大行动"进展，健全循环经济发展制度体系取得进展。

1. 完善政策法规

印发实施《"十四五"循环经济发展规划》，以全面提高资源利用效率为主线，围绕助力降碳任务，部署工业、社会生活、农业三大领域重点工作。出台资源综合利用企业所得税优惠目录、资源综合利用增值税优惠目录等，支持循环经济发展。积极推动修订循环经济促进法，强化和完善法治保障。

2. 加强统筹协调

发挥发展循环经济工作部际联席会议制度统筹协调作用，召开联络员会议和专题会议，研究重大事项、协调重大问题，推进重点工作。

3. 健全标准规范

有关行业部门陆续出台绿色设计、清洁生产、再生原料、绿色包装、利废建材等相关标准规范，为行业规范管理提供依据。

4. 加大资金支持力度

安排中央财政资金支持循环经济试点示范建设，安排中央预算内资金支持园区循环化改造、资源循环利用、固体废弃物综合利用等项目建设，促进循环经济高质量发展。

二、资源循环型产业体系

2022 年年底，国家发改委总结了 7 个方面的"碳达峰十大行动"进展，积极构建资源循环型产业体系取得进展。

1. 深入推进园区循环化改造

印发《关于做好"十四五"园区循环化改造工作有关事项的通知》，推动具备条件的省级以上园区"十四五"期间全部实施循环化改造。加强循环经济示范试点中后期工作督促指导，有效发挥国家循环化改造园区试点示范引领作用。

2. 推进重点产品绿色设计

制定发布再生涤纶等32项绿色设计产品评价技术规范行业标准，遴选公布一批绿色工厂、绿色园区、绿色设计产品。

3. 加强资源综合利用

印发《关于"十四五"大宗固体废弃物综合利用的指导意见》，开展大宗固体废弃物综合利用示范，推进 90 家大宗固体废弃物综合利用示范基地和 60 家骨干企业建设。

三、废弃物循环利用体系

2022 年年底，国家发改委总结了 7 个方面的"碳达峰十大行动"进展，构建废弃物循环利用体系取得进展。

1. 完善废弃物循环利用政策

印发《关于加快废旧物资循环利用体系建设的指导意见》，部署废旧物资回收、再生资源加工利用、二手商品交易、再制造等方面重点任务。印发《关于加快推进废旧纺织品循环利用的实施意见》，推动建立废旧纺织品循环利用体系。印发《汽车零部件再制造规范管理暂行办法》，推动再制造产业规范化发展。印发《新能源汽车动力蓄电池梯次利用管理办法》，制定发布梯次利用要求、梯次利用标识、放电规范等 3 项国家标准。

2. 推动重点地区、重点领域废弃物循环利用

选取北京市等 60 个重点城市，推动城市废旧物资循环利用。推进动力电池回收利用试点建设，截至 2021 年底，累计建成 1 万余个动力电池回收网点，覆盖 31 个省级、326 个地级行政区。推行废弃电子产品"互联网＋"回收模式，开展家电生产企业回收目标责任制行动，提升拆解处理能力，打击非法拆解行为。2021 年规范处理"四机一脑"（洗衣机、冰箱、电视机、空调机、电脑）约 8500 万台。

3. 培育废弃物循环利用龙头企业

依托"城市矿产"示范基地等示范试点建设，积极培育报废汽车、退役动力电池、废旧家电等再生资源回收利用的龙头企业。2021 年，9 类再生资源回收利用量达 3.85 亿吨，利用再生资源相比使用原生材料减少了约 7.5 亿吨二氧化碳排放。

四、农业循环经济

2022 年年底，国家发改委总结了 7 个方面的"碳达峰十大行动"进展，推进农业循环经济发展取得进展。

1. 加强农作物秸秆综合利用

推进秸秆"变废为宝"，以肥料化、饲料化、能源化等为重点方向，支持

700 多个县开展秸秆综合利用重点县建设。

2. 推进畜禽粪污资源化利用

持续落实《关于加快推进畜禽养殖废弃物资源化利用的意见》，压实地方属地管理责任和养殖场主体责任。安排中央财政资金支持 819 个养殖大县实施畜禽粪污资源化利用整县推进项目。

3. 推行循环型农林业发展模式

印发《全国林下经济发展指南（2021—2030 年)》，发展林下中药材、食用菌等林下产业。推进农村生物质能开发利用，推动农村沼气转型升级，积极发展生物质固体成型燃料，推进生物天然气规模化应用，探索农业循环经济降碳增汇路径。

五、塑料污染和过度包装

2022 年年底，国家发改委总结了 7 个方面的"碳达峰十大行动"进展，扎实推进塑料污染和过度包装治理取得进展。

1. 推进塑料污染全链条治理

印发《"十四五"塑料污染治理行动方案》，出台商贸流通、邮政快递、农膜治理等重点领域配套文件，健全生物降解塑料、快递绿色包装、限制商品过度包装等重点领域标准规范。开展塑料污染治理联合专项行动、江河湖海清漂专项行动，塑料污染治理法律政策体系加快构建，落实机制逐步建立，全链条治理稳步推进。目前，我国城镇生活垃圾已全部纳入环卫收运体系并实现"日产日清"。加强农膜污染治理。打击非标农膜入市下田，推进废旧农膜机械化回收，有序推广全生物降解农膜。2021 年，我国废旧农膜回收率达 80%。

2. 推动快递包装绿色转型

国务院办公厅转发《关于加快推进快递包装绿色转型的意见》，有关部门出台《邮件快件包装操作规范备案管理规定（试行)》，组织开展可循环快递包装规模化应用试点。截至 2022 年 6 月底，全行业累计投放 934 万个可循环快递箱，邮政快递业可循环中转袋全网使用比率超过 96%，为 89 家企业发放 106 张快递包装绿色产品认证证书。

3. 加强商品过度包装治理

国务院办公厅印发《关于进一步加强商品过度包装治理的通知》，建立商品过度包装治理工作会商机制，强化商品过度包装全链条治理，加强行业管理和监管执法。

第十章　绿色低碳科技创新行动

　　《2030 年前碳达峰行动方案》提出，发挥科技创新的支撑引领作用，完善科技创新体制机制，强化创新能力，加快绿色低碳科技革命。通过完善创新体制机制、加强创新能力建设和人才培养、强化应用基础研究、加快先进适用技术研发和推广应用，实施绿色低碳科技创新行动。

第一节　完善创新体制机制

一、制订科技支撑碳达峰碳中和行动方案

　　《2030 年前碳达峰行动方案》提出，制订科技支撑碳达峰碳中和行动方案，在国家重点研发计划中设立碳达峰碳中和关键技术研究与示范等重点专项，采取"揭榜挂帅"机制，开展低碳零碳负碳关键核心技术攻关。

　　《中国科学院科技支撑碳达峰碳中和战略行动计划》提出，开展科技战略研究、基础前沿交叉创新、关键核心技术突破、新技术综合示范、人才支持培育、国际合作支撑、创新体系能力提升、"双碳"科普八大行动。围绕国家"双碳"战略目标重大科技需求，研究提出科技发展路线图，打造原始创新策源地，突破关键核心技术，开展综合应用示范，支撑产业低碳绿色转型发展，抢占科技制高点，建成创新人才高地，提升国际影响力和话语权。在科技支撑国家"双碳"战略实施中，起到国家战略科技力量的骨干引领作用。到2025 年，突破若干支撑碳达峰的关键技术，促进经济社会低碳绿色转型，探索支撑碳中和目标的颠覆性、变革性技术。明确碳汇机理，形成碳源汇监测、核算的科学方案，为国家相关决策提供科学依据；突破化石能源、可再生能源、核能、碳汇等关键技术；推进重点行业低碳技术综合示范，支撑产业绿色转型发展。到 2030 年，支撑碳达峰的关键技术达到国际先进水平，有力支撑碳达峰目标实现；支撑碳中和的科学原理和关键技术取得重大突破，为碳

中和目标提供科技储备和解决方案。提出并验证一批原创性新原理和颠覆性技术；构建以新能源为重点的多能融合技术体系和生态系统增汇技术体系；形成重点行业低碳转型发展系统解决方案，为碳中和示范区提供系统性技术支撑。到 2060 年，突破一批原创性、颠覆性技术并实现应用，有力支撑碳中和目标实现。为构建绿色低碳、循环发展的经济体系和清洁低碳、安全高效的能源体系，实现碳中和战略目标提供科学基础、关键技术和系统解决方案，碳减排和固碳增汇等技术达到国际领先水平。

《科技支撑碳达峰碳中和实施方案（2022—2030 年）》提出，一是实施碳达峰碳中和管理决策支撑行动。研究国家碳达峰碳中和目标与国内经济社会发展相互影响和规律等重大问题。开展碳减排技术预测和评估，提出不同产业门类的碳达峰碳中和技术支撑体系。加强科技创新对碳排放监测、计量、核查、核算、认证、评估、监管以及碳汇的技术体系和标准体系建设的支撑保障。研究我国参与全球气候治理的动态方案以及履约中的关键问题，支撑我国深度参与全球气候治理及相关规则和标准的制定。制定碳中和技术发展路线图，建立二氧化碳排放监测计量核查系统，开发二氧化碳排放核算技术，构建低碳发展研究与决策支持平台。二是实施绿色低碳科技企业培育与服务行动。加快完善绿色低碳科技企业孵化服务体系，遴选、支持 500 家左右低碳科技创新企业，支持科技企业积极主持参与国家科技计划项目，提升低碳技术知识产权服务能力，建立低碳技术验证服务平台，打造绿色低碳科技企业聚集区，推动绿色低碳产业集群化发展。三是实施碳达峰碳中和科技创新国际合作行动。持续深化低碳科技创新领域国际合作，深度参与全球绿色低碳创新合作，支持建设区域性低碳国际组织和绿色低碳技术国际合作平台，深入开展"一带一路"科技创新行动计划框架下碳达峰碳中和技术研发与示范国际合作，适时启动相关领域国际大科学计划，积极发挥香港、澳门科学家在低碳创新国际合作中的有效作用。建立碳达峰碳中和科技创新部际协调机制，组织成立国家碳中和科技专家委员会，建立碳达峰碳中和科技考核评价机制，建立重点排放行业碳中和技术进步指数，完善国家科技知识产权与成果转化等相关法律法规建设，创新财政政策工具，加强碳达峰碳中和科学知识的全民普及，持续推进科研体制机制改革。

《"十四五"城镇化与城市发展科技创新专项规划》提出，坚持绿色低碳可持续发展。面向碳达峰碳中和目标，狠抓城镇化领域绿色低碳技术攻关，全方位全过程推行绿色规划、绿色建造、绿色运维、绿色消纳，有效降低能源消耗与温室气体排放。到 2025 年，城镇化与城市发展领域科技创新体系更趋完善，基础理论水平与创新能力显著提高，为新型城镇化提供更高质量的技术解决方案。

《关于进一步完善市场导向的绿色技术创新体系实施方案（2023—2025年）》提出，强化绿色技术创新引领，壮大绿色技术创新主体，促进绿色技术创新协同，加快绿色技术转化应用，完善绿色技术评价体系，加大绿色技术财税金融支持，加强绿色技术人才队伍建设，强化绿色技术产权服务保护，深化绿色技术国际交流合作。到2025年，市场导向的绿色技术创新体系进一步完善，绿色技术创新对绿色低碳发展的支撑能力持续强化。

二、将绿色低碳技术创新成果纳入绩效考核

《2030年前碳达峰行动方案》提出，将绿色低碳技术创新成果纳入高等学校、科研单位、国有企业的有关绩效考核。

三、强化企业创新主体地位

《2030年前碳达峰行动方案》提出，强化企业创新主体地位，支持企业承担国家绿色低碳重大科技项目，鼓励设施、数据等资源开放共享。

《上海市建设具有全球影响力的科技创新中心"十四五"规划》提出，强化企业技术创新主体地位。大力支持创新创业，促进企业提升创新能级，支持大中小企业与各类创新主体融通创新，有力支撑高质量发展。一是支持创新型企业发展壮大。支持众创空间、孵化器按规定享受有关税收优惠政策，加快培育科技型中小企业，实施高新技术企业培育工程和科技小巨人（培育）工程，推动科创企业上市培育。支持科技领军企业联合行业上下游、产学研科研力量组建创新联合体，推动产业链供应链创新链升级。通过企业研发资助、创新产品政府采购和首购订购等多元方式，支持全链条科技创新企业快速发展。二是充分激发国有企业创新活力。推动国有企业研发投入强度稳步增长，开展国有企业创新综合改革试点，培育一批符合国家战略、市场认可度高的国有科技创新企业，在薪酬分配、选人用人、股权激励等方面，充分体现国有科技企业差异化的发展需求。推进重点产业领域国有企业深化激励创新的市场化改革，健全更加灵活高效的科技人员考核机制和薪酬体系。三是促进外资企业发挥创新溢出效应。鼓励跨国公司在上海设立外资研发中心、全球研发中心和外资开放式创新平台，鼓励外资研发中心参与各类科技创新基地与平台建设。支持外资企业参与政府科研项目，鼓励外资企业与高校、科研院所等共建协同创新平台，联合开展技术攻关和人才培养。

《"十四五"生态环境领域科技创新专项规划》提出，加快构建以企业为主体、以市场为导向的绿色技术创新体系，营造"产学研金介"深度融合、成果转化顺畅的生态环境技术创新环境。

《"十四五"技术要素市场专项规划》提出，强化企业创新主体地位。全面提升企业在研究制订国家科技创新规划、科技计划、创新政策和技术标准中的参与度。发挥企业"出题者"和"阅卷人"作用，支持科技领军企业牵头组建创新联合体。推动国有企业布局建设原创技术策源地，提升原创技术需求牵引、源头供给、资源配置和转化应用能力。把科技成果转化绩效作为核心要求纳入国有企业创新能力评价体系。在国家重点研发计划重点专项中，单列一定预算资助科技型中小企业研发活动。鼓励将符合条件的财政资金资助形成的科技成果许可给中小微企业使用。进一步加大设施平台、数据、技术验证环境等创新资源和应用场景的开放，支持企业创新。

《关于进一步完善市场导向的绿色技术创新体系实施方案（2023—2025年)》提出，通过培育绿色技术创新企业、加强创新平台基地建设、激发科研单位创新活力，壮大绿色技术创新主体。

四、推进国家绿色技术交易中心建设

《2030年前碳达峰行动方案》提出，推进国家绿色技术交易中心建设，加快创新成果转化。

《"十四五"生态环境领域科技创新专项规划》提出，发展一批由骨干企业主导、多主体共同参与的专业绿色技术创新战略联盟，构建跨学科、开放式、引领性的绿色技术创新基地平台和智库服务中心。加快发展绿色技术银行，促进绿色技术创新成果与金融服务、人才支持的贯通发展，形成承接变革性绿色技术产业创新、成果落地转化和国际转移的综合运作服务体系。

《关于进一步完善市场导向的绿色技术创新体系实施方案（2023—2025年)》提出，根据区域绿色技术发展优势和应用需求，布局建设若干国家绿色技术交易平台，推进绿色技术交易市场建设。

五、加强绿色低碳技术和产品知识产权保护

《2030年前碳达峰行动方案》提出，加强绿色低碳技术和产品知识产权保护。

《"十四五"国家知识产权保护和运用规划》提出，健全绿色技术知识产权保护制度，完善绿色知识产权统计监测，推动绿色专利技术产业化，支撑产业绿色转型。

《关于进一步完善市场导向的绿色技术创新体系实施方案（2023—2025年)》提出，通过提高知识产权服务水平、加强绿色技术知识产权保护，强化绿色技术产权服务保护。

六、完善绿色低碳技术和产品检测、评估、认证体系

《2030 年前碳达峰行动方案》提出，完善绿色低碳技术和产品检测、评估、认证体系。

《"十四五"市场监管科技发展规划》提出，加强服务绿色低碳的能力建设，助推高效益循环。一是夯实碳达峰碳中和市场监管技术基础。加快研究建立碳达峰碳中和计量体系，组建国家碳达峰碳中和计量专业技术委员会，加强碳计量前沿、关键、共性技术研究，提升碳计量基础能力，加强重点用能单位能源计量管理，健全碳达峰碳中和产业计量测试服务体系。完善碳达峰碳中和标准体系，加快组建碳达峰碳中和标准化总体组，增强碳排放、碳减排、碳清除和碳市场标准有效供给，推进碳达峰碳中和国际标准衔接。构建碳达峰碳中和认证认可体系，加大绿色低碳认证制度供给，完善绿色产品认证和标识体系，开展生态碳汇认证技术方案研究，建立通用与行业特性相结合的碳达峰碳中和认证规范。二是服务重点行业和企业绿色转型升级。围绕钢铁、化工、有色金属、建材、煤炭等重点行业绿色低碳转型需求，加快能耗限额、产品设备能效等节能标准更新迭代，推动淘汰落后产能与产业升级。加强能源、工业、交通运输、城乡建设、农业农村等重点领域计量技术研究，探索推动具备条件的行业领域由宏观"碳核算"向精准"碳计量"转变。完善锅炉安全节能环保"三位一体"监管体系，提升氢能相关特种设备安全保障能力。综合运用产品、服务、管理体系等多种认证手段，引导产业、园区、企业建立健全碳排放管理体系，搭建能耗与碳排放监测管控平台，推动相关行业绿色低碳循环发展。加快绿色低碳相关质量基础设施服务平台建设，为企业提供计量、标准、检验检测、认证认可"一站式"绿色低碳技术咨询服务。

《关于进一步完善市场导向的绿色技术创新体系实施方案（2023—2025年)》提出，通过建立健全绿色技术标准，推进绿色技术评价，完善绿色技术评价体系。

第二节　加强创新能力建设和人才培养

一、组建碳达峰、碳中和创新中心

《2030 年前碳达峰行动方案》提出，组建碳达峰碳中和相关国家实验室、国家重点实验室和国家技术创新中心，适度超前布局国家重大科技基础设施，引导企业、高等学校、科研单位共建一批国家绿色低碳产业创新中心。

《加强碳达峰碳中和高等教育人才培养体系建设工作方案》提出，打造高水平科技攻关平台。推动高校参与或组建碳达峰碳中和相关国家实验室、全国重点实验室和国家技术创新中心，引导高等学校建设一批高水平国家科研平台，加强气候变化成因及影响、生态系统碳汇等基础理论和方法研究；推动高校组建碳中和领域关键核心技术集成攻关大平台。组建一批重点攻关团队，围绕化石能源绿色开发、低碳利用、减污降碳等碳减排关键技术，新型太阳能、风能、地热能、海洋能、生物质能、核能及储能技术等碳零排关键技术，二氧化碳捕集、利用、封存等碳负排关键技术攻关，加快先进适用技术研发和推广应用。

《绿色低碳发展国民教育体系建设实施方案》提出，支持高等学校开展碳达峰碳中和科研攻关。加强碳达峰碳中和相关领域全国重点实验室、国家技术创新中心、国家工程研究中心等国家级创新平台的培育，组建一批攻关团队，加快绿色低碳相关领域基础理论研究和关键共性技术新突破。优化高校相关领域创新平台布局，推进前沿科学中心、关键核心技术集成攻关大平台建设，构建从基础研究、技术创新到产业化的全链条攻关体系。支持高校联合科技企业建立技术研发中心、产业研究院、中试基地、协同创新中心等，构建碳达峰碳中和相关技术发展产学研全链条创新网络，围绕绿色低碳领域共性需求和难点问题，开展绿色低碳技术联合攻关，并促进科技成果转移转化，服务经济社会高质量发展。

《加快推动北京国际科技创新中心建设的工作方案》提出，在低碳能源等重点领域，布局实施一批重点项目群；重点推进国家绿色低碳建筑技术创新中心平台建设；打造绿色智慧能源产业集群，大力推动低碳、零碳、负碳技术研发与产业化，壮大以能源互联网、氢能及燃料电池为代表的绿色能源与节能环保技术创新；围绕低碳技术等重点前沿领域，布局未来产业发展。

二、创新人才培养模式

《2030 年前碳达峰行动方案》提出，创新人才培养模式，鼓励高等学校加快新能源、储能、氢能、碳减排、碳汇、碳排放权交易等学科建设和人才培养，建设一批绿色低碳领域的未来技术学院、现代产业学院和示范性能源学院。

《"十四五"工业绿色发展规划》提出，打造绿色低碳人才队伍。推进相关专业学科与产业学院建设，强化专业型和跨领域复合型人才培养。充分发挥企业、科研机构、高校、行业协会、培训机构等各方作用，建立完善多层次人才合作培养模式。依托各类引知引智计划，构筑集聚国内外科技领军人才和创新团队的绿色低碳科研创新高地。建立多元化人才评价和激励机制。推动国家人才发展重大项目对绿色低碳人才队伍建设支持。

《加强碳达峰碳中和高等教育人才培养体系建设工作方案》提出，一是强化科研育人，鼓励高校实施碳中和交叉学科人才培养专项计划，大力支持跨学院、跨学科组建科研和人才培养团队，以大团队、大平台、大项目支撑高质量本科生和研究生多层次培养；二是加快储能和氢能相关学科专业建设，以大规模可再生能源消纳为目标，推动高校加快储能和氢能领域人才培养，服务大容量、长周期储能需求，实现全链条覆盖；三是加快碳捕集、利用与封存相关人才培养，针对碳捕集、利用与封存技术未来产业发展需求，推动高校尽快开设相关学科专业，促进低碳、零碳、负碳技术的开发、应用和推广，为未来技术攻坚和产业提质扩能储备人才力量；四是加快碳金融和碳交易教学资源建设，鼓励相关院校加快建设碳金融、碳管理和碳市场等紧缺教学资源，在共建共管共享优质资源基础上，充分发展现有专业人才培养体系作用，完善课程体系、强化专业实践、深化产学协同，加快培养专门人才；五是进一步加强风电、光伏、水电和核电等人才培养，适度扩大专业人才培养规模，保证水电、抽水蓄能和核电人才增长需求，增强"走出去"国际化软实力，拓展专业的深度和广度，推进新能源材料、装备制造、运行与维护、前沿技术等方面的技术进步和产业升级；六是加快传统能源动力类、电气类、交通运输类和建筑类等重点领域专业人才培养的转型升级，以一次能源清洁高效开发利用为重点，加强煤炭、石油和天然气等专业人才培养，以二次能源高效转换为重点，加强重型燃气轮机、火电灵活调峰、智能发电、分布式能源和多能互补等新能源类人才培养，以服务新型电力系统建设为重点，以智能化、综合化等为特色强化电气类人才培养，以推动建筑、工业等行业的电气化与节能降耗为重点，加强交通运输类和建筑类人才培养；七是加快完善重点领域人才培养方案，组织相关教学指导委员会、行业指导委员会，围绕碳达峰碳中和目标，调整培养目标要求，修订培养方案，优化课程体系和教学内容，加强互联网、大数据分析、人工智能、数字经济等赋能技术与专业教学紧密结合；八是建设一批绿色低碳领域的未来技术学院、现代产业学院和示范性能源学院，瞄准碳达峰碳中和发展需求，针对不同类型和特色高校，创新人才培养模式，分类打造能够引领未来低碳技术发展、具有行业特色和区域应用型人才培养实体，发挥示范引领作用；九是启动碳达峰碳中和领域教学改革和人才培养试点项目，针对能源、交通、建筑等重点领域，在国内有条件的综合高校和行业高校中，加快建设一批在线课程、虚拟仿真实验课程的培育项目，启动一批专业、课程、教材、教学方法等综合改革试点项目；十是鼓励高校加强碳达峰碳中和领域高素质师资队伍建设，组织开展碳达峰碳中和领域师资培训，发挥国家级教学团队、教学名师、一流课程的示范引领作用，推广成熟有效的人才培养模式、课程实施方案，促进一线教师教学能力的提升，鼓励高校加强碳达峰碳中和领域师资队伍建设保障，实施机制灵活的碳中和人才政策，加大精准引进力度，完善内部收入分配激励机制，形成规模合理、梯次配置的师资体系；十一是加大碳达峰碳中和领域课程、教材等教学资源建设力度，基于碳达峰碳中和人才的通用能力和专业能力分析，分领域协同共建知识图谱、教学视频、电子课件、习题试题、教学案例、实验实训项目等，形成优质共享的教学资源库；十二是加快碳达峰碳中和领域国际化人才培养，以专业人才为基础，重点提升国际视野，强化国际交流能力，推动相关专业学生积极参与相关国际组织实习；十三是加大海外高层次人才引进力度，鼓励高校积极吸引海外二氧化碳捕集利用与封存、化石能源清洁利用、可再生能源前沿技术、储能与氢能、碳经济与政策研究等优秀人才，汇聚海外高层次人才参与碳中和学科建设和科学研究；十四是开展碳达峰碳中和人才国际联合培养项目，鼓励高校与世界一流大学和学术机构开展碳中和领域本科生、硕士生和博士生联合培养、科技创新和智库咨询等合作项目，深化双边、多边清洁能源与气候变化创新合作，培养积极投身全球气候治理和全球碳市场运行的专门人才。

《科技支撑碳达峰碳中和实施方案（2022—2030年）》提出，实施碳达峰碳中和创新项目、基地、人才协同增效行动。推动国家绿色低碳创新基地建设和人才培养，加强项目、基地、人才协同，支持关键核心技术研发项目和重大示范工程落地。持续加强碳达峰碳中和领域全国重点实验室和国家技术创新中心总体布局，优化碳达峰碳中和领域的国家科技创新基地平台体系，培养壮大绿色低碳领域国家战略科技力量，强化科研育人。面向人才队伍长期需求，培养和发展壮大碳达峰碳中和领域战略科学家、科技领军人才和创新团队、青年人才和创新创业人才，建立面向实现碳达峰碳中和目标的可持续人才队伍。

《绿色低碳发展国民教育体系建设实施方案》提出，加强绿色低碳相关专业学科建设，加大绿色低碳发展领域的高层次专业化人才培养力度。

《关于进一步完善市场导向的绿色技术创新体系实施方案（2023—2025年)》提出，通过加大绿色技术研发人才培养、强化绿色技术经纪人队伍建设，加强绿色技术人才队伍建设。

三、深化产教融合

《2030年前碳达峰行动方案》提出，深化产教融合，鼓励校企联合开展产学合作协同育人项目，组建碳达峰碳中和产教融合发展联盟，建设一批国家储能技术产教融合创新平台。

《加强碳达峰碳中和高等教育人才培养体系建设工作方案》提出，深化产教融合协同育人。鼓励校企合作联合培养，支持相关高校与国内能源、交通和建筑等行业的大中型和专精特新企业深化产学合作，针对企业人才需求，联合制订培养方案，探索各具特色的本专科生、研究生和非学历教育等不同层次人才培养模式；打造国家产教融合创新平台，完善产教融合平台建设运行机制，针对关键重大领域，加大建设投入力度，积极探索合作机制，提升人才培养质量，推动科技成果快速转化；支持组建碳达峰碳中和产教融合发展联盟，鼓励高校联合企业，根据行业产业特色，加强分工合作、优势互补，组建一批区域或者行业高校和企业联盟，适时联合相关国家组建跨国联盟，推动标准共用、技术共享、人员互通。

《科技支撑碳达峰碳中和实施方案（2022—2030年)》提出，推动组建碳达峰碳中和产教融合发展联盟，推进低碳技术开源体系建设，提升创新驱动合力和创新体系整体效能。

《绿色低碳发展国民教育体系建设实施方案》提出，深化产教融合，鼓励校企联合开展产学合作协同育人项目，组建碳达峰碳中和产教融合发展联盟。

《关于进一步完善市场导向的绿色技术创新体系实施方案（2023—2025年)》提出，推进创新主体协作融合，更好发挥协同机构作用，引导绿色技术创新企业、高校、职业院校、科研院所等主体与中介机构、金融资本等进行联合。

第三节　强化应用基础研究

一、实施国家重大前沿科技项目

《2030 年前碳达峰行动方案》提出，实施一批具有前瞻性、战略性的国家重大前沿科技项目，推动低碳零碳负碳技术装备研发取得突破性进展。

《上海市建设具有全球影响力的科技创新中心"十四五"规划》提出，开展深远海域风电技术攻关。研制适用我国海况的大型漂浮式风电机组，形成国内领先的深远海大型机组及关键零部件的自主研发和制造能力，掌握深远海风电场设计、建设和运营成套技术，为示范应用提供技术支撑。

《生态环境卫星中长期发展规划（2021—2035 年）》提出，实施全球碳排放遥感监测、城市碳排放核算立体遥感监测、重点行业甲烷排放异常主动识别与实时响应遥感监测、全球碳汇遥感监测、全国和区域生态质量（状况）综合监测评估、生态保护红线和自然保护地等重要生态空间人类活动及生态状况监测评估、生态修复重大工程实施成效监测评估、重大建设工程生态影响监测评估、生物多样性监测评估、国家重点生态功能区县域生态环境质量监测评价等。构建高低轨协同的碳（大气）监测卫星遥感能力体系，形成全球碳（大气）和排放源相结合的主要温室气体和大气污染物协同监测能力，同时兼顾生态系统碳汇监测能力。

《关于进一步支持西部科学城加快建设的意见》提出，围绕绿色技术、智能技术相关领域，整合成渝地区创新资源，培育创建成渝国家技术创新中心。

二、深化应用基础研究

《2030 年前碳达峰行动方案》提出，聚焦化石能源绿色智能开发和清洁低碳利用、可再生能源大规模利用、新型电力系统、节能、氢能、储能、动力电池、二氧化碳捕集利用与封存等重点，深化应用基础研究。

《关于完整准确全面贯彻新发展理念做好碳达峰碳中和工作的意见》提出，强化基础研究和前沿技术布局。制订科技支撑碳达峰、碳中和行动方案，编制碳中和技术发展路线图。采用"揭榜挂帅"机制，开展低碳零碳负碳和储能新材料、新技术、新装备攻关。加强气候变化成因及影响、生态系统碳汇等基础理论和方法研究。推进高效率太阳能电池、可再生能源制氢、可控核聚变、零碳工业流程再造等低碳前沿技术攻关。培育一批节能降碳和新能源技术产品研发国家重点实验室、国家技术创新中心、重大科技创新平台。建设碳达峰碳中和人才体系，鼓励高等学校增设碳达峰碳中和相关学科专业。

三、积极研发先进核电技术

《2030 年前碳达峰行动方案》提出，积极研发先进核电技术，加强可控核聚变等前沿颠覆性技术研究。

《"十四五"能源领域科技创新规划》提出，发展安全高效核能技术。核电优化升级技术包括三代核电技术型号优化升级、核能综合利用技术，小型模块化反应堆技术包括小型智能模块化反应堆技术、小型供热堆技术、浮动堆技术、移动式反应堆技术，新一代核电技术包括（超）高温气冷堆技术、钍基熔盐堆技术，全产业链上下游可持续支撑技术包括放射性废物处理处置关键技术、核电机组长期运行及延寿技术、核电科技创新重大基础设施支撑技术。

第四节　加快先进适用技术研发和推广应用

一、开展重点技术创新

《2030 年前碳达峰行动方案》提出，集中力量开展复杂大电网安全稳定运行和控制、大容量风电、高效光伏、大功率液化天然气发动机、大容量储能、低成本可再生能源制氢、低成本二氧化碳捕集利用与封存等技术创新，加快碳纤维、气凝胶、特种钢材等基础材料研发，补齐关键零部件、元器件、软件等短板。

《关于加快推进环保装备制造业发展的指导意见》提出，推进燃煤电厂超低排放以及钢铁、焦化、有色、建材、化工等非电行业多污染物协同控制和重点领域挥发性有机物控制技术装备的应用示范；在尾矿、赤泥、煤矸石、粉煤灰、工业副产石膏、冶炼渣等大宗工业固废领域研发推广高值化、规模化、集约化利用技术装备；在废旧电子电器、报废汽车、废金属、废轮胎等再生资源领域研发智能化拆解、精细分选及综合利用关键技术装备，推广应用大型成套利用的环保装备；加快研发废塑料、废橡胶的改性改质技术，以及废旧纺织品、废脱硝催化剂、废动力电池、废太阳能板的无害化、资源化、成套化处理利用技术装备；在秸秆等农业废弃物领域推广应用饲料化、基料化、肥料化、原料化、燃料化的"五料化"利用技术装备。

《关于加强产融合作推动工业绿色发展的指导意见》提出，加强绿色低碳技术创新应用。加快绿色核心技术攻关，打造绿色制造领域制造业创新中心，加强低碳、节能、节水、环保、清洁生产、资源综合利用等领域共性技术研发，开展减碳、零碳和负碳技术综合性示范。支持新能源、新材料、新能源汽车、新能源航空器、绿色船舶、绿色农机、新能源动力、高效储能、碳捕集利用与封存、零碳工业流程再造、农林渔碳增汇、有害物质替代与减量化、工业废水资源化利用等关键技术突破及产业化发展。加快电子信息技术与清洁能源产业融合创新，推动新型储能电池产业突破，引导智能光伏产业高质量发展。支持绿色低碳装备装置、仪器仪表和控制系统研发创新，在国土绿化、生态修复、海绵城市与美丽乡村建设等领域提升装备化、智能化供给水平。

《关于完整准确全面贯彻新发展理念做好碳达峰碳中和工作的意见》提出，加快先进适用技术研发和推广。深入研究支撑风电、太阳能发电大规模友好并网的智能电网技术。加强电化学、压缩空气等新型储能技术攻关、示范和产业化应用。加强氢能生产、储存、应用关键技术研发、示范和规模化应用。推广园区能源梯级利用等节能低碳技术。推动气凝胶等新型材料研发应用。推进规模化碳捕集利用与封存技术研发、示范和产业化应用。建立完善绿色低碳技术评估、交易体系和科技创新服务平台。

《上海市建设具有全球影响力的科技创新中心"十四五"规划》提出，着力推进城市能源清洁化利用、能源互联网关键技术及能源系统技术集成与应用，加快构建碳达峰碳中和及其他碳减排关联技术体系，持续研发生态环境质量稳定改善和生态环境风险精准防控的技术支撑体系，实现绿色低碳城市精细化建设与高效管理。一是打造绿色智慧的城市能源系统。以构建互联互保的长三角一体化主干能源互联网和因地制宜多能互补的智慧能源微网为目标，研发能源清洁化利用关键技术、城市能源互联网关键技术和城市能源系统集成技术，支撑能源清洁化、低碳化、高效化和智能化的可持续安全供应，研发碳中和的技术、产品和模式，整体提升城市能源技术研发、装备制造和应用水平。重点方向为：①能源利用绿色化。研发清洁智慧火电等煤炭清洁高效利用关键技术和装备，深远海漂浮式风电场成套关键技术和装备，新型高效太阳电池技术和核心装备，有机废弃物清洁化多元化能源利用技术和核心装备，基于可再生能源的高效低成本耦合制氢技术及氢能应用技术，工业装备和新型工业流程与系统再造的共性节能技术，以及超低能耗建筑节能技术，降低碳排放。②能源系统智慧化。研发城市能源互联网关键技术和装备，包括柔性交直流输配、先进超导、智能量测等智能电网关键技术和装备，能源路由器、能源交换机等核心装备，新型储能材料、新型储能装备和储能协同控制技术，能源大数据、人工智能、物联网和数字孪生等能源领域的先进信息通信应用技术，提升减碳效率。③能源技术模块化。针对不同场景的示范应用，研发可模块化复制推广的综合集成技术，包括构建多能互补优化协同的低碳园区综合能源系统，可再生能源一体化发储用高效集成利用的零碳建筑，氢电油气网智能协同的新能源交通，以及民众广泛参与并灵活交易的虚拟电厂。重大平台是：建立碳捕集利用封存技术研究中心、低碳冶金技术创新中心。二是打造优美宜居的城市生态环境。以提供超大城市及区域一体化重大环境问题系统性解决技术方案、环保技术和碳增汇技术体系为目标，加大生态环境及生态系统领域关键核心技术攻关和转化应用力度，形成源头控制、清洁生产及碳增汇潜力的成套环境技术，不断提高城市生态系统保护修复与管理的系统化、科学化、精细化、信息化和智慧化水平。重点方向为：①稳定改善生态环境质量。加强大气污染形成机理、污染源追踪与解析关键技术研究，完善大气复合污染原位控制及协同治理技术体系。加强重要水体、水源地和饮用水安全风险控制，废水近零排放、农村分散污水及污泥资源化利用关键技术研究。构建复杂水环境、水资源、水生态系统治理与智慧管理技术体系。加快城市垃圾等固体废物全过程减量化、高质化利用关键技术、工艺和设备研发制造，推进"无废城市"建设。完善土壤和地下水污染风险监测、预警、评估和绿色精准修复等关键技术。②精准防控生态环境风险。研发生态系统保护与修复、监测与预警技术，开发环境健康风险评估与管理技术，研究化学品风险控制和替代技术，开发生态环境大数据应用技术，构建生态环境智慧监管和防控技术支撑体系。开展新型污染物对生态环境和人体健康风险研究，研发基于污染源—暴露途径—受体多层次控制与削减的生态环境和人体健康风险防控技术。重大平台是：建立生态环境科技研发与转化功能型平台。

《"十四五"可再生能源发展规划》提出，加大可再生能源技术创新攻关力度，加强可再生能源前沿技术和核心技术装备攻关，持续推进可再生能源工程技术创新及应用。开展深远海风电技术、光伏发电户外实证、新型高效光伏电池技术、地热能发电技术、中深层地热供暖技术等可再生能源技术创新示范。培育可再生能源发展新模式新业态。

《"十四五"工业绿色发展规划》提出，构建绿色低碳技术体系，加快关键共性技术攻关突破，加强产业基础研究和前沿技术布局，加大先进适用技术推广应用，激发各类市场主体创新活力。

《关于推进中央企业高质量发展做好碳达峰碳中和工作的指导意见》提出，加强绿色低碳技术布局与攻关，力争在低碳零碳负碳先进适用技术方面取得突破，布局化石能源绿色智能开发和清洁低碳利用、新型电力系统、零碳工业流程再造等低碳前沿技术攻关，深入开展智能电网、抽水蓄能、先进储能、高效光伏、大容量风电、绿色氢能、低碳冶金、现代煤化工、二氧化碳捕集利用与封存等关键技术攻关，鼓励加强产业共性基础技术研究，加快碳纤维、气凝胶等新型材料研发应用，加强绿色氢能示范验证和规模应用，推动建设低成本、全流程、集成化、规模化的二氧化碳捕集利用与封存示范项目；打造绿色低碳科技创新平台，聚焦先进核能、绿色低碳电力装备、新型电力系统、新能源汽车及智能（网联）汽车等重点领域，发挥行业引领示范作用，打造绿色低碳产业技术协同创新平台。

《"十四五"能源领域科技创新规划》提出，重点发展水电基地可再生能源协同开发运行关键技术、水电工程健康诊断及升级改造和灾害防控技术、深远海域海上风电开发及超大型海上风机技术、退役风电机组回收与再利用技术、新型光伏系统及关键部件技术、高效钙钛矿电池制备与产业化生产技术、高效低成本光伏电池技术、光伏组件回收处理与再利用技术、太阳能热发电与综合利用技术、生物质能转化与利用技术、地热能开发与利用技术、海洋能发电及综合利用技术、氢气制备关键技术、氢气储运关键技术、氢气加注关键技术、燃料电池设备及系统集成关键技术、氢安全防控及氢气品质保障技术、新能源发电并网及主动支撑技术、电力系统仿真分析及安全高效运行技术、交直流混合配电网灵活规划运行技术、新型直流输电装备技术、新型柔性输配电装备技术、源网荷储一体化和多能互补集成设计及运行技术、大容量远海风电友好送出技术、能量型/容量型储能技术装备及系统集成技术、功率型/备用型储能技术装备与系统集成技术、储能电池共性关键技术、大型变速抽水蓄能及海水抽水蓄能关键技术、分布式储能与分布式电源协同聚合技术、低渗透老油田大幅提高采收率技术、高含水油田精细化/智能化分层注采技术、深层油气勘探目标精准描述和评价技术、深层页岩气开发技术、非海相非常规天然气开发技术、陆相中高成熟度页岩油勘探开发技术、中低成熟度页岩油和油页岩地下原位转化技术、地下原位煤气化技术、海域天然气水合物试采技术及装备、地震探测智能化节点采集技术与装备、超高温高压测井与远探测测井技术与装备、抗高温抗盐环保型井筒工作液与智能化复杂地层窄安全密度窗口承压堵漏技术、高效压裂改造技术与大功率电动压裂装备、地下储气库建库工程技术、新一代大输量天然气管道工程建设关键技术与装备、特种专用橡胶技术、高端润滑油脂技术、分子炼油与分子转化平台技术、煤矿智能开采关键技术与装备、煤炭绿色开采和废弃物资源化利用技术、煤矿重大灾害及粉尘智能监控预警与防控技术、煤炭及共伴生资源综合开发技术、煤炭精准智能化洗选加工技术、新型柔性气化和煤与有机废弃物协同气化技术、煤制油工艺升级及产品高端化技术、低阶煤分质利用关键技术、煤转化过程中多种污染物协同控制技术、先进高参数超超临界燃煤发电技术、高效超低排放循环流化床锅炉发电技术、超临界二氧化碳（S-CO$_2$）发电技术、整体煤气化蒸汽燃气联合循环发电（IGCC）及燃料电池发电（IGFC）系统集成优化技术、高效低成本的二氧化碳 CCUS 技术、老旧煤电机组延寿及灵活高效改造技术、燃煤电厂节能环保和灵活性提升及耦合生物质发电等改造技术、燃气轮机非常规燃料燃烧技术、中小型燃气轮机关键技术、重型燃气轮机关键技术、智能传感与智能量测技术、特种智能机器人技术、能源装备数字孪生技术、人工智能与区块链技术、能源大数据与云计算技术、能源物联网技术、油气田与炼化企业数字化智能化技术、水电数字化智能化技术、风电机组与风电场数字化智能化技术、光伏发电数字化智能化技术、电网智能调度运行控制与智能运维技术、核电数字化智能化技术、煤矿数字化智能化技术、火电厂数字化智能化技术、区域综合智慧能源系统关键技术、多元用户友好智能供需互动技术。

《"十四五"促进中小企业发展规划》提出，支持中小企业开展绿色技术创新。支持中小企业参与开展低碳、节能、节水、环保、清洁生产、资源综合利用等领域共性技术研发，支持新能源、新材料、碳捕捉封存利用、有害物质替代与减量化、工业固体废物减量化和资源化等关键技术突破及产业化发展，推出一批绿色低碳产品与服务，助力构建节能低碳的产业体系。鼓励中小企业联合高等院校、科研院所、产业园区等，形成绿色技术创新联合体，开展绿色技术攻关。引导中小企业参与新能源技术装备、节能环保装备等研发设计。

《"十四五"原材料工业发展规划》提出：①石化化工行业推动高选择性催化、高效膜分离、危险工艺本质安全等技术，特种茂金属聚烯烃、高端润滑油、高纯/超高纯化学品及工业特种气体、甲烷偶联制烯烃等新产品研发。推进煤炭清洁高效利用、煤制化学品短流程、生物基材料全产业链制备以及磷石膏低成本无害化处理及资源化利用、二氧化碳捕集储存及综合利用等技术的工程化。推动新型微通道反应器装备及连续流工艺、危险化学品存储运输安全、工业互联网和智能制造、低全球变暖潜能制冷剂替代品等技术产业化应用。②钢铁行业推进高效率低成本洁净钢冶炼、节能环保等关键共性技术，先进电弧炉及其制造流程、近终形制造、特种冶炼、高端检测等通用专用装备和零部件生产技术的工程化。推动充填采矿、低品位难选矿、烧结烟气循环、机械化原料场、高炉煤气精脱硫、高效脱硫脱硝、余热回收、中低温余热利用、钢渣高附加值资源化利用等技术产业化应用。③有色金属行业推动机械掘进及连续开采、离子吸附型稀土矿绿色高效开采、稀土多金属矿伴生资源及盐湖锂等资源高效利用、提取分离过程物料循环、超高纯金属及靶材制备等新技术研发。推进高洁净度高均质化冶金、高性能合金短流程制备、高性能稀土永磁材料选区精准渗透等技术，智能化无人采矿、矿山安全管理物联网及云服务、人工智能配料及排产、关键工序虚拟仿真、冶炼分离在线监测及过程控制智能化、机器视觉质量在线检测等智能制造技术的工程化。推动低品位复杂矿石高效分选及预选、尾矿及赤泥高效综合利用、含氟含砷等有害成分的危废无害化处置、高丰度稀土元素平衡利用等技术产业化应用。④建材行业推动水泥深度脱硫脱硝、化学团聚强化除尘、高效低碳节能等新技术研发。推进非金属矿分级提纯、晶形保护、粒形粒貌控制技术，特种玻璃熔化成型技术、先进陶瓷粉体制备技术、高温固体氧化物燃料电池粉体及其组件共烧成技术、成型烧结技术，大尺寸人工晶体制备技术，结构功能一体化耐火材料集成制造及在役诊断维护等技术的工程化。推动地下矿山全工序无人化作业，露天矿山三维仿真、无人爆破、矿石在线监测，石墨高效解离、大鳞片保护、无氟化提纯，特种玻璃纤维、玄武岩纤维等高性能纤维智能化池窑连续拉丝等矿山采选及材料深加工技术产业化应用。

《关于加快推进城镇环境基础设施建设的指导意见》提出，围绕厨余垃圾、污泥、焚烧飞灰、渗滤液、磷石膏、锰渣、富集重金属废物等固体废物处置和小型垃圾焚烧等领域存在的技术短板，征集遴选一批掌握关键核心技术、具备较强创新能力的单位进行集中攻关。

《环保装备制造业高质量发展行动计划（2022—2025 年）》提出，加强关键核心技术攻关。聚焦"十四五"期间环境治理新需求，围绕减污降碳协同增效、细颗粒物（$PM_{2.5}$）和臭氧协同控制、非电行业多污染物处置、海洋污染治理、有毒有害污染物识别和检测以及生态环境应急等领域，开展重大技术装备联合攻关。聚焦长期存在的环境污染治理难点问题，攻克高盐有机废水深度处理、污泥等有机固废减量化资源化技术装备。聚焦基础零部件和材料药剂等"卡脖子"问题，加快环境污染治理专用的高性能风机、水泵、阀门、过滤材料、低频吸声隔声材料、绿色药剂以及环境监测专用模块、控制器、标准物质研发。聚焦新污染物治理、监测、溯源等，抓紧部署前沿技术装备研究。

《"十四五"现代能源体系规划》提出，加快能源领域关键核心技术和装备攻关，推动绿色低碳技术重大突破，加快能源全产业链数字化智能化升级。通过锻造能源创新优势长板、强化储能和氢能等前沿科技攻关、实施科技创新示范工程，增强能源科技创新能力；通过推动能源基础设施数字化、建设智慧能源平台和数据中心、实施智慧能源示范工程，加快能源产业数字化智能化升级；通过整合优化科技资源配置、激发企业和人才创新活力，完善能源科技和产业创新体系。

《中国科学院科技支撑碳达峰碳中和战略行动计划》提出，重点研究能源前沿基础与交叉、碳汇科学原理与方法，开发化石能源高效清洁利用技术、可再生能源技术、先进核能技术、储能与多能融合技术、固碳增汇技术，开展双碳技术综合示范、碳源碳汇立体监测示范。

《"十四五"市场监管科技发展规划》提出，开展绿色低碳与节能环保领域关键计量技术研究。研究支撑碳达峰碳中和的关键计量基标准与计量技术，碳排放监测数据质量提升的关键计量技术，大气、土壤、水等环境中污染物精密测量技术、计量装置及标准物质；完善各级碳计量服务体系，建立碳计量基准、计量标准和标准物质全覆盖溯源体系，支持建立省市县三级碳排放计量服务支撑体系，提升碳排放计量监测能力；研究光伏、风电、氢能等清洁能源发电、储能及并网控制计量测试技术。

《财政支持做好碳达峰碳中和工作的意见》提出，加强对低碳零碳负碳、节能环保等绿色技术研发和推广应用的支持。鼓励有条件的单位、企业和地区开展低碳零碳负碳和储能新材料、新技术、新装备攻关，以及产业化、规模化应用，建立完善绿色低碳技术评估、交易体系和科技创新服务平台。

《科技支撑碳达峰碳中和实施方案（2022—2030年）》提出，一是实施能源绿色低碳转型科技支撑行动。加强基础性、原创性、颠覆性技术研究，为煤炭清洁高效利用、新能源并网消纳、可再生能源高效利用，以及煤制清洁燃料和大宗化学品等提供科技支撑。发展煤炭清洁高效利用、新能源发电、智能电网、储能、可再生能源非电利用、氢能、节能等能源绿色低碳转型支撑技术。到2030年，大幅提升能源技术自主创新能力。二是实施低碳与零碳工业流程再造技术突破行动。以原料燃料替代、短流程制造和低碳技术集成耦合优化为核心，深度融合大数据、人工智能、第五代移动通信等新兴技术，引领高碳工业流程的零碳和低碳再造和数字化转型。加强高品质工业产品生产和循环经济关键技术研发，加快跨部门、跨领域低碳零碳融合创新。发展低碳零碳钢铁、低碳零碳水泥、低碳零碳化工、低碳零碳有色、资源循环利用与再制造等低碳零碳工业流程再造技术。到 2030 年，形成一批支撑降低粗钢、水泥、化工、有色金属行业二氧化碳排放的科技成果，实现低碳流程再造技术的大规模工业化应用。三是实施城乡建设与交通低碳零碳技术攻关行动。大力推进低碳零碳技术研发与示范应用。推进绿色低碳城镇、乡村、社区建设、运行等环节绿色低碳技术体系研究，加快突破建筑高效节能技术。开展建筑部件、外墙保温、装修的耐久性和外墙安全技术研究与集成应用示范，加强建筑拆除及回用关键技术研发，突破绿色低碳建材、光储直柔、建筑电气化、热电协同、智能建造等关键技术。突破化石能源驱动载运装备降碳、非化石能源替代和交通基础设施能源自洽系统等关键技术，推动交通系统能效管理与提升、交通减污降碳协同增效、先进交通控制与管理、城市交通新业态与传统业态融合发展等技术研发。发展光储直柔供配电、建筑高效电气化、热电协同、低碳建筑材料与规划设计、新能源载运装备、绿色智慧交通等城乡建设与交通低碳零碳技术。到 2030 年，建筑节能减碳各项技术取得重大突破，科技支撑实现新建建筑碳排放量大幅降低；动力电池、驱动电机、车用操作系统等关键技术取得重大突破。四是实施负碳及非二氧化碳温室气体减排技术能力提升行动。着力提升负碳技术创新能力。发展 CCUS 技术、碳汇核算与监测技术、生态系统固碳增汇技术、非二氧化碳温室气体减排与替代技术。当前，以二氧化碳捕集和利用技术为重点，开展 CCUS 与工业过程的全流程深度耦合技术研发及示范；着眼长远加大 CCUS 与清洁能源融合的工程技术研发，开展矿化封存、陆上和海洋地质封存技术研究，力争到 2025 年实现单位二氧化碳捕集能耗比 2020 年下降 20%，到 2030 年下降 30%。加强气候变化成因及影响、陆地和海洋生态系统碳汇核算技术和标准研发，突破生态系统稳定性、持久性增汇技术。加强甲烷、氧化亚氮及含氟气体等非二氧化碳温室气体的监测和减量替代技术研发及标准研究。五是实施前沿颠覆性低碳技术创新行动。聚焦新能源开发、二氧化碳捕集利用、前沿储能等重点方向基础研究最新突破，加强学科交叉融合，加快建立健全以国家碳达峰碳中和目标为导向，大力宣扬科学精神和发挥企业创新主体作用的研究模式，加快培育颠覆性技术创新路径，建立前沿和颠覆性技术的预测、发现和评估预警机制，定期更新碳中和前沿颠覆性技术研究部署。发展新型高效光伏电池、新型核能发电、新型绿色氢能、前沿储能、电力多元高效转换、二氧化碳高值化转化利用、空气中二氧化碳直接捕集技术等前沿和颠覆性低碳技术。六是实施低碳零碳技术示范行动。开展一批典型低碳零碳技术应用示范，到 2030 年建成 50 个不同类型重点低碳零碳技术应用示范工程，形成一批先进技术和标准引领的节能降碳技术综合解决方案。开展多种低碳零碳技术跨行业跨领域耦合优化与综合集成，开展管理政策协同创新。加强科技成果转化服务体系建设，结合国家绿色技术推广目录和国家绿色技术交易中心等平台网络，综合提升低碳零碳技术成果转化能力。完善低碳零碳技术标准体系，加强前沿低碳零碳技术标准研究与制定，促进低碳零碳技术研发和示范应用。开展零碳/低碳能源示范工程、低碳/零碳工业流程再造示范工程、低碳零碳建筑示范工程、CCUS 技术示范工程，开展低碳技术创新综合区域示范，促进低碳技术成果转移转化，加快构建低碳零碳负碳技术标准体系。

《工业领域碳达峰实施方案》提出，推动绿色低碳技术重大突破。部署工业低碳前沿技术研究，实施低碳零碳工业流程再造工程，研究实施氢冶金行动计划。布局减碳去碳基础零部件、基础工艺、关键基础材料、低碳颠覆性技术研究，突破推广一批高效储能、能源电子、氢能、碳捕集利用封存、温和条件二氧化碳资源化利用等关键核心技术。推动构建以企业为主体，产学研协作、上下游协同的低碳零碳负碳技术创新体系。

《加快电力装备绿色低碳创新发展行动计划》提出，加速发展清洁低碳发电装备、提升输变电装备消纳保障能力、加快推进配电装备升级换代、提高用电设备能效匹配水平，开展装备体系绿色升级行动；加快关键核心技术攻关、加强创新平台建设、促进产业集聚和企业融通发展，开展电力装备技术创新提升行动；深化"5G＋工业互联网"应用、加快推进智能制造、加速服务型制造转型，开展网络化智能化转型发展行动；加强技术标准体系建设、推动绿色低碳装备检测认证，开展技术基础支撑保障行动；强化推广应用政策引导、开展试验验证及试点应用，培育推广应用新模式新业态，开展推广应用模式创新行动；推动电力装备"走出去"、深化国际交流合作，开展电力装备对外合作行动。通过 5～8 年时间，电力装备供给结构显著改善，保障电网输配效率明显提升，高端化智能化绿色化发展及示范应用不断加快，国际竞争力进一步增强，基本满足适应非化石能源高比例、大规模接入的新型电力系统建设需要。煤电机组灵活性改造能力累计超过 2 亿千瓦，可再生能源发电装备供给能力不断提高，风电和太阳能发电装备满足 12 亿千瓦以上装机需求，核电装备满足 7000 万千瓦装机需求。

《"十四五"生态环境领域科技创新专项规划》提出，重点研发工业固废协同利用与产业循环链接技术、废旧物资智能解离装备与高值循环利用技术、生活垃圾及医疗废物高效分类利用技术及装备、固废资源化技术集成与综合示范、减污降碳协同治理技术。

《"十四五"生态环境领域科技创新专项规划》提出，研发重点领域碳达峰碳中和关键技术。研究火电、钢铁、水泥、化工、有色金属、交通等行业深度脱碳技术和数字化与低碳化协同的分布式能源系统支撑技术；开展重点工业、交通、建筑部门近零排放/净零排放示范工程，典型区域碳中和技术集成示范工程，建立示范工程的碳排放和碳减排评估技术方法及相关数据库；研究甲烷、氢氟碳化物、氮氧化物等排放监测与减排替代技术和产品。

《"十四五"国家高新技术产业开发区发展规划》提出，加强绿色低碳技术研发应用。鼓励国家高新区引导企业建设绿色技术验证中心、绿色技术创新中心、绿色技术工程研究中心等创新平台，聚焦化石能源绿色智能开发和清洁低碳利用、新能源、生态环境保护、清洁生产、资源综合循环利用等领域，开展绿色技术攻关和示范应用。支持区内企业、高等学校、科研院所探索建立绿色技术标准及服务体系，推广运用减碳、零碳、负碳技术和装备。

《黄河流域生态保护和高质量发展科技创新实施方案》提出，研究青藏高原及西北荒漠区生态功能提升技术，攻克黄土高原低效人工林恢复技术，构建中游多沙粗沙区水土保持协同治理技术模式，研究下游生态廊道与三角洲湿地的生态功能提升技术，攻克盐碱地综合利用技术，构建污水资源化利用技术体系，研发危废品风险防控与回收利用技术，研发大气复合污染协同防治与精准治理技术，研发煤炭清洁高效利用技术，研发支撑双碳目标的多能互补技术。

《"十四五"城镇化与城市发展科技创新专项规划》提出，加快城市生产生活方式的绿色低碳转型。研究基于生态本底网络结构的城市群和区域绿色发展的方法论；研究城市群和区域可持续发展的指标与评价体系；研究基于碳中和目标的低碳城市综合评价方法、碳排放核算技术和全生命周期碳代谢模拟技术；研发城市群和区域建成区的实时监测与感知技术；研发基于生态优先的城市群人—地—产耦合评估技术。研究既有建筑、社区一体化绿色改造、健康改造、适老改造、消防安全改造、垃圾分类投放设施等宜居改造与性能提升技术与装备；研发建筑与基础设施的智能检测、监测技术与装备；

研发建筑与基础设施全生命周期性态演变评估与控制技术；研发建筑与基础设施高效修复、加固技术与装备。研究可持续及环境友好型先进土木工程材料。研究基于人工智能与人因工程学的绿色建筑设计新理论新方法，研究多主体、全专业、高效能的绿色建筑设计建造全过程协同平台，编制高质量发展背景下新一代绿色建筑工程技术标准体系；研发性能可调建材与多功能复合、结构功能一体化的新型智能围护结构产品，开发高效能机电设备与系统；研发低增量成本、高性能绿色建筑和超低能耗建筑、近零/零能耗绿色建筑关键技术体系。研发热水联供、热电协同、烟气余热利用与减排一体化、大温差跨季节水热联储等系列技术；研究光储直柔新型供配电系统基础理论、安全保护方法及相关标准，研发新型光伏一体化技术体系，直流供配电关键设备与技术；开展北方城镇地区低品位余热清洁供暖工程示范，以及源网荷储用协同的区域能源系统试点示范。研究供排水设施低碳排放与提质增效协同优化技术，污水收集处理过程温室气体控制与碳捕集技术，生态型水体全要素全生命周期低碳建设与运维技术，降雨径流污染低碳净化技术，可再生能源为核心的多能互补燃气供应、能源梯级利用和运行优化技术，生活垃圾处理设施低碳排放技术与装备，城市园林绿化碳汇增效技术。研究城市生态修复与生境重建相关的城市生态基础设施建设关键技术，基于遥感技术的城市河湖岸线生态系统恢复及调控技术，城市水循环体系智慧管控技术，城镇近自然生态环境营建与运维技术，公园城市背景下都市空间绿化关键技术，研究城市光热环境耦合调控治理技术、竖向城市构建与宜居环境营造技术。

《关于进一步完善市场导向的绿色技术创新体系实施方案（2023—2025年）》提出，明确绿色技术创新方向，强化关键绿色技术攻关，研发一批具有自主知识产权、达到国际先进水平的关键核心绿色技术。

《关于加强新时代水土保持工作的意见》提出，围绕水土保持碳汇能力等，加强基础研究和关键技术攻关。

《质量强国建设纲要》提出，开展重点行业和重点产品资源效率对标提升行动，加快低碳零碳负碳关键核心技术攻关，推动高耗能行业低碳转型。

二、推广先进成熟绿色低碳技术

《2030年前碳达峰行动方案》提出，推广先进成熟绿色低碳技术，开展示范应用。

《"十四五"工业绿色发展规划》提出，实施降碳、减污、节能、节水、资源高效利用技术等绿色低碳技术推广应用工程。

《关于推进中央企业高质量发展做好碳达峰碳中和工作的指导意见》提出，强化绿色低碳技术成果应用。支持中央企业加快绿色低碳新技术、新工艺、新装备应用，激励中央企业扩大绿色低碳首台（套）装备和首批次新材料应用，推动中央企业实施绿色低碳领域重大科技成果产业化示范工程，带动产业链上下游各类企业推广应用先进成熟技术。

《环保装备制造业高质量发展行动计划（2022—2025年）》提出，推进共性技术平台建设，加快科技成果转移转化，强化新型装备应用，加快先进装备推广。在大气治理、污水治理、垃圾处理过程中通过工艺技术过程的改进，实现二氧化碳、甲烷、氧化亚氮等温室气体的抑制、分解、捕捉，研发应用减少污染治理过程中温室气体排放的工艺技术。

《"十四五"东西部科技合作实施方案》提出，支持新疆重点领域碳达峰碳中和技术联合攻关和打造丝绸之路经济带区域科技创新高地，构建青藏高原生态保护系统性技术解决方案和加快西藏特色农牧业科技成果转化，实施三江源生态保护科技工程和打造世界级盐湖产业基地，提升西南生物多样性保护技术水平和建设滇中清洁能源创新高地，科技支撑宁夏重点产业提质增效和推动宁夏科技园区跨区域合作，科技支撑北方重要生态安全屏障建设和科技促进内蒙古能源资源绿色转型及科技引领内蒙古现代农牧业发展，实施贵州数字创新结对合作和深化甘肃兰白—上海张江科技创新结对合作。

《工业领域碳达峰实施方案》提出，加大绿色低碳技术推广力度，发布工业重大低碳技术目录，组织制订技术推广方案和供需对接指南，促进先进适用的工业绿色低碳新技术、新工艺、新设备、新材料推广应用，聚焦低碳原料替代、短流程制造等关键技术，推进生产制造工艺革新和设备改造，鼓励各地区、各行业探索绿色低碳技术推广新机制；开展重点行业升级改造示范，实施生产工艺深度脱碳、工业流程再造、电气化改造、二氧化碳回收循环利用等技术示范工程，加大在绿色低碳技术创新应用上的投资力度，以企业技术改造投资指南为依托聚焦绿色低碳编制升级改造导向计划。

《关于进一步完善市场导向的绿色技术创新体系实施方案（2023—2025年）》提出，健全绿色技术推广机制，鼓励绿色技术产品应用。

为推广低碳技术的应用，国家有关部门先后印发了4批国家重点推广的低碳技术目录。2014年8月，国家发改委印发的《国家重点推广的低碳技术目录（第一批）》涉及煤炭、电力、钢铁、有色、石油石化、化工、建筑、轻工、纺织、机械、农业、林业12个行业，共33项国家重点推广的低碳技术，包括非化石能源类技术（12项）、燃料及原材料替代类技术（11项）、工艺过程等非二氧化碳减排类技术（5 项）、碳捕集利用与封存类技术（2 项）、碳汇类技术（3 项）；2015 年 12 月，国家发改委印发的《国家重点推广的低碳技术目录（第二批）》涉及煤炭、电力、建材、有色金属、石油石化、化工、机械、汽车、轻工、纺织、农业、林业 12 个行业，涵盖新能源与可再生能源、燃料及原材料替代、工艺过程等非二氧化碳减排、碳捕集利用与封存、碳汇等领域，共 29 项国家重点推广的低碳技术，包括非化石能源类技术（8 项）、燃料及原材料替代类技术（12 项）、工艺过程等非二氧化碳减排类技术（5 项）、碳捕集利用与封存类技术（2 项）、碳汇类技术（2 项）；2017 年 3 月，国家发改委印发的《国家重点节能低碳技术推广目录（2017 年本　低碳部分）》涵盖非化石能源、燃料及原材料替代、工艺过程等非二氧化碳减排、碳捕集利用与封存、碳汇等领域，共 27 项国家重点推广的低碳技术，包括非化石能源类技术（6 项）、燃料及原材料替代类技术（14 项）、工艺过程等非二氧化碳减排类技术（3 项）、碳捕集利用与封存类技术（1 项）、碳汇类技术（3 项）；2022 年 12 月，生态环境部印发了《国家重点推广的低碳技术目录（第四批）》，包括节能及提高能效类技术（21 项）、非化石能源类技术（4 项）、燃料及原材料替代类技术（6 项）、工艺过程等非二氧化碳减排类技术（1 项）、碳捕集利用与封存类技术（2 项）、碳汇类技术（1 项）。

三、建设二氧化碳捕集、利用与封存示范项目

《2030 年前碳达峰行动方案》提出，建设全流程、集成化、规模化二氧化碳捕集利用与封存示范项目。

《"十四五"利用外资发展规划》提出，鼓励有条件的国家级经开区积极开展碳捕集、碳封存、碳利用等新型技术研发和应用。

《"十四五"能源领域科技创新规划》提出，研发新一代高效、低能耗的二氧化碳捕集技术和装置，提高碳捕集系统的经济性；开展二氧化碳驱油驱气、二氧化碳合成碳酸脂、聚碳等资源化、能源化利用技术研究；突破二氧化碳封存监测、泄漏预警等核心技术；研发碳捕集转化利用系统与各种新型发电系统耦合集成技术。开展百万吨级燃烧后二氧化碳捕集、利用与封存全流程示范。

《"十四五"推动高质量发展的国家标准体系建设规划》提出，完善碳捕集利用与封存、低碳技术评价等标准，发挥标准对低碳前沿技术的引领和规范作用。

《支持贵州在新时代西部大开发上闯新路的意见》提出，探索实施碳捕

获、利用与封存（CCUS）示范工程，有序开展煤炭地下气化、规模化碳捕获利用和岩溶地质碳捕获封存等试点。

《"十四五"现代能源体系规划》提出，在晋陕蒙新等地区建设二氧化碳捕集利用与封存示范工程。

《关于完善能源绿色低碳转型体制机制和政策措施的意见》提出，加强二氧化碳捕集利用与封存技术推广示范，扩大二氧化碳驱油技术应用，探索利用油气开采形成地下空间封存二氧化碳。

《减污降碳协同增效实施方案》提出，推动碳捕集、利用与封存技术在工业领域应用。

《黄河流域生态环境保护规划》提出，在内蒙古、山西、陕西等具备条件的区域，推进二氧化碳捕集、利用和封存（CCUS）重点工程部署和集群建设。以煤电、钢铁、煤化工、石化等行业为重点，开展全流程CCUS示范工程试点。

《科技支撑碳达峰碳中和实施方案（2022—2030年）》提出，建设大型油气田CCUS技术全流程示范工程，推动CCUS与工业流程耦合应用、二氧化碳高值利用示范。

《关中平原城市群建设"十四五"实施方案》提出，扩大碳捕集、利用与封存等重点减排技术应用。

《"十四五"生态环境领域科技创新专项规划》提出，重点研发碳捕集、利用与封存（CCUS）技术。开展二代碳捕集、二氧化碳利用关键技术研发与示范、基于CCUS的负排放技术研发与示范、碳封存潜力评估及源汇匹配研究、海洋咸水层、陆地含油地层等封存技术示范，百万吨级大规模碳捕集与封存区域示范，以及工业行业CCUS全产业链集成示范，建成中国CCUS集群化评价应用示范平台。

《能源碳达峰碳中和标准化提升行动计划》提出，实施CCUS标准体系完善和示范行动。

《关于深入推进黄河流域工业绿色发展的指导意见》提出，探索低成本二氧化碳捕集、资源化转化利用、封存等主动降碳路径。发挥黄河流域大型企业集团示范引领作用，在主要碳排放行业以及可再生能源应用、新型储能、碳捕集利用与封存等领域，实施一批降碳效果突出、带动性强的重大工程。

四、推进熔盐储能供热和发电示范应用

《2030年前碳达峰行动方案》提出，推进熔盐储能供热和发电示范应用。

《关于深入推进黄河流域工业绿色发展的指导意见》提出，鼓励青海、宁夏等省区发展储热熔盐和超级电容技术，培育新型电力储能装备。

五、加快氢能技术研发和示范应用

《2030 年前碳达峰行动方案》提出，加快氢能技术研发和示范应用，探索在工业、交通运输、建筑等领域规模化应用。

《上海市建设具有全球影响力的科技创新中心"十四五"规划》提出，加快氢能技术突破。围绕氢的制取、储运与加注以及氢能利用，研发关键技术和核心部件，推动氢能多场景应用和氢能产业链发展。

《关于完整准确全面贯彻新发展理念做好碳达峰碳中和工作的意见》提出，统筹推进氢能"制储输用"全链条发展。

《"十四五"可再生能源发展规划》提出，推动可再生能源规模化制氢利用。开展规模化可再生能源制氢示范，推进化工、煤矿、交通等重点领域绿氢替代。

《"十四五"推动高质量发展的国家标准体系建设规划》提出，加强氢能领域标准的制定。

《"十四五"现代能源体系规划》提出，开展高效可再生能源氢气制备、储运、应用和燃料电池等关键技术攻关及多元化示范应用，开展氢能在可再生能源消纳、电网调峰等场景示范应用，开展氢能、电能、热能等异质能源互联互通示范。

《氢能产业发展中长期规划（2021—2035 年）》提出，持续提升关键核心技术水平、着力打造产业创新支撑平台、推动建设氢能专业人才队伍、积极开展氢能技术创新国际合作，系统构建支撑氢能产业高质量发展创新体系；合理布局制氢设施、稳步构建储运体系、统筹规划加氢网络，统筹推进氢能基础设施建设；有序推进交通领域示范应用、积极开展储能领域示范应用、合理布局发电领域多元应用、逐步探索工业领域替代应用，稳步推进氢能多元化示范应用；建立健全氢能政策体系、建立完善氢能产业标准体系、加强全链条安全监管，加快完善氢能发展政策和制度保障体系。到 2025 年，基本掌握核心技术和制造工艺，燃料电池车辆保有量约 5 万辆，部署建设一批加氢站，可再生能源制氢量达到 10 万～20 万吨/年，实现二氧化碳减排 100 万～200 万吨/年；到 2030 年，形成较为完备的氢能产业技术创新体系、清洁能源制氢及供应体系，有力支撑碳达峰目标实现；到 2035 年，形成氢能多元应用生态，可再生能源制氢在终端能源消费中的比例明显提升。

《氢能产业发展中长期规划（2021—2035 年）》提出，持续加强基础研究、关键技术和颠覆性技术创新，持续提升关键核心技术水平。加快推进质子交换膜燃料电池技术创新，开发关键材料，提高主要性能指标和批量化生产能力，持续提升燃料电池可靠性、稳定性、耐久性。支持新型燃料电池等技术发展；着力推进核心零部件以及关键装备研发制造；加快提高可再生能源制氢转化效率和单台装置制氢规模，突破氢能基础设施环节关键核心技术；开发临氢设备关键影响因素监测与测试技术，加大制、储、输、用氢全链条安全技术开发应用。持续推进绿色低碳氢能制取、储存、运输和应用等各环节关键核心技术研发，持续开展光解水制氢、氢脆失效、低温吸附、泄漏/扩散/燃爆等氢能科学机理，以及氢能安全基础规律研究；持续推动氢能先进技术、关键设备、重大产品示范应用和产业化发展，构建氢能产业高质量发展技术体系。有序推进氢能在交通领域的示范应用，拓展在储能、分布式发电、工业等领域的应用，推动规模化发展，加快探索形成有效的氢能产业发展的商业化路径。

《能源碳达峰碳中和标准化提升行动计划》提出，实施全产业链绿氢标准完善行动。

第十一章　碳汇能力巩固提升行动

《2030年前碳达峰行动方案》提出，坚持系统观念，推进山水林田湖草沙一体化保护和修复，提高生态系统质量和稳定性，提升生态系统碳汇增量。通过巩固生态系统固碳作用、提升生态系统碳汇能力、加强生态系统碳汇基础支撑、推进农业农村减排固碳，实施碳汇能力巩固提升行动。

第一节　巩固生态系统固碳作用

一、构建碳达峰碳中和的国土空间开发保护格局

《2030年前碳达峰行动方案》提出，结合国土空间规划编制和实施，构建有利于碳达峰、碳中和的国土空间开发保护格局。

《上海市建设具有全球影响力的科技创新中心"十四五"规划》提出，全面提升生态服务和碳增汇功能。建立超大城市生态空间格局优化、复合高效生态系统调控管理、重要生态空间生态保育、退化生态系统快速修复、生态安全、优美生态环境构建及促进碳汇以应对碳达峰、碳中和目标的城市生态系统治理等关键技术保障体系。推动碳中和为目标导向的行政、市场、社会协同机制和政策创新，打通创新链、产业链及资金链，发展应对气候变化投融资，促进先进绿色技术推广应用。推动形成长三角区域生态环境保护系统协同创新共同体，实现陆海统筹、流域协同和区域一体化生态系统服务的协同管理。打造长三角一体化碳达峰碳中和示范区，聚焦长三角生态绿色一体化发展示范区的生态绿色发展战略，促进碳达峰碳中和引领区域生态绿色高质量发展，率先探索将生态优势转化为经济社会发展优势的新理念、新技术和新机制。

《关于培育发展现代化都市圈的指导意见》提出，构建绿色生态网络。严格保护跨行政区重要生态空间，加强中心城市生态用地维护与建设，编制实

施都市圈生态环境管控方案，联合实施生态系统保护和修复工程。加强区域生态廊道、绿道衔接，促进林地绿地湿地建设、河湖水系疏浚和都市圈生态环境修复。

《长江三角洲区域一体化发展规划纲要》提出：①合力保护重要生态空间。切实加强生态环境分区管治，强化生态红线区域保护和修复，确保生态空间面积不减少，保护好长三角可持续发展生命线。统筹山水林田湖草系统治理和空间协同保护，加快长江生态廊道、淮河—洪泽湖生态廊道建设，加强环巢湖地区、崇明岛生态建设。以皖西大别山区和皖南—浙西—浙南山区为重点，共筑长三角绿色生态屏障。加强自然保护区、风景名胜区、重要水源地、森林公园、重要湿地等其他生态空间保护力度，提升浙江开化钱江源国家公园建设水平，建立以国家公园为主体的自然保护地体系。②共同保护重要生态系统。强化省际统筹，加强森林、河湖、湿地等重要生态系统保护，提升生态系统功能。加强天然林保护，建设沿海、长江、淮河、京杭大运河、太湖等江河湖岸防护林体系，实施黄河故道造林绿化工程，建设高标准农田林网，开展丘陵岗地森林植被恢复。实施湿地修复治理工程，恢复湿地景观，完善湿地生态功能。推动流域生态系统治理，强化长江、淮河、太湖、新安江、巢湖等森林资源保护，实施重要水源地保护工程、水土保持生态清洁型小流域治理工程、长江流域露天矿山和尾矿库复绿工程、淮河行蓄洪区安全建设工程、两淮矿区塌陷区治理工程。

《大小兴安岭林区生态保护与经济转型规划（2021—2035年）》提出，大小兴安岭林区作为我国面积最大的森林生态功能区，以幼龄林、中龄林为主，生长较为旺盛，固碳速率快，对碳的吸收能力强，对提高我国陆地生态系统碳汇强度具有重要作用。保护好大小兴安岭林区，增加森林覆盖面积和森林蓄积量，防止火灾、人为破坏等导致的森林减少，是增加森林碳储量，实现碳中和目标的重要途径。

《"十四五"林业草原保护发展规划纲要》提出，按照国土空间规划和全国重要生态系统保护和修复重大工程总体布局，以国家重点生态功能区、生态保护红线、国家级自然保护地等为重点，实施重要生态系统保护和修复重大工程，加快推进青藏高原生态屏障区、黄河重点生态区、长江重点生态区和东北森林带、北方防沙带、南方丘陵山地带、海岸带等生态屏障建设，加快构建以国家公园为主体的自然保护地体系。实施"三北"天然林保护、退耕还林还草、京津风沙源治理等生态工程。

《"十四五"林业草原保护发展规划纲要》提出，推进林草碳汇行动。围绕森林蓄积量2030年比2005年增加60亿立方米的目标，科学开展植树造林、森林保护与经营，提高森林生态系统碳汇增量；加强林业生物质能源开发利用与竹木材料替代，减少碳排放。深入研究森林、草原、湿地等陆地生态系统碳汇能力及实现路径；积极参与国家碳市场制度建设，鼓励社会主体参与林草碳汇项目开发建设，指导开展林草碳汇项目开发交易和碳中和行动。

《关于完整准确全面贯彻新发展理念做好碳达峰碳中和工作的意见》提出，巩固生态系统碳汇能力。强化国土空间规划和用途管控，严守生态保护红线，严控生态空间占用，稳定现有森林、草原、湿地、海洋、土壤、冻土、岩溶等固碳作用。

《关于推动城乡建设绿色发展的意见》提出，在国土空间规划中统筹划定生态保护红线、永久基本农田、城镇开发边界等管控边界，统筹生产、生活、生态空间，实施最严格的耕地保护制度，建立水资源刚性约束制度，建设与资源环境承载能力相匹配、重大风险防控相结合的空间格局。协同建设区域生态网络和绿道体系，衔接生态保护红线、环境质量底线、资源利用上线和生态环境准入清单，改善区域生态环境。实施城市生态修复工程，保护城市山体自然风貌，修复江河、湖泊、湿地，加强城市公园和绿地建设，推进立体绿化，构建连续完整的生态基础设施体系。推动绿色城市、森林城市、"无废城市"建设，深入开展绿色社区创建行动。

《关于深入打好污染防治攻坚战的意见》提出，聚焦国家重大战略打造绿色发展高地。强化京津冀协同发展生态环境联建联防联治，打造雄安新区绿色高质量发展"样板之城"。积极推动长江经济带成为我国生态优先绿色发展主战场，深化长三角地区生态环境共保联治。扎实推动黄河流域生态保护和高质量发展。加快建设美丽粤港澳大湾区。加强海南自由贸易港生态环境保护和建设。加强生态环境分区管控，衔接国土空间规划分区和用途管制要求，将生态保护红线、环境质量底线、资源利用上线的硬约束落实到环境管控单元，建立差别化的生态环境准入清单，加强"三线一单"成果在政策制定、环境准入、园区管理、执法监管等方面的应用。

《关于深化生态环境领域依法行政 持续强化依法治污的指导意见》提出，依法推进生态保护和修复。继续开展"绿盾"自然保护地强化监督，依法强化自然保护地和生态保护红线监管，推动生物多样性保护立法，实施生物多样性保护重大工程，建立全国生物多样性监测网络，开展生物多样性关键区保护示范工作。

《关于实施"三线一单"生态环境分区管控的指导意见（试行）》提出，

充分发挥"三线一单"生态环境分区管控对重点行业、重点区域的环境准入约束作用，提高协同减污降碳能力。聚焦产业结构与能源结构调整，深化"三线一单"生态环境分区管控中协同减污降碳要求。加快开展"三线一单"生态环境分区管控减污降碳协同管控试点，以优先保护单元为基础，积极探索协同提升生态功能与增强碳汇能力，以重点管控单元为基础，强化对重点行业减污降碳协同管控，分区分类优化生态环境准入清单，形成可复制、可借鉴、可推广的经验，推动构建促进减污降碳协同管控的生态环境保护空间格局。

《"十四五"特殊类型地区振兴发展规划》提出，发挥特殊类型地区生态优势，巩固生态系统碳汇能力，稳定现有森林、草原、湿地、土壤、冻土等固碳作用，提升生态系统碳汇增量。建立健全用水权、排污权、碳排放权交易制度，依托全国统一的公共资源交易平台开展交易活动。

《关于推进中央企业高质量发展做好碳达峰碳中和工作的指导意见》提出，服务国家绿色低碳发展战略，构建有利于国家实现碳达峰、碳中和的国有经济布局和结构。

《"十四五"推动长江经济带发展城乡建设行动方案》提出，构建山水城和谐统一的城市风貌和城市格局。推动滨江岸线城市设计工作，塑造山、水、城相协调的城市风貌，塑造开放、连续、活力的城市公共空间，提升乡村风貌水平。

《成渝地区双城经济圈生态环境保护规划》提出，筑牢长江上游生态屏障。通过共建区域生态屏障体系和绿色生态廊道，严格落实生态空间布局与管控，共筑"四屏六廊"生态格局；通过推进生态功能重要区域保护、完善自然保护地体系建设、严格生态保护红线监管、持续开展生态保护成效评估、加强城市生态系统保护修复，加强重要生态空间保护；通过加强水土流失综合治理、开展岩溶地区石漠化综合治理、推进河湖及岸线生态修复、开展矿区生态修复，强化区域生态系统修复治理；通过严格落实长江十年禁渔、加强珍稀濒危野生动植物保护、强化区域生物安全风险管控，联合开展生物多样性保护。

《长江中游城市群发展"十四五"实施方案》提出，优化国土空间开发保护格局，推动生态共保环境共治，筑牢长江中游生态屏障，加快建立生态产品价值实现机制，着力改善城乡人居环境，积极落实碳达峰碳中和目标任务，促进长江经济带绿色发展。

《北部湾城市群建设"十四五"实施方案》提出，牢牢守住北部湾生态本底，强化陆地和海洋生态环境分区管控硬约束。构建流域—河口—近岸海域联动保护和治理机制。提升森林、湿地、海洋等自然生态系统碳汇功能，加快形成绿色低碳循环的城市建设运营模式和生产生活方式，建设全国重要绿色产业基地和宜居宜业的蓝色海湾城市群。构建陆海统筹的国土空间开发保护格局，依据资源环境承载能力和国土空间开发适宜性评价，科学有序布局农业、生态、城镇等功能空间，划定落实永久基本农田、生态保护红线、城镇开发边界。筑牢陆海一体的生态安全屏障，坚持山水林田湖草沙系统治理，加快实施南方丘陵山地带生态保护和修复重大工程、森林质量精准提升工程，大力营造防护林。

《减污降碳协同增效实施方案》提出，强化生态环境分区管控。构建城市化地区、农产品主产区、重点生态功能区分类指导的减污降碳政策体系。衔接国土空间规划分区和用途管制要求，将碳达峰碳中和要求纳入"三线一单"分区管控体系。增强区域环境质量改善目标对能源和产业布局的引导作用，研究建立以区域环境质量改善和碳达峰目标为导向的产业准入及退出清单制度。加大污染严重地区结构调整和布局优化力度，加快推动重点区域、重点流域落后和过剩产能退出。依法加快城市建成区重污染企业搬迁改造或关闭退出。

《"十四五"全国城市基础设施建设规划》提出，实施城市园林绿化提升行动。完善城市绿地系统，建设城市与自然和谐共生的绿色空间格局，完善城市公园体系；增强城市绿化碳汇能力，持续推进城市生态修复，加强城市生物多样性保护，促进城市蓝绿空间融合，倡导节约型低碳型园林绿化；优化绿色共享空间，建设友好型公园绿地系统，推进社区公园建设，贯通城乡绿道网络，塑造城市园林绿化特色。

《全国国土绿化规划纲要（2021—2035年）》提出，提升生态系统碳汇能力。科学开展森林更新，推行以提升森林碳汇能力为主的多目标经营模式，加强退化草原修复，持续增加草原碳储量，持续推进全国林草碳汇计量监测，推动林草碳汇开发和交易，创新推进林草碳汇参与企业碳中和实践，实施国土绿化碳汇价值市场化补偿。

《关于深入推进跨部门综合监管的指导意见》提出，切实加强大气污染、水污染、固体废物转移等跨区域联防联治。

《长三角生态绿色一体化发展示范区国土空间总体规划（2021—2035年）》提出，高水平推进示范区建设，严守"三区三线"等国土空间管控底线，聚焦生态绿色一体化，把生态保护好，不搞大开发，切实提高土地节约集约利用水平，严禁随意撤并村庄搞大社区。到 2035 年，示范区耕地保有量不低于 76.60 万亩，其中永久基本农田不低于 66.54 万亩；生态保护红线不低于 143.32 平方公里；城镇开发边界面积控制在 647.6 平方公里以内；示范区规划建设用地总规模控制在 803.6 平方公里以内，其中先行启动区规划建设用地总规模控制在 164.7 平方公里以内。

《生态系统碳汇能力巩固提升实施方案》提出，守住自然生态安全边界，巩固生态系统碳汇能力；推进山水林田湖草沙系统治理，提升生态系统碳汇增量；建立生态系统碳汇监测核算体系，加强科技支撑与国际合作；健全生态系统碳汇相关法规政策，促进生态产品价值实现。"十四五"期间，基本摸清我国生态系统碳储量本底和增汇潜力，初步建立与国际接轨的生态系统碳汇计量体系；"十五五"期间，生态系统碳汇调查监测评估与计量核算体系不断完善，支撑碳达峰碳中和的国土空间开发保护格局和用途管制制度全面建立并严格实施。

二、严守生态保护红线

《2030 年前碳达峰行动方案》提出，严守生态保护红线，严控生态空间占用，建立以国家公园为主体的自然保护地体系，稳定现有森林、草原、湿地、海洋、土壤、冻土、岩溶等固碳作用。

《长江经济带生态环境保护规划》提出，划定生态保护红线，实施生态保护与修复。划定并严守生态保护红线，严格岸线保护，强化生态系统服务功能保护，开展生态退化区修复，加强生物多样性维护。

《粤港澳大湾区发展规划纲要》提出，划定并严守生态保护红线，强化自然生态空间用途管制。加强珠三角周边山地、丘陵及森林生态系统保护，建设北部连绵山体森林生态屏障。

《关于加强生态保护监管工作的意见》提出，积极推进生态保护红线监管。推动建立健全生态保护红线监管制度，出台生态保护红线监管办法和监管指标体系。制定完善生态保护红线调查、监测、评估和考核等监管制度和标准规范。有条件的地区制定和完善地方法规，为生态保护红线监管立法积累经验。开展生态保护红线生态环境和人类活动本底调查，核定生态保护红线生态功能基线水平。加强生态保护红线面积、功能、性质和管理实施情况的监控，开展生态保护红线监测预警。

《"十四五"文化和旅游发展规划》提出，严守生态保护红线，对生态保护红线内允许的文化和旅游活动实施类型限制、空间管控和强度管制。坚持绿色低碳发展理念，加强文化和旅游资源保护，提高资源利用效率。

《"十四五"林业草原保护发展规划纲要》提出，构建以国家公园为主体的自然保护地体系。通过合理布局国家公园、健全国家公园管理体制机制、提升国家公园管理水平，高质量建设国家公园；通过推进自然保护地的整合优化，加强保护管理能力建设，优化自然保护区布局；通过提升自然公园生态文化价值，提升自然教育体验质量，增强自然公园生态服务功能。

《推进资源型地区高质量发展"十四五"实施方案》提出，全面落实生态保护红线、环境质量底线、资源利用上线和生态环境准入清单。

三、严格执行土地使用标准

《2030年前碳达峰行动方案》提出，严格执行土地使用标准，加强节约集约用地评价，推广节地技术和节地模式。

第二节　提升生态系统碳汇能力

一、实施生态保护修复重大工程

党的二十大报告指出，提升生态系统多样性、稳定性、持续性。以国家重点生态功能区、生态保护红线、自然保护地等为重点，加快实施重要生态系统保护和修复重大工程。推进以国家公园为主体的自然保护地体系建设。实施生物多样性保护重大工程。科学开展大规模国土绿化行动。深化集体林权制度改革。推行草原森林河流湖泊湿地休养生息，实施好长江十年禁渔，健全耕地休耕轮作制度。建立生态产品价值实现机制，完善生态保护补偿制度。加强生物安全管理，防治外来物种侵害。

《2030年前碳达峰行动方案》提出，实施生态保护修复重大工程。

《粤港澳大湾区发展规划纲要》提出，实施重要生态系统保护和修复重大工程，构建生态廊道和生物多样性保护网络，提升生态系统质量和稳定性。

《全国重要生态系统保护和修复重大工程总体规划（2021—2035年）》提出，开展青藏高原生态屏障区生态保护和修复、黄河重点生态区（含黄土高原生态屏障）生态保护和修复、长江重点生态区（含川滇生态屏障）生态保护和修复、东北森林带生态保护和修复、北方防沙带生态保护和修复、南方丘陵山地带生态保护和修复、海岸带生态保护和修复、自然保护地建设及野生动植物保护、生态保护和修复支撑体系 9 个重大工程。到 2035 年，通过大力实施重要生态系统保护和修复重大工程，全面加强生态保护和修复工作，与自然和谐共生的美丽画卷基本绘就。森林覆盖率达到 26%，森林蓄积量达到 210 亿立方米，天然林面积保有量稳定在 2 亿公顷左右，草原综合植被盖度达到 60%；确保湿地面积不减少，湿地保护率提高到 60%；新增水土流失综合治理面积 5640 万公顷，75% 以上的可治理沙化土地得到治理；海洋生态恶化的状况得到全面扭转，自然海岸线保有率不低于 35%；以国家公园为主体的自然保护地占陆域国土面积 18% 以上，濒危野生动植物及其栖息地得到全面保护。

《大小兴安岭林区生态保护与经济转型规划（2021—2035 年）》提出，加强自然生态系统恢复，构建生态安全屏障。通过严格保护林地、全面保护天然林、全面保护自然湿地，全面保护和修复生态系统；通过加强天然次生林抚育、加强退化次生林修复、科学经营人工林、推动森林碳汇工作，全面提升森林质量；通过提升自然保护区能力、增强自然公园生态服务，建设自然保护地体系。

《关于新时代推动中部地区高质量发展的意见》提出，统筹推进山水林田湖草沙系统治理，将生态保护红线、环境质量底线、资源利用上线的硬约束落实到环境管控单元，建立全覆盖的生态环境分区管控体系，强化长江岸线分区管理与用途管制，加强黄河流域水土保持和生态修复，建设淮河、汉江、湘江、赣江、汾河等河流生态廊道，构建以国家公园为主体的自然保护地体系。

《关于进一步加强生物多样性保护的意见》提出，推进重要生态系统保护和修复。统筹考虑生态系统完整性、自然地理单元连续性和经济社会发展可持续性，统筹推进山水林田湖草沙冰一体化保护和修复。科学规范开展重点生态工程建设，加快恢复物种栖息地。加强重点生态功能区、重要自然生态系统、自然遗迹、自然景观及珍稀濒危物种种群、极小种群保护，提升生态系统的稳定性和复原力。

《"十四五"全国农业绿色发展规划》提出，加强农业生态保护修复，提升生态涵养功能。按照生态系统的整体性、系统性及其内在规律，统筹推进山水林田湖草沙系统治理，保护修复农业生态系统，增强生态系统循环能力，提升农业生态产品价值。

《"十四五"林业草原保护发展规划纲要》提出，实施林草区域性系统治理项目。在黄河及北方防沙带实施 31 个林草区域性系统治理项目，在长江及南方丘陵山地带实施 25 个林草区域性系统治理项目，在青藏高原等重点生态区位实施 10 个林草区域性系统治理项目。

《关于完整准确全面贯彻新发展理念做好碳达峰碳中和工作的意见》提出，提升生态系统碳汇增量。实施生态保护修复重大工程，开展山水林田湖草沙一体化保护和修复。深入推进大规模国土绿化行动，巩固退耕还林还草成果，实施森林质量精准提升工程，持续增加森林面积和蓄积量。加强草原生态保护修复。强化湿地保护。整体推进海洋生态系统保护和修复，提升红树林、海草床、盐沼等固碳能力。开展耕地质量提升行动，实施国家黑土地保护工程，提升生态农业碳汇。积极推动岩溶碳汇开发利用。

《黄河流域生态保护和高质量发展规划纲要》提出，通过筑牢"中华水塔"、保护重要水源补给地、加强重点区域荒漠化治理、降低人为活动过度影响，加强上游水源涵养能力建设；通过大力实施林草保护、增强水土保持能力、发展高效旱作农业，加强中游水土保持；通过保护修复黄河三角洲湿地、建设黄河下游绿色生态走廊、推进滩区生态综合整治，推进下游湿地保护和生态治理；通过强化水资源刚性约束、科学配置全流域水资源、加大农业和工业节水力度、加快形成节水型生活方式，加强全流域水资源节约集约利用。

《关于鼓励和支持社会资本参与生态保护修复的意见》提出，鼓励和支持社会资本参与生态保护修复项目投资、设计、修复、管护等全过程，围绕生态保护修复开展生态产品开发、产业发展、科技创新、技术服务等活动，对区域生态保护修复进行全生命周期运营管护。

《关于深入打好污染防治攻坚战的意见》提出，实施重要生态系统保护和修复重大工程、山水林田湖草沙一体化保护和修复工程，实施生物多样性保护重大工程。

《"十四五"推进农业农村现代化规划》提出，健全草原森林河流湖泊休养生息制度。完善草原生态保护补助奖励政策，全面推进草原禁牧休牧轮牧，强化草原生物灾害防治，稳步恢复草原生态环境。实行林长制，制定绿化造林等生态建设目标，巩固退耕还林还草、退田还湖还湿成果，推进荒漠化、石漠化、水土流失综合治理。建设田园生态系统，完善农田生态廊道，营造复合型、生态型农田林网。强化河湖长制，加强大江大河和重要湖泊湿地生态保护治理。以县域为单元，推进水系连通和农村水系综合整治，建设一批水美乡村。

《"十四五"支持老工业城市和资源型城市产业转型升级示范区高质量发展实施方案》提出，统筹山水林田湖草沙系统治理，实施重要生态系统保护和修复重大工程，深入推进大规模国土绿化行动，巩固提升生态系统碳汇。完善城市绿地系统，依托自然基底建设城市生态绿色廊道。

《"十四五"支持革命老区巩固拓展脱贫攻坚成果衔接推进乡村振兴实施方案》提出，指导和支持革命老区划定生态保护红线、永久基本农田、城镇开发边界以及城市蓝线、绿线等重要控制线，推进长江、黄河等生态廊道以及秦岭、太行山、大别山、南岭、武夷山等生态屏障建设。

《"十四五"特殊类型地区振兴发展规划》提出，提高生态退化、资源枯竭地区城镇基础设施建设质量。加强对长江、黄河、珠江、淮河、汉江等重要江河源头和南水北调水源区生态保护修复和环境治理。

《青藏高原生态屏障区生态保护和修复重大工程建设规划（2021—2035年）》提出，以青藏高原生态屏障区7个国家重点生态功能区为基础，将青藏高原生态屏障区生态保护和修复重大工程统筹布局为8项重点工程29个重点项目，全面构建青藏高原生态屏障区空间保护格局。到2025年，自然生态系统功能和稳定性逐步增强，国家生态安全屏障生态服务功能进一步提升。到2035年，青藏高原高寒生态系统得到全面保护和有效修复，生态系统良性循环能力和服务功能基本稳定，生态系统适应气候变化能力进一步提高，生态系统固碳功能显著提升，生态安全屏障体系全面优化。

《生态保护和修复支撑体系重大工程建设规划（2021—2035年）》提出，切实增强森林草原等重点生态资源保护能力。加强森林草原防灭火体系建设，提升有害生物防治能力，保护林草种质资源，加强森林草原基层能力建设。

《南方丘陵山地带生态保护和修复重大工程建设规划（2021—2035年）》提出，以南方丘陵山地带3个国家重点生态功能区为基础，优化形成南岭山地、武夷山、湘桂岩溶地区3个生态保护修复板块。大力推进长江、珠江防护林体系建设，退耕还林还草，石漠化治理等重点任务。实施南岭山地森林及生物多样性保护、武夷山森林和生物多样性保护、湘桂岩溶地区石漠化综合治理、南方丘陵山地带矿山生态修复等4项工程，共20个重点项目，全面构建南方丘陵山地带生态保护空间格局。

《东北森林带生态保护和修复重大工程建设规划（2021—2035年）》提出，优化形成大兴安岭、小兴安岭、长白山、三江平原和松嫩平原等5个生态保护修复区，构建"三山两原"的区域总体布局。实施大兴安岭森林生态保育、小兴安岭森林生态保育、长白山森林生态保育、三江平原重要湿地保护恢复、松嫩平原重要湿地保护恢复、东北地区矿山生态修复6项重点工程。以县和国有林业局为基本单元，规划19个生态保护和修复重点项目。

《北方防沙带生态保护和修复重大工程建设规划（2021—2035 年）》提出，统筹推进山水林田湖草沙系统治理，以防沙治沙和荒漠化防治为主攻方向，重点实施京津冀协同发展生态保护和修复、内蒙古高原生态保护和修复、河西走廊生态保护和修复、塔里木河流域生态修复、天山和阿尔泰山森林草原保护、北方防沙带矿山生态修复 6 项重点工程，共 29 个重点项目。

《"十四五"大小兴安岭林区生态保护与经济转型行动方案》提出，加强自然生态系统恢复，构建生态安全屏障。通过加强自然生态系统保护、严格落实自然生态资源保护管理要求，全面保护和修复生态系统；通过加强森林经营、建设国家储备林工程、积极开发国有林区碳汇项目，全面提升生态系统碳汇能力；通过提升自然保护地保护能力、完善自然保护地监测体系建设，建设自然保护地体系。

《"十四五"推动长江经济带发展城乡建设行动方案》提出，实施城市生态修复工程。构建长江生态绿道网络，到 2025 年，长江经济带县级及以上城市建成区万人拥有绿道长度超过 1.0 千米；修复城市水体，完善绿地系统，到 2025 年，长江经济带县级及以上城市绿地率超过 40%。

《"十四五"黄河流域生态保护和高质量发展城乡建设行动方案》提出，开展城市生态修复工程，坚持自然修复为主，系统修复城市水系、绿地、山体和废弃地，提升沿黄城市生态系统质量和稳定性，增强城市生态空间的涵养、调节、支持、净化等服务能力；实施黄河流域生态环境治理工程，重点加强黄河上游区域城镇的山林保护和生态涵养，提升城市绿色发展水平和韧性发展能力，抓好黄河中游区域城镇的水土保持和污染治理，因地制宜推进黄河中下游区域沿黄城市湿地公园建设，加强黄河三角洲的生态系统保护和生物多样性保护。构建山水城和谐统一的城市格局，高质量建设都市圈、城市群，营造与自然山水本底相适宜的城市格局，严格管控城市观山、看水的景观视廊，系统构建城市公共空间体系，探索与气候环境相适应的城市空间布局形态和建设方式。

《支持贵州在新时代西部大开发上闯新路的意见》提出，改善提升自然生态系统质量。科学推进岩溶地区石漠化、水土流失综合治理，支持苗岭、武陵山区、赤水河流域等一体化保护修复。加大对乌江、南北盘江、红水河、清水江生态保护修复的支持力度，实施重要河湖湿地生态保护修复工程，对易地扶贫搬迁迁出地和历史遗留矿山实施生态恢复。

《重点海域综合治理攻坚战行动方案》提出，实施海洋生态保护修复行动。巩固深化渤海生态保护修复成效，不断提升渤海生态系统质量，推进长江口—杭州湾、珠江口邻近海域滨海湿地和岸线保护修复，珠江口邻近海域系统实施滨海水鸟栖息地生境营造提升建设。

《"十四五"生态保护监管规划》提出，通过加强生态保护监管，严守生态保护红线，严控生态空间占用，稳定现有森林、草原、湿地、海洋、土壤、冻土、岩溶等固碳作用。推动实施生态保护修复重大工程和大规模国土绿化行动，开展山水林田湖草沙一体化保护和修复，提升生态系统碳汇功能，强化生态保护与降碳协同增效。

《国家公园等自然保护地建设及野生动植物保护重大工程建设规划（2021—2035年）》提出，加强国家公园建设、国家级自然保护区建设、国家级自然公园建设、野生动物保护、野生植物保护、野生动物疫源疫病监测防控、林草外来入侵物种防控，全面建成以国家公园为主体、自然保护区为基础、自然公园为补充的中国特色自然保护地体系。

《西安都市圈发展规划》提出，实施一批重点生态保护修复工程，分区分类开展受损生态系统修复与治理，重建与当地生态环境相协调的植物群落，恢复和保护生物多样性，加快形成可自然维持的生态系统。

《财政支持做好碳达峰碳中和工作的意见》提出，支持碳汇能力巩固提升。支持提升森林、草原、湿地、海洋等生态碳汇能力。开展山水林田湖草沙一体化保护和修复。实施重要生态系统保护和修复重大工程。深入推进大规模国土绿化行动，全面保护天然林，巩固退耕还林还草成果，支持森林资源管护和森林草原火灾防控，加强草原生态修复治理，强化湿地保护修复。支持牧区半牧区省份落实好草原补奖政策，加快推进草牧业发展方式转变，促进草原生态环境稳步恢复。整体推进海洋生态系统保护修复，提升红树林、海草床、盐沼等固碳能力。支持开展水土流失综合治理。

《减污降碳协同增效实施方案》提出，坚持因地制宜，宜林则林，宜草则草，科学开展大规模国土绿化行动，持续增加森林面积和蓄积量。强化生态保护监管，完善自然保护地、生态保护红线监管制度，落实不同生态功能区分级分区保护、修复、监管要求，强化河湖生态流量管理。加强土地利用变化管理和森林可持续经营。全面加强天然林保护修复。实施生物多样性保护重大工程。科学推进荒漠化、石漠化、水土流失综合治理，科学实施重点区域生态保护和修复综合治理项目，建设生态清洁小流域。坚持以自然恢复为主，推行森林、草原、河流、湖泊、湿地休养生息，加强海洋生态系统保护，改善水生态环境，提升生态系统质量和稳定性。加强城市生态建设，完善城市绿色生态网络，科学规划、合理布局城市生态廊道和生态缓冲带。优化城市绿化树种，降低花粉污染和自然源挥发性有机物排放，优先选择乡土树种。提升城市水体自然岸线保有率。开展生态改善、环境扩容、碳汇提升等方面效果综合评估，不断提升生态系统碳汇与净化功能。

《黄河流域生态环境保护规划》提出，坚持山水林田湖草沙系统保护和修复，构建黄河流域生态保护格局，修复重要生态系统，治理生态脆弱区域，强化生态保护监管，提升生态系统质量和稳定性。构建"一带五区多点"生态保护格局，构建自然保护地体系；筑牢三江源"中华水塔"，保护重要水源补给地，建设黄河绿色生态廊道，加强黄河三角洲湿地保护修复，加强生物多样性保护；推进重点地区风沙和荒漠化治理，创新黄土高原地区水土流失治理模式，有序推进下游滩区生态综合治理。实施三江源生态保护和修复、祁连山生态保护和修复、若尔盖草原湿地—甘南黄河重要水源补给生态保护和修复、黄土高原水土流失综合治理、秦岭生态保护和修复、贺兰山生态保护和修复、黄河下游生态保护和修复等生态保护修复工程。

《"十四五"新型城镇化实施方案》提出，加强生态修复和环境保护。坚持山水林田湖草沙一体化保护和系统治理，落实生态保护红线、环境质量底线、资源利用上线和生态环境准入清单要求，提升生态系统质量和稳定性。

《太湖流域水环境综合治理总体方案》提出，加强重点区域生态保护修复。加强自然保护地生态保护修复，加强重要河湖湿地修复与保护，实施湖滨缓冲带保护修复，增强水源涵养能力，提升"一河三湖"生态质量。

《关中平原城市群建设"十四五"实施方案》提出，健全秦岭保护长效机制，推进秦岭国家公园创建，筑牢国家生态安全屏障。协同推进黄河重点生态区（含黄土高原生态屏障）生态保护和修复重大工程。

《黄河生态保护治理攻坚战行动方案》提出，开展生态保护修复行动。维护上游水源涵养功能，加强中游水土流失治理，强化下游及河口综合治理和保护修复，加强生物多样性保护，强化尾矿库污染治理。

《深入打好长江保护修复攻坚战行动方案》提出，扎实推进水生生物多样性恢复，实施林地、草地及湿地保护修复，深入实施自然岸线生态修复，推进生态保护和修复重大工程建设，加强重要湖泊生态环境保护修复，开展自然保护地建设与监管。

《"十四五"乡村绿化美化行动方案》提出，保护乡村自然生态。突出保护乡村山体田园、河湖湿地、原生植被，维护乡村自然生态系统原真性和完整性，加强天然林保护修复、公益林管护，保护天然草原，提高生态系统自我修复能力和稳定性，开展重点生态功能区、重要自然生态系统、自然遗迹、自然景观及珍稀濒危物种种群、极小种群保护，推进乡村小微湿地保护，开展乡村小溪流、小池塘等小微湿地修复。稳步增加乡村绿量。实施重要生态系统保护和修复工程，统筹山水林田湖草沙系统治理，科学恢复林草植被。开展护村林、护路林、护岸林建设，构建乡村生态廊道体系，加强农田（牧场）防护林建设，利用废弃地、边角地、空闲地、拆违地，增加村庄绿地，大力实施农村"四旁"绿化、立体绿化，引导村民在庭院中栽植果蔬、花木等，打造小花园、小果园、小菜园，积极发展乔、灌、草、花、藤多层次绿化，提升庭院绿化水平，推进实现"山地森林化、农田林网化、村屯园林化、道路林荫化、庭院花果化"。

《"十四五"扩大内需战略实施方案》提出，实施重要生态系统保护和修复重大工程，加强大江大河和重要湖泊湿地生态保护治理和水生生物多样性保护，加强珍稀濒危水生生物保护，修复关键栖息地。

《质量强国建设纲要》提出，建立实施国土空间生态修复标准体系。

《关于加快推进生态清洁小流域建设的指导意见》提出，实施治山保水守护绿水青山，实施治河疏水实现河畅景美，统筹治污洁水改善人居环境，推进以水兴业助力乡村振兴。用 5 年时间，全国形成推进生态清洁小流域建设的工作格局；用 10～15 年时间，全国适宜区域建成生态清洁小流域。

二、推进大规模国土绿化行动

《2030 年前碳达峰行动方案》提出，深入推进大规模国土绿化行动，巩固退耕还林还草成果，扩大林草资源总量。

《关于科学绿化的指导意见》提出，科学编制绿化相关规划，合理安排绿化用地，合理利用水资源，科学选择绿化树种草种，规范开展绿化设计施工，科学推进重点区域植被恢复，稳步有序开展退耕还林还草，节俭务实推进城乡绿化，巩固提升绿化质量和成效，创新开展监测评价。

《减污降碳协同增效实施方案》提出，推动严格管控类受污染耕地植树造林增汇。

《"十四五"新型城镇化实施方案》提出，持续开展国土绿化，因地制宜建设城市绿色廊道，打造街心绿地、湿地和郊野公园，提高城市生态系统服务功能和自维持能力。

《"十四五"全国农业绿色发展规划》提出，开展大规模国土绿化行动，持续加强林草生态系统修复，增加林草资源总量，提高林草资源质量，加强农田防护林保护。

《"十四五"林业草原保护发展规划纲要》提出，科学开展大规模国土绿化行动。通过加强重点区域绿化、提升科学绿化水平、有序推进城乡绿化、开展全民义务植树，科学推进国土绿化；通过全面保护天然林、强化森林经营，精准提升森林质量；以黄河、长江重点生态区和北方防沙带等为重点，稳步有序开展退耕还林还草；通过加强种质资源保护、加快良种选育、加大优良种苗供应，夯实林草种苗基础。到 2025 年，完成国土绿化 5 亿亩，增加林草碳汇。

《城乡建设领域碳达峰实施方案》提出，开展城市园林绿化提升行动，完善城市公园体系，推进中心城区、老城区绿道网络建设，加强立体绿化，提高乡土和本地适生植物应用比例，到 2030 年城市建成区绿地率达到 38.9%。

《全国国土绿化规划纲要（2021—2035 年）》提出，合理安排绿化空间，科学合理安排年度绿化任务，实现落地上图，合理增加城市绿化面积，统筹推进乡村绿化美化，严禁违规占用耕地造林绿化；持续开展造林绿化，全面加强天然林保护，持续推进三北防护林建设，巩固退耕还林还草成果，科学开展水土流失综合治理，组织实施山水林田湖草沙一体化保护和修复工程、国土绿化试点示范、林草区域性系统治理等项目，支持社会资本参与国土绿化；全面加强城乡绿化，推进美丽宜居城乡建设，持续开展森林城市、园林城市示范创建，加强古树名木保护管理，不得随意迁移砍伐大树老树，加强绿色通道网络建设，开展水利工程沿线、河渠湖库周边绿化，加强农田防护林建设，创新开展全民义务植树；巩固提升绿化质量，建立完善的绿化后期养护管护制度，推进天然林和公益林并轨管理，加强天然中幼林抚育，科学开展人工林经营，积极稳妥开展退化次生林修复，推进三北等退化防护林更新改造，大力培育珍贵树种、大径材和优质竹材。

三、强化森林资源保护

《2030 年前碳达峰行动方案》提出，强化森林资源保护，实施森林质量精准提升工程，提高森林质量和稳定性。到 2030 年，全国森林覆盖率达到 25% 左右，森林蓄积量达到 190 亿立方米。

《关于全面推行林长制的意见》提出，加强森林资源生态保护，加强森林资源生态修复，加强森林资源灾害防控。

《"十四五"全国农业绿色发展规划》提出，修复重要生态系统，宜乔则乔、宜灌则灌、宜草则草，因地制宜、规范有序推进青藏高原生态屏障区、黄河重点生态区等重点区域生态保护和修复重大工程建设。

《推进资源型地区高质量发展"十四五"实施方案》提出，强化森林管理与保护，加快森林资源培育与恢复，因地制宜实施天然林资源保护、退耕还林还草、荒漠化治理等林草重点工程。

《支持贵州在新时代西部大开发上闯新路的意见》提出，巩固森林生态系统碳汇能力，发挥森林固碳效益。

《长江中游城市群发展"十四五"实施方案》提出，共建多元共生的生态系统。强化以国家公园为主体的自然保护地体系建设，构筑"一心两湖四江五屏多点"生态格局。

《关于加强农田防护林建设管理工作的通知》指出，各地结合林业草原生态保护修复、全域土地综合整治、高标准农田建设等项目统筹开展农田防护林建设，积极构建适应现代农业发展需要的农田防护林体系。

四、加强草原生态保护修复

《2030 年前碳达峰行动方案》提出，加强草原生态保护修复，提高草原综合植被盖度。

《关于全面推行林长制的意见》提出，加强草原资源生态保护，加强草原资源生态修复，加强草原资源灾害防控。

《关于加强草原保护修复的若干意见》提出，加大草原保护力度，完善草原自然保护地体系，加快推进草原生态修复，统筹推进林草生态治理，合理利用草原资源，推动草原地区绿色发展。

《"十四五"全国农业绿色发展规划》提出，坚持基本草原保护制度，对严重退化、沙化、盐碱化的草原和生态脆弱区的草原实行禁牧，对禁牧区以外的草原实行季节性休牧，因地制宜开展划区轮牧，促进草畜平衡。

《"十四五"林业草原保护发展规划纲要》提出，加强草原保护修复，增强草原生态系统稳定性和服务功能。通过科学划定禁牧区，依据牧草生产能力和承载力核定载畜量，严格草原禁牧和草畜平衡；通过实施退牧还草、修复退化草原、开展国有草场试点建设，加快草原生态修复；通过保护天然草原、划定基本草原、完善草原承包经营制度，推行草原休养生息。

《全国国土绿化规划纲要（2021—2035 年）》提出，强化草原生态修复。强化草原用途管制，落实草原生态补助奖励政策，全面推行草原休养生息，坚持自然恢复为主，分类实施退化草原治理，加强草原保护地建设，推进国有草场建设，促进规模化修复治理。

五、加强河湖、湿地保护修复

《2030 年前碳达峰行动方案》提出，加强河湖、湿地保护修复。

《粤港澳大湾区发展规划纲要》提出，加强湿地保护修复，全面保护区域内国际和国家重要湿地，开展滨海湿地跨境联合保护。

《"十四五"林业草原保护发展规划纲要》提出，强化湿地保护修复，增强湿地生态功能。通过湿地面积总量管控、健全湿地保护体系、提升重要湿地生态功能，全面保护湿地；通过开展湿地修复、加强重大战略区域湿地保护和修复、实施红树林保护修复专项行动，修复退化湿地；通过完善湿地管理体系、统筹湿地资源监管，加强湿地管理。

《黄河流域生态环境保护规划》提出，推进美丽河湖水生态保护。维护干支流重要水体水生态系统，封育保护河源区水生态系统，恢复受损河湖水生态系统，深入推动美丽河湖地方实践。加强全球气候变暖对生态承受力脆弱地区影响的观测和评估。在若尔盖、甘南等水源涵养区，开展水源涵养林、水土保持林建设工程与土地综合整治工程，进行重点水源涵养区封育保护，加强黄河入海口湿地自然生态保护，增加湿地碳汇储量，提升生态系统碳汇能力。开展针对性城市气候适应行动，提升城乡建设、农业生产、灾害防治、基础设施适应气候变化能力。

《"十四五"新型城镇化实施方案》提出，加强河道、湖泊、滨海地带等城市湿地生态和水环境修补，强化河流互济、促进水系连通、提高水网密度，加强城镇饮用水水源地保护和地下水超采综合治理。

《关于加强水生生物资源养护的指导意见》提出，完善水生生物资源养护制度，强化资源增殖养护措施，加强水生野生动物保护，推进水域生态保护与修复，切实强化执法监督。

《全国湿地保护规划（2022—2030 年）》提出，提升湿地生态系统固碳能力，助力我国实现碳达峰碳中和目标。提升泥炭沼泽湿地固碳功能。到 2030 年，湿地生态系统固碳能力得到提高。

《重点流域水生态环境保护规划》提出，持续推进长江流域共抓大保护，深入推进黄河流域生态保护与环境治理，加强流域水生态环境保护，协同推进降碳减污扩绿增长。

六、整体推进海洋生态系统保护和修复

《2030 年前碳达峰行动方案》提出，整体推进海洋生态系统保护和修复，

提升红树林、海草床、盐沼等固碳能力。

《关于支持海南全面深化改革开放的指导意见》提出，开展海洋生态系统碳汇试点。严格保护海洋生态环境，更加重视以海定陆，加快建立重点海域入海污染物总量控制制度，制订实施海岸带保护与利用综合规划。

《粤港澳大湾区发展规划纲要》提出，加强海岸线保护与管控，强化岸线资源保护和自然属性维护，建立健全海岸线动态监测机制。强化近岸海域生态系统保护与修复，开展水生生物增殖放流，推进重要海洋自然保护区及水产种质资源保护区建设与管理。推进"蓝色海湾"整治行动、保护沿海红树林，建设沿海生态带。

《红树林保护修复专项行动计划（2020—2025年）》提出，实施红树林整体保护，加强红树林自然保护地管理，强化红树林生态修复的规划指导，实施红树林生态修复，强化红树林科技支撑，加强红树林监测与评估，完善红树林保护修复法律法规和制度体系。到2025年，营造和修复红树林面积18800公顷，其中，营造红树林9050公顷，修复现有红树林9750公顷。

《江苏沿海地区发展规划（2021—2025年）》提出，增强生态系统碳汇能力。研究建立蓝色碳汇生态功能区。开展滩涂困难立地植树造林建设、潮间带植物种植，发挥滩涂湿地固碳作用。构建基干林带与森林公园、自然保护区、滩涂造林有机融合的生态系统，打造千里海疆绿色长廊。

《"十四五"海洋生态环境保护规划》提出，保护修复并举，提升海洋生态系统质量和稳定性。保护海洋生态系统和生物多样性，修复海洋生态系统，加强海洋生态保护修复监管，健全海洋生态预警监测体系。加强协同增效，提高海洋应对气候变化能力。加强海洋应对气候变化监测与评估，推动海洋生态环境保护与应对气候变化协同增效。

《北部湾城市群建设"十四五"实施方案》提出，开展森林、湿地、海洋等自然生态系统碳汇能力巩固提升行动，率先探索开展海洋碳汇监测核算和碳汇交易。

七、加强退化土地修复治理

《2030年前碳达峰行动方案》提出，加强退化土地修复治理，开展荒漠化、石漠化、水土流失综合治理，实施历史遗留矿山生态修复工程。

《"十四五"林业草原保护发展规划纲要》提出，推进岩溶地区石漠化综合治理。加大植被保护与恢复，治理水土流失；推广综合治理模式，开展石漠化治理。

《全国防沙治沙规划（2021—2035 年)》《全国防沙治沙综合示范区建设方案（2021—2035 年)》《创建全国防沙治沙综合示范区实施方案》提出，推进山水林田湖草沙综合治理、系统治理、源头治理新方向，筑牢北方生态安全屏障，提升荒漠生态系统质量和稳定性。

《黄河生态保护治理攻坚战行动方案》提出，推进农用地安全利用。强化受污染耕地安全利用和风险管控，因地制宜制订实施安全利用方案，加强耕地重金属污染治理与修复。在土壤污染面积较大的县级行政区推进农用地安全利用示范。在河南等重点区域分区分类开展耕地土壤污染成因分析。

《全国国土绿化规划纲要（2021—2035 年)》提出，推进防沙治沙和石漠化治理。加强风沙源区、沙尘路径、沙漠周边等区域沙化土地治理，推进全国防沙治沙综合示范区建设，落实沙化土地封禁保护制度，依法划定沙化土地封禁保护区，加快岩溶地区植被恢复与石漠化综合治理。

第三节　加强生态系统碳汇基础支撑

一、建立生态系统碳汇监测核算体系

《2030 年前碳达峰行动方案》提出，依托和拓展自然资源调查监测体系，利用好国家林草生态综合监测评价成果，建立生态系统碳汇监测核算体系，开展森林、草原、湿地、海洋、土壤、冻土、岩溶等碳汇本底调查、碳储量评估、潜力分析，实施生态保护修复碳汇成效监测评估。

《"十四五"林业草原保护发展规划纲要》提出，开展林草碳汇计量监测评估，做好服务国家温室气体清单编制和国家自主贡献目标进展评估与更新等技术支撑。

《关于完整准确全面贯彻新发展理念做好碳达峰碳中和工作的意见》提出，依托和拓展自然资源调查监测体系，建立生态系统碳汇监测核算体系，开展森林、草原、湿地、海洋、土壤、冻土、岩溶等碳汇本底调查和碳储量评估，实施生态保护修复碳汇成效监测评估。

《计量发展规划（2021—2035 年)》提出，完善生态系统碳汇监测和计量体系。

《生态气象服务保障规划（2021—2025 年)》提出，开展温室气体观测，新增水碳通量、基础气象、物候、植被等观测要素。

《"十四五"海洋生态环境保护规划》提出，开展海洋碳通量、碳储量监测与评估。组织开展渤海、黄海、东海和南海海洋与大气二氧化碳交换通量监测，开展典型海岸带生态系统碳储量监测与评估。

《林草产业发展规划（2021—2025年)》提出，服务碳达峰与碳中和战略大局，创新发展林草碳汇。编制实施《林业和草原碳汇行动方案（2021—2030年)》。探索建立林草碳汇计量监测体系、林草碳汇产品价值实现机制、碳汇价值市场化多元化补偿途径、金融支持林草碳汇发展模式。支持塞罕坝机械林场开展森林经营等碳汇项目建设和开发交易。

《"十四五"生态保护监管规划》提出，落实碳达峰、碳中和目标要求，积极推进陆地生态系统、海洋及海岸带等生态保护修复与适应气候变化协同增效。科学评估我国陆地生态系统的固碳功能，探索评估我国海岸带及近海生态系统固碳贡献，划定碳汇重点区域，明确碳储量高、碳汇能力强和固碳潜力大的生态系统分布区域。逐步开展生态系统碳汇认证与生态系统碳汇能力核算，实施生态保护修复碳汇成效监测评估，建立以空间管控和质量提升为目标的生态系统碳汇监管体系，持续巩固提升生态系统碳汇能力。

《关于加强新时代水土保持工作的意见》提出，将水土保持碳汇纳入温室气体自愿减排交易机制，制定完善水土保持碳汇能力评价指标和核算方法。

二、加强生态系统碳汇理论和技术研究

《2030年前碳达峰行动方案》提出，加强陆地和海洋生态系统碳汇基础理论、基础方法、前沿颠覆性技术研究。

《全国重要生态系统保护和修复重大工程总体规划（2021—2035年)》提出，探索研究森林、草原、湿地等生态修复工程通过温室气体自愿减排项目参与碳排放交易的有效途径。

《全国气象发展"十四五"规划》提出，开展气候变化及碳达峰碳中和监测预报评估基础理论和技术研究，强化温室气体及碳中和监测评估科技支撑能力建设，开展碳中和行动有效性评估，开展碳达峰碳中和目标下高精度的风能和太阳能资源互补的气候评估。

《生态保护和修复支撑体系重大工程建设规划（2021—2035年)》提出，开展生态碳汇调查监测评价。服务碳达峰碳中和目标，完善生态碳汇监测相关理论、方法与技术体系。提高碳汇监测与评价能力，对我国生态碳汇现状空间分布格局、动态变化规律及其驱动机制开展调查监测。

《江苏沿海地区发展规划（2021—2025年)》提出，加强海洋固碳技术研

究，开展耐盐植物研究和贝藻类养殖碳汇技术攻关。

《水土保持"十四五"实施方案》提出，强化碳汇能力基础研究和科技攻关，开展水土保持碳汇效应、水土保持碳中和技术等研究。

《"十四五"海洋生态环境保护规划》提出，推进红树林、海草床、滨海盐沼等典型生态系统碳储量调查评估标准规范的研制，强化海洋碳汇机理等的研究。加强滨海湿地综合治理，探索开展绿色海水养殖、海底碳封存等海洋增汇新途径可行性研究，有效发挥海洋固碳作用。

《成渝地区双城经济圈生态环境保护规划》提出，积极参与全国碳排放权交易市场及全国温室气体自愿减排交易体系建设，探索区域林草碳汇参与国家温室气体自愿减排交易。

《"十四五"住房和城乡建设科技发展规划》提出，开展城市绿地、湿地碳源碳汇机理研究，研发城市蓝绿空间固碳、控碳材料筛选及应用关键技术，研究蓝绿协同的城市开放空间增汇减碳技术和材料。

《财政支持做好碳达峰碳中和工作的意见》提出，加强生态系统碳汇基础支撑。

《建设国家农业绿色发展先行区 促进农业现代化示范区全面绿色转型实施方案》提出，探索农业碳汇交易机制。研究建立减排固碳和核算论证体系，探索开发茶园果园、沼气、农田等农业碳汇项目，促进农业绿色低碳生产转化为碳汇交易产品。鼓励支持企业参与农田碳汇交易。

三、建立健全能够体现碳汇价值的生态保护补偿机制

《2030 年前碳达峰行动方案》提出，建立健全能够体现碳汇价值的生态保护补偿机制，研究制定碳汇项目参与全国碳排放权交易相关规则。

《关于建立健全生态产品价值实现机制的意见》提出，健全碳排放权交易机制，探索碳汇权益交易试点。

《关于深化生态保护补偿制度改革的意见》提出，在合理科学控制总量的前提下，建立用水权、排污权、碳排放权初始分配制度。逐步开展市场化环境权交易。加快建设全国用能权、碳排放权交易市场。健全以国家温室气体自愿减排交易机制为基础的碳排放权抵消机制，将具有生态、社会等多种效益的林业、可再生能源、甲烷利用等领域温室气体自愿减排项目纳入全国碳排放权交易市场。

《"十四五"林业草原保护发展规划纲要》提出，完善生态保护补偿机制，建立健全能够体现碳汇价值的生态保护补偿机制，探索建立荒漠生态补

偿机制，健全国家公园等自然保护地生态保护补偿制度，推进流域上下游建立横向生态补偿机制。

《关于推进国家公园建设若干财政政策的意见》提出，探索建立体现碳汇价值的生态保护补偿机制。

第四节 推进农业农村减排固碳

一、发展绿色低碳循环农业

《2030 年前碳达峰行动方案》提出，大力发展绿色低碳循环农业，推进农光互补、"光伏＋设施农业"和"海上风电＋海洋牧场"等低碳农业模式。

《关于加快推进畜禽养殖废弃物资源化利用的意见》提出，建立健全畜禽养殖废弃物资源化利用制度，加快推进畜禽养殖废弃物资源化利用，促进农业可持续发展。严格落实畜禽规模养殖环评制度，完善畜禽养殖污染监管制度，建立属地管理责任制度，落实规模养殖场主体责任制度，健全绩效评价考核制度，构建种养循环发展机制。

《国家级海洋牧场示范区建设规划（2017—2025 年）》提出，海洋牧场建设可以有效改善海域生态环境，提高海洋生物多样性，起到固碳除氮的作用，减缓温室效应，防止赤潮发生，提升海域生态系统服务功能。

《关于支持海南全面深化改革开放的指导意见》提出，支持海南建设生态循环农业示范省，加快创建农业绿色发展先行区。

《关于支持长江经济带农业农村绿色发展的实施意见》提出，促进农业废弃物资源化利用。加强畜禽粪污资源化利用，推进农作物秸秆资源化利用，推进农膜废弃物资源化利用，开展农业面源污染综合治理示范区建设，实施长江绿色生态廊道项目，推动种植业提质增效，推动畜禽养殖业转型升级，推动水产生态健康养殖，推动农村一二三产业融合发展，推进农村生活垃圾治理，推进农村生活污水治理。

《数字农业农村发展规划（2019—2025 年）》提出，建立秸秆、农膜、畜禽粪污等农业废弃物长期定点观测制度，研究推进农村水源地、规模化养殖场、农村生活垃圾处理点、农业废弃物处理站点远程监测，维护绿色生活环境。

《关于促进畜牧业高质量发展的意见》提出，坚持绿色发展。统筹资源环境承载能力、畜禽产品供给保障能力和养殖废弃物资源化利用能力，协同推进畜禽养殖和环境保护，促进可持续发展。持续推动畜牧业绿色循环发展，大力推进畜禽养殖废弃物资源化利用，促进农牧循环发展，全面提升绿色养殖水平。

《关于全面推进乡村振兴加快农业农村现代化的意见》提出，推进农业绿色发展。实施国家黑土地保护工程，推广保护性耕作模式。健全耕地休耕轮作制度。持续推进化肥农药减量增效，推广农作物病虫害绿色防控产品和技术。加强畜禽粪污资源化利用。全面实施秸秆综合利用和农膜、农药包装物回收行动，加强可降解农膜研发推广。在长江经济带、黄河流域建设一批农业面源污染综合治理示范县。支持国家农业绿色发展先行区建设。加强农产品质量和食品安全监管，发展绿色农产品、有机农产品和地理标志农产品，试行食用农产品达标合格证制度，推进国家农产品质量安全县创建。加强水生生物资源养护，推进以长江为重点的渔政执法能力建设，确保十年禁渔令有效落实，做好退捕渔民安置保障工作。发展节水农业和旱作农业。推进荒漠化、石漠化、坡耕地水土流失综合治理和土壤污染防治、重点区域地下水保护与超采治理。实施水系连通及农村水系综合整治，强化河湖长制。巩固退耕还林还草成果，完善政策、有序推进。实行林长制。科学开展大规模国土绿化行动。完善草原生态保护补助奖励政策，全面推进草原禁牧轮牧休牧，加强草原鼠害防治，稳步恢复草原生态环境。

《农业面源污染治理与监督指导实施方案（试行）》提出，优化经济政策。优先将畜禽、水产养殖、秸秆农膜等废弃物处理和资源化利用装备等支持农业绿色发展的机具列入农机购置补贴目录。

《"十四五"循环经济发展规划》提出，深化农业循环经济发展，建立循环型农业生产方式。一是加强农林废弃物资源化利用。推动农作物秸秆、畜禽粪污、林业废弃物、农产品加工副产物等农林废弃物高效利用。加强畜禽粪污处理设施建设，鼓励种养结合，促进农用有机肥就地就近还田利用。因地制宜鼓励利用次小薪材、林业三剩物（采伐剩余物、造材剩余物、加工剩余物）进行复合板材生产、食用菌栽培和能源化利用，推进农产品加工副产物的资源化利用。二是加强废旧农用物资回收利用。引导种植大户、农民合作社、家庭农场、农用物资企业、废旧物资回收企业等相关责任主体主动参与回收。支持乡镇集中开展回收设施建设，健全农膜、化肥与农药包装、灌溉器材、农机具、渔网等废旧农用物资回收体系。建设区域性废旧农用物资集中处置利用设施，提高规模化、资源化利用水平。三是推行循环型农业发展模式。推行种养结合、农牧结合、养殖场建设与农田建设有机结合，推广畜禽、鱼、粮、菜、果、茶协同发展模式。打造一批生态农场和生态循环农业产业联合体，探索可持续运行机制。推进农村生物质能开发利用，发挥清洁能源供应和农村生态环境治理综合效益。构建林业循环经济产业链，推广林上、林间、林下立体开发产业模式。推进种植、养殖、农产品加工、生物质能、旅游康养等循环链接，鼓励一二三产融合发展。

《"十四五"全国农业绿色发展规划》提出，减排固碳能力明显增强。主要农产品温室气体排放强度大幅降低，农业减排固碳和应对气候变化能力不断增强，农业用能效率有效提升。推动农业绿色发展、低碳发展、循环发展，全产业链拓展农业绿色发展空间，推动形成节约适度、绿色低碳的生产生活方式，坚定不移走绿色低碳循环发展之路。发展生态循环农业，合理选择农业循环经济发展模式，推动多种形式的产业循环链接和集成发展，促进农业废弃物资源化、产业化、高值化利用，发展林业循环经济，加快建立植物生产、动物转化、微生物还原的种养循环体系，打造一批生态农场样板。

《关于完整准确全面贯彻新发展理念做好碳达峰碳中和工作的意见》提出，加快推进农业绿色发展，促进农业固碳增效。

《"十四五"全国清洁生产推行方案》提出，加强农业废弃物资源化利用，因地制宜采取堆沤腐熟还田、生产有机肥、生产沼气和生物天然气等方式，加大畜禽粪污资源化利用力度。

《"十四五"全国畜禽粪肥利用种养结合建设规划》提出，在开展畜禽粪污肥料化利用的同时，大力推进秸秆综合利用，鼓励秸秆饲料化利用，形成种养结合农牧循环格局。

《"十四五"推进农业农村现代化规划》提出，循环利用农业废弃物。支持发展种养有机结合的绿色循环农业，持续开展畜禽粪污资源化利用，加强规模养殖场粪污治理设施建设，推进粪肥还田利用。全面实施秸秆综合利用行动，健全秸秆收储运体系，提升秸秆能源化、饲料化利用能力。加快普及标准地膜，加强可降解农膜研发推广，推进废旧农膜机械化捡拾和专业化回收。开展农药肥料包装废弃物回收利用。

《全国林下经济发展指南（2021—2030年）》提出，林下经济应优先利用商品林地，限制、禁止利用国家规定的林地，实行绿色化、精品化、定制化、定制化、融合化的林下经济发展方向，推广林下种植、养殖、采集加工的发展模式，不同区域实行不同的布局；积极推广林下中药材产业，大力发展林下食用菌产业，科学引导林下养殖产业，有序发展林下采集产业，加快发展森林康养产业；加强林下经济品牌建设，加快经营主体培育，加快市场营销流通体系构建，深化林下经济示范基地建设；完善政策体系，加强基础设施建设，强化科技支撑体系，严格生态环境保护。到 2025 年，有序扩大林下经济产业发展规模，林下经济经营和利用林地总面积达到 6.5 亿亩，实现林下经济总产值 1 万亿元；到 2030 年，形成林下经济产业高质量发展的良好格局，林下经济经营和利用林地总面积达到 7 亿亩，实现林下经济总产值 1.3 万亿元。

《"十四五"时期"无废城市"建设工作方案》提出，提升主要农业固体废物综合利用水平。发展生态种植、生态养殖，建立农业循环经济发展模式，促进农业固体废物综合利用。加大畜禽粪污和秸秆资源化利用先进技术和新型市场模式的集成推广，推动形成长效运行机制，探索推动农膜、农药包装等生产者责任延伸制度，这里构建回收体系。以龙头企业带动工农复合型产业发展。统筹农业固体废物能源化利用和农村清洁能源供应，推动农村发展生物质能。

《"十四五"全国畜牧兽医行业发展规划》提出，遵循绿色发展理念，促进资源环境承载能力、畜产品供给保障能力和养殖废弃物资源化利用能力相匹配，畅通种养结合循环链，协同推进畜禽养殖和环境保护，促进可持续发展。到 2025 年，畜禽养殖废弃物资源化利用持续推进，畜禽粪污综合利用率达到 80% 以上，形成种养结合、农牧循环的绿色循环发展新方式。加快推进畜禽粪污资源化利用和病死畜禽无害化处理，着力构建种养结合发展机制，促进畜禽粪肥还田利用，提高畜牧业绿色发展水平，实施畜禽粪污资源化利用整县推进工程。

《"十四五"全国农业农村科技发展规划》提出，按照高效化、安全化、低碳化、循环化、智能化、集成化的要求，提高绿色增产增效产品技术供给能力。在农业废弃物综合利用上，研究农村养殖、种植、加工等农业废弃物协同处理技术、装备和模式，构建农业废弃物就地减量、就地处理、就地消纳的综合利用技术模式体系，集成建立适应不同区域特色的农业废弃物利用模式，研发畜禽粪污处理和还田利用关键技术，研发肥料化、饲料化、燃料化、基料化、原料化等多途径的秸秆综合利用关键技术，研发高强度地膜、地膜回收捡拾机具、地膜资源化利用等重要产品和关键技术，研发农业废弃物综合利用的环境健康风险评估与防控技术。在生态循环农业建设上，开展种养循环模式创新研究，加大大豆玉米等间作套种、轮作休耕等栽培技术和模式研发，着力创新稻田综合立体化种养、林下立体种养、盐碱地渔农综合利用等技术与模式，构建低碳、循环、智能、集成的农业绿色发展技术体系，加快节本增效、生态循环等产品及技术模式研发，增加绿色优质农产品和生态产品供给，构建典型区域提质增效技术体系和种养发展模式，建设一批生态农场。

《"十四五"全国农业机械化发展规划》提出，加快绿色智能农机装备和节本增效农业机械化技术推广应用，推进农机节能减排，助力实施农业碳达峰、碳中和。

《"十四五"全国种植业发展规划》提出，坚持绿色引领，提质增效，遵循绿色发展理念，正确处理绿色发展与资源安全、粮食安全、农民增收的关系，加快种植业生产方式绿色低碳转型，提高水肥药利用效率，推行轮作休耕等绿色耕作制度，促进节本增效统一、生产生态协调。绿色发展迈出新步伐、耕地、水等农业资源利用效率明显提升，以资源环境承载力为基础的种植业生产制度初步建立，化肥化学农药减量化取得新成效，节水农业发展取得新进展，病虫害统防统治和绿色防控大面积推广应用，种植业生产方式绿色低碳转型实现新进步。推动绿色高质量发展，推进化肥绿色增效、绿色防控与统防统治融合、节水增产增效，构建绿色种植制度，实施化肥农药绿色增效行动，推进绿色种养循环农业试点，开展病虫害防治示范，推进农药包装废弃物回收处置，健全耕地轮作休耕制度。

《"十四五"农业农村国际合作规划》提出，推进农业绿色可持续发展，推动事关产业发展需求的联合研发，特别是助力碳达峰碳中和的技术研发。

《推进生态农场建设的指导意见》提出，推广一批生态农业技术模式。鼓励以生态农场为主体，推广应用耕地质量保护与提升、污染修复等产地保育技术，化肥农药减量、有机肥替代、生物防控等技术，生态田埂、生态沟渠、生态廊道等田园生态系统建设技术，农作物秸秆、畜禽粪污、废旧地膜等农业废弃物资源化利用技术，农产品清洁加工、节能贮存、低碳运输等绿色收储运技术，健全完善生态农场技术规范，形成一批生态循环农业发展技术模式。

《"十四五"现代能源体系规划》提出，实施乡村减污降碳行动。积极推动农村生产生活方式绿色转型，推广农用节能技术和产品，加快农业生产、农产品加工、生活取暖、炊事等领域用能的清洁替代。加强农村生产生活垃圾、畜禽粪污的资源化利用，全面实施秸秆综合利用，改善农村人居环境和生态空间。积极稳妥推进散煤治理，加强煤炭清洁化利用。以县域为单位开展绿色低碳发展示范区建设，探索建设"零碳村庄"等示范工程。

《"十四五"全国农药产业发展规划》提出，坚持绿色发展，把绿色发展理念贯穿农药产业发展各环节，支持生物农药等绿色农药研发登记，推广绿色生产技术，推进减量增效使用和包装废弃物回收处置，形成资源节约、环境友好的农药生产方式和使用模式；推行绿色清洁生产，按照生态优先、绿色低碳原则，鼓励企业加强技术创新和工艺改造，淘汰落后生产技术和工艺设备，促进农药生产清洁化、低碳化、循环化发展；加强绿色农药研发，充分利用合成生物学技术，推进农药创制、更新换代，加大微生物农药、植物源农药的研发力度，实现低碳节能清洁化生产。

《成渝地区双城经济圈生态环境保护规划》提出，促进主要农业废弃物全量利用，发展生态种植和生态养殖，构建农业循环经济发展模式。建立完善政府引导、企业实施、农户参与的秸秆、废旧农膜、畜禽粪污回收利用体系，建立秸秆禁烧网格化监管机制。推广全生物降解地膜，开展农药包装废弃物回收处置。

《"十四五"全国饲草产业发展规划》提出，发展多年生人工草地、草田轮作是固碳增汇的重要手段，在实现碳达峰碳中和过程中有望发挥积极作用。

《"十四五"全国农产品产地市场体系发展规划》提出，加强污染物综合处理。建设有机废弃物处理站，加强垃圾分类、收集和处理，鼓励有条件的市场采用微生物气化等技术，实现易腐有机垃圾减量化、资源化。集中建设污水收集、输送和处理设施，避免污水直接排放。

《社会资本投资农业农村指引（2022年）》提出，鼓励社会资本积极参与建设国家农业绿色发展先行区，支持参与绿色种养循环农业试点、畜禽粪污资源化利用、养殖池塘尾水治理、农业面源污染综合治理、秸秆综合利用、农膜农药包装物回收行动、病死畜禽无害化处理、废弃渔网具回收再利用，推进农业投入品减量增效，加大对收储运和处理体系等方面的投入力度。鼓励投资农村可再生能源开发利用，加大对农村能源综合建设投入力度，推广农村可再生能源利用技术，提升秸秆能源化、饲料化利用能力。支持研发应用减碳增汇型农业技术，探索建立碳汇产品价值实现机制，助力农业农村减排固碳。参与长江黄河等流域生态保护、东北黑土地保护、重金属污染耕地治理修复。

《农业农村减排固碳实施方案》提出，重点开展种植业节能减排、畜牧业减排降碳、渔业减排增汇、农田固碳扩容、农机节能减排、可再生能源替代，实施稻田甲烷减排、化肥减量增效、畜禽低碳减排、渔业减排增汇、农机绿色节能、农田碳汇提升、秸秆综合利用、可再生能源替代、科技创新支撑、监测体系建设行动。到 2025 年，农业农村减排固碳与粮食安全、乡村振兴、农业农村现代化统筹融合的格局基本形成，农业农村绿色低碳发展取得积极成效，种植业、养殖业单位农产品排放强度稳中有降，农田土壤固碳能力增强，农业农村生产生活用能效率提升；到 2030 年，农业农村减排固碳与粮食安全、乡村振兴、农业农村现代化统筹推进的合力充分发挥，种植业温室气体、畜牧业反刍动物肠道发酵、畜禽粪污管理温室气体排放和农业农村生产生活用能排放强度进一步降低，农田土壤固碳能力显著提升，农业农村发展全面绿色转型取得显著成效。

《农业农村减排固碳实施方案》提出，优化稻田水分灌溉管理，降低稻田甲烷排放，推广优良品种和绿色高效栽培技术，降低氧化亚氮排放，推广稻田节水灌溉技术，提高水资源利用效率，减少甲烷生成，推广有机肥腐熟还田等技术和选育，推广高产、优质、低碳水稻品种，降低水稻单产甲烷排放强度；推广精准饲喂技术和推进品种改良降低反刍动物肠道甲烷排放强度，提升畜禽养殖粪污资源化利用水平，减少畜禽粪污管理的甲烷和氧化亚氮排放，推广低蛋白日粮、全株青贮等技术和高产低排放畜禽品种，降低单位畜禽产品肠道甲烷排放强度，改进畜禽粪污处理设施装备和推广粪污密闭处理、气体收集利用或处理等技术，降低畜禽粪污管理的甲烷和氧化亚氮排放；发展稻渔综合种养、大水面生态渔业、多营养层次综合养殖等生态健康养殖模式，减少甲烷排放，有序发展滩涂和浅海贝藻类增养殖构建立体生态养殖系统增加渔业碳汇潜力，在沿海地区继续开展国家级海洋牧场示范区建设，实现渔业生物固碳。完善农业农村减排固碳的监测指标、关键参数、核算方法，优化不同区域稻田、农用地、养殖场等监测点位设置，推动构建科学布局、分级负责的监测评价体系，开展甲烷、氧化亚氮排放和农田、渔业固碳等定位监测，做好农村可再生能源等监测调查开展常态化的统计分析，创新监测方式和手段，加快智能化、信息化技术在农业农村减排固碳监测领域的推广应用。

《减污降碳协同增效实施方案》提出，推行农业绿色生产方式，协同推进种植业、畜牧业、渔业节能减排与污染治理。在农业领域大力推广生物质能、太阳能等绿色用能模式，加快农村取暖炊事、农业及农产品加工设施等可再生能源替代。

《太湖流域水环境综合治理总体方案》提出，发展绿色生态循环农业，因地制宜发展高效精品农业和都市农业。

《建设国家农业绿色发展先行区 促进农业现代化示范区全面绿色转型实

施方案》提出，提高畜禽粪污资源化利用水平，打造绿色种养循环农业模式，推动畜禽粪污由"治"向"用"转变。

《国家农业绿色发展先行区整建制全要素全链条推进农业面源污染综合防治实施方案》提出，推进农业废弃物全量利用，加强畜禽粪污资源化利用。到 2025 年，秸秆、农膜和畜禽粪污收集、储运、利用体系逐步健全，市场化机制加快构建，畜禽粪污综合利用率达到 82% 以上，生态循环模式初步形成。推进农业生态系统循环畅通，促进农户内部小循环，促进种养产业中循环，促进社会层面资源利用大循环，加快建立植物生产、动物转化、微生物还原的种养循环体系。

二、研发应用增汇型农业技术

《2030 年前碳达峰行动方案》提出，研发应用增汇型农业技术。

《"十四五"全国农业绿色发展规划》提出，落实 2030 年前力争实现碳达峰的要求，推动农业固碳减排，强化森林、草原、农田、土壤固碳功能，研发种养业生产过程温室气体减排技术，开发工厂化农业、农渔机械、屠宰加工及储存运输节能设备，创新农业废弃物资源化、能源化利用技术体系，开展减排固碳能源替代示范，提升农业生产适应气候变化能力。

《关于加快推进竹产业创新发展的意见》提出，研究推动竹碳汇产业发展，探索推进竹林碳汇机制创新、技术研发和市场建设。

《"十四五"推进农业农村现代化规划》提出，推动农业农村减排固碳。加强绿色低碳、节能环保的新技术新产品研发和产业化应用。以耕地质量提升、渔业生态养殖等为重点，巩固提升农业生态系统碳汇能力。推动农业产业园区和产业集群循环化改造，开展农业农村可再生能源替代示范。建立健全农业农村减排固碳监测网络和标准体系。

《江苏沿海地区发展规划（2021—2025 年)》提出，开展低碳农业试点示范，加强高捕碳固碳作物种类筛选，研发生物质炭土壤固碳技术，增加农田土壤生态系统固碳能力。

《"十四五"全国农业农村科技发展规划》提出，聚焦东北黑土地保护、土壤质量提升、耕地地力培育、农田固碳等领域关键技术研发与应用，加强土壤健康研究，加快补强耕地保护利用的短板和薄弱环节，确保耕地稳数量、提质量。

《"十四五"全国渔业发展规划》提出，发挥渔业在生态系统治理中的特有功能，养护水生生物资源，改善水域生态环境，挖掘渔业减排增汇潜力，为实现碳达峰、碳中和作出渔业贡献；优化调整养殖生产力布局，建设成环保、碳汇、装备技术先进的养殖海产品生产优势区；发挥水产养殖生态修复功能，有序发展滩涂和浅海贝藻类增养殖，构建立体生态养殖系统，增加渔业碳汇潜力。

《关于做好 2022 年全面推进乡村振兴重点工作的意见》提出，研发应用减碳增汇型农业技术，探索建立碳汇产品价值实现机制。

《农业农村减排固碳实施方案》提出，实施科技创新支撑行动。系统梳理农业农村减排固碳重大科技需求，加大国家科技计划支持力度。依托现代农业产业技术体系、国家农业科技创新联盟等，组织开展农业农村减排固碳联合攻关，形成一批综合性技术解决方案，补齐农业农村绿色低碳的科技短板。发布农业农村减排固碳技术目录。组建农业农村减排固碳专家指导委员会，加强技术指导、技术培训和技术服务。健全农业农村减排固碳标准体系，制定修订一批国家标准、行业标准和地方标准。

《建设国家农业绿色发展先行区 促进农业现代化示范区全面绿色转型实施方案》提出，推广农业减排固碳技术。指导先行区和示范区制订农业减排固碳实施方案，因地制宜推广应用稻田水分管理、农田氮肥减量增效、牛羊精准饲喂、渔船渔机节能等减排技术，推动种植业、养殖业、农副产品加工业等农业散煤清洁能源替代。选育推广高产、优质低碳农作物品种和高产低排放畜禽品种，降低单位产品甲烷排放强度。加快改造农业机械设备，淘汰老旧农机装备，推广新型节油节能农机装备。鼓励有条件的县（市、区、旗）建设规模化沼气（生物天然气）工程，利用设施棚顶等发展光伏农业，推进可再生能源利用。

三、开展耕地质量提升行动

《2030 年前碳达峰行动方案》提出，开展耕地质量提升行动，实施国家黑土地保护工程，提升土壤有机碳储量。

《农业面源污染治理与监督指导实施方案（试行）》提出，促进畜禽粪污还田利用，推动种养循环，改善土壤地力。鼓励对畜禽粪污进行无害化处理，达到肥料化利用有关要求后，进行还田利用。

《"十四五"全国农业绿色发展规划》提出，加强退化耕地治理。坚持分类分区治理，集成推广土壤改良、地力培肥、治理修复等技术，有序推进退化耕地治理。在长江中下游、西南地区、华南地区等南方粮食主产区集成推广施用土壤调理剂、绿肥还田等技术模式，逐步实现酸化耕地降酸改良。在西北灌溉区、滨海灌溉区和松嫩平原西部等盐碱集中地区集成示范施用土壤调理剂、耕作压盐等技术模式，逐步实现盐碱耕地压盐改良。

《全国高标准农田建设规划（2021—2030年）》提出，从东北区、黄淮海区、长江中下游区、东南区、西南区、西北区、青藏区的实际出发，加强田块整治和土壤改良，科学规划建设灌溉和排水工程，整修田间道路，对农田防护与生态环境保护工程进行合理布局，配套建设变配电设施，开展科技服务，加强管护利用。确保到2025年建成10.75亿亩、2030年建成12亿亩高标准农田。

《"十四五"推进农业农村现代化规划》提出，加强污染耕地治理。开展农用地土壤污染状况调查，实施耕地土壤环境质量分类管理。对轻中度污染耕地加大安全利用技术推广力度；对重度污染耕地实行严格管控，开展种植结构调整或在国家批准的规模和范围内实施退耕还林还草。深入实施耕地重金属污染防治联合攻关，加强修复治理和安全利用示范。巩固提升受污染耕地安全利用水平。

《黄河流域生态环境保护规划》提出，分区分类实施污染土壤安全利用，在轻中度污染耕地推广品种替代、水肥调控、土壤调理等安全利用措施，严格管控重度污染耕地，推行种植结构调整。

《农业农村减排固碳实施方案》提出，落实保护性耕作、秸秆还田、有机肥施用、绿肥种植等措施，加强高标准农田建设，加快退化耕地治理，加大黑土地等保护力度，提升农田土壤的有机质含量，发挥果园茶园碳汇功能；以耕地土壤有机质提升为重点，增强农田土壤固碳能力；实施国家黑土地保护工程，推广有机肥施用、秸秆科学还田、绿肥种植、粮豆轮作、有机无机肥配施等技术，构建用地养地结合的培肥固碳模式，提升土壤有机质含量；实施保护性耕作，因地制宜推广秸秆覆盖还田免少耕播种技术，有效减轻土壤风蚀水蚀，增加土壤有机质；推进退化耕地治理，重点加强土壤酸化、盐碱化治理，消除土壤障碍因素，提高土壤肥力，提升固碳潜力；加强高标准农田建设，加快补齐农业基础设施短板，提高水土资源利用效率。

《"十四五"扩大内需战略实施方案》提出，加强耕地保护和质量建设，以永久基本农田、粮食生产功能区和重要农产品生产保护区为重点，推进高标准农田建设。实施国家黑土地保护工程，稳步推进东北黑土地保护性耕作行动计划。

四、合理控制化肥、农药、地膜使用量

《2030年前碳达峰行动方案》提出，合理控制化肥、农药、地膜使用量，

实施化肥农药减量替代计划，加强农作物秸秆综合利用和畜禽粪污资源化利用。

《关于支持长江经济带农业农村绿色发展的实施意见》提出，深入推进化肥农药减量增效。推进化肥减量增效，推进农药减量增效，推进有机肥替代化肥。

《农业面源污染治理与监督指导实施方案（试行）》提出，在种植业面源污染突出区域，实施化肥农药减量增效行动，优化生产布局，推进"源头减量—循环利用—过程拦截—末端治理"工程。持续推进农膜回收行动，以标准地膜应用、专业化回收、资源化利用为重点，强化农膜回收利用示范县建设，健全回收网络体系，试点农膜区域性绿色补偿制度，加快可降解农膜应用示范，着力解决农田"白色污染"问题。加强化肥农药生产经营管理和使用指导，推动精准施肥、科学用药。落实有机肥产品生产销售、化肥农药减量、有机肥替代化肥等补贴和税收减免政策。引导农户使用绿色高效的肥料农药。完善化肥农药使用量调查核算方法，逐步摸清化肥农药使用变化情况。协同推进废旧农膜、农药肥料包装废弃物回收处理。

《"十四五"全国农业绿色发展规划》提出，推进化肥农药减量增效。以化肥减量增效为重点，集成推广科学施肥技术，改进施肥方式，开展有机肥替代推动，开展肥料统配统施社会化服务，鼓励农企合作推进测土配方施肥；开展统防统治，提高防治效果，集成推广生物防治、物理防治等绿色防控技术，推广新型高效植保机械，提高农药利用率，推进科学用药，逐步淘汰高毒、高风险农药，构建农作物病虫害监测预警体系；推进农膜回收利用，落实严格的农膜管理制度，推广普及标准地膜，因地制宜调减作物覆膜面积，强化市场监管，积极探索推广环境友好生物可降解地膜，促进废旧地膜加工再利用，建立健全农膜回收利用机制和回收网络体系，探索建立地膜生产者责任延伸制度，建立健全农田地膜残留监测点。

《"十四五"全国清洁生产推行方案》提出，科学、高效地使用农药、化肥、农用薄膜。加强农膜管理，推广普及标准地膜，推动机械化捡拾、专业化回收和资源化利用，有效防治农田白色污染。实施化肥减量替代、农药减量增效、农膜回收处理等农业清洁生产提升工程。

《关于深入打好污染防治攻坚战的意见》提出，实施化肥农药减量增效行动和农膜回收行动。

《"十四五"推进农业农村现代化规划》提出，持续推进化肥农药减量增效。深入开展测土配方施肥，持续优化肥料投入品结构，增加有机肥使用，推广肥料高效施用技术。积极稳妥推进高毒高风险农药淘汰，加快推广低毒低残留农药和高效大中型植保机械，因地制宜集成应用病虫害绿色防控技术。推进兽用抗菌药使用减量化，规范饲料和饲料添加剂生产使用。到 2025 年，主要农作物化肥、农药利用率均达到 43% 以上。

《"十四五"节能减排综合工作方案》提出，推进农药化肥减量增效，加快农膜和农药包装废弃物回收处理。

《关于做好 2022 年全面推进乡村振兴重点工作的意见》提出，推进农膜科学使用回收。

《支持贵州在新时代西部大开发上闯新路的意见》提出，推进化肥农药减量化。

《农业农村污染治理攻坚战行动方案（2021—2025 年）》提出，深入推进化肥减量增效，实施精准施肥，分区域、分作物制订化肥施用限量标准和减量方案，依法落实化肥使用总量控制，大力推进测土配方施肥，改进施肥方式，提高肥料利用效率，加强绿色投入品创新研发。在更大范围推进有机肥替代化肥，在旱作区大力发展高效旱作农业，鼓励以循环利用与生态净化相结合的方式控制种植业污染。农企合作推进测土配方施肥，到 2025 年，主要农作物测土配方施肥技术覆盖率稳定在 90% 以上；持续推进农药减量控害，推广应用高效低风险农药，分期分批淘汰现存 10 种高毒农药，推进精准施药提高农药利用效率。推行统防统治与绿色防控融合，构建农作物病虫害监测预警体系，到 2025 年，主要农作物病虫害绿色防控和统防统治覆盖率分别达到 55% 和 45%；深入实施农膜回收行动，加强农膜生产、销售、使用、回收、再利用等环节的全链条监管，全面加强市场监管，因地制宜调减作物覆膜面积，建立健全回收网络体系，提高废旧农膜回收利用和处置水平，推动生产者、销售者、使用者落实回收责任，推进全生物可降解地膜有序替代，建立健全农田地膜残留监测点。

《重点海域综合治理攻坚战行动方案》提出，深入推进化肥农药减量增效，实施农膜回收行动。到 2025 年，沿海地市主要农作物化肥农药使用量持续减少，利用率均达到 43%。

《"十四五"全国农药产业发展规划》提出，推进化学农药使用减量化。统筹病虫害防控需求和农药减量化要求，淘汰高毒低效化学农药，推广高效低毒低风险农药，推进病虫害生物防治替代化学防治。"十四五"时期，推进实施农药减量行动和绿色防控，示范引领化学农药使用减量化。到 2025 年，通过淘汰或限制高毒低效化学农药，推广高效精准施药、绿色防控等措施，主要农作物化学农药利用率提高到43%以上。

《"十四五"全国农产品质量安全提升规划》提出，持续推进化肥、农药和兽用抗菌药减量化行动，集成应用病虫害绿色防控技术。

《新污染物治理行动方案》提出，持续开展农药减量增效行动，鼓励发展高效低风险农药，稳步推进高毒高风险农药淘汰和替代。鼓励使用便于回收的大容量包装物，加强农药包装废弃物回收处理。

《农业农村减排固碳实施方案》提出，实施化肥减量增效行动。以粮食主产区、果菜茶优势产区、农业绿色发展先行区等为重点，推进氮肥减量增效；研发推广作物吸收、利用率高的新型肥料产品，推广水肥一体化等高效施肥技术，提高肥料利用率；推进有机肥与化肥结合使用，增加有机肥投入，替代部分化肥。

《财政支持做好碳达峰碳中和工作的意见》提出，推广地膜回收利用。

《减污降碳协同增效实施方案》提出，深入实施化肥农药减量增效行动，加强种植业面源污染防治，优化稻田水分灌溉管理，推广优良品种和绿色高效栽培技术，提高氮肥利用效率。到2025年，三大粮食作物化肥、农药利用率均提高到43%。

《黄河流域生态环境保护规划》提出，大力推进标准地膜应用和全生物降解地膜替代应用，推进农田残留地膜、农药化肥包装等清理整治，健全回收处理体系。在甘肃、内蒙古等重点用膜地区，深入开展农膜回收利用示范县建设。到2030年，黄河流域农膜回收率达到88%以上。

《太湖流域水环境综合治理总体方案》提出，继续推进农药化肥减量增效，开展农业面源污染综合治理。

《黄河生态保护治理攻坚战行动方案》提出，以上中游为重点，大力推广标准地膜应用，推进废旧农膜、农药包装废弃物等回收利用处置，建立健全农田地膜残留监测点，开展常态化监测评估。

《长江入河排污口整治行动方案》提出，实施畜禽粪污资源利用，推进化肥农药减量增效。

《建设国家农业绿色发展先行区 促进农业现代化示范区全面绿色转型实施方案》提出，推进化肥农药减量增效。

《深入打好长江保护修复攻坚战行动方案》提出，推进化肥农药减量增效，开展农业面源污染监测，推广应用生物防治等绿色防控技术，加强畜禽粪污资源化利用，推行畜禽粪肥低成本、机械化、就地就近还田，推动地膜科学使用回收。到2025年年底，化肥农药利用率提高到43%以上，畜禽粪污综合利用率提高到 80% 以上，农膜回收率达到 85% 以上，完成 130 个农业面源污染综合治理项目县建设。

《建设国家农业绿色发展先行区 促进农业现代化示范区全面绿色转型实施方案》提出，开展农膜回收利用行动，推广加厚高强度地膜，集成应用地膜机械捡拾、适期揭膜等高效回收技术，有序推广全生物降解地膜使用，因地制宜推广废旧农膜再生造粒等资源化利用技术，拓展农药包装废弃物、废旧农膜回收等业务，落实农药农膜生产、经销主体回收处置责任，推动将没有利用价值的废旧农膜纳入农村垃圾收集处置体系。

《到 2025 年化肥减量化行动方案》提出，从东北、华北、长江中下游、华南、西南、西北地区的实际出发，通过精准施肥、调优结构、改进方式、多元替代、科学监管实现减量增效。实施测土配方施肥提升行动、"三新"（新技术、新产品、新机具）集成配套落地行动、化肥多元替代推进行动、肥效监测评价行动、宣传培训到户行动。

《到 2025 年化学农药减量化行动方案》提出，坚持分类施策、标本兼治、综合治理，用生物农药替代化学农药、高效低风险农药替代老旧农药、高效精准施药机械替代老旧施药机械，精准预测预报、精准适期防治、精准对靶施药，培育专业化防治服务组织、大力推进多种形式的统防统治，强化综合施策、推行农作物病虫害可持续治理。实施病虫监测预报能力提升行动、病虫害绿色防控提升行动、病虫害专业化防治推进行动、农药使用监测评估行动、安全用药推广普及行动、农药使用监督管理行动。

《"十四五"扩大内需战略实施方案》提出，实施化肥农药减量行动。

《国家农业绿色发展先行区整建制全要素全链条推进农业面源污染综合防治实施方案》提出，持续推进化肥减量增效，持续推进农药减量增效，加强农膜回收利用。到 2025 年，主要农作物化肥、农药利用率均达到 45% 以上，废旧农膜回收率达到 87% 以上。

第十二章 绿色低碳全民行动

《2030 年前碳达峰行动方案》提出，增强全民节约意识、环保意识、生态意识，倡导简约适度、绿色低碳、文明健康的生活方式，把绿色理念转化为全体人民的自觉行动。通过加强生态文明宣传教育，推广绿色低碳生活方式，引导企业履行社会责任，强化领导干部培训，实施绿色低碳全民行动。

第一节 加强生态文明宣传教育

一、将生态文明教育纳入国民教育体系

《2030 年前碳达峰行动方案》提出，将生态文明教育纳入国民教育体系，开展多种形式的资源环境国情教育，普及碳达峰碳中和的基础知识。

《关于完整准确全面贯彻新发展理念做好碳达峰碳中和工作的意见》提出，把绿色低碳发展纳入国民教育体系。

《关于深入打好污染防治攻坚战的意见》提出，把生态文明教育纳入国民教育体系，增强全民节约意识、环保意识、生态意识。

《加强碳达峰碳中和高等教育人才培养体系建设工作方案》提出，将绿色低碳理念纳入教育教学体系，加强宣传，广泛开展绿色低碳教育和科普活动，充分发挥大学生组织和志愿者队伍的积极作用，开展系列实践活动，增强社会公众绿色低碳意识，积极引导全社会绿色低碳生活方式；做好继续教育和终身教育，支持有关高校、开放大学加强与部门、企业、社会机构合作，共同开发非学历继续教育培训项目，多渠道扩大终身教育资源，满足经济社会发展和学习者对碳达峰碳中和领域知识能力的终身学习需求。

《绿色低碳发展国民教育体系建设实施方案》提出，将绿色低碳发展融入教育教学，以绿色低碳发展引领提升教育服务贡献力，将绿色低碳发展融入校园建设。到 2025 年，绿色低碳生活理念与绿色低碳发展规范在大中

小学普及传播，绿色低碳理念进入大中小学教育体系；有关高校初步构建起碳达峰碳中和相关学科专业体系，科技创新能力和创新人才培养水平明显提升。到 2030 年，实现学生绿色低碳生活方式及行为习惯的系统养成与发展，形成较为完善的多层次绿色低碳理念育人体系并贯通青少年成长全过程，形成一批具有国际影响力和权威性的碳达峰碳中和一流学科专业和研究机构。

二、加强对公众的生态文明科普教育

《2030 年前碳达峰行动方案》提出，加强对公众的生态文明科普教育，将绿色低碳理念有机融入文艺作品，制作文创产品和公益广告，持续开展世界地球日、世界环境日、全国节能宣传周、全国低碳日等主题宣传活动，增强社会公众绿色低碳意识，推动生态文明理念更加深入人心。

《"十四五"生态环境科普工作实施方案》提出，强化构建生态环境科普责任体系，着力加强生态环境科普队伍建设，积极推进生态环境科技资源科普化，丰富拓展生态环境科普内容创作，整体提升生态环境科普设施水平，创新打造生态环境科普活动品牌，构建完善生态环境科普传播网络，稳步推进生态环境科普国际交流。实施生态环境科学素质的青少年提升行动、农民提升行动、产业工人提升行动、领导干部和公务员提升行动、老年人提升行动。到 2025 年，生态环境科普工作责任体系逐步完善、理念不断深化、方法持续创新、内容日益丰富、保障更加有力，公民生态环境科学素质显著提升，对生态环境保护和生态文明建设的支撑作用更加显著。

《"十四五"旅游业发展规划》提出，推进以国家公园为主体的自然保护地体系建设，充分发挥国家公园教育、游憩等综合功能，开展森林康养、自然教育、生态体验、户外运动，在生态文明教育、自然生态保护和旅游开发利用方面，加强资源共享等合作。

《财政支持做好碳达峰碳中和工作的意见》提出，加大财政支持做好碳达峰碳中和宣传和科普工作力度，鼓励有条件的地区采取多种方式加强生态文明宣传教育，建设碳达峰碳中和主题科普基地，推动生态文明理念更加深入人心，促进形成绿色低碳发展的良好氛围。

《"十四五"国家科学技术普及发展规划》提出，鼓励和支持社会力量，围绕碳达峰、碳中和、信息技术、生物医药、高端装备、新能源、新材料、节能环保等公众关注度高的科技创新热点及科技政策法规有针对性地开展科普。

第二节　推广绿色低碳生活方式

一、遏制奢侈浪费和不合理消费

《2030 年前碳达峰行动方案》提出，坚决遏制奢侈浪费和不合理消费，着力破除奢靡铺张的歪风陋习，坚决制止餐饮浪费行为。

《粮食节约行动方案》提出，坚决遏制餐饮消费环节浪费。加强餐饮行业经营行为管理，落实单位食堂反食品浪费管理责任，加强公务活动用餐节约，建立健全学校餐饮节约管理长效机制，减少家庭和个人食品浪费。

《关于深入打好污染防治攻坚战的意见》提出，加快形成绿色低碳生活方式。深入开展绿色生活创建行动。建立绿色消费激励机制，推进绿色产品认证、标识体系建设，营造绿色低碳生活新时尚。

《减污降碳协同增效实施方案》提出，倡导简约适度、绿色低碳、文明健康的生活方式，从源头上减少污染物和碳排放。扩大绿色低碳产品供给和消费，加快推进构建统一的绿色产品认证与标识体系，完善绿色产品推广机制。开展绿色社区等建设，深入开展全社会反对浪费行动。推广绿色包装，推动包装印刷减量化，减少印刷面积和颜色种类。引导公众优先选择公共交通、自行车和步行等绿色低碳出行方式。发挥公共机构特别是党政机关节能减排引领示范作用。探索建立"碳普惠"等公众参与机制。

《扩大内需战略规划纲要（2022—2035 年）》提出，持续推进过度包装治理，倡导消费者理性消费，推动形成"节约光荣、浪费可耻"的社会氛围。

二、倡导节约用能

《2030 年前碳达峰行动方案》提出，在全社会倡导节约用能，开展绿色低碳社会行动示范创建，深入推进绿色生活创建行动，评选宣传一批优秀示范典型，营造绿色低碳生活新风尚。

《机关事务工作"十四五"规划》提出，建立健全碳排放管理、反食品浪费、重点用能单位管理等制度体系，推进公共机构节约能源资源标准体系建设，深化公共机构节约能源资源消费总量和强度双控制度，推行双控与定额相结合的节能目标管理方式，加强公共机构重点用能单位管理，推动公共机构绿色低碳循环技术和管理模式创新，持续加大公共机构节约能源资源宣传教育培训力度。实施公共机构能源和水资源消费总量与强度双控，公共机构能源消费总量控制在 1.89 亿吨标准煤以内，用水总量控制在 124 亿立方米以内，碳排放总量控制在 4 亿吨以内。

《深入开展公共机构绿色低碳引领行动促进碳达峰实施方案》提出，着力推进终端用能电气化、大力推广太阳能光伏光热项目、严格控制煤炭消费、持续推广新能源汽车，加快能源利用绿色低碳转型；大力发展绿色建筑、加大既有建筑节能改造力度、提高建筑用能管理智能化水平、推动数据中心绿色化、提升公共机构绿化水平、提升建筑绿色低碳运行水平；加大绿色低碳技术推广应用力度、大力采购绿色低碳产品、积极运用市场化机制，推广应用绿色低碳技术产品；加强绿色低碳发展理念宣传、深入开展资源循环利用、持续开展示范创建活动、培育干部职工绿色低碳生活方式、推进绿色低碳发展国际交流合作，开展绿色低碳示范宣传；健全碳排放法规制度体系、开展碳排放考核、强化队伍和能力建设，强化绿色低碳管理能力建设。到 2025 年，全国公共机构用能结构持续优化，用能效率持续提升，年度能源消费总量控制在 1.89 亿吨标准煤以内，二氧化碳排放总量控制在 4 亿吨以内，在 2020 年的基础上单位建筑面积能耗下降 5%、碳排放下降 7%，有条件的地区 2025 年前实现公共机构碳达峰，全国公共机构碳排放总量 2030 年前尽早达峰。

《促进绿色消费实施方案》提出，加强绿色低碳产品质量和品牌建设。鼓励引导消费者更换或新购绿色节能家电、环保家具等家居产品。大力推广智能家电，通过优化开关时间、错峰启停，减少非必要耗能，参与电网调峰。

《"十四五"公共机构节约能源资源工作规划》提出，实施低碳引领行动、绿色化改造行动、可再生能源替代行动、节水护水行动、生活垃圾分类行动、反食品浪费行动、绿色办公行动、绿色低碳生活方式倡导行动、示范创建行动、数字赋能行动等绿色低碳转型行动。实施公共机构能源和水资源消费总量与强度双控，公共机构能源消费总量控制在 1.89 亿吨标准煤以内，用水总量控制在 124 亿立方米以内，二氧化碳排放总量控制在 4 亿吨以内；以 2020 年能源、水资源消费以及碳排放为基数，2025 年公共机构单位建筑面积能耗下降 5%，人均综合能耗下降 6%，人均用水量下降 6%，单位建筑面积碳排放下降 7%。

三、发展绿色消费

《2030 年前碳达峰行动方案》提出，大力发展绿色消费，推广绿色低碳产品，完善绿色产品认证与标识制度。

《绿色生活创建行动总体方案》提出，通过开展节约型机关、绿色家庭、绿色学校、绿色社区、绿色出行、绿色商场、绿色建筑等创建行动，广泛宣传推广简约适度、绿色低碳、文明健康的生活理念和生活方式，建立完善绿色生活的相关政策和管理制度，推动绿色消费，促进绿色发展。

《关于加快推进快递包装绿色转型的意见》提出，完善快递包装法律法规和标准体系，强化快递包装绿色治理，加强电商和快递规范管理，推进可循环快递包装应用，规范快递包装废弃物回收和处置，完善支撑保障体系。到2025年，包装减量和绿色循环的新模式、新业态发展取得重大进展，快递包装基本实现绿色转型。

《长江经济带生态环境保护规划》提出，推进绿色消费革命，引导公众向勤俭节约、绿色低碳、文明健康的生活方式转变。

《"十四五"商务发展规划》提出，深入落实碳达峰、碳中和重大战略决策，坚定不移推进商务领域走生态优先、绿色低碳发展道路。发展绿色消费，倡导简约适度、绿色低碳生活方式，创建绿色商场，促进绿色产品销售，扩大绿色产品消费。发展绿色流通，加强商务领域塑料污染治理，支持绿色配送、绿色仓储和快递包装绿色转型，促进二手商品流通。

《机关事务工作"十四五"规划》提出，推进绿色办公，倡导绿色出行，引导绿色消费，提升绿化水平，培育绿色文化，推动形成简约适度、绿色低碳的工作和生活方式，建立机关食堂反食品浪费工作成效评估和通报制度，将反食品浪费纳入公共机构节约能源资源考核和节约型机关创建活动内容，推动公共机构持续开展生活垃圾分类、塑料污染治理工作，全面推进节约型机关创建行动。

《"十四五"循环经济发展规划》提出，开展快递包装绿色转型推进行动。强化快递包装绿色治理，推动电商与生产商合作，实现重点品类的快件原装直发。鼓励包装生产、电商、快递等上下游企业建立产业联盟，支持建立快递包装产品合格供应商制度，推动生产企业自觉开展包装减量化。实施快递包装绿色产品认证制度。开展可循环快递包装规模化应用试点，大幅提升循环中转袋（箱）应用比例。加大绿色循环共用标准化周转箱推广应用力度。鼓励电商、快递企业与商业机构、便利店、物业服务企业等合作设立可循环快递包装协议回收点，投放可循环快递包装的专业化回收设施。到2025年，电商快件基本实现不再二次包装，可循环快递包装应用规模达1000万个。

《关于完整准确全面贯彻新发展理念做好碳达峰碳中和工作的意见》提出，扩大绿色低碳产品供给和消费，倡导绿色低碳生活方式。开展绿色低碳社会行动示范创建。积极引导低碳出行。

《关于推动城乡建设绿色发展的意见》提出，推动形成绿色生活方式。推广节能低碳节水用品，推动太阳能、再生水等应用，鼓励使用环保再生产品和绿色设计产品，减少一次性消费品和包装用材消耗。倡导绿色装修，鼓励选用绿色建材、家具、家电。持续推进垃圾分类和减量化、资源化，推动生活垃圾源头减量，建立健全生活垃圾分类投放、分类收集、分类转运、分类处理系统。加强危险废物、医疗废物收集处理，建立完善应急处置机制。深入开展绿色出行创建行动，优化交通出行结构，鼓励公众选择公共交通、自行车和步行等出行方式。

《"十四五"可再生能源发展规划》提出，建立绿色能源消费评价、认证与标识体系。积极引导绿色能源消费。提高工业、建筑、交通等领域和公共机构绿色用能要求，运用政府采购政策支持可再生能源消费。

《绿色交通"十四五"发展规划》提出，到2025年，城区常住人口100万以上城市中绿色出行（包括城市公共交通以及自行车、步行等慢行交通）比例超过70%的城市数量达60个。

《综合运输服务"十四五"发展规划》提出，深入开展绿色出行行动，建设形成布局合理、生态友好、清洁低碳、集约高效的绿色出行服务体系。

《"十四五"旅游业发展规划》提出，适度发展生态旅游，充分考虑生态承载力、自然修复力，推进生态旅游可持续发展，让游客在感悟大自然神奇魅力的同时，自觉增强生态保护意识，形成绿色消费和健康生活方式，将旅游活动对自然环境的影响降到最低。

《"十四五"节能减排综合工作方案》提出，全面推广绿色快递包装，引导电商企业、邮政快递企业选购使用获得绿色认证的快递包装产品。深入开展绿色生活创建行动，增强全民节约意识，倡导简约适度、绿色低碳、文明健康的生活方式，坚决抵制和反对各种形式的奢侈浪费，营造绿色低碳社会风尚。推行绿色消费，加大绿色低碳产品推广力度。

《促进绿色消费实施方案》提出，加快提升食品消费绿色化水平，鼓励推行绿色衣着消费，积极推广绿色居住消费，大力发展绿色交通消费，全面促进绿色用品消费，有序引导文化和旅游领域绿色消费，进一步激发全社会绿色电力消费潜力，大力推进公共机构消费绿色转型，全面促进重点领域消费绿色转型；推广应用先进绿色低碳技术，推动产供销全链条衔接畅通，加快发展绿色物流配送，拓宽闲置资源共享利用和二手交易渠道，构建废旧物资循环利用体系，强化绿色消费科技和服务支撑；加快健全法律制度，优化完善标准认证体系，探索建立统计监测评价体系，推动建立绿色消费信息平台，建立健全绿色消费制度保障体系；增强财政支持精准性，加大金融支持力度，充分发挥价格机制作用，推广更多市场化激励措施，强化对违法违规等行为处罚约束，完善绿色消费激励约束政策。到 2025 年，绿色消费理念深入人心，奢侈浪费得到有效遏制，绿色低碳产品市场占有率大幅提升，重点领域消费绿色转型取得明显成效，绿色消费方式得到普遍推行，绿色低碳循环发展的消费体系初步形成；到 2030 年，绿色消费方式成为公众自觉选择，绿色低碳产品成为市场主流，重点领域消费绿色低碳发展模式基本形成，绿色消费制度政策体系和体制机制基本健全。

《邮件快件包装操作规范备案管理规定（试行）》提出，加强邮件快件包装操作规范化建设，推进邮件快件包装减量化、标准化和循环化。

《"十四五"现代能源体系规划》提出，实施绿色低碳全民行动。在全社会倡导节约用能，坚决遏制不合理能源消费，深入开展绿色低碳社会行动示范创建，大力倡导绿色出行方式，大力发展绿色消费，推广绿色低碳产品，鼓励建立家庭用能智慧化管理系统。

《关于完善能源绿色低碳转型体制机制和政策措施的意见》提出，促进绿色电力消费，鼓励全社会优先使用绿色能源和采购绿色产品及服务，公共机构应当作出表率。

《成渝地区双城经济圈生态环境保护规划》提出，践行绿色低碳生活方式。倡导低碳消费方式，鼓励绿色低碳出行，全面推进绿色建设。

《西安都市圈发展规划》提出，推动居民生活方式加快向绿色低碳转变。推广普及生活节水型器具，培育绿色消费理念，引导消费者购买节能环保低碳产品，推广绿色包装，提升城市绿色出行水平。

《关于促进新时代新能源高质量发展的实施方案》提出，引导全社会消费新能源等绿色电力。

《"十四五"现代物流发展规划》提出，推广使用循环包装，减少过度包装和二次包装，促进包装减量化、再利用。

《关于推动轻工业高质量发展的指导意见》提出，引导绿色产品消费。加快完善家用电器和照明产品等终端用能产品能效标准，促进节能空调、冰箱、热水器、高效照明产品、可降解材料制品、低 VOCs 油墨等绿色节能轻工产品消费。引导企业通过工业产品绿色设计等方式增强绿色产品和服务供给能力。

《黄河流域生态环境保护规划》提出，倡导全民共建绿色生活。加快推进全民绿色消费，开展绿色生活创建活动。

《"十四五"新型城镇化实施方案》提出，开展绿色生活创建行动，倡导绿色出行和绿色家庭、绿色社区建设，推广节能产品和新建住宅全装修交付，建立居民绿色消费奖励机制。

《太湖流域水环境综合治理总体方案》提出，形成绿色生活方式。全面推行无磷洗涤用品，严格限制一次性用品、餐具使用，全面推广使用节能、节水、环保、再生等绿色产品，大力推行绿色出行。

《"十四五"全国城市基础设施建设规划》提出，促进城市生产生活方式绿色转型。

《"十四五"环境健康工作规划》提出，倡导绿色健康理念和生活方式。

《关于进一步加强商品过度包装治理的通知》提出，推动包装企业提供设计合理、用材节约、回收便利、经济适用的包装整体解决方案，防范商品生产环节过度包装，避免销售过度包装商品，推进商品交付环节包装减量化。

《扩大内需战略规划纲要（2022—2035年）》提出，积极发展绿色低碳消费市场，健全绿色低碳产品生产和推广机制，促进居民耐用消费品绿色更新和品质升级，建立健全绿色产品标准、标识、认证体系和生态产品价值实现机制，倡导节约集约的绿色生活方式，深入开展绿色生活创建，深入实施国家节水行动。

《"十四五"扩大内需战略实施方案》提出，大力倡导绿色低碳消费。积极发展绿色低碳消费市场，倡导节约集约的绿色生活方式。

《质量强国建设纲要》提出，建立绿色产品消费促进制度，推广绿色生活方式。

《数字中国建设整体布局规划》提出，倡导绿色智慧生活方式。

《公民生态环境行为规范十条》提出，关爱生态环境，节约能源资源。践行绿色消费，选择低碳出行，分类投放垃圾，减少污染产生，呵护自然生态，参加环保实践，参与环境监督，共建美丽中国。

四、提升绿色产品在政府采购中的比例

《2030年前碳达峰行动方案》提出，提升绿色产品在政府采购中的比例。

《成渝地区双城经济圈建设规划纲要》提出，实施政府绿色采购，推行绿色产品优先。

《促进绿色消费实施方案》提出，完善政府绿色采购标准，加大绿色低碳

产品采购力度，扩大绿色低碳产品采购范围，提升绿色低碳产品在政府采购中的比例。

《成渝地区双城经济圈生态环境保护规划》提出，落实政府绿色采购要求，推行绿色产品优先。

《关于进一步释放消费潜力促进消费持续恢复的意见》提出，大力发展绿色消费。增强全民节约意识，反对奢侈浪费和过度消费，形成简约适度、绿色低碳的生活方式和消费模式，倡导绿色出行，提高城市公共汽电车、轨道交通出行占比，推动公共服务车辆电动化。大力发展绿色家装，鼓励消费者更换或新购绿色节能家电、环保家具等家居产品，推进商品包装和流通环节包装绿色化、减量化、循环化。开展促进绿色消费试点，广泛开展节约型机关、绿色家庭、绿色社区、绿色出行等创建活动。

《关于进一步释放消费潜力促进消费持续恢复的意见》提出，加快构建废旧物资循环利用体系，推动汽车、家电、家具、电池、电子产品等回收利用，适当放宽废旧物资回收车辆进城、进小区限制。

《财政支持做好碳达峰碳中和工作的意见》提出，完善政府绿色采购政策。建立健全绿色低碳产品的政府采购需求标准体系，分类制定绿色建筑和绿色建材政府采购需求标准。大力推广应用装配式建筑和绿色建材，促进建筑品质提升。加大新能源、清洁能源公务用车和用船政府采购力度，机要通信等公务用车除特殊地理环境等因素外原则上采购新能源汽车，优先采购提供新能源汽车的租赁服务，公务用船优先采购新能源、清洁能源船舶。强化采购人主体责任，在政府采购文件中明确绿色低碳要求，加大绿色低碳产品采购力度。

《关于推动轻工业高质量发展的指导意见》提出，完善政府绿色采购政策，加大绿色低碳产品采购力度。

《黄河流域生态环境保护规划》提出，积极实施绿色采购。推进政府采购需求标准体系建设，加大政府绿色采购力度，探索建立政府部门、事业单位和大型企业举办大型活动采取碳中和行动的制度。

《关于深化电子电器行业管理制度改革的意见》提出，通过节能低碳产品认证的产品，在政府采购中按规定享受优先采购或者强制采购政策。在已开展绿色产品认证的领域，政府采购按规定优先采购或者强制采购具备绿色产品标识的产品。

《重点用能产品设备能效先进水平、节能水平和准入水平（2022年版）》提出，大力推广高能效产品设备。完善政府绿色采购相关政策，扩大绿色采购产品范围。将节能产品等纳入统一的绿色产品体系，加快建立统一的绿色产品标识、认证和采信制度。引导居民选购能效先进水平产品设备，原则上不得对能效低于节能水平的产品设备给予补贴。

《扩大内需战略规划纲要（2022—2035 年)》提出，完善绿色采购制度，加大政府对低碳产品采购力度。

第三节　引导企业履行社会责任

一、强化企业环境责任意识

《2030 年前碳达峰行动方案》提出，引导企业主动适应绿色低碳发展要求，强化环境责任意识，加强能源资源节约，提升绿色创新水平。

《"十四五"循环经济发展规划》提出，开展废弃电器电子产品回收利用提质行动，构建线上线下相融合的废弃电器电子产品回收网络，继续开展电器电子产品生产者责任延伸试点，强化科技创新，促进高值化利用。实施汽车使用全生命周期管理推进行动，研究制订汽车使用全生命周期管理方案，建立认证配件、再制造件、回用外观件的标识制度和信息查询体系，开展汽车产品生产者责任延伸试点。

《"十四五"全国农业绿色发展规划》提出，严格农药包装废弃物管理，按照"谁生产、经营，谁回收"的原则，建立农药生产者、经营者包装废弃物回收处置责任，完善农药包装废弃物回收体系，推进农药包装废弃物资源化利用和无害化处置。

《关于引导服务民营企业做好碳达峰碳中和工作的意见》提出，履行社会责任。要坚持减污降碳协同增效，积极践行绿色发展理念，履行环保主体责任。要加快推动绿色低碳发展，加强能源资源节约，深入打好污染防治攻坚战，切实维护生态环境安全。要积极参与生态修复和国土绿化，助力提升生态系统碳汇能力。相关上市公司和发债企业要按照环境信息依法披露要求，定期公布企业碳排放信息。

《上海证券交易所"十四五"期间碳达峰碳中和行动方案》提出，优化股权融资服务推动企业低碳发展，加快绿色债券发展助力企业低碳融资，拓展绿色投资产品，助力绿色投资，深化绿色金融国际合作，推进市场对外开放，加强绿色金融宣传，研究引导培育专业投资者，推进所内节能减排，推进绿色低碳交易所建设。"十四五"期间，充分发挥资本市场优化资源配置的功能，推动市场主体履行社会责任，引导资本市场助力绿色低碳发展，共同走生态优先、绿色低碳的高质量发展道路。

《关于加快推进废旧纺织品循环利用的实施意见》提出，强化纺织品生产者社会责任，鼓励企业落实中国纺织服装企业社会责任管理体系（CSC9000T）。

二、发挥重点领域国有企业的示范引领作用

《2030 年前碳达峰行动方案》提出，重点领域国有企业特别是中央企业要制订实施企业碳达峰行动方案，发挥示范引领作用。

《中央企业节约能源与生态环境保护监督管理办法》提出，中央企业应积极践行绿色低碳循环发展理念，围绕主业有序发展壮大节能环保等绿色低碳产业。加强并购重组企业源头管理，把节约能源和生态环境保护专项尽职调查作为并购重组的前置程序。积极稳妥推进碳达峰碳中和工作，科学合理制订实施碳达峰碳中和规划和行动方案，建立完善二氧化碳排放统计核算、信息披露体系，采取有力措施控制碳排放。

《"十四五"中央企业发展规划纲要》提出，要坚决走绿色低碳发展之路，大力发展绿色环保产业，打造产业生态体系，全面提高资源利用效率，在推进碳达峰碳中和上作出表率，当好示范。

三、推进重点用能单位节能降碳

《2030 年前碳达峰行动方案》提出，重点用能单位要梳理核算自身碳排放情况，深入研究碳减排路径，"一企一策"制订专项工作方案，推进节能降碳。

四、严格环境信息依法披露要求

《2030 年前碳达峰行动方案》提出，相关上市公司和发债企业要按照环境信息依法披露要求，定期公布企业碳排放信息。

五、发挥行业协会等社会团体作用

《2030 年前碳达峰行动方案》提出，充分发挥行业协会等社会团体作用，督促企业自觉履行社会责任。

《关于引导服务民营企业做好碳达峰碳中和工作的意见》提出，要切实发

挥商会服务企业、服务行业、服务社会的作用，推动会员企业做好碳达峰碳中和工作，提供政策服务，加强调查研究，加强行业自律，促进企业交流。

第四节　强化领导干部培训

一、分阶段、多层次系统培训各级领导干部

《2030 年前碳达峰行动方案》提出，将学习贯彻习近平生态文明思想作为干部教育培训的重要内容，各级党校（行政学院）要把碳达峰碳中和相关内容列入教学计划，分阶段、多层次对各级领导干部开展培训，普及科学知识，宣讲政策要点，强化法治意识，深化各级领导干部对碳达峰碳中和工作重要性、紧迫性、科学性、系统性的认识。

《加强碳达峰碳中和高等教育人才培养体系建设工作方案》提出，加强领导干部培训。发挥高校学科专业优势，支持服务分阶段、多层次领导干部培训，讲清政策要点，深化领导干部对碳达峰碳中和工作重要性、紧迫性、科学性、系统性的认识，提升专业素养和业务能力。

《城乡建设领域碳达峰实施方案》提出，将碳达峰碳中和作为城乡建设领域干部培训重要内容，提高绿色低碳发展能力。

二、提升相关工作领导干部专业素养和业务能力

《2030 年前碳达峰行动方案》提出，从事绿色低碳发展相关工作的领导干部要尽快提升专业素养和业务能力，切实增强推动绿色低碳发展的本领。

《全民科学素质行动规划纲要（2021—2035 年）》提出，实施领导干部和公务员科学素质提升行动。进一步强化领导干部和公务员对科教兴国、创新驱动发展等战略的认识，深入贯彻落实新发展理念，切实找准将新发展理念转化为实践的切入点、结合点和着力点，提高领导干部和公务员科学履职水平，强化对科学素质建设重要性和紧迫性的认识；加强科学素质教育培训，认真贯彻落实《干部教育培训工作条例》《公务员培训规定》，加强前沿科技知识和全球科技发展趋势学习，突出科学精神、科学思想培养，增强把握科学发展规律的能力，大力开展面向基层领导干部和公务员，特别是革命老区、民族地区、边疆地区、脱贫地区干部的科学素质培训工作；在公务员录用中落实科学素质要求，不断完善干部考核评价机制，在公务员录用考试和任职

考察中，强化科学素质有关要求并有效落实。

《上海市建设具有全球影响力的科技创新中心"十四五"规划》提出，加强领导干部和公务员科学教育培训，提升领导干部和公务员的科学管理和创新治理能力。

《"十四五"生态环境科普工作实施方案》提出，深入贯彻生态文明理念，组织编写领导干部和公务员培训教材，树立绿色发展理念，增强科学思维，提高科学执政水平，助力生态环境高水平保护和经济高质量发展；加强生态环境科学知识培训，加强碳达峰碳中和、新污染物治理等前沿科学知识的学习，增强精准、科学、依法治污的本领。

《财政支持做好碳达峰碳中和工作的意见》提出，各级财政干部要自觉加强碳达峰碳中和相关政策和基础知识的学习研究，将碳达峰碳中和有关内容作为财政干部教育培训体系的重要内容，增强各级财政干部做好碳达峰碳中和工作的本领。

第五节　绿色低碳全民行动的进展

一、生态文明宣传教育

2022 年年底，国家发改委总结了 7 个方面的"碳达峰十大行动"进展，深入开展生态文明宣传教育取得进展。

生态环境部、教育部会同有关部门在国民教育体系中突出生态文明教育，引导全社会牢固树立生态文明价值观念和行为准则。生态文明学校教育不断加强，生态环境保护学科建设持续完善，环境保护职业教育充分发展，生态环境保护高层次人才培养力度逐步加大。生态文明社会教育不断深入，推动生态文明教育进家庭、进社区、进工厂、进农村，越来越多的党政领导干部、企业员工、社区居民、生态环保工作者得到生态文明领域知识和技能培训。持续开展全国节能宣传周、全国节水宣传周、全国低碳日、全民植树节、世界环境日、国际生物多样性日、世界地球日、"美丽中国，我是行动者"等主题宣传活动，生态文化更加繁荣，生态道德充分培育，社会公众广泛动员。

二、绿色生活创建行动

2022 年年底，国家发改委总结了 7 个方面的"碳达峰十大行动"进展，

积极开展绿色生活创建行动取得进展。

印发实施《绿色生活创建行动总体方案》及七大领域单项行动方案，推动节约型机关、绿色家庭、绿色学校、绿色社区、绿色出行、绿色商场、绿色建筑等创建行动取得积极进展。截至目前，全国 70% 以上的县级及以上党政机关建成节约型机关，全国公共机构人均综合能耗、人均用水量比 2011 年分别下降 24% 和 28% 以上；共有 109 个城市开展绿色出行创建行动，绿色出行比例和绿色出行服务满意率大幅提升；全国城镇新建建筑中绿色建筑面积占比达到 84%，2.5 万个项目获得绿色建筑标识；592 家建筑面积在 10 万平方米（含）以上的大型商场达到绿色商场创建要求；积极培树了一批践行绿色生活方式的绿色家庭典型，推广了一批人居环境整洁、舒适、安全、美丽的绿色社区示范。

三、生活垃圾分类

2022 年年底，国家发改委总结了 7 个方面的"碳达峰十大行动"进展，有序实施生活垃圾分类取得进展。

全国共 46 个重点城市开展生活垃圾分类先行先试、示范引导，探索形成了一批可复制、可推广的生活垃圾分类模式和经验。目前已有 7700 万户以上的家庭参与生活垃圾分类，居民小区的覆盖率达 86.6% 以上，基本建成生活垃圾分类投放、分类收集、分类运输、分类处理系统。在重点城市示范引领下，其他地级以上城市已全部制订出台生活垃圾分类实施方案，全面启动生活垃圾分类工作。全国生活垃圾分类收运能力达到约 50 万吨/日，餐厨垃圾处理试点工作稳步推进，厨余垃圾处理能力大幅提升。

四、塑料减量替代

2022 年年底，国家发改委总结了 7 个方面的"碳达峰十大行动"进展，稳步推进塑料减量替代取得进展。

坚持全链条治理，形成塑料污染治理政策体系及商贸流通、邮政快递、农膜治理、生活垃圾焚烧能力建设等重点领域配套文件。加快推进快递包装绿色转型，不断完善快递包装法律法规和标准体系。推广普及塑料污染治理工作成效和典型做法，引导公众减少使用一次性塑料制品，抵制过度包装，营造全社会共同参与的良好氛围。塑料垃圾向环境大规模泄漏的风险明显降低，环境污染得到有效遏制。2021 年，全国可循环快递包装箱（盒）投放量达 630 万个，全网快递站点间的可循环中转袋使用率超过 96%，全国外卖

"无须餐具"订单量约 12 亿单，相当于减少使用约 19 亿套一次性餐具。第三方评估调查显示，公众对塑料污染治理政策的知晓度超过 84%，66% 的受访者表示会在日常生活中使用布袋等替代产品。

五、粮食节约行动

2022 年年底，国家发改委总结了 7 个方面的"碳达峰十大行动"进展，大力开展粮食节约行动取得进展。

《中华人民共和国反食品浪费法》深入实施，粮食节约和反食品浪费工作走上法治轨道。28 家中央部委、人民团体、中央企业依法建立粮食节约和反食品浪费专项工作机制，扎实推进粮食生产、储存、运输、加工、消费全链条节约减损。粮食收获机收减损有力推进，2021 年全国主要农时粮食机收环节损失率平均降低 1 个百分点，平均损失率控制在 2%～4%，挽回夏粮、早稻、秋粮机收损失共计 107 亿斤。"光盘打卡　青年一起向未来""光盘行动从娃娃抓起"等行动深入开展，累计参与人数超 860 万，实现打卡近 8000 万次，相当于减少食物浪费 3000 吨。

六、绿色低碳消费转型

2022 年年底，国家发改委总结了 7 个方面的"碳达峰十大行动"进展，积极推进绿色低碳消费转型取得进展。

印发实施《促进绿色消费实施方案》，强化科技、服务、制度、政策等全方位支撑，倡导政府、企业、社会、公众多方共治，全面促进消费绿色低碳转型升级。进一步完善绿色价格政策机制，鼓励发展绿色金融。建立重点产品能效标识制度，实施水效领跑者行动，扩大绿色政府采购范围，引导中央企业带头执行企业绿色采购指南。

第六节　国资央企发挥示范引领作用的进展

一、加强谋划部署

2022 年年底，国家发改委总结了 7 个方面的"碳达峰十大行动"进展，国资央企加强谋划部署、建立健全工作推进机制取得进展。

1. 着力加强统筹谋划

国务院国资委成立主要负责同志任组长的中央企业碳达峰碳中和工作领

导小组，印发实施《关于推进中央企业高质量发展做好碳达峰碳中和工作的指导意见》，召开中央企业碳达峰碳中和工作推进会议，统筹推进中央企业碳达峰碳中和工作。

2. "一企一策"制订碳达峰行动方案

编制印发《中央企业碳达峰行动方案编制指南》，组织指导各中央企业从自身实际出发开展工作，科学制订本企业碳达峰行动方案，合理确定目标指标，细化部署重点任务，压紧压实推进责任。

3. 强化节能降碳考核约束

修订《中央企业节约能源与生态环境保护监督管理办法》，把节能降碳工作纳入中央企业负责人经营业绩考核体系，对节能降碳环保数据严重不实、弄虚作假的中央企业年度考核予以扣分或降级处理，在 2022—2024 年任期考核中，对 72 家能耗和排放较高的中央企业设置了节能降碳考核指标。

二、优化产业结构

2022 年年底，国家发改委总结了 7 个方面的"碳达峰十大行动"进展，国资央企优化产业结构、加快绿色低碳转型发展取得进展。

1. 优化国有资本绿色低碳布局

印发《"十四五"中央企业发展规划纲要》，专篇部署绿色低碳发展，指导中央企业深入推进供给侧结构性改革，构建有利于推进"双碳"工作的国有经济布局和结构。加大国有资本经营预算支持力度，把碳达峰碳中和作为重点支持方向。

2. 推动传统产业转型升级

持续巩固去产能成果，支持企业实施绿色化智能化改造。兵器工业集团投入 60 亿元开展节能减排改造；中国石油启动吉林石化转型升级项目，打造首个全绿电化工项目。

3. 加快发展绿色低碳战略性新兴产业

近年来，中央企业在新能源、新材料等战略性新兴领域的投资额年均增速超过 20%，建设新能源汽车、北斗、电子商务、区块链等一批数字创新平台，创建物流大数据、海工装备等协同创新平台，发挥产业引领带动作用。

4. 推进绿色基础设施建设

大力发展绿色建筑，加快推进既有建筑节能改造，积极发展绿色智能建造。中国建筑集团建成全产业链装配式建筑智慧工厂，投资 PC 预制构建厂超50 个，年总产能超 600 万平方米。实施交通基础设施绿色化改造，积极开发绿色、节能、环保交通运输装备。中国中车研发碳化硅逆变器、永磁直驱技术等新一代地铁产品，较普通产品节能 15% 以上；中国一汽、东风公司加大推动清洁燃料电池、智能充电等技术攻关与应用；通信企业推进数据中心绿色化转型升级，围绕 5G 网络、人工智能等领域重点突破，积极打造研发、应用、运营、产品一体化绿色低碳全链条。

5. 加强能源资源节约集约循环利用

推动中央企业强化用能管理，加快实施节能降碳工程，促进企业循环式生产和固体废物综合利用。建材企业积极探索城市生活垃圾掺烧、生物质耦合发电等技术应用与推广，华润集团 2021 年共处置市政污泥 106 万吨、药渣 4.4 万吨。

6. 坚决遏制高耗能高排放低水平项目盲目发展

印发《关于严控严管"两高"项目有关事项的通知》，组织中央企业全面摸底"两高一低"项目情况，坚决退出不符合国家政策要求的项目。

三、构建清洁低碳能源体系

2022 年年底，国家发改委总结了 7 个方面的"碳达峰十大行动"进展，国资央企保障能源供应、构建清洁低碳能源体系取得进展。

1. 全力保障能源电力供应

组织能源领域中央企业千方百计打赢能源电力保供攻坚战，发挥国有企业在能源电力保供中的"国家队"和"主力军"作用。2021 年，中央企业煤炭产量首次突破 10 亿吨，发电量达到 4.95 万亿千瓦时，同比增长 10.2%，占全国发电量的 64.6%，高于装机规模占比 2.5 个百分点。

2. 积极推动煤炭清洁高效利用

坚持先立后破，合理发展先进煤电，有序淘汰落后煤电，加快现役煤电机组节能降碳、灵活性和供热改造"三改联动"。目前，中央发电企业单位供电煤耗降至 298 克标准煤/千瓦时，单位供电二氧化碳排放量低于 550 克/千瓦时。严控传统煤化工产能，有序建设技术新、能耗低、效益好的现代煤化工项目。

3. 着力提升清洁能源发展水平

中央发电企业清洁能源装机容量占比超过 45%，电网企业新能源利用率超过 95%，新能源消纳和调控能力进一步提升。稳步构建氢能产业体系，推进氢能制、储、输、用一体化发展，超过 1/3 的中央企业布局氢能产业。国家电网在张北建成世界首个柔性直流电网工程，助力实现冬奥场馆 100% 绿电供应；南方电网广东梅州、阳江抽水蓄能电站全面建成投产，粤港澳大湾区抽水蓄能装机容量达到 968 万千瓦。

四、坚持创新驱动

2022 年年底，国家发改委总结了 7 个方面的"碳达峰十大行动"进展，国资央企坚持创新驱动取得进展，绿色低碳技术成果纷呈。

1. 加强低碳零碳负碳科技攻关

组织中央企业开展低碳零碳负碳技术研发，积极承担先进核电、清洁煤电、先进储能等一批攻关任务。中国华能全球首堆四代核能高温气冷堆并网发电；中国华电、东方电气集团合作推动 G50 燃气轮机取得重大突破；中国宝武富氢碳循环高炉突破传统高炉工艺极限。

2. 强化创新成果示范应用

国家能源集团江苏宿迁公司建设的高效灵活二次再热发电机组研制及工程示范项目，获评国家科技创新重大成果典型案例；中国石化建成投运国内首个百万吨级二氧化碳捕集利用与封存项目；航天科技成功发射世界首颗森林碳汇主被动联合观测遥感卫星。

3. 积极推动绿色低碳技术创新平台建设

支持中央企业结合自身优势建设绿色低碳原创技术"策源地"。中央企业牵头成立了海上风电产业技术创新联合体、碳捕集封存和利用技术创新联合体、中国新型储能产业创新联盟、全球低碳冶金创新联盟，成为绿色低碳技术交流的有效平台。

五、完善管理机制

2022 年年底，国家发改委总结了 7 个方面的"碳达峰十大行动"进展，国资央企完善管理机制取得，持续提升碳排放管理水平。

1. 强化碳排放数据统计核算

建立中央企业碳排放统计报送体系，构建碳排放统计核算管理平台。加大碳排放数据质量监管力度，印发《关于开展碳排放数据质量问题排查整治工作的通知》，指导督促中央企业全面开展碳排放数据质量问题自查自纠，建立企业碳排放质量管理标准。

2. 积极参与碳减排市场机制建设

探索建立中央企业碳汇管理综合服务平台，指导中央企业积极参加全国碳排放权交易市场。在首批纳入全国碳交易市场的电力企业中，有超过 600

家中央企业所属电厂；在 10 家首批成交企业中，有 8 家为中央企业。

3. 强化绿色低碳发展宣传教育

开展中央企业节能低碳主题宣传活动，组织重点行业中央企业向全社会、同行业发出绿色低碳倡议，传播绿色低碳发展理念。开展碳达峰碳中和工作专题培训，提升中央企业领导干部推进绿色低碳发展的意识和能力。

第十三章 各地区梯次有序碳达峰行动

《2030 年前碳达峰行动方案》提出，各地区要准确把握自身发展定位，结合本地区经济社会发展实际和资源环境禀赋，坚持分类施策、因地制宜、上下联动，梯次有序推进碳达峰。通过科学合理确定有序达峰目标、因地制宜推进绿色低碳发展、上下联动制订地方达峰方案、组织开展碳达峰试点建设，实施各地区梯次有序碳达峰行动。

第一节 科学合理确定有序达峰目标

一、率先实现碳达峰地区进一步降低碳排放

《2030 年前碳达峰行动方案》提出，碳排放已经基本稳定的地区要巩固减排成果，在率先实现碳达峰的基础上进一步降低碳排放。

《长株潭都市圈发展规划》提出，开展碳达峰先行示范。制订长株潭都市圈碳达峰实施方案，重点推进能源、工业、交通运输、城乡建设等重点领域低碳发展，建立长株潭都市圈碳排放数据管理平台，严格落实能耗双控制度，严控"两高"低水平项目盲目发展，积极参与碳排放权和用能权交易市场建设。

二、坚持产业结构较轻、能源结构较优地区的绿色低碳发展

《2030 年前碳达峰行动方案》提出，产业结构较轻、能源结构较优的地区要坚持绿色低碳发展，坚决不走依靠"两高"项目拉动经济增长的老路，力争率先实现碳达峰。

三、优化调整其他地区的产业结构和能源结构

《2030 年前碳达峰行动方案》提出，产业结构偏重、能源结构偏煤的地

区和资源型地区要把节能降碳摆在突出位置，大力优化调整产业结构和能源结构，逐步实现碳排放增长与经济增长脱钩，力争与全国同步实现碳达峰。

《辽宁沿海经济带高质量发展规划》提出，推动核电、风电、太阳能、氢能等新能源产业和配套装备制造业实现跨越式发展。扎实推进红沿河核电站二期、徐大堡核电站建设，推进庄河核电站前期工作，推动渤船重工海上核动力平台研发建设。科学合理开发海上风能资源和沿海光伏资源，加快5兆瓦及以上风机整机设计研发，建设风电装备核心零部件研发基地。开工建设庄河、兴城抽水蓄能电站，提升清洁能源消纳能力。积极发展氢能产业，加快制氢装备、储运装备技术研发应用，加强氢燃料电池关键零部件技术攻关。

《成渝地区双城经济圈生态环境保护规划》提出，有序开展碳达峰行动相关工作。研究制定成渝地区碳达峰目标、路线图和实施方案，率先开展重点领域碳达峰行动。推动重点行业、企业提出碳达峰目标和低碳转型规划，鼓励大型企业和重点工业园区制定碳达峰行动方案。调控石化化工、钢铁、建材、煤炭、有色金属等重点行业产能，提高准入门槛，开展低碳化改造。制定交通领域低碳行动方案，推行智慧低碳交通，提高绿色出行比例和资源环境效益，加快实现铁路公交化。积极推广人工湿地、河湖生态缓冲带等低能耗环境污染治理与修复基础设施建设。积极开展低碳城市建设。

《黄河流域生态环境保护规划》提出，有序推动二氧化碳排放达峰。把碳达峰碳中和工作纳入黄河流域生态文明建设整体布局和经济社会发展全局，坚持全国一盘棋，明确各地区、各领域、各行业符合实际、切实可行的目标任务和碳达峰时间表、路线图、施工图，避免"一刀切"限电限产或运动式"减碳"。坚持降碳、减污、扩绿、增长协同推进，推动能耗"双控"向碳排放总量和强度"双控"转变。推进有条件的地方、重点领域、重点行业、重点企业率先达峰。

第二节　因地制宜推进绿色低碳发展

一、推进各地区绿色低碳发展

党的二十大报告指出，加快发展方式绿色转型。推动经济社会发展绿色化、低碳化是实现高质量发展的关键环节。加快推动产业结构、能源结构、交通运输结构等调整优化。实施全面节约战略，推进各类资源节约集约利用，加快构建废弃物循环利用体系。完善支持绿色发展的财税、金融、投资、价格政策和标准体系，发展绿色低碳产业，健全资源环境要素市场化配置体系，加快节能降碳先进技术研发和推广应用，倡导绿色消费，推动形成绿色低碳的生产方式和生活方式。

《2030年前碳达峰行动方案》提出，各地区要结合区域重大战略、区域协调发展战略和主体功能区战略，从实际出发推进本地区绿色低碳发展。

《关于完整准确全面贯彻新发展理念做好碳达峰碳中和工作的意见》提出，优化绿色低碳发展区域布局。持续优化重大基础设施、重大生产力和公共资源布局，构建有利于碳达峰、碳中和的国土空间开发保护新格局。在京津冀协同发展、长江经济带发展、粤港澳大湾区建设、长三角一体化发展、黄河流域生态保护和高质量发展等区域重大战略实施中，强化绿色低碳发展导向和任务要求。

《辽宁沿海经济带高质量发展规划》提出，推动绿色发展，绘就高质量发展底色。贯彻绿水青山就是金山银山的理念，加强生态文明建设，深入打好污染防治攻坚战，持续改善海洋生态环境，推动经济社会发展全面绿色转型，实现天更蓝、山更绿、水更清、环境更优美。加强海洋生态保护，持续改善环境质量，培育发展节能环保产业。

《成渝地区双城经济圈建设规划纲要》提出，共筑长江上游生态屏障。坚持共抓大保护、不搞大开发，把修复长江生态环境摆在压倒性位置，深入践行"绿水青山就是金山银山"理念，坚持山水林田湖草是一个生命共同体，深入实施主体功能区战略，全面加快生态文明建设，建立健全国土空间规划体系，形成人与自然和谐共生的格局。推动生态共建共保，加强污染跨界协同治理，探索绿色转型发展新路径。构建绿色产业体系，培育壮大节能环保、清洁生产、清洁能源产业，打造国家绿色产业示范基地，联合打造绿色技术创新中心和绿色工程研究中心，实施重大绿色技术研发与示范工程，鼓励国家绿色发展基金加大向双城经济圈投资力度，推行企业循环式生产、产业循环式组合、园区循环化改造，开展工业园区清洁生产试点，落实最严格的水资源管理制度，实施节水行动，加大节能技术、节能产品推广应用力度，深化跨省市排污权、水权、用能权、碳排放权等交易合作。

《"十四五"特殊类型地区振兴发展规划》提出，通过创新生态退化地区综合治理体系、推动生态退化地区减压增效发展、健全生态保护补偿机制，推进生态退化地区综合治理；通过促进各类资源型地区特色发展、统筹推进资源开发与转型发展、加快培育发展接续替代产业，推动资源型地区加快转型。

《成渝地区双城经济圈生态环境保护规划》提出，推进绿色低碳转型发展。通过促进传统产业绿色升级、培育绿色新兴产业集群、深化绿色创新驱动，推动产业结构绿色转型；通过加快推动能源结构优化、优化煤炭消费结构、促进能源资源节约高效利用，促进能源结构绿色优化；通过有序开展碳达峰行动相关工作、建立健全应对气候变化制度体系、构建温室气体减排激励机制，稳步推进区域碳排放达峰。

《长株潭都市圈发展规划》提出，推进低碳产业创新发展。强化固定资产投资项目节能审查，对项目用能和碳排放情况进行综合评价。发展壮大新能源装备、轨道交通、装配式建筑等低碳优势产业，培育储能、碳捕集利用与封存（CCUS）等低碳高端制造业，结合本地实际合理有序发展氢能。率先建设碳达峰企业综合服务平台，甄选先进适用低碳技术解决方案服务都市圈低碳绿色发展。

《西安都市圈发展规划》提出，协同发展绿色循环经济。把生态治理和发展特色产业有机结合起来，加快建立健全绿色低碳循环发展经济体系。推进铜川高新区董家河循环经济产业示范园、陕西再生资源产业园"城市矿产"示范基地等循环经济示范试点建设，加快打造循环经济产业集群。推动重点行业清洁生产评价认证和审核，推动各类开发区向高效低碳的生态示范区转型，引导企业推进原材料、能源、水资源等循环利用。

《减污降碳协同增效实施方案》提出，开展区域减污降碳协同创新，开展城市减污降碳协同创新，开展产业园区减污降碳协同创新，开展企业减污降碳协同创新；加强协同技术研发应用，完善减污降碳法规标准，加强减污降碳协同管理，强化减污降碳经济政策，强化减污降碳经济政策。

《黄河流域生态环境保护规划》提出，推进温室气体和主要污染物综合治理、协同增效，推进城市二氧化碳排放下降和空气质量"双达标"。开展油气系统甲烷控制工作，在山西、鄂尔多斯盆地推动提升煤矿瓦斯抽采利用水平。加强污水处理厂和垃圾填埋场甲烷排放控制和回收利用。加大标准化规模种养力度，控制农田和畜产品甲烷、氧化亚氮排放。深化黄河流域既有国家低碳省区和城市试点工作，鼓励有条件的试点城市探索开展碳中和先行先试。

二、京津冀、长三角、粤港澳大湾区等区域全面绿色转型

《2030 年前碳达峰行动方案》提出，京津冀、长三角、粤港澳大湾区等区域要发挥高质量发展动力源和增长极作用，率先推动经济社会发展全面绿

色转型。

《长江三角洲区域一体化发展规划纲要》提出，高水平建设长三角生态绿色一体化发展示范区，打造生态友好型一体化发展样板。探索生态友好型高质量发展模式。坚持绿色发展、集约节约发展。沪苏浙共同制定实施示范区饮用水水源保护法规，加强对淀山湖、太浦河等区域的保护。建立严格的生态保护红线管控制度，对生态保护红线以外区域制定严格的产业准入标准，从源头上管控污染源。共同建立区域生态环境和污染源监控的平台，统一监管执法。提升淀山湖、元荡、汾湖沿线生态品质，共建以水为脉、林田共生、城绿相依的自然生态格局。切实加强跨区域河湖水源地保护，打造生态品牌，实现高质量发展。

《粤港澳大湾区发展规划纲要》提出，创新绿色低碳发展模式。挖掘温室气体减排潜力，采取积极措施，主动适应气候变化。加强低碳发展及节能环保技术的交流合作，进一步推广清洁生产技术。推进低碳试点示范，实施近零碳排放区示范工程，加快低碳技术研发。推动大湾区开展绿色低碳发展评价，力争碳排放早日达峰，建设绿色发展示范区。推动制造业智能化绿色化发展，采用先进适用节能低碳环保技术改造提升传统产业，加快构建绿色产业体系。推进能源生产和消费革命，构建清洁低碳、安全高效的能源体系。推进资源全面节约和循环利用，实施国家节水行动，降低能耗、物耗，实现生产系统和生活系统循环链接。实行生产者责任延伸制度，推动生产企业切实落实废弃产品回收责任。培育发展新兴服务业态，加快节能环保与大数据、互联网、物联网的融合。广泛开展绿色生活行动，推动居民在衣食住行游等方面加快向绿色低碳、文明健康的方式转变。加强城市绿道、森林湿地步道等公共慢行系统建设，鼓励低碳出行。推广碳普惠制试点经验，推动粤港澳碳标签互认机制研究与应用示范。

《江苏沿海地区发展规划（2021—2025年）》提出，夯实绿色发展生态本底。坚持生态优先、绿色发展，系统推进生态保护和环境治理，展现"生态绿＋海洋蓝"，持续夯实绿色发展生态本底。推进生态保护和修复，加强污染防治，推进绿色低碳循环发展，提升生态产品价值。

三、长江经济带、黄河流域和国家生态文明试验区绿色低碳发展

《2030年前碳达峰行动方案》提出，长江经济带、黄河流域和国家生态文明试验区要严格落实生态优先、绿色发展战略导向，在绿色低碳发展方面走在全国前列。

《长江经济带生态环境保护规划》提出，推进绿色发展示范引领。研究制定生态修复、环境保护、绿色发展的指标体系。在江西、贵州等省份推进生态文明试验区建设，全面推动资源节约、环境保护和生态治理工作，探索人与自然和谐发展的有效模式。以武陵山区、三峡库区、湘江源头区域为重点，创新跨区域生态保护与环境治理联动机制，加快形成区域生态环境协同治理经验。以淮河流域、巢湖流域为重点，加强流域生态环境综合治理，完善综合治理体制机制，加快形成流域综合治理经验。

《黄河流域生态保护和高质量发展规划纲要》提出，坚持生态优先、绿色发展。牢固树立绿水青山就是金山银山的理念，顺应自然、尊重规律，从过度干预、过度利用向自然修复、休养生息转变，改变黄河流域生态脆弱现状；优化国土空间开发格局，生态功能区重点保护好生态环境，不盲目追求经济总量；调整区域产业布局，把经济活动限定在资源环境可承受范围内；发展新兴产业，推动清洁生产，坚定走绿色、可持续的高质量发展之路。

四、培育中西部和东北地区绿色发展动能

《2030 年前碳达峰行动方案》提出，中西部和东北地区要着力优化能源结构，按照产业政策和能耗双控要求，有序推动高耗能行业向清洁能源优势地区集中，积极培育绿色发展动能。

《西部陆海新通道总体规划》提出，促进通道与区域经济融合发展。发展通道经济，培育枢纽经济，优化营商环境。发挥通道对沿线经济发展的带动作用，促进区域产业结构优化升级，支持重要节点加快培育枢纽经济，优化改善营商环境，打造高品质陆海联动经济走廊，实现要素资源高效集聚与流动。

《辽宁沿海经济带高质量发展规划》提出，加快动能转换，夯实高质量发展基础。把实体经济作为经济发展的着力点，坚决遏制"两高"项目盲目发展，推动实现碳达峰、碳中和目标，支持传统优势产业实施高端化智能化绿色化改造，推进资源型产业向产业链价值链中高端发展，培育壮大新兴产业，加快新旧动能转换，为高质量发展形成良好产业支撑。改造升级船舶与海工装备、轨道交通装备、数控机床、汽车、仪器仪表、纺织服装产业"老字号"，深度开发石化、冶金、菱镁、农产品深加工产业"原字号"，培育壮大新一代信息技术、医药健康、新材料、新能源产业"新字号"，大力发展海洋经济，加快发展金融服务、现代物流、创意设计、旅游休闲等现代服务业。

《成渝地区双城经济圈建设规划纲要》提出，强化长江上游生态大保护，

严守生态保护红线、永久基本农田、城镇开发边界三条控制线，优化国土空间开发格局，提高用地、用水、用能效率，构建绿色低碳的生产生活方式和建设运营模式，实现可持续发展。

《西安都市圈发展规划》提出，共同实施碳达峰、碳中和战略。编制实施西安都市圈碳达峰行动计划，严格落实能耗双控制度，坚决遏制"两高"项目盲目发展。坚持减缓与适应并重，实施都市圈温室气体排控与污染防治协同治理，持续降低碳排放强度。加快能源结构和产业结构低碳调整，有序推进煤炭消费减量替代，共同推进建筑、交通和农业等重点领域低碳发展，积极开发利用地热能，持续增加森林、湿地等碳汇能力，推进城市照明绿色转型。深化低碳试点示范，探索推进固碳技术革新，扩大碳捕集利用与封存等重点减排技术应用。深入推进国家高新区绿色发展专项行动，加快西咸新区开展气候适应型城市试点和气候投融资试点建设，适时向都市圈全域推广。把握全国碳排放权交易市场建设契机，积极融入碳市场建设。

第三节　开展碳达峰试点建设和制订地方达峰方案

一、加大中央对地方推进碳达峰的支持力度

《2030 年前碳达峰行动方案》提出，加大中央对地方推进碳达峰的支持力度，选择 100 个具有典型代表性的城市和园区开展碳达峰试点建设，在政策、资金、技术等方面对试点城市和园区给予支持。

《2030 年前碳达峰行动方案》提出，加快实现绿色低碳转型，为全国提供可操作、可复制、可推广的经验做法。

二、科学制订地区碳达峰行动方案经审批后印发实施

《2030 年前碳达峰行动方案》提出，各省、自治区、直辖市人民政府要按照国家总体部署，结合本地区资源环境禀赋、产业布局、发展阶段等，坚持全国一盘棋，不抢跑，科学制定本地区碳达峰行动方案，提出符合实际、切实可行的碳达峰时间表、路线图、施工图，避免"一刀切"限电限产或运动式"减碳"。

《2030 年前碳达峰行动方案》提出，各地区碳达峰行动方案经碳达峰碳中和工作领导小组综合平衡、审核通过后，由地方自行印发实施。

三、各省（区、市）碳达峰方案

1. 北京市碳达峰方案

《北京市碳达峰实施方案》提出，强化绿色低碳发展规划引领、构建差异化绿色低碳发展格局、北京城市副中心建设国家绿色发展示范区、构筑绿色低碳全民共同行动格局，深化落实城市功能定位，推动经济社会发展全面绿色转型；强化低碳技术创新、积极培育绿色发展新动能、推动产业结构深度优化、大力发展循环经济，强化科技创新引领作用，构建绿色低碳经济体系；持续提升能源利用效率、严控化石能源利用规模、积极发展非化石能源，持续提升能源利用效率，全面推动能源绿色低碳转型；大力推动建筑领域绿色低碳转型、深度推进供热系统重构、着力构建绿色低碳交通体系、巩固提升生态系统碳汇能力、控制非二氧化碳温室气体排放，推动重点领域低碳发展，提升生态系统碳汇能力；着力构建低碳法规标准体系、提升统计及计量和监测能力、完善重点碳排放单位管理制度、持续完善政策体系和市场机制、积极推动碳达峰与碳中和先行示范，加强改革创新，健全法规政策标准保障体系；弘扬冬奥碳中和遗产、推动京津冀能源低碳转型、加强区域绿色低碳合作、深化国际合作，创新区域低碳合作机制，协同合力推动碳达峰与碳中和；强化统筹协调、建立健全目标责任管理制度、开展动态评估，加强组织领导，强化实施保障。

"十四五"期间，单位地区生产总值能耗和二氧化碳排放持续保持省级地区最优水平，安全韧性低碳的能源体系建设取得阶段性进展，绿色低碳技术研发和推广应用取得明显进展，具有首都特点的绿色低碳循环发展的经济体系基本形成，碳达峰、碳中和的政策体系和工作机制进一步完善。到2025年，可再生能源消费比重达到14.4%以上，单位地区生产总值能耗比2020年下降14%，单位地区生产总值二氧化碳排放下降确保完成国家下达目标。

"十五五"期间，单位地区生产总值能耗和二氧化碳排放持续下降，部分重点行业能源利用效率达到国际先进水平，具有国际影响力和区域辐射力的绿色技术创新中心基本建成，经济社会发展全面绿色转型率先取得显著成效，碳达峰、碳中和的法规政策标准体系基本健全。到2030年，可再生能源消费比重达到25%左右，单位地区生产总值二氧化碳排放确保完成国家下达目标，确保如期实现2030年前碳达峰目标。

2. 天津市碳达峰方案

（1）《天津市碳达峰实施方案》

《天津市碳达峰实施方案》提出，推进煤炭消费减量替代、大力发展新能源、强化天然气保障、推进新型电力系统建设，实施能源绿色低碳转型行动；全面提升节能管理能力、实施节能降碳重点工程、推进重点用能设备节能增效、加强新型基础设施节能降碳，实施节能降碳增效行动；推动工业领域绿色低碳发展、积极构建低碳工业体系、推动钢铁及建材和石化化工行业碳达峰、坚决遏制高耗能高排放低水平项目盲目发展，实施工业领域碳达峰行动；推进城乡建设绿色低碳转型、加快提升建筑能效水平、加快优化建筑用能结构、推进农村建设和用能低碳转型，实施城乡建设碳达峰行动；推动运输工具装备低碳转型、着力构建绿色交通出行体系、持续优化货物运输结构、打造世界一流绿色港口、建设绿色交通基础设施，实施交通运输绿色低碳行动；巩固生态系统固碳作用、提升生态系统碳汇能力、加强生态系统碳汇基础支撑、推进农业农村减排固碳，实施碳汇能力巩固提升行动；推进产业园区低碳循环发展、健全资源循环利用体系、着力壮大海水淡化与综合利用产业、大力推进生活垃圾减量化资源化、持续推动综合利用与再制造业发展，实施循环经济助力降碳行动；完善创新体制机制、加强创新能力建设和人才培养、强化共性关键技术研究、加快先进适用技术研发和推广应用，实施绿色低碳科技创新行动；加强生态文明宣传教育、推广绿色低碳生活方式、引导企业履行社会责任、强化领导干部培训，实施绿色低碳全民行动；组织开展绿色公共机构试点建设、组织开展碳达峰试点建设、组织开展重点领域绿色转型示范，实施试点有序推动碳达峰行动。加强京津冀区域交流合作，推进绿色"一带一路"建设，开展国际绿色经贸合作，深化参与绿色金融国际合作，加强碳排放统计核算能力建设，加强法规标准体系建设，完善财税价格政策，大力发展绿色低碳金融，建立健全市场化机制。

"十四五"期间，产业结构和能源结构更加优化，火电、钢铁、石化化工等重点行业中的重点企业能源利用效率力争达到标杆水平，煤炭消费继续减少，新型电力系统加快构建，绿色低碳技术研发和推广应用取得新进展，绿色生产生活方式得到普遍推行，有利于绿色低碳循环发展的政策体系进一步完善。到 2025 年，单位地区生产总值能源消耗和二氧化碳排放确保完成国家下达指标；非化石能源消费比重力争达到 11.7% 以上，为实现碳达峰奠定坚实基础。

"十五五"期间，产业结构调整取得重大进展，清洁低碳安全高效的能源体系初步建立，重点领域低碳发展模式基本形成，重点耗能行业能源利用效率达到国际先进水平，非化石能源消费比重进一步提高，煤炭消费进一步减少，绿色低碳技术取得关键突破，绿色生活方式成为公众自觉选择，绿色低碳循环发展政策体系基本健全。到2030年，单位地区生产总值能源消耗大幅下降，单位地区生产总值二氧化碳排放比2005年下降65%以上；非化石能源消费比重力争达到16%以上，如期实现2030年前碳达峰目标。

（2）《天津市减污降碳协同增效实施方案》

《天津市减污降碳协同增效实施方案》提出，实施规划布局协同、环境准入协同、绿色生活协同、生态建设协同，加强源头防控；实施能源领域协同增效行动、工业领域协同增效行动、交通领域协同增效行动、城乡建设领域协同增效行动、农业农村领域协同增效行动，突出重点领域行动；发挥大气污染防治协同作用、水环境治理协同作用、土壤污染治理协同作用、固体废物污染防治协同作用，加强要素治理协同；探索各类减污降碳协同增效模式、开展各类低碳（近零碳排放）试点示范建设，推动试点示范；健全减污降碳政策举措、加大减污降碳科技支撑、提升减污降碳基础能力，健全政策体系；加强组织领导、宣传教育和国际合作、考核督察，加强组织实施。

到2025年，减污降碳协同管理机制初步建立，统筹整合工作格局基本形成，打造一批绿色低碳示范引领样板。国土空间开发保护格局得到优化，能源资源配置更加合理、利用效率大幅提高，重点领域结构优化调整和生产生活方式绿色转型成效显著，重点企业达到国内清洁生产以及能效先进水平，生态环境进一步改善，实现主要污染物排放总量持续减少、单位地区生产总值二氧化碳排放完成国家下达指标。

到2030年，减污降碳协同管理体系更加完善，清洁低碳安全的能源体系初步建立，绿色生产生活方式广泛形成，绿色低碳发展水平显著提高，碳达峰与空气质量改善协同推进取得显著成效，水、土壤、固体废物等污染防治领域协同治理水平显著提高。

3. 河北省碳达峰方案

（1）《河北省碳达峰实施方案》

《河北省碳达峰实施方案》提出，大力削减煤炭消费、加快发展可再生能源、积极发展氢能、合理调控油气消费、加快建设新型电力系统，实施能源绿色低碳转型行动；全面提升节能管理能力、实施节能降碳重点工程、推进重点用能设备能效提升、加强新型基础设施节能降碳，实施节能降碳增效行动；推动工业领域绿色低碳发展、推动钢铁行业碳达峰、推动建材行业碳达峰、推动石化化工行业碳达峰、坚决遏制高耗能高排放低水平项目盲目发展，实施工业领域碳达峰行动；推进城乡建设绿色低碳转型、加快提升建筑能效水平、加快优化建筑用能结构、推进农村建设和用能低碳转型，实施城乡建设碳达峰行动；推动运输工具装备低碳转型、构建绿色高效交通运输体系、加快绿色交通基础设施建设，实施交通运输绿色低碳行动；推进产业园区循环化发展、加强大宗固废综合利用、健全资源循环利用体系、大力推进生活垃圾减量化资源化，实施循环经济助力降碳行动；完善创新体制机制、加强创新能力建设和人才培养、强化应用基础研究、加快先进适用技术研发和推广应用，实施绿色低碳科技创新行动；巩固生态系统固碳作用、提升森林草原碳汇能力、强湿地海洋等系统固碳能力、加强生态系统碳汇基础支撑、推进农业农村减排固碳，实施碳汇能力巩固提升行动；加强生态文明宣传教育、推广绿色低碳生活方式、引导企业履行社会责任、强化领导干部培训，实施绿色低碳全民行动；统筹推进各地梯次达峰、协调联动制定区域达峰方案、积极创建国家碳达峰试点，实施梯次有序推进区域碳达峰行动。开展绿色经贸和技术与金融合作、推进绿色"一带一路"建设，开展国际合作。建立完善碳排放统计核算体系、完善地方法规政策标准、完善经济政策、加快市场化机制建设，加强政策保障。加强组织领导、压实工作责任、严格评估考核，加强组织实施。

"十四五"期间，产业结构和能源结构明显优化，能源资源配置更加合理、利用效率大幅提高，煤炭消费总量持续减少，新型电力系统加快构建，绿色低碳技术研发和推广应用取得新进展，生产生活方式绿色转型成效显著，有利于绿色低碳循环发展的政策体系进一步完善，绿色低碳循环发展的经济体系初步形成，为实现碳达峰奠定坚实基础。到2025年，非化石能源消费比重达到13%以上；单位地区生产总值能耗和二氧化碳排放确保完成国家下达指标。

"十五五"期间，产业结构调整取得重大进展，清洁低碳安全高效的能源体系初步建立，重点领域低碳发展模式基本形成，重点耗能行业能源利用效率达到国际先进水平，绿色低碳技术取得关键突破，绿色生活方式成为公众自觉选择，绿色低碳循环发展政策体系基本健全，经济社会发展绿色转型取得显著成效，二氧化碳排放量达到峰值并实现稳中有降，2030年前碳达峰目标顺利实现。到2030年，煤炭消费比重降至60%以下，非化石能源消费比重达到19%以上，单位地区生产总值能耗和二氧化碳排放在2025年基础上继续大幅下降。

（2）《河北省减污降碳协同增效实施方案》

《河北省减污降碳协同增效实施方案》提出，强化生态环境分区管控、加强生态环境准入管理、推动能源绿色低碳转型、加快形成绿色生活方式，加强源头防控；推进工业领域协同增效、交通运输协同增效、城乡建设协同增效、农业领域协同增效、生态建设协同增效，突出重点领域；推进大气污染防治协同控制、水环境治理协同控制、土壤污染治理协同控制、固体废物污染防治协同控制，优化环境治理；开展区域减污降碳协同创新、城市减污降碳协同创新、产业园区减污降碳协同创新、企业减污降碳协同创新，开展模式创新；加强协同技术研发应用、完善减污降碳法规标准、加强减污降碳协同管理、强化减污降碳经济政策提升减污降碳基础能力，强化支撑保障；加强组织领导、宣传教育、区域合作、评价考核，加强组织实施。

到2025年，全省减污降碳协同推进的工作格局基本形成；重点区域、重点领域结构优化调整和绿色低碳发展取得明显成效，形成一批可复制、可推广的典型经验；减污降碳协同度有效提升。全省单位地区生产总值能源消耗下降达到国家要求，非化石能源占能源消费总量13%以上；单位地区生产总值二氧化碳排放下降达到国家要求；空气质量持续改善，细颗粒物（$PM_{2.5}$）平均浓度稳定达到国家空气质量二级标准（35微克/立方米），优良天数比率达到77%以上；森林覆盖率达到36.5%，森林蓄积量达到1.95亿立方米。

到2030年，全省减污降碳协同能力显著提升，助力实现碳达峰目标；碳达峰与空气质量改善协同推进取得显著成效；水、土壤、固体废物等污染防治领域协同治理水平显著提高。非化石能源消费比重达到19%以上；空气质量达到国家二级标准；森林覆盖率达到38%左右，森林蓄积量达到2.20亿立方米。

4. 山西省碳达峰方案

（1）《山西省碳达峰实施方案》

《山西省碳达峰实施方案》指出，夯实国家能源安全基石、推动煤电清洁低碳发展、推动煤炭清洁高效利用、推动煤炭绿色安全开发，实施传统能源绿色低碳转型行动；全面推进风电光伏高质量发展、建设国家非常规天然气基地、积极发展抽水蓄能和新型储能、打造氢能高地、有序推进地热和甲醇等其他可再生能源发展、加快构建新型电力系统，实施新能源和清洁能源替代行动；全面提升用能管理能力、严格合理控制煤炭消费增长、实施节能降碳重点工程、推进重点用能设备节能增效、加强新型基础设施节能降碳，实施节能降碳增效行动；推动钢铁行业碳达峰、推动焦化行业碳达峰、推动化工行业碳达峰、推动有色金属行业碳达峰、推动建材行业碳达峰、坚决遏制高耗能高排放低水平项目盲目发展，实施工业领域碳达峰行动；推动城乡建设绿色低碳转型、加快提升建筑能效水平、加快优化建筑用能结构、推进农村建设和用能低碳转型，实施城乡建设碳达峰行动；推动运输工具装备低碳转型、着力调整优化运输结构、加快绿色交通基础设施建设，实施交通运输绿色低碳行动；推进产业园区循环化改造、推进大宗固体废物综合利用、健全完善资源循环利用体系、推进生活垃圾减量化资源化，实施循环经济助力降碳行动；完善绿色低碳科技创新体制机制、加强绿色低碳科技创新能力建设、强化碳达峰碳中和应用基础研究、加快绿色低碳技术的研发应用、大力开展低碳技术推广示范，实施科技创新赋能碳达峰行动；巩固生态系统固碳作用、提升生态系统碳汇增量、增强生态系统碳汇基础支撑、推进农业农村减排固碳，实施碳汇能力巩固提升行动；加强生态文明宣传教育、推广绿色低碳生活方式、引导企业履行社会责任、强化领导干部培训学习，实施全民参与碳达峰行动。开展碳达峰区域协同联动，加强国际低碳交流合作，推动绿色贸易扩量提质。建立健全碳排放统计核算体系，完善地方性法规和标准体系，完善财税金融及价格政策，建立健全市场化机制。

"十四五"期间，绿色低碳循环发展的经济体系初步形成，电力、煤炭、钢铁、焦化、化工、有色金属、建材等重点行业能源利用效率大幅提升，煤炭清洁高效利用积极推进，煤炭消费增长得到严格控制，新型电力系统加快构建，绿色低碳技术研发和推广取得新进展，绿色生产生活方式得到普遍推行，有利于绿色低碳发展的政策保障制度体系进一步完善。到 2025 年，非化石能源消费比重达到 12%，新能源和清洁能源装机占比达到 50%、发电量占比达到 30%，单位地区生产总值能源消耗和二氧化碳排放下降确保完成国家下达目标，为实现碳达峰奠定坚实基础。

"十五五"期间，资源型经济转型任务基本完成，经济社会发展全面绿色转型取得显著成效，重点耗能行业能源利用效率达到国内先进水平，部分达到国际先进水平，清洁低碳安全高效的现代能源体系初步建立，煤炭消费逐步减少，绿色低碳技术取得关键突破，绿色生活方式成为公众自觉选择，绿色低碳发展的政策制度体系基本健全。到 2030 年，非化石能源消费比重达到 18%，新能源和清洁能源装机占比达到 60% 以上，单位地区生产总值能源消耗和二氧化碳排放持续下降，在保障国家能源安全的前提下二氧化碳排放量力争达到峰值。

（2）《山西省减污降碳协同增效实施方案》

《山西省减污降碳协同增效实施方案》提出，强化生态环境分区管控、严格生态环境准入管理、加快能源绿色低碳转型、推广绿色低碳生活方式，构建减污降碳源头防控体系；推进工业领域协同增效、交通领域协同增效、城乡建设协同增效、农业领域协同增效、生态建设协同增效，突出重点领域协同增效；推进大气污染协同治理、水污染协同治理、土壤污染协同治理、固体废物协同处置，推进环境污染协同治理；探索区域减污降碳协同创新、探索试点城市减污降碳协同创新、推进园区减污降碳协同创新、鼓励企业减污降碳协同创新，创新减污降碳模式；加强技术创新、健全法规标准、建立协同机制、完善经济政策、加强能力建设，强化支撑保障；加强组织领导、宣传教育、对外合作、考核督察，加强组织实施。

到 2025 年，减污降碳协同推进的工作格局基本形成，煤炭清洁高效利用效率大幅提升，结构优化调整和绿色低碳发展取得明显成效，形成一批可复制、可推广的典型经验，减污降碳协同度有效提升。单位地区生产总值能源消耗和二氧化碳排放下降确保完成国家下达目标。生态环境持续改善，设区市 $PM_{2.5}$ 平均浓度降至 39 微克/立方米以下，基本消除重污染天气，地表水国考断面优良水体比例达到 85%，全面消除劣 V 类断面和城市黑臭水体。

到 2030 年，减污降碳协同能力显著提升，助力实现碳达峰目标；碳达峰与空气质量改善协同推进取得显著成效；水、土壤、固体废物等污染防治领域协同治理水平显著提高。资源型经济转型任务基本完成，清洁低碳安全高效的现代能源体系初步建立，经济社会发展全面绿色转型取得显著成效。单位地区生产总值能源消耗和二氧化碳排放持续下降。生态环境进一步大幅改善，设区市环境空气质量平均达到国家二级标准，地表水国考断面优良水体比例达到 90%。

5. 内蒙古自治区碳达峰方案

《内蒙古自治区碳达峰实施方案》提出，建设国家现代能源经济示范区、加快构建新型电力系统、严格控制煤炭消费、推动实施绿氢经济工程、合理调控油气消耗，实施能源低碳绿色转型行动；提升节能管理能力、实施节能降碳工程、推进重点用能设备节能增效、加强新型基础设施节能降碳、推动减污降碳协同增效，实施节能降碳增效行动；推动工业领域绿色低碳发展、推动钢铁行业碳达峰、推动有色金属行业碳达峰、推动建材行业碳达峰、推动化工行业碳达峰、坚决遏制高耗能高排放低水平项目盲目发展，实施工业领域碳达峰行动；提高农牧业"增汇控源"、发展生态循环农牧业，实施农牧业绿色发展行动；推进城乡建设绿色低碳发展、加快提升建筑能效水平、推进可再生能源建筑应用、推动农村用能结构低碳转型，实施城乡建设碳达峰行动；推动交通运输工具装备低碳转型、构建绿色高效交通运输体系、加快绿色交通基础设施建设，实施交通运输绿色低碳行动；深化产业园区循环化改造、加强大宗固废综合利用、健全资源循环利用体系、大力推进生活垃圾减量化资源化，实施循环经济助力降碳行动；完善绿色低碳科技创新体制机制、加强绿色低碳技术创新能力建设和人才培养、强化应用基础研究、加快先进低碳技术攻关和推广应用，实施绿色低碳科技创新行动；巩固生态系统固碳作用、提升生态系统碳汇能力、加强生态系统碳汇基础支撑，实施碳汇能力巩固提升行动；加强生态文明宣传教育、推广绿色低碳生活方式、引导企业履行社会责任，实施绿色低碳全民行动；科学合理确定碳达峰目标、上下联动制订碳达峰方案，实施梯次有序碳达峰行动；全面开展碳达峰碳中和试点建设、加强碳达峰典型经验宣传，实施碳达峰碳中和试点示范建设行动。建立健全统计核算体系和标准，完善财税价格金融政策，建立健全市场化机制。

"十四五"期间，自治区产业结构、能源结构明显优化，低碳产业比重显著提升，重点用能行业能源利用效率持续提高，煤炭消费增长得到严格控制，以新能源为主体的新型电力系统加快构建，基础设施绿色化水平不断提高，绿色低碳技术推广应用取得新进展，生产生活方式绿色转型成效显著，以林草碳汇为主的碳汇能力巩固提升，绿色低碳循环发展政策进一步完善。到2025年，非化石能源消费比重提高到18%，煤炭消费比重下降至75%以下，自治区单位地区生产总值能耗和单位地区生产总值二氧化碳排放下降率完成国家下达的任务，为实现碳达峰奠定坚实基础。

"十五五"期间，自治区产业结构、能源结构调整取得重大进展，低碳产业规模迈上新台阶，重点用能行业能源利用效率达到国内先进水平，煤炭消费逐步减少，新型电力系统稳定运行，清洁低碳、安全高效的现代能源体系初步建立，绿色低碳技术取得重大突破，绿色生产生活方式成为公众自觉选择，以林草碳汇为主的碳汇能力持续提升，绿色低碳循环发展制度机制健全完善。到2030年，非化石能源消费比重提高到25%左右，自治区单位地区生产总值能耗和单位地区生产总值二氧化碳排放下降率完成国家下达的任务，顺利实现2030年前碳达峰目标。

6. 辽宁省碳达峰方案

《辽宁省碳达峰实施方案》提出，推进煤炭消费替代和转型升级、又好又快发展新能源、安全有序发展核电、合理调控油气消费、加快构建新型电力系统，推进能源绿色低碳转型；提升绿色低碳产业装备供给能力、加快原材料产业绿色低碳转型、抢占绿色低碳产业发展新高地，实施工业领域碳达峰；推动城乡建设绿色低碳转型、提升建筑能效水平、优化建筑用能结构、推进农村建设和低碳用能转型、推动城乡建设碳达峰；优化交通运输结构、推进运输工具装备低碳转型、加快绿色交通基础设施建设，加快交通运输绿色低碳转型；全面提升节能管理水平、科学有序推行用能预算管理、强化固定资产投资项目节能审查、严控盲目新增高"两高一低"项目、健全节能监察体系，推进节能降碳提升能效；推进园区循环化发展、加强大宗固废综合利用、建立健全资源循环利用体系、推进生活垃圾减量化资源化利用，推动循环经济助力降碳；打造绿色低碳技术研发高地、鼓励清洁能源和工业流程再造及碳捕集利用与封存等低碳零碳负碳技术研发和示范应用、加快先进适用技术推广应用、完善绿色低碳科技成果转化体系、强化人才引进和培养，强化绿色低碳创新支撑；巩固生态系统固碳能力、提升生态系统碳汇能力、加强生态系统碳汇基础支撑、推进农业农村减排固碳，巩固提升碳汇能力；深入开展绿色低碳宣教培训、践行绿色低碳生活方式、支持企业履行社会责任，开展绿色低碳全民行动；推进重点区域绿色低碳发展、稳步推动联动有序达峰、积极开展碳达峰试点建设，统筹有序推进碳达峰。加强碳排放统计核算，完善制度标准体系，加大支持力度，健全市场机制。

"十四五"期间，全省产业结构和能源结构调整优化取得明显进展，重点行业能源利用效率大幅提高，碳排放强度明显降低，煤炭消费增长得到有效控制，化石能源清洁化利用水平显著提升，新型电力系统加快构建，绿色低碳技术研发应用取得进展，绿色产业规模逐步壮大，绿色生产生活方式逐步形成，有利于绿色低碳循环发展的政策体系进一步完善。到 2025 年，非化石能源消费比重达到 13.7% 左右，单位地区生产总值能源消耗比 2020 年下降14.5%，能源消费总量得到合理控制，单位地区生产总值二氧化碳排放比2020 年下降率确保完成国家下达指标。重点领域和重点行业二氧化碳排放增量逐步得到控制，为实现碳达峰目标奠定坚实基础。

"十五五"期间，产业结构更加优化，主导产业发展质量显著提高，能源结构更加清洁低碳，重点领域绿色低碳发展模式基本形成，重点工业领域能源利用效率达到国际先进水平，非化石能源消费占比进一步提高，煤炭消费逐步减少，绿色低碳技术取得关键突破，绿色生活方式成为公众自觉选择，支撑绿色低碳循环发展的政策体系基本健全。到 2030 年，非化石能源消费比重达到 20% 左右，单位地区生产总值二氧化碳排放比 2005 年下降率达到国家要求，并实现碳达峰目标。

7. 吉林省碳达峰方案

（1）《吉林省碳达峰实施方案》

《吉林省碳达峰实施方案》提出，大力发展新能源、严格控制煤炭消费、合理引导油气消费、加快建设新型电力系统，实施能源绿色低碳转型行动；全面加强节能管理、实施节能降碳重点工程、提升用能设备能效水平、推动新型基础设施节能降碳，实施节能降碳增效行动；推动工业领域绿色低碳发展、推动钢铁行业碳达峰、推动石化化工行业碳达峰、推动建材行业碳达峰、坚决遏制高耗能高排放低水平项目盲目发展，实施工业领域碳达峰行动；推动城乡建设绿色低碳转型、加快提升建筑能效水平、优化建筑用能结构、推进农村用能低碳转型，实施城乡建设碳达峰行动；大力推广新能源汽车、优化交通运输结构、加快绿色交通基础设施建设，实施交通运输绿色低碳行动；推动产业园区循环化发展、加强大宗固体废弃物综合利用、完善废旧资源回收利用体系、推进生活垃圾减量化资源化，实施循环经济助力降碳行动；完善绿色低碳技术创新机制、加强绿色低碳技术创新能力建设、强化绿色低碳技术研究攻关和推广应用，实施绿色低碳科技创新行动；巩固生态系统固碳作用、大力提升森林生态系统碳汇、稳步提升草原湿地生态系统碳汇、增强黑土地固碳能力，实施碳汇能力巩固提升行动；加强生态文明宣传教育、推广绿色低碳生活方式、引导企业履行社会责任、加强领导干部培训，实施绿色低碳全民行动；科学合理确定有序碳达峰目标、上下联动制定碳达峰方案、开展碳达峰试点示范，实施各地区梯次有序碳达峰行动。开展绿色经贸、技术合作，融入国家绿色"一带一路"建设，建立健全统计核算和标准体系，完善财税、价格、金融政策，开展市场化交易。

"十四五"期间，产业结构和能源结构调整优化取得明显进展，能源资源利用效率持续提高，以新能源为主体的新型电力系统加快构建，绿色低碳技术研发和推广应用取得新进展，绿色生产生活方式得到普遍推行，有利于绿色低碳循环发展的政策体系进一步完善。到 2025 年，非化石能源消费比重达到 17.7%，单位地区生产总值能源消耗和单位地区生产总值二氧化碳排放确保完成国家下达目标任务，为 2030 年前碳达峰奠定坚实基础。

"十五五"期间，产业结构调整取得重大进展，重点领域低碳发展模式基本形成，清洁低碳安全高效的能源体系初步建立，非化石能源消费占比进一步提高，绿色低碳技术取得关键突破，绿色生活方式成为公众自觉选择，绿色低碳循环发展的政策体系基本健全。到 2030 年，非化石能源消费比重达到 20% 左右，单位地区生产总值二氧化碳排放比 2005 年下降 65% 以上，确保 2030 年前实现碳达峰。

（2）《吉林省减污降碳协同增效实施方案》

《吉林省减污降碳协同增效实施方案》提出，强化生态环境分区管控、加强生态环境准入管理、加快形成绿色生活方式，加强源头防控；推进工业领域协同增效、能源领域协同增效、交通运输协同增效、城乡建设协同增效、农业领域协同增效、生态建设协同增效，突出重点领域；推进大气污染防治协同控制、水环境治理协同控制、土壤污染治理协同控制、固体废物污染防治协同控制，优化环境治理；开展区域减污降碳协同创新、城市减污降碳协同创新、产业园区减污降碳协同创新、企业减污降碳协同创新，开展模式创新；加强协同技术研发应用、完善减污降碳法规标准、加强减污降碳协同管理、强化减污降碳经济政策、提升减污降碳基础能力，强化支撑保障；加强组织领导、宣传教育、考核督察，加强组织实施。

到 2025 年，全省减污降碳协同推进的工作格局基本形成；重点区域、重点领域结构优化调整和绿色低碳发展取得明显成效；形成一批可复制、可推广的典型经验；减污降碳协同度有效提升。

到 2030 年，全省减污降碳协同能力显著提升，助力实现碳达峰目标；碳达峰与空气质量改善协同推进取得显著成效；水、土壤、固体废物等污染防治领域协同治理水平显著提高。

8. 黑龙江省碳达峰方案

《黑龙江省碳达峰实施方案》提出，实施能源绿色低碳转型行动、节能降碳增效行动、工业行业碳达峰行动、城乡建设碳达峰行动、交通运输绿色低碳行动、农业低碳循环行动、循环经济助力减污降碳行动、减碳科技创新行动、生态系统碳汇巩固提升行动、绿色低碳全民行动。加强基础能力建设，强化政策支持，发挥市场化机制作用，加强绿色低碳领域合作。

到 2025 年，绿色低碳循环发展的经济体系初步形成，非化石能源消费比重提高至 15% 左右，单位地区生产总值能源消耗和二氧化碳排放下降确保完成国家下达目标，为实现碳达峰奠定坚实基础。

到 2030 年，经济社会发展绿色低碳转型取得显著成效，重点领域低碳发展模式基本形成，在非化石能源消费比重达到 20% 以上的基础上，努力缩小与全国平均水平的差距，新增能源需求主要通过非化石能源满足，单位 GDP能耗和单位 GDP 二氧化碳排放大幅下降，顺利实现 2030 年前碳达峰目标。

9. 上海市碳达峰方案

（1）《上海市碳达峰实施方案》

《上海市碳达峰实施方案》提出，大力发展非化石能源、严格控制煤炭消费、合理调控油气消费、加快建设新型电力系统，实施能源绿色低碳转型行动；深入推进节能精细化管理、实施节能降碳重点工程、推进重点用能设备节能增效、加强新型基础设施节能降碳，实施节能降碳增效行动；深入推进产业绿色低碳转型、推动钢铁行业碳达峰、推动石化化工行业碳达峰、坚决遏制"两高一低"项目盲目发展，实施工业领域碳达峰行动；推进城乡建设绿色低碳转型、加快提升建筑能效水平、加快优化建筑用能结构、推进农村建设和用能低碳转型，实施城乡建设领域碳达峰行动；构建绿色高效交通运输体系、推动运输工具装备低碳转型、加快绿色交通基础设施建设、积极引导市民绿色低碳出行，实施交通领域绿色低碳行动；打造循环型产业体系、建设循环型社会、推进建设领域循环发展、发展绿色低碳循环型农业、强化行业和区域协同处置利用，实施循环经济助力降碳行动；强化基础研究和前沿技术布局、加快先进适用技术研发和推广应用、加强创新能力建设和人才培养、完善技术创新体制机制，实施绿色低碳科技创新行动；实施千座公园计划、巩固提升森林碳汇能力、增强海洋系统固碳能力、增强湿地系统固碳能力、加强生态系统碳汇基础支撑，实施碳汇能力巩固提升行动；加强生态文明宣传教育、推广绿色低碳生活方式、引导企业履行社会责任、强化领导干部培训，实施绿色低碳全民行动；深入推进各区如期实现碳达峰、支持推动碳达峰与碳中和"一岛一企"试点示范、推进重点区域低碳转型示范引领，实施绿色低碳区域行动。积极开展绿色经贸合作，服务绿色"一带一路"建设，加强国际国内交流与合作，建立统一规范的碳排放统计核算体系，健全法规标准体系，完善经济政策，积极发展绿色金融。

"十四五"期间，产业结构和能源结构明显优化，重点行业能源利用效率明显提升，煤炭消费总量进一步削减，与超大城市相适应的清洁低碳安全高效的现代能源体系和新型电力系统加快构建，绿色低碳技术创新研发和推广应用取得重要进展，绿色生产生活方式得到普遍推行，循环型社会基本形成，绿色低碳循环发展政策体系初步建立。到 2025 年，单位生产总值能源消耗比 2020 年下降 14%，非化石能源占能源消费总量比重力争达到 20%，单位生产总值二氧化碳排放确保完成国家下达指标。

"十五五"期间，产业结构和能源结构优化升级取得重大进展，清洁低碳安全高效的现代能源体系和新型电力系统基本建立，重点领域低碳发展模式基本形成，重点行业能源利用效率达到国际先进水平，绿色低碳技术创新取得突破性进展，简约适度的绿色生活方式全面普及，循环型社会发展水平明显提升，绿色低碳循环发展政策体系基本健全。到 2030 年，非化石能源占能源消费总量比重力争达到 25%，单位生产总值二氧化碳排放比 2005 年下降 70%，确保 2030 年前实现碳达峰。

（2）《上海市减污降碳协同增效实施方案》

《上海市减污降碳协同增效实施方案》提出，实施能源领域减污降碳协同增效、工业领域减污降碳协同增效、交通领域减污降碳协同增效、城乡建设领域减污降碳协同增效，强化大气污染防治与碳减排协同增效；加强水环境治理领域协同控制、土壤污染治理领域协同控制，推动水环境和土壤污染治理与碳减排协同增效；实施农业领域减污降碳协同增效、生态建设领域减污降碳协同增效，推动农业和生态领域减污降碳协同增效；实行固体废物源头减量、固体废物资源循环利用、固体废物无害化处置，开展"无废城市"建设推动减污降碳协同增效；强化生态环境分区管控、加强生态环境准入管理，利用生态环境源头防控推动减污降碳协同增效；开展重点区域协同控制试点、重点领域协同控制试点，开展试点示范；建立减污降碳技术体系、完善减污降碳法规标准、健全减污降碳协同管理、强化减污降碳经济政策、提升减污降碳基础能力、加强国际国内合作、加强宣传教育，强化支撑保障；加强组织领导、考核督察，加强组织实施。

到 2025 年，减污降碳协同推进的工作格局基本形成；协同增效原则在推动绿色低碳发展、污染治理、生态保护、应对气候变化等生态环境重点工作中得到全面贯彻；推动一批典型协同控制试点示范项目落地应用；减污降碳协同度有效提升。

到 2030 年，减污降碳协同能力显著提升，助力实现碳达峰目标；碳减排与空气质量稳定改善协同推进取得显著成效；水、土壤、固体废物等污染防治领域协同治理水平显著提高。

10. 江苏省碳达峰方案

（1）《江苏省碳达峰实施方案》

《江苏省碳达峰实施方案》提出，大力推动生产生活方式转变、全面加强减污降碳协同增效、加快推动全员思想认识转变，实施低碳社会全民创建专项行动；大力推动产业绿色低碳转型、坚决遏制高耗能高排放低水平项目盲目发展、推动重点工业行业碳达峰行动，实施工业领域达峰专项行动；大力发展非化石能源、严控化石能源消费、强化能源安全保障、加快新型电力系统建设，实施能源绿色低碳转型专项行动；推动重点领域节能降碳、全面提升节能管理水平、大力发展循环经济，实施节能增效水平提升专项行动；推动城乡建设低碳化转型、提高建筑绿色低碳发展水平、优化建筑用能结构，实施城乡建设领域达峰专项行动；持续推动交通运输低碳发展、持续推进绿色低碳装备和设施应用、持续优化绿色出行体系，实施交通运输低碳发展专项行动；加强关键核心技术攻坚、加快推进重大科技平台建设、健全绿色低碳科技创新体制机制、推进碳达峰专业人才队伍建设，实施绿色低碳科技创新专项行动；科学确定各地区达峰路径、因地制宜推动绿色低碳发展，实施各地区有序达峰专项行动。构建政策支撑体系，建立完善市场化机制，完善法规标准体系，强化低碳合作机制。

"十四五"期间，全省绿色低碳循环发展经济体系初步形成，重点行业能源利用效率大幅提高，能耗双控向碳排放总量和强度"双控"转变的机制初步建立，二氧化碳排放增量得到有效控制，美丽江苏建设初显成效。到 2025 年，单位地区生产总值能耗比 2020 年下降 14%，单位地区生产总值二氧化碳排放完成国家下达的目标任务，非化石能源消费比重达到 18%，林木覆盖率达到 24.1%，为实现碳达峰奠定坚实基础。

"十五五"期间，全省经济社会绿色低碳转型发展取得显著成效，重点耗能行业能源利用效率达到国际先进水平，碳排放双控制度初步建立，减污降碳协同管理体系更加完善，美丽江苏建设继续深入，争创成为美丽中国建设示范省。到 2030 年，单位地区生产总值能耗持续大幅下降，单位地区生产总值二氧化碳排放比 2005 年下降 65% 以上，风电、太阳能等可再生能源发电总装机容量达到 9000 万千瓦以上，非化石能源消费比重、林木覆盖率持续提升。2030 年前二氧化碳排放量达到峰值，为实现碳中和提供强有力支撑。

（2）《江苏省减污降碳协同增效实施方案》

《江苏省减污降碳协同增效实施方案》提出，加强生态环境分区管控、加强生态环境准入管理、推动能源清洁低碳转型、加快培育绿色生活方式，强化源头治理；推进工业领域协同增效、交通领域协同增效、城乡建设协同增效、农业领域协同增效、生态建设协同增效，突出重点领域；推进大气污染防治协同控制、水环境治理协同控制、土壤污染治理协同控制、固体废物处置协同控制，优化环境治理；推动长江经济带发展和长三角一体化发展创新示范、开展工业园区限值限量协同管理创新示范、开展重点行业企业清洁生产创新示范、推进生态安全缓冲区和"生态岛"试验区固碳增汇创新示范，开展创新示范；加强减污降碳科技支撑、完善减污降碳法治保障、强化减污降碳经济政策、加强减污降碳协同管理、提升减污降碳基础能力，强化支撑保障；加强组织领导、系统融合、宣传教育、国际合作、督察考核，加强组织实施。

到 2025 年，全省减污降碳协同推进的工作机制基本形成，应对气候变化与生态环境保护统筹融合的格局基本建立，重点领域结构优化调整和绿色低碳发展取得明显成效，减污降碳协同度有效提升。主要污染物排放总量持续下降，单位地区生产总值二氧化碳排放完成国家下达目标任务，生态环境质量持续改善，生态环境治理体系和治理能力显著提升，美丽江苏建设初显成效。

到2030年，全省减污降碳协同管理体系更加完善、能力显著提升，经济社会绿色低碳转型发展取得显著成效，助力实现碳达峰目标。主要污染物排放总量、单位地区生产总值二氧化碳排放持续下降，二氧化碳排放量达到峰值并实现稳中有降，生态环境质量大幅改善，争创成为美丽中国建设示范省，为实现碳中和提供强有力支撑。

11. 浙江省碳达峰方案

《浙江省减污降碳协同创新区建设实施方案》提出，强化生态环境分区管控、加强生态环境准入管理、推动能源绿色低碳供应，加强源头防控；推进重点行业绿色低碳发展、加强工业源大气污染物与温室气体协同控制、强化移动源大气污染物与温室气体协同控制、推进非二氧化碳温室气体协同控制，推进大气污染防治协同控制；深化水环境治理与温室气体减排协同、注重污水处理减污降碳协同、强化水资源节约集约利用，推进水环境治理协同控制；建设全域"无废城市"、强化固体废物综合利用、加强塑料污染全链条治理，推进固体废物污染防治协同控制；推进八大水系生态修复、加强生态保护修复监管、增强碳汇能力，统筹保护修复和扩容增汇；开展不同类型城市减污降碳协同创新试点、重点产业园区减污降碳协同创新试点、重点行业企业减污降碳协同创新试点，开展模式创新；强化减污降碳协同管理、推动减污降碳一体化监管试点、建立减污降碳协同评价机制、完善环境资源市场化配置机制、构建减污降碳协同多元激励机制，创新政策制度；编制大气污染物和温室气体排放融合清单，提升碳监测能力；建设"减污降碳在线"应用场景、推动数字孪生试点建设、开展科技研发创新与应用示范，提升协同能力；加强组织领导、考核督察、宣传教育，加强组织实施。

到2025年，基本形成符合主体功能定位的开发格局，初步建立资源循环利用体系，构建减污降碳协同制度体系，实现技术突破、管理优化、制度创新，形成可复制、可推广的减污降碳协同发展典型模式。主要污染物总量减排和单位GDP二氧化碳排放完成国家下达的控制目标，非化石能源占一次能源消费比重达到24%，所有设区市和60%的县（市、区）通过"无废城市"建设评估，设区市减污降碳协同指数提高10%，创建20个创新城市、50个创新园区，建设200个标杆项目。

到 2030 年，减污降碳协同能力显著提升，助力实现碳达峰目标；碳达峰与空气质量改善协同推进取得显著成效；水、土壤、固体废物等污染防治领域协同治理水平显著提高。非化石能源占一次能源消费比重达到 30%，设区市减污降碳协同指数累计提高 20%，累计创建 40 个创新城市、100 个创新园区，建设 400 个标杆项目。

12. 安徽省碳达峰方案

《安徽省碳达峰实施方案》提出，推动煤炭清洁高效利用和转型升级、大力发展非化石能源、推动油气高效利用、积极争取清洁电力入皖、加快建设新型电力系统，实施能源清洁低碳转型行动；全面提升节能管理能力、推进重点用能设备节能增效、加强新型基础设施节能降碳，实施节能降碳能效提升行动；加快工业绿色低碳转型、大力发展现代服务业、推动建材行业碳达峰、推动钢铁行业碳达峰、推动石化化工行业碳达峰、推动有色金属行业碳达峰、坚决遏制高耗能高排放低水平项目盲目发展，实施经济结构优化升级行动；推动运输工具装备低碳转型、提高交通运输效率、加快绿色交通基础设施建设、引导绿色低碳出行，实施交通运输绿色低碳行动；提升新建建筑绿色化水平、推动既有建筑节能改造、优化建筑用能结构，实施城乡建设绿色发展行动；发展绿色低碳循环农业、提升农田固碳能力、推动农村可再生能源替代，实施农业农村减排固碳行动；巩固生态系统固碳作用、提升生态系统碳汇能力、加强生态系统碳汇基础支撑，实施生态系统碳汇巩固提升行动；加强生态文明宣传教育、推广绿色低碳生活方式、强化领导干部培训，实施居民生活绿色低碳行动；加强关键核心技术攻关、强化创新平台和人才队伍建设、加快先进适用技术推广应用，实施绿色低碳科技创新行动；推动园区循环化改造、加强产业废弃物综合利用、构建废旧物资循环利用体系、推进生活垃圾减量化资源化，实施循环经济助力降碳行动；用好碳减排支持工具、强化绿色金融产品创新、完善绿色金融体制机制，实施绿色金融支持降碳行动；科学合理确定碳达峰目标、上下联动制订地方碳达峰方案、适时开展试点建设，实施梯次有序碳达峰行动。健全法规标准和统计核算体系，落实财税价格政策，推进市场化机制建设，推进能源综合改革，深化开放合作。

"十四五"期间，能源结构、产业结构、交通运输结构加快调整，城乡建设、农业农村绿色发展水平不断提高，重点行业能源利用效率大幅提升，新型电力系统加快构建，绿色低碳技术研发和推广应用取得积极进展，有利于绿色低碳循环发展的政策体系进一步完善。到 2025 年，非化石能源消费比重达到 15.5% 以上，单位地区生产总值能耗比 2020 年下降 14%，单位地区生产总值二氧化碳排放降幅完成国家下达目标，碳达峰基础支撑逐步夯实。

"十五五"期间，经济结构明显优化，绿色产业比重显著提升，重点领域低碳发展模式基本形成，重点耗能行业能源利用效率达到国际先进水平，绿色低碳技术取得关键突破，绿色生活方式广泛形成，绿色低碳循环发展的政策体系基本健全，具有重要影响力的经济社会发展全面绿色转型区建设取得显著成效。到 2030 年，非化石能源消费比重达到 22% 以上，单位地区生产总值二氧化碳排放比 2005 年下降 65% 以上，顺利实现 2030 年前碳达峰目标。

13. 福建省碳达峰方案

《福建省减污降碳协同增效实施方案》提出，加强生态环境分区管控、加强生态环境准入管理、推动能源清洁低碳转型、加快形成绿色生活方式，加强源头防控，优化绿色发展总体格局；推进工业领域协同增效、交通运输领域协同增效、城乡建设领域协同增效、农业领域协同增效、林业领域协同增效，突出重点领域，加快绿色低碳转型升级；推进大气污染防治协同控制、水环境治理协同控制、海洋环境治理协同控制、土壤污染治理协同控制、固体废物污染防治协同控制，优化环境治理，提升要素协同控制水平；创新引领美丽福建建设、开展城市减污降碳协同创新、开展产业园区减污降碳协同创新、开展企业减污降碳协同创新，开展模式创新，共建共享清洁美丽福建；促进产学研用深度融合、完善减污降碳法规标准、健全减污降碳协同管理、强化减污降碳经济政策、提升减污降碳基础能力，强化支撑保障，完善减污降碳制度体系；加强组织领导、宣传教育、对外合作、考核督察，加强组织实施。

到 2025 年，减污降碳协同推进格局基本形成，碳排放强度持续降低；重点领域结构优化调整和绿色低碳发展取得明显成效，形成一批可复制、可推广的试点示范，减污降碳协同度有效提升。

到 2030 年，减污降碳协同管理体系更加完善、能力显著提升，重点领域低碳发展模式逐渐成熟，有力推动碳达峰目标实现。水、大气、土壤、固体废物等污染防治领域协同治理水平显著提高。

14. 江西省碳达峰方案

（1）《江西省碳达峰实施方案》

《江西省碳达峰实施方案》提出，推动化石能源清洁高效利用、大力发展新能源、加快建设新型电力系统、全面深化能源制度改革，实施能源绿色低碳转型行动；推动工业低碳发展、推动钢铁行业碳达峰、推动有色金属行业碳达峰、推动建材行业碳达峰、推动石化化工行业碳达峰，实施工业领域碳达峰行动；推动城乡建设绿色低碳转型、加快提升建筑能效水平、大力优化建筑用能结构、推进农村建设和用能低碳转型，实施城乡建设碳达峰行动；推动运输工具装备低碳转型、构建绿色高效交通运输体系、加快绿色交通基础设施建设、打造智能绿色物流，实施交通运输绿色低碳行动；增强节能管理综合能力、坚决遏制高耗能高排放低水平项目盲目发展、实施节能降碳重点工程、推进重点用能设备节能增效、促进新型基础设施节能降碳，实施节能降碳增效行动；推进开发区（园区）循环化发展、提升大宗固废综合利用水平、加强资源循环利用、推进生活垃圾减量化资源化，实施循环经济降碳行动；加快绿色低碳技术研发推广应用、推进碳捕集利用与封存技术攻关和应用、完善绿色低碳技术创新生态、支持绿色低碳创新平台建设、加强碳达峰碳中和人才引育，实施科技创新引领行动；巩固生态系统碳汇成果、提升生态系统碳汇能力、加强生态系统碳汇基础支撑、推进农业减排固碳，实施固碳增汇强基行动；加强全民宣传教育、倡导绿色低碳生活、引导企业履行社会责任、强化领导干部培训，实施绿色低碳全民行动；组织开展城市碳达峰试点、创建碳达峰试点园区（企业）、深化生态产品价值实现机制试点、开展碳普惠试点，实施碳达峰试点示范行动。建立碳排放统计核算制度，加大财税、价格政策支持，发展绿色金融，加强绿色低碳交流合作，发展环境权益交易市场。

"十四五"期间，产业结构和能源结构明显优化，重点行业能源利用效率持续提高，煤炭消费增长得到有效控制，新能源占比逐渐提高的新型电力系统和能源供应系统加快构建，绿色低碳技术研发和推广应用取得新进展，绿色生产生活方式普遍推行，有利于绿色低碳循环发展的政策体系逐步完善。到 2025 年，非化石能源消费比重达到 18.3%，单位生产总值能源消耗和单位生产总值二氧化碳排放确保完成国家下达指标，为实现碳达峰奠定坚实基础。

"十五五"期间，产业结构调整取得重大进展，战略性新兴产业和高新技术产业占比大幅提高，重点行业绿色低碳发展模式基本形成，清洁低碳安全高效的能源体系初步建立。经济社会发展全面绿色转型走在全国前列，重点耗能行业能源利用效率达到国内先进水平。新能源占比大幅增加，煤炭消费占比逐步减少，绿色低碳技术实现普遍应用，绿色生活方式成为公众自觉选择，绿色低碳循环发展政策体系全面建立。到 2030 年，非化石能源消费比重达到国家确定的江西省目标值，顺利实现 2030 年前碳达峰目标。

（2）《江西省减污降碳协同增效实施方案》

《江西省减污降碳协同增效实施方案》提出，强化生态环境分区管控、加强生态环境准入管理、推动能源绿色低碳转型、加快形成绿色低碳生活方式，强化源头防控；推进工业领域协同增效、交通运输协同增效、城乡建设协同增效、农业领域协同增效、生态建设协同增效，突出重点领域；推进大气污染防治协同控制、水环境治理协同控制、土壤污染治理协同控制、固体废物污染防治协同控制，优化环境治理；开展在区域减污降碳协同创新、城市减污降碳协同创新、开发区减污降碳协同创新、企业减污降碳协同创新，实施协同创新；加强协同技术研发应用、完善减污降碳法规标准指南、加强减污降碳协同管理、建立完善减污降碳协同政策体系、提升减污降碳基础能力，强化支撑保障；加强组织领导、宣传教育、交流合作、考核督察，加强组织实施。

到 2025 年，全省减污降碳协同管理机制初步建立，统筹融合工作格局基本形成；重点区域、重点领域结构优化调整和绿色低碳发展取得明显成效；形成一批可复制、可推广的试点示范；重点领域减污降碳协同度有效提升，主要污染物减排和单位生产总值碳排放确保完成国家下达指标。

到 2030 年，全省减污降碳协同管理体系更加完善，能力显著提升；水、大气、土壤、固体废物等污染防治领域减污降碳协同治理水平显著提高；减污降碳协同成为环境治理和"双碳"管理精细化的重要手段，环境质量进一步优化，二氧化碳排放量达到峰值并实现稳中有降。

15. 山东省碳达峰方案

（1）《山东省碳达峰实施方案》

《山东省碳达峰实施方案》提出，大力发展新能源、加强煤炭清洁高效利用、有序引导油气消费、全面推进"外电入鲁"提质增效、加快建设新型电力系统，实施能源绿色低碳转型工程；推动工业领域绿色低碳发展、推动钢铁行业碳达峰、推动有色金属行业碳达峰、推动建材行业碳达峰、推动石化化工行业碳达峰、坚决遏制高耗能高排放低水平项目盲目发展，实施工业领域碳达峰工程；全面提升节能管理能力、推动重点领域节能降碳、推进重点用能设备节能增效、加强新型基础设施节能降碳，实施节能降碳增效工程；推动城乡建设绿色低碳转型、加快提升建筑能效水平、大力优化建筑用能结构、推进农村用能结构低碳转型，实施城乡建设绿色低碳工程；加快绿色交通基础设施建设、深入推动运输结构调整、促进运输工具装备低碳转型，实施交通运输低碳转型工程；推进园区循环化改造、促进大宗固体废物综合利用、扎实推行生活垃圾分类和资源化利用、健全再生资源循环利用体系，实施循环经济助力降碳工程；完善绿色低碳技术创新机制、提升绿色低碳技术创新能力建设、加强绿色低碳技术研发应用、加强碳达峰碳中和人才引育，实施绿色低碳科技创新工程；巩固生态系统碳汇作用、提升生态系统碳汇能力、大力发展海洋生态系统碳汇、加强生态系统碳汇基础支撑、推进农业农村减排固碳，实施碳汇能力巩固提升工程；提高全民节能低碳意识、推广节能低碳生活方式、引导企业履行社会责任、强化领导干部培训，实施全民绿色低碳工程；加快发展绿色贸易、开展国际交流合作，实施绿色低碳国际合作工程。完善碳排放统计核算制度，强化经济政策支持，建立市场化机制，完善价格调控机制，开展碳达峰试点建设。

"十四五"期间，全省产业结构和能源结构优化调整取得明显进展，重点行业能源利用效率大幅提升，严格合理控制煤炭消费增长，新能源占比逐渐提高的新型电力系统加快构建，绿色低碳循环发展的经济体系初步形成。到2025年，非化石能源消费比重提高至13%左右，单位地区生产总值能源消耗、二氧化碳排放分别比2020年下降14.5%、20.5%，为全省如期实现碳达峰奠定坚实基础。

"十五五"期间，全省产业结构调整取得重大进展，重点领域低碳发展模式基本形成，清洁低碳安全高效的能源体系初步建立，重点行业能源利用效率达到国内先进水平，非化石能源消费比重进一步提高，煤炭消费进一步减少，经济社会绿色低碳高质量发展取得显著成效。到2030年，非化石能源消费占比达到20%左右，单位地区生产总值二氧化碳排放比2005年下降68%以上，确保如期实现2030年前碳达峰目标。

（2）《山东省减污降碳协同增效实施方案》

《山东省减污降碳协同增效实施方案》提出，强化生态环境分区管控、坚决遏制"两高"项目盲目发展、推动能源绿色低碳转型、发展绿色低碳新兴产业、开展绿色低碳全民行动，构建减污降碳源头协同防控新格局；推进工业领域协同增效、推进交通运输协同增效、推进城乡建设协同增效、推进农业领域协同增效、推进生态建设协同增效，加快提升重点领域减污降碳协同度；推进大气污染防治协同控制、推进水环境治理协同控制、推进土壤污染治理协同控制、推进固体废物污染防治协同控制，优化生态环境减污降碳协同治理技术路径；开展区域减污降碳协同创新、开展减污降碳城市创新试点、树立减污降碳产业园区样板、打造减污降碳企业标杆，开展多层面减污降碳协同模式创新；加强绿色低碳领域科技创新、加强减污降碳协同管理、强化减污降碳经济政策支撑、提升减污降碳基础能力，强化减污降碳协同机制支撑保障。

到 2025 年，减污降碳协同增效取得积极成效。源头协同防控体系初步建立，重点领域协同增效取得明显进展，环境治理协同控制能力有效提升，区域、城市、园区、企业减污降碳协同创新成效显著，协同控制技术研发和推广取得新进展，政策体系加快构建，初步形成污染物和碳减排协同增效的新局面。

到 2030 年，减污降碳协同增效取得显著成效，助力全省实现 2030 年前碳达峰目标。环境质量改善与碳达峰协同水平显著提高，典型创新经验做法得到有效推广，重点领域减污降碳协同增效发展模式基本形成。

16. 河南省碳达峰方案

（1）《河南省碳达峰实施方案》

《河南省碳达峰实施方案》提出，大力发展新能源、加快火电结构优化升级、合理调控油气消费、建设新型电力系统、有序推动煤炭消费转型，实施能源绿色低碳转型行动；大力发展低碳高效产业、坚决遏制"两高一低"项目盲目发展、推动传统产业绿色低碳改造、推动钢铁行业碳达峰、推动有色金属行业碳达峰、推动建材行业碳达峰、推动石化化工行业碳达峰，实施工业领域碳达峰行动；推动城乡建设低碳转型、大力发展节能低碳建筑、加快优化建筑用能结构、推进农村建设和用能绿色低碳转型，实施城乡建设绿色低碳发展行动；构建绿色高效交通运输体系、推动交通运输工具低碳转型、推进低碳交通基础设施建设运营、积极引导绿色低碳出行，实施交通运输绿色低碳发展行动；强化节能管理能力、实施节能降碳重点工程、提高重点用能设备能效、推进新型基础设施节能降碳、发展循环经济助力降碳，实施节能降碳增效行动；巩固生态系统固碳能力、提升生态系统碳汇增量、稳步提升生态农业碳汇能力，实施碳汇能力提升行动；完善创新体制机制、加强创新能力建设、强化绿色低碳重大科技攻关、加快先进适用技术研发和推广应用，实施减碳科技创新行动；建立精准招商机制、充分利用招商平台、营造良好营商环境，实施绿色低碳招商引资行动；加强人才队伍培养建设、加大人才引进力度，实施绿色低碳招才引智行动；增强全民节能低碳意识、推广绿色低碳生活方式、发挥公共机构示范引领作用、引导企业履行社会责任、强化领导干部培训，实施绿色低碳全民行动。健全法规标准及统计体系，完善绿色低碳政策体系，建立健全市场化机制。加强组织领导，强化责任落实，严格监督考核。

"十四五"期间，全省产业结构和能源结构优化调整取得明显进展，能源资源利用效率大幅提升，煤炭消费持续减少，新能源占比逐渐提高的新型电力系统加快构建，绿色低碳技术研发和推广应用取得新进展，减污降碳协同推进，人才队伍发展壮大，绿色生产生活方式得到普遍推行，绿色低碳循环发展经济体系初步形成。到2025年，全省非化石能源消费比重比2020年提高5个百分点，确保单位生产总值能源消耗、单位生产总值二氧化碳排放和煤炭消费总量控制完成国家下达指标，为实现碳达峰奠定坚实基础。

"十五五"期间，产业结构调整取得重大进展，清洁低碳安全高效的能源体系初步建立，非化石能源成为新增用能供给主体，煤炭消费占比持续下降，重点行业能源利用效率达到国内先进水平，科技创新水平明显增强，市场机制更加灵活，全民践行简约适度、绿色低碳生活理念的氛围基本形成，经济社会发展全面绿色转型取得显著成效。到2030年，全省非化石能源消费比重进一步提高，单位生产总值能源消耗和单位生产总值二氧化碳排放持续下降，顺利实现碳达峰目标，为实现2060年前碳中和目标打下坚实基础。

（2）《河南省减污降碳协同增效实施方案》

《河南省减污降碳协同增效实施方案》提出，加强生态环境分区管控、推进绿色低碳产业发展、探索实施碳排放影响评价，协同推进生态保护源头控制；大力推动煤电结构优化调整、积极支持新能源建设、持续开展散煤治理，协同推进能源领域减污降碳；加快传统产业转型升级、加大绿色环保企业支持力度、深化工业窑炉污染深度治理、不断完善管理减排措施，协同推进工业领域减污降碳；推动货运结构优化调整、推动城市绿色货运配送、加大新能源汽车推广力度，协同推进交通领域减污降碳；推进城乡建设领域协同增效、推进农业农村领域协同增效、推进水环境治理领域协同控制，协同推进其他领域减污降碳；积极推进绿色循环经济、加强生态环境修复，协同推进绿色低碳循环发展；持续开展温室气体排放核查、积极参与碳排放交易市场，协同推进碳排放交易市场；组织编制温室气体清单、健全完善碳排放管理平台、健全完善环境统计体系，协同推进碳排放管理体系；开展温室气体监测试点、开展低碳试点示范活动、推进绿色生活方式，协同推进试点示范活动开展；推动监管执法统筹融合、加强督察考核统筹融合，协同推进执法督察考核建设。

到2025年底，全省单位生产总值二氧化碳排放强度降低指标达到国家要求，空气环境质量持续改善，逐步建立以强度为主、总量为辅的二氧化碳排放控制体系，减污降碳协同管理机制初步建立，统筹融合工作格局基本形成。

到2030年前，全省单位生产总值二氧化碳排放强度持续下降，空气环境质量显著改善，减污降碳协同管理体系更加完善，能力显著提升，有力推动碳达峰目标实现。

17. 湖北省碳达峰方案

《湖北省减污降碳协同增效实施方案》提出，强化生态环境分区管控应用、加强生态环境准入管理、加快推动能源绿色低碳转型、加快形成绿色低碳生活方式，强化源头防控；高效能推进工业领域协同增效、高水平推进交通运输协同增效、高标准推进城乡建设协同增效、高质量推进农业领域协同增效、高起点推进生态建设协同增效，聚焦重点领域；推进大气污染防治协同控制、水环境治理协同控制、土壤污染治理协同控制、固体废物污染防治协同控制，优化环境治理；建立健全区域协同创新体系、因地制宜推动城市协同创新发展、支持产业园区探索开展协同创新、鼓励企业积极参与协同创新，创新协同模式；健全法律法规与标准体系、完善金融财政支持政策、加强协同技术研发应用、培育协同管理长效机制、加快推进基础能力建设，加强支撑保障；加强组织领导、加大教育宣传、加强考核督察，强化组织实施。

到 2025 年，减污降碳协同推进的工作格局基本形成，协同度得到有效提升；武汉都市圈、襄阳都市圈、宜荆荆都市圈重点城市及重点产业结构优化调整和绿色低碳发展取得明显成效，主要污染物排放总量持续减少；多层次试点示范体系基本建成，绿色低碳技术研发和推广应用取得新进展。

到 2030 年，减污降碳协同能力显著提升，助力实现碳达峰目标；重点城市碳达峰与空气质量改善协同推进取得显著成效；水、土壤、固体废物等污染防治领域协同治理水平显著提高。

18. 湖南省碳达峰方案

（1）《湖南省碳达峰实施方案》

《湖南省碳达峰实施方案》提出，优化调整煤炭消费结构、大力发展可再生能源、合理调控油气消费、加大区外电力引入力度、构建新型电力系统，实施能源绿色低碳转型行动；全面提升节能管理水平、开展节能减煤降碳攻坚行动、推进重点用能设备能效提升、加强新基建节能降碳、加大减污降碳协同治理力度，实施节能减污协同降碳行动；坚决遏制高耗能高排放低水平项目盲目发展、推动冶金行业有序达峰、推动建材行业有序达峰、推动石化化工行业有序达峰、积极培育绿色低碳新动能，实施工业领域碳达峰行动；推动城乡建设绿色低碳转型、提升建筑能效水平、优化城乡建筑用能结构、推进农村建设和用能低碳转型，实施城乡建设碳达峰行动；推动运输工具装备低碳转型、构建绿色高效交通运输体系、加快低碳智慧交通基础设施建设，实施交通运输绿色低碳行动；推进产业园区循环发展、加强大宗固废综合利用、构建资源循环利用体系、推进生活垃圾减量化资源化，实施资源循环利用，助力降碳行动；打造绿色低碳技术创新高地、加强创新能力建设和人才培养、推动关键低碳技术研发和攻关、加快科技成果转化和先进适用技术推广应用，实施绿色低碳科技创新行动；巩固提升林业生态系统碳汇、逐步提升耕地湿地碳汇、建立碳汇补偿机制，实施碳汇能力巩固提升行动；加强全民低碳宣传教育、引导企业履行社会责任、强化领导干部培训、加强低碳国际合作，实施绿色低碳全民行动；大力发展绿色金融、积极推进碳达峰气候投融资、完善绿色产融对接机制、建立绿色交易市场机制、建立绿色金融激励约束机制，实施绿色金融支撑行动。建立配套规范的碳排放统计核算体系，健全制度标准，完善财税价格支持政策。

"十四五"期间，全省产业结构、能源结构优化调整取得明显进展，重点行业能源利用效率显著提升，煤炭消费增长得到严格合理控制，新型电力系统加快构建，绿色低碳技术研发和推广应用取得新进展，绿色生产生活方式得到普遍推行，绿色低碳循环发展的政策体系进一步完善。到 2025 年，非化石能源消费比重达到 22% 左右，单位地区生产总值能源消耗和二氧化碳排放下降确保完成国家下达目标，为实现碳达峰目标奠定坚实基础。

"十五五"期间，全省产业结构调整取得重大进展，清洁低碳安全高效的能源体系初步建立，重点领域低碳发展模式基本形成，重点耗能行业能源利用效率达到国际先进水平，非化石能源消费比重进一步提高，绿色低碳技术取得关键突破，绿色生活方式成为公众自觉选择，绿色低碳循环发展政策体系基本健全。到 2030 年，非化石能源消费比重达到 25% 左右，单位地区生产总值能耗和碳排放下降完成国家下达目标，顺利实现 2030 年前碳达峰目标。

（2）《湖南省减污降碳协同增效实施方案》

《湖南省减污降碳协同增效实施方案》提出，强化生态环境分区管控、加强生态环境准入管理、推动能源清洁低碳转型、加快形成绿色生活方式，加强源头管控；推进工业领域协同增效、交通领域协同增效、城乡建设协同增效、农业领域协同增效、生态建设领域协同增效，突出重点领域；推进大气污染防治协同控制、水环境治理协同控制、土壤污染治理协同控制、固体废物污染防治协同控制，优化环境治理；推动城市减污降碳协同创新、产业园区减污降碳协同创新、企业减污降碳协同创新，推动模式创新；加强协同技术研发应用、完善减污降碳制度标准、强化减污降碳经济政策、提升减污降碳基础能力，强化支撑保障；加强组织领导、宣传教育、考核督察，加强组织实施。

到 2025 年，减污降碳协同推进的工作格局基本形成；重点区域、重点领域结构优化调整和绿色低碳发展取得明显成效；形成一批可复制、可推广的典型经验；减污降碳协同度有效提升。

到 2030 年，减污降碳协同能力显著提升，推动实现碳达峰目标；碳达峰与空气质量改善协同推进取得显著成效；水、土壤、固体废物等污染防治领域协同治理水平显著提高。

19. 广东省碳达峰方案

《广东省碳达峰实施方案》提出，加快产业结构优化升级、大力发展绿色低碳产业、坚决遏制高耗能高排放低水平项目盲目发展，实施产业绿色提质行动；严格合理控制煤炭消费增长、大力发展新能源、安全有序发展核电、积极扩大省外清洁电力送粤规模、合理调控油气消费、加快建设新型电力系统，实施能源绿色低碳转型行动；全面提升节能降碳管理能力、推动减污降碳协同增效、加强重点用能单位节能降碳、推动新型基础设施节能降碳，实施节能降碳增效行动；推动钢铁行业碳达峰、石化化工行业碳达峰、水泥行业碳达峰、陶瓷行业碳达峰、造纸行业碳达峰，实施工业重点行业碳达峰行动；推动城乡建设绿色转型、推广绿色建筑设计、全面推行绿色施工、加强绿色运营管理、优化建筑用能结构，实施城乡建设碳达峰行动；推动运输工具装备低碳转型、构建绿色高效交通运输体系、加快绿色交通基础设施建设，实施交通运输绿色低碳行动；提升农业生产效率和能效水平、加快农业农村用能方式转变、提高农业减排固碳能力，实施农业农村减排固碳行动；建立健全资源循环利用体系、推进废弃物减量化资源化，实施循环经济助力降碳行动；实施低碳基础前沿科学研究行动、低碳关键核心技术创新行动、低碳先进技术成果转化行动、低碳科技创新能力提升行动，实施科技赋能碳达峰行动；完善碳交易等市场机制、深化能源电力市场改革、健全生态产品价值实现机制，实施绿色要素交易市场建设行动；提高外贸行业绿色竞争力、推进绿色"一带一路"建设、深化粤港澳低碳领域合作交流，实施绿色经贸合作行动；巩固生态系统固碳作用、持续提升森林碳汇能力、巩固提升湿地碳汇能力、大力发掘海洋碳汇潜力，实施生态碳汇能力巩固提升行动；加强生态文明宣传教育、推广绿色低碳生活方式、引导企业履行社会责任、强化领导干部培训，实施绿色低碳全民行动；科学合理确定碳达峰目标、因地制宜推进绿色低碳发展、上下联动制订碳达峰方案，实施各地区梯次有序达峰行动；开展碳达峰试点城市建设、开展绿色低碳试点示范，实施多层次试点示范创建行动。建立碳排放统计监测体系，健全法规规章标准，完善投资金融政策，完善财税价格信用政策。加强统筹协调，强化责任落实，严格监督考核。

"十四五"期间，绿色低碳循环发展的经济体系基本形成，产业结构、能源结构和交通运输结构调整取得明显进展，全社会能源资源利用和碳排放效率持续提升。到2025年，非化石能源消费比重力争达到32%以上，单位地区生产总值能源消耗和单位地区生产总值二氧化碳排放确保完成国家下达指标，为全省碳达峰奠定坚实基础。

"十五五"期间，经济社会发展绿色转型取得显著成效，清洁低碳安全高效的能源体系初步建立，具有国际竞争力的高质量现代产业体系基本形成，在全社会广泛形成绿色低碳的生产生活方式。到2030年，单位地区生产总值能源消耗和单位地区生产总值二氧化碳排放的控制水平继续走在全国前列，非化石能源消费比重达到35%左右，顺利实现2030年前碳达峰目标。

20. 广西壮族自治区碳达峰方案

《广西壮族自治区碳达峰实施方案》提出，推进煤炭消费替代和转型升级、大力发展新能源、深度开发水电、积极安全有序发展核电、合理调控油气消费、加快建设新型电力系统、加快建设国家综合能源安全保障区，实施能源绿色低碳转型行动；全面提升节能管理能力、实施节能降碳重点工作、推进重点用能设备节能增效、加强新型基础设施节能降碳，实施节能降碳增效行动；推动工业领域绿色低碳发展、推动钢铁行业碳达峰、推动有色金属行业碳达峰、推动建材行业碳达峰、推动石化化工行业碳达峰、坚决遏制高耗能高排放低水平项目盲目发展，实施工业领域碳达峰行动；推进城乡建设绿色低碳转型、加快提升建筑能效水平、加快优化建筑用能结构、提升城市绿色生态发展水平、推进农村用能低碳转型，实施城乡建设碳达峰行动；推动运输工具装备低碳转型、构建绿色高效交通运输体系、加快绿色交通基础设施建设、提升交通运输绿色化和数字化管理水平，实施交通运输绿色低碳行动；打造绿色低碳园区、加强大宗固废综合利用、健全资源循环利用体系、力发展绿色低碳循环农业、大力推进生活垃圾减量化资源化，实施循环经济助力降碳行动；完善创新体制机制、加强创新能力建设和人才培养、开展应用基础研究、加快先进适用技术研发和推广应用，实施绿色低碳科技创新行动；巩固生态系统固碳作用、提升生态系统碳汇能力、加强生态系统碳汇基础支撑、推进农业农村减排固碳，实施碳汇能力巩固提升行动；加强生态文明宣传教育、推广绿色低碳生活方式、引导企业履行社会责任、强化领导干部培训，实施绿色低碳全民行动；科学合理确定碳达峰目标、上下联动制订各市碳达峰方案、开展示范创建，实施各市县扎实推进碳达峰行动。加强区域绿色低碳合作，加强中国—东盟绿色开放合作，积极参与共建绿色"一带一路"。推动健全法规及标准体系，完善经济政策，立健全市场化机制。

"十四五"期间，产业结构和能源结构调整优化取得明显进展，重点行业能源利用效率大幅提升，煤炭消费增长得到严格合理控制，新型电力系统加快构建，绿色低碳技术研发和推广应用取得新进展，绿色生产生活方式得到普遍推行，有利于绿色低碳循环发展的政策体系进一步完善，绿色发展迈出坚实步伐。到 2025 年，非化石能源消费比重达到 30% 左右，单位地区生产总值能源消耗和二氧化碳排放下降确保完成国家下达的目标，为实现碳达峰奠定坚实基础。

"十五五"期间，经济社会发展全面绿色转型取得明显成效，产业结构持续优化，清洁低碳安全高效的能源体系初步建立，重点领域低碳发展模式基本形成，重点耗能行业能源利用效率达到国际先进水平，非化石能源消费比重进一步提高，绿色低碳技术创新应用取得关键突破，绿色生活方式成为公众自觉选择，绿色低碳循环发展政策体系基本健全。到 2030 年，非化石能源消费比重达到 35% 左右，单位地区生产总值二氧化碳排放下降确保完成国家下达的目标，与全国同步实现碳达峰。

21. 海南省碳达峰方案

《海南省碳达峰实施方案》提出，源头减碳——重塑清洁能源结，过程少碳——提高提质增效水平，生态固碳——推动陆海增绿添蓝，技术存碳——强化科技研发应用，人人低碳——建立全民参与机制，联合治碳——积极引导国际合作，通过全程精准控碳，推动全民节能降碳，助力海南自由贸易港碳达峰碳中和工作提质升级。高比例发展非化石能源、清洁高效利用化石能源、全面提升绿色电力消纳能力、优化能源安全供应体系，建设安全高效清洁能源岛；持续优化绿色低碳产业结构、创新旅游低碳发展新模式、加快发展绿色现代服务产业、着力培育低碳高新技术产业、大力推进农业绿色低碳发展，打造海南自由贸易港特色产业体系；推进城乡布局绿色低碳化、建设和谐发展生态型城镇、有效降低建筑全寿命期能耗、推动城市运行绿色化转型、深入推行农村清洁化用能，推进绿色宜居型城乡建设；加快交通运输能源清洁转型、大力推广新能源车船应用、建设低碳智慧交通物流体系、打造全岛绿色出行友好环境，构建低碳化海岛交通系统；多措并举推动蓝碳增汇、稳步推动林业固碳增汇、挖掘农业固碳增汇潜力，巩固提升生态系统碳汇能力；加强低碳关键核心技术研发、构建低碳领域科技创新平台、推动低碳技术成果应用示范，强化低碳科技创新支撑力；全省推广绿色低碳生活方式；积极发挥碳普惠机制作用，推动企业落实绿色发展责任，创建高水平绿色低碳社会；深化应对气候变化国际合作、加强绿色经贸技术交流合作、探索共建自由贸易港绿色发展联盟，开拓国际交流合作新模式。实施新型电力系统示范建设工程、重点园区低碳循环发展工程、零碳示范区域创建引领工程、热带海岛绿色建筑探索工程、禁售燃油汽车垒土筑基工程、海洋蓝碳生态系统建设工程、全省禁塑工程等绿色低碳示范引领专项工程。优化核算规则体系，健全完善法规标准，推动落实支持政策，发挥市场机制作用。

在能源结构清洁低碳化、产业结构优质现代化、交通运输结构去油化、城乡建筑低能耗化、海洋和森林碳汇贡献、低碳技术推广应用、低碳政策体系制度集成创新等方面，加快形成一批标志性成果，走在全国前列，争做碳达峰碳中和工作"优等生"，在国际应对气候变化交流中展示出海南靓丽名片。

到 2025 年，初步建立绿色低碳循环发展的经济体系与清洁低碳、安全高效的能源体系，碳排放强度得到合理控制，为实现碳达峰目标打牢基础。非化石能源消费比重提高至 22% 以上，可再生能源消费比重达到 10% 以上，单位国内生产总值能源消耗和二氧化碳排放下降确保完成国家下达目标，单位地区生产总值能源消耗和二氧化碳排放继续下降。

到 2030 年，现代化经济体系加快构建，重点领域绿色低碳发展模式基本形成，清洁能源岛建设不断深化，绿色低碳循环发展政策体系不断健全。非化石能源消费比重力争提高至 54% 左右，单位国内生产总值二氧化碳排放相比 2005 年下降 65% 以上，顺利实现 2030 年前碳达峰目标。

22. 四川省碳达峰方案

《四川省碳达峰实施方案》提出，围绕建设世界级优质清洁能源基地，科学有序开发水电、大力发展新能源、加大天然气（页岩气）勘探开发力度、推进能源消费低碳化、加快建设新型电力系统，实施能源绿色低碳转型行动；围绕全面提高能源资源利用效率，全面提升节能降碳管理能力、实施节能降碳重点工程、推进重点用能设备节能增效、加强新型基础设施节能降碳，实施节能降碳增效行动；聚焦构建现代工业体系，推动工业领域绿色低碳发展、推动钢铁行业碳达峰、推动有色金属行业碳达峰、推动建材行业碳达峰、推动化工行业碳达峰、坚决遏制"两高一低"项目盲目发展，实施工业领域碳达峰行动；围绕推进新型城镇化和乡村振兴，推进城乡建设和管理模式低碳转型、加快提升建筑能效水平、加快优化建筑用能结构、推进农村建设和用能低碳转型，实施城乡建设碳达峰行动；加快交通强省建设，推动运输工具装备低碳转型、构建绿色高效交通运输体系、加快绿色交通基础设施建设，实施交通运输绿色低碳行动；聚焦全面提高资源利用效率，推进产业园区循环化发展、加强大宗固体废物综合利用、健全资源循环利用体系、大力推进生活垃圾减量化资源化，实施循环经济助力降碳行动；推动科教兴川和人才强省，完善绿色低碳技术创新体制机制、加强创新能力建设和人才培养、强化应用基础研究、加快先进适用技术研发和推广应用，实施绿色低碳科技创新行动；筑牢长江黄河上游生态屏障，巩固生态系统固碳作用、提升生态系统碳汇能力、加强生态系统碳汇基础支撑、推进农业农村减排固碳，实施碳汇能力巩固提升行动；围绕践行生态文明理念，加强生态文明宣传教育、推广绿色低碳生活方式、引导企业履行社会责任、强化领导干部培训，实施绿色低碳全民行动；坚持全省"一盘棋"思维，因地制宜推进绿色低碳发展、上下联动制订碳达峰方案，实施市（州）梯次有序碳达峰行动。开展绿色经贸、技术与金融合作，推进绿色"一带一路"建设。健全统一规范的统计核算体系，健全法规规章标准，落实经济政策，建立健全市场化机制。

"十四五"期间，产业结构和能源结构调整优化取得明显进展，重点行业能源利用效率大幅提升，煤炭消费持续下降，加快构建以水电为主，水、风、光多能互补的可再生能源体系，形成以清洁能源为主体的新型电力系统，绿色低碳技术研发和推广应用取得新进展，绿色生产生活方式得到普遍推行，绿色低碳循环发展政策体系进一步完善。到 2025 年，全省非化石能源消费比重达到 41.5% 左右，水电、风电、太阳能发电总装机容量达到 1.38 亿千瓦以上，单位地区生产总值能源消耗下降 14% 以上，单位地区生产总值二氧化碳排放确保完成国家下达指标，为实现碳达峰奠定坚实基础。

"十五五"期间，产业结构调整取得重大进展，清洁低碳安全高效的能源体系初步建立，重点领域低碳发展模式基本形成，重点耗能行业能源利用效率达到国内先进水平，非化石能源消费比重进一步提高，煤炭消费逐步减少，绿色低碳技术取得关键突破，绿色生活方式成为公众自觉选择，绿色低碳循环发展政策体系基本健全。到 2030 年，全省非化石能源消费比重达到 43.5% 左右，水电、风电、太阳能发电总装机容量达到 1.68 亿千瓦左右，单位地区生产总值二氧化碳排放比 2005 年下降 70% 以上，如期实现碳达峰目标。

23. 贵州省碳达峰方案

《贵州省碳达峰实施方案》提出，推进煤炭消费替代和转型升级、大力发展新能源、因地制宜开发水电、积极安全有序推进核能利用、合理调控油气消费、加快建设新型电力系统，实施能源绿色低碳转型行动；全面提升节能管理能力、实施节能降碳重点工程、推进重点用能设备节能增效、加强新型基础设施节能降碳，实施节能降碳增效行动；加快推动传统工业转型升级、坚决遏制高耗能高排放低水平项目盲目发展、培育发展低碳型新兴产业、做大做强城镇特色产业、大力发展生态循环农业、加快发展现代绿色服务业，实施产业绿色低碳提升行动；推动城乡建设绿色低碳转型、加快提升建筑能效水平、大力优化建筑用能结构、推进农村建设和用能低碳转型，实施城乡建设碳达峰行动；推动运输工具装备低碳转型、构建绿色高效交通运输体系、加快绿色交通基础设施建设，实施交通运输绿色低碳升级行动；推动产业园区循环化发展、加强大宗固废综合利用、健全资源循环利用体系、大力推进生活垃圾减量化资源化，实施循环经济助力降碳行动；完善创新体制机制、加强创新能力建设和人才培养、强化应用基础研究、加快先进适用技术推广应用、加快建设全省低碳数据"一张网"，实施绿色低碳科技创新行动；巩固生态系统固碳作用、全面提升森林碳汇能力、稳步提升农田草原湿地碳汇能力，实施碳汇能力巩固提升行动；加强生态文明宣传教育、推广绿色低碳生活方式、引导企业履行社会责任、强化干部教育培训，实施全民绿色低碳行动；科学合理确定碳达峰目标、因地制宜推进绿色低碳发展、上下联动制订碳达峰方案，实施各市（州）梯次有序碳达峰行动。建立统计核算体系，健全法规标准体系，完善各类政策，加快建立市场机制。

"十四五"期间，全省产业结构、能源结构、交通运输结构、建筑结构明显优化，低碳产业比重显著提升，电力、钢铁、有色金属、建材、化工等重点用能行业能源利用效率持续提高，适应大规模高比例新能源的新型电力系统加快构建，基础设施绿色化水平不断提高，绿色低碳技术推广应用取得新进展，生产生活方式绿色转型成效显著，以森林为主的碳汇能力巩固提升，有利于绿色低碳循环发展的政策体系初步建立。到 2025 年，非化石能源消费比重达到 20% 左右，力争达到 21.6%，单位地区生产总值能耗和单位地区生产总值二氧化碳排放确保完成国家下达指标，为实现碳达峰奠定坚实基础。

"十五五"期间，全省产业结构、能源结构、交通运输结构、建筑结构调整取得重大进展，低碳产业规模迈上新台阶，重点用能行业能源利用效率达到国内先进水平，新型电力系统稳定运行，清洁低碳、安全高效的现代能源体系初步建立，绿色低碳技术取得重大突破，广泛形成绿色生产生活方式，以森林和岩溶为主的碳汇能力大幅提升，绿色低碳循环发展政策体系基本健全。到 2030 年，非化石能源消费比重提高到 25% 左右，单位地区生产总值二氧化碳排放比 2005 年下降 65% 以上，确保 2030 年前实现碳达峰目标。

24. 云南省碳达峰方案

《云南省碳达峰实施方案》提出，持续扩大绿色能源领先优势、加快构建适应高比例可再生能源的新型电力系统、推动能源消费绿色低碳高效变革，实施绿色能源强省建设行动；加快产业链延链补链强链、深入推进传统产业优化升级、全力推动重点行业碳达峰，实施工业绿色低碳转型行动；建设绿色低碳交通运输体系、建设绿色交通基础设施，实施交通运输绿色低碳行动；推进城乡建设绿色低碳转型、加快提升建筑能效水平、加快优化建筑用能结构、推进农村建设和用能低碳转型，实施城乡建设低碳转型行动；巩固生态系统固碳作用、提升生态系统碳汇能力、大力开展全域扩绿建设、推进农业农村减排固碳，实施绿美云南行动；推动能效水平应提尽提，实施节能降碳增效行动；推动产业园区循环化发展、加强大宗固废资源综合利用，实施循环经济协同降碳行动；加大绿色低碳技术研发和推广应用，实施绿色低碳科技创新行动；开展绿色低碳社会行动示范创建，实施绿色低碳全民行动；因地制宜、稳妥有序推进碳达峰，实施州、市梯次有序碳达峰行动。健全法规规章标准，提升统计监测能力，落实财税、价格、金融政策，推进市场化机制建设，加强对外合作。

"十四五"期间，能源供应的稳定性、安全性、可持续性进一步增强，绿色低碳工艺革新和数字化转型进一步加快，新兴技术与绿色低碳产业深度融合，绿色低碳产业在经济总量中的比重进一步提高，绿色生活方式得到普遍推行。到 2025 年，风电、太阳能发电总装机容量大幅提升，非化石能源消费比重不断提高，单位地区生产总值能源消耗和二氧化碳排放下降完成国家下达目标，为实现碳达峰创造有利条件。

"十五五"期间，产业结构调整取得重大进展，现代产业体系基本形成，清洁低碳安全高效的能源体系达到全国领先，绿色低碳技术取得关键突破，经济社会绿色全面转型取得显著成效，生产力布局更加优化，简约适度、绿色低碳、文明健康的生活理念深入人心。绿色低碳循环发展政策体系得到健全。到 2030 年，单位地区生产总值能源消耗和二氧化碳排放持续下降，力争与全国同步实现碳达峰。

25. 陕西省碳达峰方案

（1）《陕西省碳达峰实施方案》

《陕西省碳达峰实施方案》提出，推进化石能源清洁高效利用和转型升级、大力发展非化石能源、推进多元储能系统建设与应用、加快建设新型电力系统，加快建立清洁低碳安全高效能源体系；全面落实节约优先方针、实施节能降碳重点工程、加强重点用能单位节能管理、推进重点用能设备节能增效，深入推进节能降碳增效；加快产业结构优化升级、推动煤化工高端化多元化低碳化发展、强化石油化工集约化发展、促进钢铁产业低碳化发展、推动建材领域绿色化发展、推动有色金属特色化发展、坚决遏制高耗能高排放低水平项目盲目发展，推动工业体系碳达峰和绿色转型；开展城镇绿色低碳更新、全面推进城镇建筑绿色化发展、加快建设低碳宜居村镇，加快推进城乡建设绿色低碳发展；优化交通运输工具装备用能结构、完善绿色低碳型交通运输网络、配套完善绿色交通基础设施，加快形成绿色低碳交通运输方式；深入推进园区循环低碳发展、深入开展产业废弃物综合利用、大力推动再生资源回收利用、推动城乡垃圾减量化资源化，大力发展循环经济；推动绿色低碳研发应用取得新突破、提高碳减排科技成果转化能力、激活绿色低碳发展新动能，加快推进绿色低碳科技创新；巩固生态系统固碳作用、提升生态系统碳汇能力、发挥农业降碳固碳作用，增强生态系统碳汇能力；广泛开展生态文明宣传教育、引导公众践行绿色低碳生活方式、鼓励企业主动履行绿色低碳责任、推进公共机构绿色低碳改造、促进服务业绿色低碳转型、强化领导干部培训，提高全社会绿色低碳发展水平；支持绿色低碳主导地区较快碳达峰、确保经济发展优势地区同步碳达峰、推动能源资源依赖地区顺利碳达峰、科学制定各地碳达峰路线图、积极创建国家碳达峰试点、推进重点产业园区和企业逐步达峰，推动全省稳妥有序碳达峰；加强绿色技术合作、推动高附加值绿色经贸合作、建设绿色国际合作交流平台，开展绿色低碳国际合作。建立健全碳排放统计核算体系，健全地方法规标准体系，强化经济政策，建立健全市场化机制。

"十四五"期间，全省产业结构和能源结构调整优化取得明显进展，重点行业能源利用效率显著提升，新型电力系统加快构建，绿色低碳技术研发和推广应用取得新进展，源头低碳、过程减碳、末端固碳的碳减排体系初步形成，绿色生产生活方式得到普遍推行，有利于绿色低碳循环发展的政策体系进一步完善。到2025年，全省非化石能源消费比重达到16%左右，单位地区生产总值能源消耗和二氧化碳排放下降确保完成国家下达目标，为实现碳达峰奠定坚实基础。

"十五五"期间，全省产业结构调整取得重大进展，清洁低碳安全高效的能源体系初步建立，重点领域低碳发展模式基本形成，重点耗能行业能源利用效率达到国内先进水平，非化石能源消费比重进一步提高，绿色低碳技术和产业化应用取得实质性突破，源头低碳、过程减碳、末端固碳的碳减排体系全面建立，绿色生活方式成为公众自觉选择，绿色低碳循环发展政策体系基本健全。到 2030 年，非化石能源消费比重达到 20% 左右，单位地区生产总值能源消耗和二氧化碳排放持续下降，顺利实现 2030 年前碳达峰目标。

（2）《陕西省减污降碳协同增效实施方案》

《陕西省减污降碳协同增效实施方案》提出，强化生态环境分区管控、加强生态环境准入管理、推动能源清洁低碳转型、加快形成绿色生活方式，加强源头管控；推进工业领域、交通领域、城乡建设、农业领域、生态建设领域协同增效，突出重点领域；推进大气污染防治协同控制、水环境治理协同控制、土壤污染治理协同控制、固体废物污染防治协同控制，优化环境治理；以"秦创原"平台建设驱动减污降碳协同创新、以试点城市建设引领减污降碳协同创新、以低碳产业园区促进减污降碳协同创新、以先进技术示范助推减污降碳协同创新，开展模式创新；加强协同技术研发应用、完善减污降碳法规标准、加强减污降碳协同管理、强化减污降碳经济政策、加强监测体系统筹融合、提升减污降碳基础能力，强化支撑保障；加强组织领导、宣传引导、督察考核、交流合作，加强组织实施。

到 2025 年，全省减污降碳协同管理机制初步建立，统筹融合工作格局基本形成。重点区域、重点领域结构优化调整和绿色低碳发展取得明显成效。形成一批可复制、可推广的典型经验和试点示范。减污降碳协同度有效提升。

在 2030 年前，二氧化碳排放达到峰值后稳中有降。碳达峰与空气质量改善协同推进取得显著成效。水、土壤、固体废物等污染防治协同治理水平显著提高。"绿水青山就是金山银山"的观念深入人心，绿色生产生活方式广泛形成。生态环境质量持续好转，三秦大地山更绿、水更清、天更蓝。

26. 甘肃省碳达峰方案

《甘肃省碳达峰实施方案》提出，推进煤炭消费替代和转型升级、大力发展新能源、稳步推进水能开发、合理调控油气消费、加快建设新型电力系统，实施能源绿色低碳转型行动；全面提升节能管理能力、实施节能降碳重点工程、推进重点用能设备节能增效、加强新型基础设施节能降碳，实施节能降碳增效行动；推动工业领域绿色低碳发展、推动钢铁行业碳达峰、推动有色金属行业碳达峰、推动建材行业碳达峰、推动石化化工行业碳达峰、坚决遏制高耗能高排放低水平项目盲目发展，实施工业领域碳达峰行动；推动城乡建设绿色低碳转型、加快提升建筑能效水平、加快优化建筑用能结构、推进农村建设和用能低碳转型，实施城乡建设碳达峰行动；构建绿色高效交通运输体系、推动运输工具装备绿色低碳化、加快绿色交通基础设施建设，实施交通运输绿色低碳行动；推进产业园区循环低碳发展、加强大宗固体废物综合利用、健全资源循环利用体系、大力推进生活垃圾减量化资源化，实施循环经济助力降碳行动；完善创新体制机制、加强创新能力建设和人才培养、强化应用基础研究、加快先进适用技术研发和推广应用，实施绿色低碳科技创新行动；巩固生态系统固碳作用、提升生态系统碳汇能力、加强生态系统碳汇基础支撑、推进农业农村减排固碳，实施碳汇能力巩固提升行动；加强全民宣传教育、推广绿色低碳生活方式、引导企业履行社会责任、强化领导干部培训，实施绿色低碳全民行动；科学合理确定有序达峰目标、因地制宜推进低碳发展、上下联动制订碳达峰实施方案、组织开展碳达峰试点建设，实施各市（州）梯次有序达峰行动。开展绿色经贸、技术与金融合作，融入绿色"一带一路"建设。建立统一规范的统计核算体系，健全法规标准体系，完善财税、价格、市场、金融政策，建立健全市场化机制，加强组织实施。

"十四五"期间，产业结构和能源结构优化调整取得显著进步，重点行业能源利用效率大幅提升，煤炭消费增长得到合理控制，以新能源为主体的新型电力系统加快构建，绿色低碳技术研发和推广应用取得新进展，绿色低碳生产生活方式得到普遍推行，绿色低碳循环发展政策体系进一步完善。到2025年，非化石能源消费比重达到30%，单位地区生产总值能源消耗比2020年下降12.5%，单位地区生产总值二氧化碳排放确保完成国家下达目标任务，为实现碳达峰奠定坚实基础。

"十五五"期间，产业结构调整取得重大进展，清洁低碳安全高效的能源体系初步建立，重点领域低碳发展模式基本形成，重点耗能行业能源利用效率达到国际先进水平，非化石能源消费比重进一步提高，煤炭消费逐步减少，绿色低碳技术取得关键突破，绿色生活方式成为公众自觉选择，绿色低碳循环发展政策体系基本健全。到2030年，非化石能源消费比重达到35%左右，单位地区生产总值二氧化碳排放比2005年下降65%以上，力争实现碳达峰目标。

27. 青海省碳达峰方案

《青海省碳达峰实施方案》提出，强化盐湖资源综合利用、推进产业链供应链低碳化升级、推进园区循环化改造、健全资源循环利用体系、推进不同行业产业融合发展，以世界级盐湖产业基地建设为抓手，实施循环经济助力降碳行动；加快清洁能源产业规模化发展、提升能源供给保障能力、优化新型电力系统资源配置、提升多能互补储能调峰能力、合理调控化石能源消费，以国家清洁能源产业高地建设为引领，实施能源绿色低碳转型行动；推进旅游业低碳化发展、构建低碳交通体系、形成批发零售和住宿餐饮业低碳新业态、加速仓储物流低碳化，以国际生态旅游目的地建设为契机，实施服务业绿色低碳行动；加快农牧业低碳发展、大力推动农牧业降碳增汇、打造低碳示范美丽乡村，以绿色有机农畜产品输出地建设为支点，实施农业农村减排增汇行动；推动工业领域绿色低碳发展、推动石化化工行业碳达峰、推动有色行业碳达峰、推动钢铁行业碳达峰、推动建材行业碳达峰、坚决遏制高耗能高排放低水平项目盲目发展，严格落实减污降碳激励约束机制，以现代绿色低碳工业体系建设为目标，实施工业领域碳达峰行动；巩固提升以国家公园为主体的自然保护地体系固碳作用、强化生态屏障碳汇功能、建立健全生态系统碳汇支撑体系、推动黄河流域生态保护和高质量发展，以国家公园示范省建设为载体，实施生态碳汇巩固提升行动；加速提升建筑能效水平、优化建筑用能结构、推动高原美丽城镇建设，以高原美丽城镇示范省建设为依托，实施城乡建设绿色发展行动；加强绿色低碳宣传教育、推广绿色低碳生活方式、引导企业自觉履行社会责任、强化领导干部培训，以民族团结示范省建设为基础，实施绿色低碳全民行动；加快技术研发和推广应用、完善科技创新体制机制、加强创新能力建设和人才培养，以创新驱动发展战略为支撑，实施绿色低碳科技创新行动；准确把握各市州发展定位，坚持"全国一盘棋"总要求，实施市州有序达峰行动。建立统一规范的碳排放统计核算体系，完善绿色经济政策，推进市场化机制建设，健全制度及标准体系。

"十四五"期间，产业结构和能源结构调整优化取得明显进展，重点行业能源利用效率大幅提升，清洁低碳安全高效的能源体系初步建立，绿色低碳技术研发和推广应用取得新进展，绿色生产生活方式得到普遍推行，有利于绿色低碳循环发展的政策体系进一步完善，体制机制日趋健全。单位生产总值能源消耗和单位生产总值二氧化碳排放确保完成国家下达指标；清洁能源发电量占比超过95%，非化石能源占能源消费总量比重达52.2%；森林覆盖率达到8%，森林蓄积量达到5300万立方米，草原综合植被盖度达58.5%，为实现碳达峰碳中和奠定坚实基础。

"十五五"期间，产业结构调整取得重大进展，探索构建覆盖全省的零碳电力系统，重点领域低碳发展模式基本形成，重点耗能行业能源利用效率达到国际先进水平，非化石能源消费比重进一步提高，煤炭消费逐步减少，绿色低碳技术取得关键突破，绿色生活方式成为公众自觉行为，绿色低碳循环发展政策体系基本健全。到2030年，清洁能源发电量占比保持全国领先，非化石能源消费比重达到 55% 左右；森林覆盖率、森林蓄积量、草原综合植被盖度稳步提高，确保 2030 年前实现碳达峰。

28. 宁夏回族自治区碳达峰方案

（1）《宁夏回族自治区碳达峰实施方案》

《宁夏回族自治区碳达峰实施方案》提出，大力发展新能源、推进氢能应用示范建设、严格合理控制煤炭消费、合理调控油气消费、加快建设新型电力系统，实施能源绿色低碳转型行动；全面提升节能管理能力、实施节能降碳重点工程、推进重点用能设备节能降碳、加强新型基础设施节能降碳，实施节能降碳增效行动；推动工业领域绿色低碳发展、推动化工行业碳达峰、推动冶金行业碳达峰、推动有色金属行业碳达峰、推动建材行业碳达峰、坚决遏制高耗能高排放低水平项目盲目发展，实施工业领域碳达峰行动；推进城乡建设低碳转型、推行新建建筑全面绿色化、推动既有建筑节能改造、优化建筑用能结构、推进农村建设和用能低碳转型，实施城乡建设低碳发展行动；推广节能低碳型交通工具、构建绿色高效交通体系、建设现代绿色物流体系、完善绿色交通基础设施，实施交通运输低碳转型行动；推进产业园区绿色循环化发展、加强大宗固废综合利用、健全资源循环利用体系、推进生活垃圾减量化资源化，实施循环经济助力降碳行动；巩固生态系统固碳作用、提升生态系统碳汇能力、加强生态系统碳汇基础支撑、推进农业农村减排固碳，实施生态碳汇建设行动；完善创新体制机制、加强创新能力和人才培养、强化应用基础研究和先进适用技术研发应用，实施绿色低碳科技创新行动；加强生态文明宣传教育、推广绿色低碳生活方式、引导企业履行社会责任、强化能力建设培训，实施绿色低碳全民行动；科学合理确定碳达峰目标、因地制宜推进绿色低碳发展、协调联动制订碳达峰方案、组织开展碳达峰试点建设，实施各地梯次有序达峰行动。推进绿色贸易合作，积极参与绿色"一带一路"建设，完善统计核算体系，健全地方性法规和标准，完善经济政策，强化市场机制。

"十四五"时期，全区产业结构和能源结构优化取得明显进展，重点行业能源利用效率显著提升，煤炭消费增长得到严格合理控制，绿色低碳循环发展的政策体系进一步完善，绿色低碳技术研发和示范取得新进展，绿色低碳发展水平明显提升。到 2025 年，新能源发电装机容量超过 5000 万千瓦，力争达到 5500 万千瓦，非水可再生能源电力消纳比重提高到 28% 以上，非化石能源消费比重达到 15% 左右，单位地区生产总值能源能耗和二氧化碳排放下降确保完成国家下达目标，为实现碳排放达峰奠定坚实基础。

"十五五"时期，产业结构调整取得重大进展，清洁低碳、安全高效的能源体系初步建立，重点领域低碳发展模式基本形成，碳达峰目标顺利实现。到 2030 年，新能源发电装机容量达到 7450 万千瓦以上，非水可再生能源电力消纳比重提高到 35.2% 以上，非化石能源消费比重达到 20% 左右。

"十六五"时期，可再生能源装机比重持续提升，清洁低碳、安全高效的能源体系更加成熟，广泛形成绿色低碳的生产和生活模式。到 2035 年，非化石能源消费比重达到 30% 左右。

（2）《宁夏减污降碳协同增效实施方案》

《宁夏减污降碳协同增效实施方案》提出，强化生态环境分区管控，加强生态环境准入管理，推动能源绿色低碳转型，加快形成绿色生活方式，提高工业领域清洁生产水平，加强交通领域运输高效清洁，建设城乡领域绿色低碳发展，优化农业领域生产方式，提升生态系统碳汇能力，推进大气污染防治协同控制，推进水环境治理协同控制，推进土壤污染治理协同控制，推进固体废物污染防治协同控制，开展城市减污降碳协同创新，开展产业园区减污降碳协同创新，开展企业减污降碳协同创新，加强协同技术研发应用，完善减污降碳法规标准，加强减污降碳协同管理，强化减污降碳经济政策，提升减污降碳基础能力。

到 2025 年，减污降碳协同推进的工作格局基本形成；减污降碳协同制度体系基本建立；重点区域、重点领域结构优化调整和绿色低碳发展取得明显成效；重点行业能源利用效率和主要污染物排放控制水平有效提高；形成一批可复制、可推广的典型经验，减污降碳协同度有效提升。单位地区生产总值二氧化碳排放比 2020 年下降 16%。

到 2030 年，减污降碳协同机制更加完善，协同能力显著增强，助力实现自治区碳达峰目标；碳达峰与空气质量改善协同推进取得显著成效；水、土壤、固体废物等污染防治领域协同治理水平显著提高；减污降碳综合效能大幅提升；经济社会发展全面绿色转型取得显著成效。

四、香港、澳门特别行政区长期温室气体低排放发展战略

1. 香港特别行政区长期温室气体低排放发展战略

2017 年公布《香港气候行动蓝图 2030＋》阐述了在减缓、适应和应变气候变化时所采取的主要措施，提出了在 2030 年把香港的碳强度从 2005 年的水平降低 65%～70% 的目标，相当于把香港的绝对碳排放量降低 26%～36%。

2021 年 10 月 8 日，《香港气候行动蓝图 2050》发布，以"零碳排放·绿

色宜居·持续发展"为愿景，提出香港特区应对气候变化和实现碳中和的策略和目标。香港力争于 2050 年前实现碳中和，减碳中期目标是力争在 2030 年前把香港的碳排放量从 2005 年的水平减半。

净零发电：2035 年或之前不再使用煤进行日常发电，可再生能源在发电燃料组合中的比例增加到 7.5%～10%，往后提升至 15%。试验使用新能源，加强与邻近区域合作，达到 2050 年前净零发电的目标。

节能绿建：通过推广绿色建筑、提高建筑物能源效益、加强实行低碳生活，减少建筑物的整体用电量。在 2050 年或之前，商业楼宇用电量较 2015 年减少三至四成，住宅楼宇用电量减少两至三成；在 2035 年或之前达到以上目标的一半。

绿色运输：通过推动车辆和渡轮电动化、发展新能源交通工具及改善交通管理措施，达到 2050 年前车辆零排放和运输领域零碳排放的目标。2035 年或之前停止新登记燃油和混合动力私家车，计划在未来 3 年内，试行氢燃料电池巴士及重型车辆。2030 年前把香港的碳排放量降至 2005 年水平的一半。

全民减废：在 2035 年或之前发展足够的转废为能设施，加强推动减废回收，预计在 2023 年落实垃圾收费及 2025 年起分阶段管制即弃塑料餐具。

2. 澳门特别行政区长期温室气体低排放发展战略

到 2030 年，澳门力争将二氧化碳排放控制在低于 2018 年的水平，人均碳排放少于 5 吨；到 2050 年，力争实现碳排放较 2018 年的水平显著下降，人均碳排放低于 4 吨。

在建筑领域，控制公共建筑、商业建筑和酒店建筑的碳排放过快增长，到 2030 年，建筑部门力争将碳排放有所降低。新增建筑推广高标准的绿色建筑，推动既有建筑实行节能改造，强制建筑实施能耗监督管理。

在交通领域，澳门力争保障 2030 年的碳排放比 2020 年下降 10% 以上，到 2050 年，比 2020 年下降 30% 以上。陆路交通强化调控车辆增长，引导购置新能源汽车，提升绿色交通出行比例，大力发展公共交通，增加公务用车和出租车的电气化比率，建设新能源和清洁能源车辆配套基础设施，加快发展集约型、无污染、低能耗物流；水运交通实行更为严格的清洁航运政策；航空加快应用节油技术和措施，积极推动航空生物燃料使用，加强机场低碳化改造和运营管理。

在能源领域，电力部门争取 2025 年前达峰，2030 年比峰值水平下降 15% 以上，2050 年进一步显著降低。扩大优质清洁能源利用，建立智能化低碳能源供应体系，推动增加区域外风电、光伏发电、核电等绿电采购比例，降低电力碳排放强度。大力发展新能源和可再生能源，积极开拓洁净能源在交通领域的应用。

在其他领域，需要不断加强和提高适应气候变化的能力，尤其是抵御极端天气的能力。

五、区域碳达峰方案

1. 《长三角生态绿色一体化发展示范区碳达峰实施方案》

《长三角生态绿色一体化发展示范区碳达峰实施方案》提出，实施重点片区集中引领行动。将水乡客厅、青浦西岑科创中心、吴江高铁科创新城、嘉善祥符荡创新中心列为碳达峰工作重点片区，把绿色低碳理念和技术融入重点片区规划、建设、运营、管理全过程，大力探索减源、增汇、替代的近零碳路径，一体打造长三角低碳零碳引领区和样板间。

《长三角生态绿色一体化发展示范区碳达峰实施方案》提出，大力发展绿色低碳创新产业、推动企业和园区低碳发展、推进资源高效循环利用，实施绿色低碳产业一体化行动；加快推进传统能源结构优化、促进可再生能源规模化发展，实施清洁低碳能源一体化行动；开展建筑绿色低碳全生命周期管理、促进建筑绿色低碳新技术研发应用，实施绿色宜居低碳建筑行动；构建绿色高效的综合交通系统、推动交通运输装备结构优化，实施绿色智慧交通一体化行动；构建一体化推进减污降碳体系、推进废物资源化与能源化、持续巩固和提升生态碳汇能力，实施生态体系协调共生行动。

《长三角生态绿色一体化发展示范区碳达峰实施方案》提出，用足用好绿色财政政策、加大政策协同支持力度、培育绿色低碳金融市场、开展碳普惠机制协同创新、建立完善企业碳披露制度，开展绿色低碳政策赋能；开展重点领域低碳科技联合攻关、一体化数字治理平台共建、先进低碳负碳技术示范应用、绿色低碳产业生态圈共建，加强绿色低碳技术支撑。

到 2025 年，在"两区一县"（上海青浦、江苏吴江、浙江嘉善）分别完成上级下达目标的基础上，力争示范区能耗强度较 2020 年降低 15% 左右，碳排放强度较 2020 年下降 20% 以上；到 2030 年前，整体率先实现碳达峰并稳步下降，为实现碳中和目标奠定坚实基础。

2. 《成渝地区双城经济圈碳达峰碳中和联合行动方案》

《成渝地区双城经济圈碳达峰碳中和联合行动方案》提出，协同开发油气资源、加快川渝电网一体化建设、加强煤气油储备能力建设、推动能源消费绿色低碳转型，实施区域能源绿色低碳转型行动；推动乡村绿色低碳产业协同发展、打造绿色低碳制造业集群、加速联合建设国家数字经济创新发展试验区，实施区域产业绿色低碳转型行动；提升交通运输组织效率、提高公共交通出行比例、提升交通基础设施绿色低碳化水平、推动交通运输工具绿色低碳转型，实施区域交通运输绿色低碳行动；推动城乡集约化融合发展、打造城乡绿色生态空间、巩固提升生态碳汇能力，实施区域空间布局绿色低碳行动；强化跨区域绿色低碳财税政策协同、加强金融支持绿色低碳发展，实施区域绿色低碳财税金融一体化行动；完善两地碳达峰碳中和标准、健全绿色生产消费标准体系，实施区域绿色低碳标准体系保障行动；建设绿色低碳科技创新平台、推动绿色低碳关键技术研发应用，实施区域绿色低碳科技创新行动；共建绿色低碳市场要素平台、健全绿色低碳权益交易机制，实施区域绿色市场共建行动；倡导绿色低碳消费方式、鼓励绿色低碳出行，实施区域绿色低碳生活行动；开展绿色发展试验示范、推进绿色低碳创建，实施区域绿色低碳试点示范行动。

　　到 2025 年，成渝地区二氧化碳排放增速放缓，非化石能源消费比重进一步提高，单位地区生产总值能耗和二氧化碳排放强度持续降低，推动实现能耗"双控"向碳排放总量和强度"双控"转变，加快形成减污降碳激励约束机制，重点行业能源资源利用效率显著提升，协同推进碳达峰、碳中和工作取得实质性进展。产业结构、能源结构、交通运输结构、用地结构不断优化，政策法规、市场机制、科技创新、财税金融、生态碳汇、标准建设等支撑体系不断完善，绿色低碳循环发展新模式初步形成，为成渝地区双城经济圈实现碳达峰、碳中和目标奠定坚实基础。

第四节　各地区梯次有序碳达峰行动的进展

一、能源绿色转型

　　2022 年年底，国家发改委总结了 7 个方面的"碳达峰十大行动"进展，各地区积极有序推进能源绿色转型取得进展。

　　各地区立足自身资源禀赋，在确保能源安全的前提下稳妥有序实施可再生能源替代，加快构建清洁低碳安全高效的能源体系。内蒙古大力推进第一批风电光伏基地项目建设，同步开工建设特高压电力外送通道。湖北大力发展风电、光伏等新能源，2021 年新增新能源装机 486 万千瓦，同比增长

37.1%；新增新能源发电量 260 亿千瓦时，同比增长 41.4%。云南积极推进金沙江、澜沧江水电基地建设，乌东德水电站全部机组投产，白鹤滩水电站16 台百万千瓦水轮发电机组安装完毕，15 台百万千瓦发电机组建成投产。宁夏给予储能试点项目 0.8 元/千瓦时调峰服务补偿价格，新型储能试点项目在完全充放电前 600 次周期内享有优先调用权。海南制订风电装备产业发展规划，大力推动洋浦申能、东方明阳风电等项目建设。浙江、广东、辽宁、甘肃等地加快建设抽水蓄能电站项目，稳步提升清洁能源调储能力。

二、产业结构优化升级

2022 年年底，国家发改委总结了 7 个方面的"碳达峰十大行动"进展，各地区加快推动产业结构优化升级取得进展。

各地区持续推动传统产业结构调整，大力发展战略性新兴产业，加快工业领域工艺革新和数字化转型。山东制订"十强产业"年度行动计划，明确236 项主要任务及 54 项保障措施，大力推动新一代信息技术、高端装备、高端化工等产业补链强链。天津推进全国先进制造研发基地建设，重点建设信息技术创新产业、高端装备等 12 条产业链。河南实施"十四五"战略性新兴产业和未来产业发展规划，加快发展新型显示和智能终端、生物医药、节能环保等战略性新兴产业。江西深入推进产业高质量跨越式发展行动计划，做大做强航空、电子信息、装备制造、中医药、新能源、新材料六大优势新兴产业，2022 年 1—10 月战略性新兴产业增加值占比达到 25.9%。

三、重点行业节能降碳

2022 年年底，国家发改委总结了 7 个方面的"碳达峰十大行动"进展，各地区大力推进重点行业节能降碳取得进展。

各地区对标能效标杆和基准水平，积极推进重点行业节能降碳改造，持续提升能源资源利用效率。山西大力推动传统产业节能降碳改造，煤炭先进产能占比突破 75%，焦化和炼铁行业先进产能占比均达 60% 以上。河北深入实施"万企转型"行动和"千项技改"工程，2022 年 1—10 月省级技改项目投资同比增长 23.9%，2021 年规模以上工业能耗同比下降 5.3%，降幅居全国前列。内蒙古印发关于加强高耗能高排放项目准入管理的意见，进一步提升节能工作精细化水平，从产业准入、升级改造、金融信贷等方面完善政策制度。河南大力支持存量企业开展节能降碳改造，鼓励将结余的用能指标入市交易，引导能源要素向优质产业和项目集聚。贵州严把重点用能设备能效准入关，常态化开展重点用能设备质量检查，加强能效标识监督管理，打击产品能效虚标行为。陕西印发进一步加强工业节能降碳有关工作的通知，对钢铁、水泥、电解铝等重点高耗能企业定期开展节能专项监察。

四、交通运输绿色低碳转型

2022 年年底，国家发改委总结了 7 个方面的"碳达峰十大行动"进展，各地区持续推动交通运输绿色低碳转型取得进展。

各地区积极推广节能低碳交通工具，大力发展多式联运，加快建设综合立体交通网。海南提出"到 2030 年全面禁售燃油车"的目标；建立充换电设施"一张网"平台，接入 1723 座充电站和 13283 个充电桩，推动全省公共充电基础设施互联互通。上海大力推进交通工具新能源替代，2021 年更新新能源公交车 1025 辆，上线运营 31 辆氢燃料公交车。广西大力推进"铁水"联运，加快完善以铁路、海运为网络的立体化物流基础设施体系，北部湾国际门户港加快发展，2021 年开行西部陆海新通道"海铁"联运班列超过 6000列，同比增长 30% 以上。山东全面建成"四纵四横"货运铁路网，开通"海铁"联运班列线路 80 条，建设内陆港 30 个，铁路、水路货运周转量稳步提升。安徽开展两批共 20 个多式联运示范项目创建。

五、城乡建设绿色高质量发展

2022 年年底，国家发改委总结了 7 个方面的"碳达峰十大行动"进展，各地区促进城乡建设绿色高质量发展取得进展。

各地区大力推进城镇建筑和市政基础设施节能改造，持续提升建筑节能低碳水平。天津坚持组团式、多中心、多节点城市群发展战略，加快构建"一市双城多节点"绿色低碳发展新格局。云南深入实施绿色建筑创建行动，2021 年竣工验收的绿色建筑占比达到 77.3%，较 2020 年提高近 12 个百分点。上海加快推广超低能耗建筑，对符合要求的超低能耗建筑给予容积率和资金奖励。浙江严格新建建筑节能管理，明确新建民用建筑项目设计节能率需达到 75% 以上。四川在阿坝州、甘孜州等风光资源丰富地区大力推进可再生能源建筑应用。黑龙江加快推进供暖领域散煤治理，全省清洁取暖率达到 70.2%，同比提高 14 个百分点。湖北在武汉、襄阳、宜昌开展超低能耗建筑试点。

六、低碳零碳负碳科技创新

2022 年年底，国家发改委总结了 7 个方面的"碳达峰十大行动"进展，

各地区强化低碳零碳负碳科技创新取得进展。

各地区面向国家"双碳"重大需求，推进分布式能源、储能、绿色氢能、碳捕集利用与封存等工程技术示范，加大绿色低碳科技成果转化应用。广东启动碳达峰碳中和关键技术研究与示范重大专项项目，开展千万吨级碳捕集利用与封存（CCUS）集群全产业链示范项目的前瞻性研究。天津、广东、陕西、新疆等地开工建设百万吨级 CCUS 示范项目。浙江扎实推进国家绿色技术交易中心建设，累计促成交易近 200 项，交易额突破 3 亿元。内蒙古成立国家碳计量中心，积极搭建碳计量研究平台和碳数据服务平台，开展碳排放、碳核查等全生命周期的计量技术研究，提供碳计量诊断、碳计量审查等技术服务。

七、生态系统碳汇能力

2022 年年底，国家发改委总结了 7 个方面的"碳达峰十大行动"进展，各地区巩固提升生态系统碳汇能力取得进展。

各地区大力实施生态保护修复重大工程，开展山水林田湖草沙一体化保护修复，深入推进国土绿化行动。青海持续强化山水林田湖草沙冰系统治理工作，启动实施三江源、环青海湖、柴达木、祁连山等重要生态板块保护与修复工程，覆盖青海省总面积 68% 以上。西藏开展森林、草原、湿地、冻土等潜在固碳能力评估。福建建立健全林业碳汇计量监测体系，形成碳汇资源"一本账"。山西出台开展科学绿化的实施意见，实施"三年绿化三晋"行动，2022 年度安排营造林任务 540 万亩。重庆积极推动林业生态产品价值实现，试点森林覆盖率责任指标交易，共有 8 对区县成交森林 36.23 万亩、转移支付金额超 9 亿元。广西开展红树林生态系统碳储量调查评估试点，发布红树林湿地生态系统固碳能力评估技术规程。吉林大力实施黑土地保护工程，2021 年划定保护性耕作面积 2875 万亩，持续提升土壤有机碳储量。

八、市场化机制和金融财税政策

2022 年年底，国家发改委总结了 7 个方面的"碳达峰十大行动"进展，各地区完善市场化机制和金融财税政策取得进展。

各地区统筹推进碳排放权、电力交易、用能权等市场建设，通过设立"双碳"专项资金和基金等方式，吸引社会资本投入绿色低碳发展领域。湖北建成运行全国碳排放权注册登记系统，持续完善相关制度设计。江西财政设立碳达峰碳中和专项资金，统筹支持开展绿色低碳循环发展示范、加强"双碳"基础能力建设等。湖南建立全省"双碳"领域重点项目金融项目库，积极支持重点行业节能降碳改造，为银企常态化对接提供支撑。陕西加快完善绿色金融服务体系，引导银行建立完善绿色信贷管理机制，为绿色项目开辟"绿色通道"，促进绿色信贷业务发展。

九、"双碳"基础工作

2022 年年底，国家发改委总结了 7 个方面的"碳达峰十大行动"进展，各地区扎实做好"双碳"基础工作取得进展。

浙江大力建设"双碳数智平台"，通过节能降碳"e 本账"实行用能预算管理试点工作，不断提升对全省碳排放形势的动态研判和应对能力；建立企业碳排放台账制度，对企业碳排放情况进行精准画像，助力企业低碳转型。海南启动建设"应对气候变化智慧管理平台"，积极打造基于"环保 + 电力"大数据的碳排放统计体系。湖北支持华中科技大学、中南财经政法大学等 7 家重点高校依托各自优势设立"双碳"研究机构，开设相关课程，培养专业人才。辽宁制订关于加强碳达峰碳中和日常培训的方案，将"双碳"工作作为各级党校和干部学院培训的重要内容，扩大全省干部参训范围。

十、节能低碳宣传活动

2022 年年底，国家发改委总结了 7 个方面的"碳达峰十大行动"进展，各地区大力开展节能低碳宣传活动取得进展。

各地区在节能宣传周、世界环境日、全国低碳日等重要节点开展形式多样的宣传活动，大力宣传节能低碳理念。江西积极创建节约型机关、清洁家庭、绿色社区，持续开展"河小青"志愿活动，上线运行"绿宝"碳普惠平台，引领绿色生活新风尚。湖南成功举办 2021 年亚太绿色低碳高峰论坛、湖南国际绿色发展博览会，在全社会营造绿色低碳氛围，凝聚生态优先共识。北京在服贸会期间举办"北京国际大都市清洁空气与气候行动论坛"，向国际社会讲好中国低碳故事。天津广泛开展社会宣传，组织"我为碳达峰碳中和作贡献"竞赛活动，编辑出版"双碳"百问百答等一批科普读物，制作《图解碳达峰倡导绿色生活》等新媒体产品，积极打造市民自觉参与、推动绿色转型的良好环境。

后 记

积极稳妥推进碳达峰碳中和，是我国应对气候变化的重大战略决策，也是我国对世界作出的庄严承诺，对推进生态文明建设和实现经济社会高质量发展具有重大而深远的意义。

为了让公众理解碳达峰碳中和，湖州师范学院"两山"理念研究院在2021年组织编写出版了《碳达峰、碳中和知识解读》，向读者介绍了碳达峰碳中和的背景、理论基础、实现路径以及与碳达峰碳中和密切相关的问题。为了使公众对我国碳达峰碳中和的政策和在经济社会发展中的实际行动有进一步了解，我们以《2030年前碳达峰行动方案》为依据，围绕重点实施能源绿色低碳转型行动、节能降碳增效行动、工业领域碳达峰行动、城乡建设碳达峰行动、交通运输绿色低碳行动、循环经济助力降碳行动、绿色低碳科技创新行动、碳汇能力巩固提升行动、绿色低碳全民行动、各地区梯次有序碳达峰行动的"碳达峰十大行动"，研究了550多个"十四五"规划、实施方案及相关政策，编写了《碳达峰与碳中和：中国行动》，向国内外读者系统介绍中国的碳中和政策和做法。

在本书的编写过程中，中国气候变化事务特使、全国政协人口资源环境委员会原副主任、国家发展和改革委员会原副主任、原国家环境保护总局局长解振华给予了指导，并欣然为本书作序。为使读者迅速厘清本书的逻辑，我们始终以中国政府网和国家行政主管部门官网发布的相关"十四五"规划、实施方案和政策中与碳达峰碳中和有关的内容为直接依据进行整理编写。在本书的编写过程中，我们参阅了大量资料，同时，众多专家学者和奋战在生态文明建设第一线的基层工作者给予我们无私的指导和支持；湖州师范学院"两山"理念研究院的专家也给予我们以巨大的支持；中国财政经济出版社的领导和编辑也为本书的出版付出了辛勤的劳动。在此，我们表示深深的谢意！

由于作者的水平、经验和时间所限，本书的不足和疏漏之处在所难免，恳请广大读者批评指正。

相信只要全国人民共同努力，我们一定能够积极稳妥推进碳达峰碳中和的进程，推动我国经济社会发展全面绿色转型，为中华民族永续发展和构建人类命运共同体贡献中国智慧和中国方案。

金佩华

2023 年 5 月